大渡河中游及外围区域构造稳定性研究

中国电建集团成都勘测设计研究院有限公司
李文纲　朱可俊　邓忠文　黄　春　著

中国水利水电出版社
www.waterpub.com.cn
·北京·

内 容 提 要

本书对大渡河中游及外围区域构造稳定性研究工作进行了全面系统的总结。全书共9章，概述了大渡河中游及外围区域地质构造环境及其现代构造活动性；重点对主要断裂带的活动性、区域地震活动性等方面进行了深入的研究，并对大渡河大岗山水电站地震危险性进行了评估；对大渡河中游及外围区域构造稳定性进行了分区评价，并对大渡河中游泸定、硬梁包、大岗山及栗子坪等水电站工程场址断裂活动性及工程适宜性进行了评价；对大岗山水电站水库诱发地震进行了预测分析和蓄水后的监测评价。

本书可供从事水电、水利、铁路、交通、建筑、矿山、地质等专业的工程技术、科研人员和有关高等院校相关专业的师生参考使用。

图书在版编目（CIP）数据

大渡河中游及外围区域构造稳定性研究 / 李文纲等著. -- 北京 : 中国水利水电出版社, 2019.4
ISBN 978-7-5170-7581-3

Ⅰ. ①大… Ⅱ. ①李… Ⅲ. ①大渡河－中游－地质构造－研究②大渡河－河岸－地质构造－研究 Ⅳ. ①P54

中国版本图书馆CIP数据核字(2019)第061080号

书　名	大渡河中游及外围区域构造稳定性研究 DADU HE ZHONGYOU JI WAIWEI QUYU GOUZAO WENDINGXING YANJIU
作　者	中国电建集团成都勘测设计研究院有限公司 李文纲　朱可俊　邓忠文　黄　春　著
出版发行	中国水利水电出版社 （北京市海淀区玉渊潭南路1号D座　100038） 网址：www.waterpub.com.cn E-mail：sales@waterpub.com.cn 电话：（010）68367658（营销中心）
经　售	北京科水图书销售中心（零售） 电话：（010）88383994、63202643、68545874 全国各地新华书店和相关出版物销售网点
排　版	中国水利水电出版社微机排版中心
印　刷	北京印匠彩色印刷有限公司
规　格	184mm×260mm　16开本　17.5印张　410千字　1插页
版　次	2019年4月第1版　2019年4月第1次印刷
印　数	0001—1500册
定　价	**90.00**元

序

为加快我国西部地区丰富的可再生清洁能源开发，国家从20世纪80年代开始修建了一批大型和特大型水电站。这些工程多位于高山峡谷区，地震地质条件复杂，地震烈度高，大坝抗震设计成为关键技术难题之一。面对机遇与风险并存的现状，避让已不再是人们唯一的选项。随着科学技术的进步和工程勘察设计水平的不断提高，在高地震烈度区建设大型水电工程已经成为可能。我国已在西部地区成功建成了一批坝高超过200m的高坝大库，如雅砻江二滩拱坝（坝高240m）、锦屏一级拱坝（坝高305m），大渡河大岗山拱坝（坝高210m）、长河坝土石坝（坝高240m），金沙江溪洛渡拱坝（坝高285.5m），澜沧江小湾拱坝（坝高294.5m）、糯扎渡土石坝（坝高261.5m），黄河拉西瓦拱坝（坝高250m）等。但是面对挑战并不能盲目乐观，需要用科学严谨的态度深入研究。

大岗山水电站是一座坝高210m、装机容量2600MW的大型水电站，其地处大渡河中游河段，位于扬子准地台西部康滇地轴，为SN向、NW向和NE向多组断裂构造交汇部位，新构造活动较强烈，地震地质背景复杂。在具体构造部位上处于川滇菱形块体东侧，由磨西断裂、大渡河断裂和金坪断裂所围限的黄草山断块。地震安全性评价成果表明，工程区构造稳定性主要受鲜水河断裂所控制，地震危险性主要来自康定8级潜在震源区、栗子坪7.5级潜在震源区的影响。中国地震局地质研究所、中国地震局地球物理研究所、四川省地震局工程地震研究院2004年10月提出的《大渡河大岗山水电站工程场地地震安全性评价报告》，经国家地震安全性评定委员会审定，中国地震局批复（中震函〔2004〕253号），大岗山水电站坝址50年超越概率10%基岩水平峰值加速度为251.7g，100年超越概率2%（设计）时为557.5g，100年超越概率1%（校核）时为662.2g。迄今为止，大岗山双曲拱坝采用的设计地震动参数是国内已建大型水电工程之最。因此，对大岗山工程的抗震安全问题历来引起业界的极大关注。

多年来，中国电建集团成都勘测设计研究院有限公司和有关科研院所，对大岗山水电站的区域地质条件、地震活动特征、主要断裂的新活动性和区域构造稳定性等，进行了多专业、长期、大量的勘察论证和深入系统的专题研究工作。对鲜水河断裂带、大渡河断裂带、安宁河断裂带和龙门山断裂带交汇的大渡河中游地区区域构造稳定性取得了突破性认识，客观评价了近场区和场址区区域断裂的活动性及其工程适宜性；联合国内多家科研单位对工程场地地震危险性进行深入分析评价，并从现场地震地质调查、潜在震源区划分、地震危险性分析计算等方面对地震动参数安全裕度进行了全面系统的评估；在高拱坝抗震设计方面，对地震危险性分析和地震动输入机制、抗震分析和坝肩动力稳定性、高拱坝的地震应力控制标准和抗震结构工程措施等方面进行了深入研究。因此，大岗山高拱坝采取了增大嵌深、不设表孔、强度等级高的混凝土、抗震钢筋、抗震阻尼器、抗力体抗震锚索等抗震措施。自2014年12月导流洞下闸蓄水以来，枢纽工程已正常运行近4年。监测资料表明，大坝等水工建筑物工作性态正常。通过对大岗山拱坝抗震研究成果的总结，也为《水电工程水工建筑物抗震设计规范》的修编提供了强有力的技术支撑。

本书建立了一套较为完整的、有较强针对性和适用性的复杂地震地质背景条件下区域构造稳定研究的方法体系，总结了区域构造稳定性研究方面积累的丰富经验。本书的出版既是对大渡河大岗山拱坝成功建成并正常运行的祝贺，也极大地丰富了区域构造稳定性研究的理论与实践，具有重要的学术价值和工程指导意义。

是为序。

中国工程院院士
国际大坝委员会原副主席
原国家地震安全性评定委员会常务委员　陈厚群

2018年12月

前言

FOREWORD

区域构造稳定性评价是水电水利工程预可行性研究阶段的重要工作之一。在区域构造条件复杂、现代构造活动强烈的地区进行水电规划时，其有可能成为确定规划方案和坝段选择的决定性因素之一。同时，其对论证工程的可行性和合理选择坝址、坝型等方面也有着至关重要的控制意义。因此，通过区域构造背景、断层新活动性、地震危险性和水库诱发地震等方面的研究，对建设场地的地震安全性和区域构造稳定性给出恰当的评价，是水电水利工程在预可行性研究阶段的首要任务。

中国西南地区蕴藏着丰富的水能资源。大渡河干流河段规划了以发电为主的22级开发方案，其中研究区内的大渡河中游河段有9座梯级电站，自上而下分别为猴子岩（1700MW，面板堆石坝，坝高223.5m，已建）、长河坝（2600MW，砾石土心墙堆石坝，坝高240m，已建）、黄金坪（850MW，沥青混凝土心墙堆石坝，坝高85.5m，已建，一站两厂式开发）、泸定（920MW，黏土心墙堆石坝，坝高79.5m，已建）、硬梁包（1116MW，闸坝，坝高38m，在建）、大岗山（2600MW，双曲拱坝，坝高210m，已建）、龙头石（700MW，沥青混凝土心墙堆石坝，坝高58.5m，已建）、老鹰岩（630MW，闸坝，待建，2级开发）、瀑布沟（3600MW，砾石土心墙堆石坝，坝高186m，已建）等众多水电工程。其中猴子岩、长河坝和大岗山是坝高超过200m的特高坝大型水电工程。由于大渡河中游及外围研究区位于我国地震活动较强的西南地区，区域地质构造背景复杂，新构造活动强烈。区内有NW向鲜水河断裂带、SN向大渡河断裂带与安宁河断裂带、NE向龙门山断裂带等不同方向区域性断裂带，特别是鲜水河—安宁河断裂作为川滇菱形块体的东边界，显示出强烈的全新世构造活动性，是重要的强震发震构造带，对区内各梯级水电站均开展了工程场地地震安全性评价工作。鉴于研究区地震地质背景复杂，有必要对流域河段的区域构造稳定性问题进行梳理、总结，并开展系统的研究和论证，对于合理开发本地区的水能资源、解除业内外人士对工程地震安全的隐忧具有重要作用。

本书主要对大渡河中游及外围区域地震构造、断裂带活动性、区域地震活动性等方面进行了深入系统的研究。从大渡河流域的区域地质构造特点看，鲜水河断裂带、大渡河断裂带和安宁河断裂带等对河段各个梯级水电站的区域构造稳定性有直接影响。为此，深入研究河段内各断裂带的展布、规模、性状等基本特征，以及运动学特征，重点研究各断裂带的活动性、分段及其与地震活动的关系，全面评价河段内的区域构造稳定性，为大渡河中游及外围地区水电开发建设提供可靠的基础地震地质资料和合理的区域构造稳定性认识。

本书共分9章。第1章绪论，介绍区域构造稳定性的研究目的、意义，国内外研究概况，本书研究的主要内容、关键问题和技术路线。第2章区域地质构造环境，介绍研究区大地构造部位、区域基本地质条件。第3章现代构造活动概述，介绍研究区地貌变形与区域地震活动性。第4章大渡河中游及外围主要断裂带活动性研究，介绍大渡河中游及外围主要断裂带的活动特征和活动性评价。第5章大渡河大岗山水电站地震危险性评估，介绍大渡河大岗山水电站地震安全性评价和安全裕度评估。第6章大渡河中游及外围区域构造稳定性分区评价，介绍区域构造稳定性分区原则、方法和分区（段）评价。第7章大岗山水电站水库诱发地震研究，介绍大岗山水电站水库诱发地震预测和蓄水后监测评价。第8章断裂活动性及工程适宜性评价，介绍泸定水电站和硬梁包水电站外围区域断裂活动性评价、大岗山水电站工程场址区断裂活动性评价、栗子坪水电站活动断裂工程适宜性评价成果。第9章结语。

本书出版得到了中国电建集团成都勘测设计研究院有限公司的大力资助，作者在此深表谢意！同时，对参与本书相关内容研究的黄润太教授级高级工程师、陈春文教授级高级工程师、徐敬武高级工程师、蔡斌高级工程师、吴灌洲高级工程师、曾金华高级工程师、李思嘉工程师等的大力指导和帮助，在此表示衷心感谢！

本书的完成也得到了中国工程院陈厚群院士，中国水利水电科学研究院汪雍熙研究员、李敏研究员等，中国地震局地质研究所蒋溥研究员、梁小华研究员、闵伟研究员等，中国地震灾害防御中心陈国星研究员、苏刚研究员等，四川省地震局地震工程研究院周荣军研究员、何玉林研究员等，成都理工大学吴德超教授等的大力支持和帮助，在此一并表示衷心感谢！

在本书的撰写过程中，参阅了国内外相关专业领域的大量文献资料，在此向所有论著的作者表示衷心的感谢！

最后，作者对中国工程院陈厚群院士为本书作序，并给予高度评价表示衷心的感谢！

因时间紧迫，书中错漏和不妥之处在所难免，敬请读者批评指正。

中　国　工　程　勘　察　设　计　大　师

国家能源水电工程研发中心技术委员会委员

2018 年 12 月

目录 CONTENTS

第1章 绪论

1.1 研究目的与意义

中国西南地区以蕴藏丰富的水能资源而著称。优先开发清洁可再生的水电资源，既是能源基地建设的战略规划，也是改善西部乃至全国生态环境、能源结构、带动经济发展的重大举措。大渡河是长江流域岷江水系最大的支流，已制定了并正在实施中的干流河段以发电为主的22级开发方案，其中研究区内的大渡河中游规划了9座梯级电站，自上而下分别为猴子岩（1700MW，面板堆石坝，坝高223.5m，已建）、长河坝（2600MW，砾石土心墙堆石坝，坝高240m，已建）、黄金坪（850MW，沥青混凝土心墙堆石坝，坝高85.5m，已建，一站两厂式开发）、泸定（920MW，黏土心墙堆石坝，坝高79.5m，已建）、硬梁包（1116MW，闸坝，坝高38m，在建）、大岗山（2600MW，双曲拱坝，坝高210m，已建）、龙头石（700MW，沥青混凝土心墙堆石坝，坝高58.5m，已建）、老鹰岩（630MW，闸坝，待建，2级开发）、瀑布沟（3600MW，砾石土心墙堆石坝，坝高186m，已建）等众多水电工程。此外，研究区内还有金汤河支流（370MW，金康等3级开发）、瓦斯河支流（585MW，冷竹关等3级开发）、田湾河支流（720MW，仁宗海等3级开发）、南桠河支流（564MW，冶勒等6级开发）等工程。其中猴子岩、长河坝和大岗山是坝高超过200m的大型水电工程。该河段的9座梯级电站，可开发容量达14716MW。

大渡河中游及外围研究区位于我国地震活动较强的西南地区，区域地质构造背景复杂，新构造活动强烈。区内有NW向鲜水河断裂带、SN向大渡河断裂带与安宁河断裂带、NE向龙门山断裂带等不同方向区域性断裂带，特别是鲜水河—安宁河断裂作为川滇菱形块体的东边界，显示出强烈的全新世构造活动性，是重要的强震发震构造带。研究区所处的大地构造部位和区内主要水电站的示意位置如图1.1-1所示。

根据我国的《防震减灾法》《地震安全性评价管理条例》和水电水利勘测设计有关规范要求，在水电水利勘测设计中，区域构造稳定性研究及其地震安全性评价工作是必须进行的工作之一。从大渡河流域的区域地质构造特点看，鲜水河断裂带、大渡河断裂、安宁河断裂带和龙门山断裂带等对河段各个梯级水电站的区域构造稳定性有着直接的影响。为此，需深入研究河段内各断裂带的展布、规模、性状等基本特征，以及几何学、运动学特征，重点研究各断裂带的活动性、分段及其与地震活动的关系，全面评价河段内的区域构造稳定性，为大渡河中游及外围地区水电开发建设提供

图 1.1-1　大渡河中游及外围研究区位置示意图［据任纪舜等（2006）《中国大地构造图》］

①—鲜水河断裂带；②—龙门山断裂带；③—安宁河断裂带；④—金河—程海断裂带；⑤—小江断裂带

可靠的基础地震地质资料和决策依据。

研究区位于扬子准地台西部康滇地轴，为SN向、NW向和NE向多组断裂构造交汇部位，新构造活动较强烈，地震地质背景复杂。在复杂地震地质背景条件下建设大型水电站，抗震安全问题应当引起广泛的关注。面对机遇与风险并存的现状，避让已不再是人们唯一的做法。随着科学技术的进步和工程设计水平的不断提高，在高地震烈度区建设大型水电工程已经成为可能。但是面对挑战并不能盲目乐观，需要用科学严谨的态度深入研究。区域构造稳定性问题是大型水电站可行性论证需要回答的重大问题。尽管大渡河中游河段部分水电站工程的可行性论证已经通过上级主管部门的批准，部分水电站工程业已建成蓄水发电，但由于设计地震动参数较高，对工程的抗震安全问题仍有很多担心和疑虑。研究区内包括大渡河干支流上还有很多工程待开发，对这一重要河段的区域构造稳定性问题需结合已建工程的经验，进一步开展更深入细致的总结、研究和论证，对于合理开发本地区的水能资源、解除业内外人士对工程安全的隐忧具有重要作用，因而是十分必要的。

通过本次研究，综合分析区域新构造运动、断裂活动与地震的关系，研究各个规划梯级电站的区域构造稳定性，论证区域构造稳定性对各个梯级电站建设的影响，为水电开发建设提供决策依据。

1.2 国内外研究概况

大渡河中游河段位于NW向鲜水河、NE向龙门山、SN向大渡河与安宁河断裂带组成的“Y”字形交汇区域。该区域地质构造背景和地震地质条件十分复杂，且地震活动频繁，强震不断。因此，国内外众多地震地质学者对该区域进行了广泛而深入的研究工作，归纳起来主要有以下3个方面：

（1）基础地质方面的研究：早在19世纪末地质先驱们在该区域进行了开拓性的基础地质工作；其后，众多的地质工作者陆续在该区域开展研究工作，并取得了丰硕的成果；新中国成立后，四川省地质局组织力量在该区域进行了全面的地质测绘工作，于20世纪60—80年代完成了1：20万区域地质图及其区域地质调查报告。

（2）区域地质构造活动性、地震地质等方面的研究大致可分为4个阶段：

1）20世纪60年代中期以前，进行了零星的区域地质构造活动性、地震地质等方面的考察工作，最早是1930年美籍地质学家赫姆（Amort Heim）考察了1923年3月24日发生的7.3级道孚地震，并发表过《道孚地震》一文；1933年8月四川茂汶发生了7.5级叠溪地震，中国西部科学院地质研究所常隆庆研究员和成都水利知事周郁如以及四川大学师生赴现场进行调查，并有《四川叠溪地震调查记》专著论述；1959—1960年中国科学院南水北调综合考察队对南北地震带的地震地质特点第一次做了研究。

2）20世纪60年代中期至70年代，主要是活动断裂的普查及其与地震关系的概略研究阶段。地质部西南地震地质队、中国科学院昆明地球物理研究所、国家地震局西南烈度队以及四川省地震局等单位在西南地区进行了大量的调查研究，编制了1：

200 万西南三省地震地质区划图、1∶100 万四川主要地质构造解释图、1∶100 万四川地震地质构造解释图及其重点地区的地震地质调查报告等，对川西地区的主体构造提出了一些新的见解。

3）20 世纪 80 年代至 2008 年“5·12”汶川地震，为四川活动断裂的研究工作转入了以定量或半定量研究以及研究活动断裂分段特征的新阶段。四川省地震局地震地质大队等单位先后沿鲜水河断裂带、安宁河—则木河断裂带、龙门山断裂带等开展全面的地震地质研究工作，出版了《鲜水河活动断裂带》《一九三三年叠溪地震》《攀西地区地震危险性研究》《石棉—西昌地区地震区划研究》等书及众多论文。1993 年由唐荣昌、韩渭宾等主编的《四川活动断裂与地震》一书完成，该书是对四川地区的活动断裂与地震研究的全面总结[1]。同时，结合水电水利、交通等基础设施的建设，开展了区域断裂活动性及地震烈度复核等研究工作。

4）2008 年“5·12”汶川地震以后，国内许多相关单位和地质专家对龙门山断裂带及其相邻地区进行了广泛而深入的研究，编写了众多的论文和专著。结合工程建设，开展了区域地质构造活动性和地震地质方面的研究。

（3）区域构造稳定性、地震地质等方面的研究：以中国地震动参数区划图为基础，对区域内各水电工程场地进行了地震安全性评价。20 世纪 80 年代四川省地震局对南桠河冶勒水电站等进行了地震安全性评价工作；20 世纪 90 年代四川省地震局对田湾河仁宗海水电站等、瓦斯河冷竹关水电站等进行了地震安全性评价工作；2002 年四川省地震局对金汤河金康水电站进行了地震安全性评价工作；2003—2005 年四川省地震局、中国地震局地质研究所对大渡河猴子岩水电站、长河坝水电站、黄金坪水电站、泸定水电站、硬梁包水电站、大岗山水电站、龙头石水电站、老鹰岩水电站等工程进行了地震安全性和区域构造稳定性评价工作。

1.3 研究内容与关键问题

1. 研究内容

本专著研究的内容主要有以下 6 个方面：

（1）区域地震构造研究：收集基本地质资料、地球物理、地形变、构造应力场和地震活动性等资料，研究区域大地构造演化，重点是新生代以来的构造演化，确定区域内地质构造单元划分，区域内第四纪以来的构造活动情况。

（2）大渡河中游断裂带活动性研究：大渡河中游断裂带的特征（断裂带的组成、展布、长度、规模、延伸、排列等特征）、几何学、运动学研究，重点研究断裂分段（运动方式、位移量和最新活动时代等）。

（3）区域地震活动性研究：收集古地震事件等资料，进行历史破坏性地震等震线研究，确定对各场址的地震影响烈度；地震区、带的划分；研究地震震中分布规律，重点研究地震与断裂带的关系，对工程场地地震危险性进行分析和综合评价。

（4）大渡河中游各梯级水电站的区域构造性稳定性评价：在对各梯级电站工程场地地震危险性分析和地震安全性评价的基础上，进一步分析评价各水电工程的区域构造稳定性。

(5) 对泸定、硬梁包、大岗山及栗子坪水电站工程场址活动断裂的工程适宜性进行评价。

(6) 对大岗山水电站水库诱发地震进行预测分析和监测评价。

2. 关键问题

本专著拟解决的关键技术问题主要有3个：

(1) 大渡河中游断裂带的展布与组成。目前，对鲜水河断裂带南段之磨西断裂、大渡河断裂带以及安宁河断裂带北段的某些野外宏观现象的观察识别、对某些勘探资料的解读和分析有不同的认识，对断裂带的展布存在一定程度的分歧。因此，在此次工作中，要明确鲜水河断裂带、大渡河断裂带以及安宁河断裂带等的具体展布位置。

(2) 大渡河中游断裂带的活动性。在确定鲜水河断裂带、大渡河断裂带以及安宁河断裂带的具体展布位置的基础上，研究鲜水河断裂带、大渡河断裂带以及安宁河断裂带的分段活动性，重点研究鲜水河断裂带南段之磨西断裂、大渡河断裂带、安宁河断裂带北段以及龙门山断裂带西南端二郎山断裂的活动性等问题。

(3) 区域地震活动性，古地震事件地形地貌显示反应。

1.4 技术路线与研究过程

1. 研究方法

(1) 收集已有的区域地质、地球物理和地震资料，特别重视新构造活动方面资料的收集，并对重要的地质资料进行复核。

(2) 通过构造地质填图、断层带内物质测龄等工作，查明研究区内主要断裂带的展布、规模，确定其活动性，并分析其活动规律。

1) 系统考察和建立断裂带的地震地质及地貌剖面，追寻和分析断面与第四系地层之间的切盖关系及断面脉体地质特征；

2) 断裂带构造变形特征的微观样品和盖层测年样品系统采集及观测分析；

3) 调查和复核作为断裂带地震地质活动性基础的古地震事件剖面；

4) 分析断裂带位移形变测量、中国 $M \geqslant 7.0$ 级地震形变带和地震活动性；

5) 编制大渡河中游及外围工程地震地质环境图（比例尺1：20万）。

(3) 综合分析区域新构造活动、断裂活动与地震的关系，对大渡河大岗山水电站地震危险性进行评估，对大渡河中游及外围区域构造稳定性进行分区评价。在此基础上进行大渡河泸定和硬梁包水电站、大渡河大岗山水电站、南桠河栗子坪水电站活动断裂工程适宜性评价。

2. 技术路线

大渡河中游及外围研究技术路线如图1.4-1所示。

3. 研究过程

20世纪70年代末，水利电力部成都勘测设计院（现中国电建集团成都勘测设计研究院有限公司，以下简称成都院）在大渡河中游河段即开展了区域地质测绘工作，

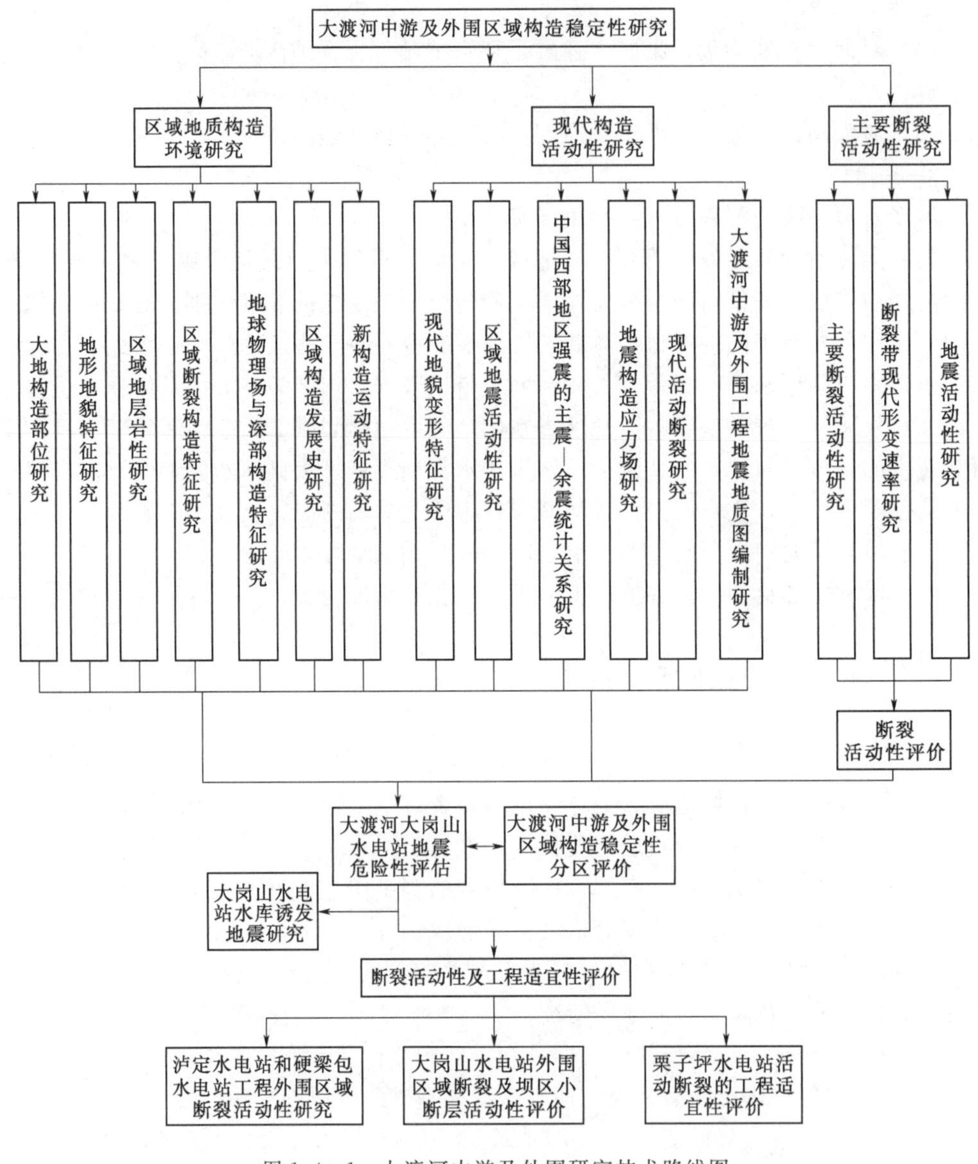

图 1.4-1　大渡河中游及外围研究技术路线图

重点对鲜水河断裂带南段之磨西断裂、大渡河断裂带、安宁河断裂带北段、龙门山断裂带西南端二郎山断裂等断裂带的展布、长度、规模、延伸、物质组成，以及断裂的活动性等进行了研究。

20 世纪 80 年代中期至 90 年代，成都院与四川省地震局工程地震研究所对大渡河中游支流——南垭河梯级水电站（冶勒水电站、姚河坝水电站等）、大渡河中游支流——田湾河梯级水电站（仁宗海水电站、金窝水电站、大发水电站）、大渡河中游支流——瓦斯河梯级水电站（冷竹关水电站、小天都水电站等）进行了区域构造稳定性和地震安全性评价工作，重点对各水电站工程场地的抗震稳定性和抗断稳定性等方面进行了研究。

进入 21 世纪，随着大渡河中游各梯级水电站开发步伐的加快，成都院协同中国地震局地质研究所、四川省地震局工程地震研究所于 2003—2004 年，对大渡河中游的猴子岩、长河坝、黄金坪、泸定、硬梁包、大岗山、龙头石和老鹰岩各梯级水电站进行了区域构造稳定性和地震安全性评价工作，重点对各梯级水电站工程场地的抗震稳定性和抗断稳定性等进行了研究。与此同时，对大岗山水电站坝址区小断层的活动性进行了专门研究。

2005—2007 年，成都院、中国水利水电科学研究院和中国地震局地质研究所联合开展了大渡河中游及外围区域构造稳定性研究工作。最终完成《大渡河中游及外围区域构造稳定性研究报告》《大渡河中游及外围区域断裂活动性研究》《大渡河大岗山水电站地震动设防参数安全裕度宏观评估》《大渡河大岗山水电站场地设计地震动参数的不确定性研究》《大岗山水电站设计地震动输入研究》《大岗山水电站水库诱发地震危险性预测研究》等 6 个专题研究报告。其中，第一专题区域断裂活动性和水电工程适宜性研究，另下设 7 个子课题。

2007 年 7 月—2008 年 1 月，成都院、中国地震灾害防御中心、中国地震局地震预测研究所、四川省地震局地震工程研究院对大渡河流域猴子岩—硬梁包段断裂活动性进行了专题研究。重点为以下几个方面：①大渡河断裂的分段性及其最新活动时代鉴定；②泸定坝址区主要断裂补充调查与活动性鉴定；③硬梁包坝址区主要断裂补充调查与活动性鉴定；④五个梯级电站坝址区及其邻区发震构造判定，及坝址抗断评价(重点是泸定、硬梁包两个坝址)。

2008 年 5 月 12 日汶川大地震后，成都院委托中国地震局地质研究所对大岗山、猴子岩、长河坝、黄金坪、泸定、龙头石等水电站地震地质和地震安全性评价进行复核论证工作，完成上述各水电站工程场地地震安全性评价复核报告，并通过中国地震局地震安全性评价委员会专家评审。

2015—2018 年，成都院在上述研究成果的基础上进行了本专著的编写工作。其中，2015 年主要进行了大渡河中游及外围区域的大地构造、基础地质、地震地质等资料的收集、整理和专著的编写工作；2016 年完成专著初稿的编写；2017—2018 年修改并完善专著的编写。在此期间，分别到折多塘、雅家埂、磨西、猛虎岗、田湾河、紫马垮等地进行了现场调研工作，对磨西断裂、大渡河断裂、安宁河断裂等进行现场考察和调研。

第2章 区域地质构造环境

2.1 大地构造部位

传统的槽台学说观点认为，研究区在区域大地构造部位上处于扬子准地台与松潘—甘孜地槽褶皱系两个一级大地构造单元的交界地带。研究区所处的大地构造部位如图 2.1-1 所示，图中部带黑色斜线的矩形就是研究区的大体范围。由图 2.1-1 可见，研究区主要涉及三个二级大地构造单元：东半边属于康滇地轴（$Ⅱ_1$）；西半边的大部分面积属于雅江冒地槽褶皱带（$Ⅱ_9$）；东北角的小块面积属于巴颜喀拉冒地槽褶皱带（$Ⅱ_8$）。此外，研究区东侧毗邻龙门大巴台缘坳陷（$Ⅱ_3$）和上扬子台坳（$Ⅱ_4$）。与研究区有关的二级、三级大地构造单元见表 2.1-1。

表 2.1-1　大渡河中游及外围大地构造单元分区简表

一级大地构造单元	二级大地构造单元	有关的三级大地构造单元
$Ⅰ_1$ 扬子准地台	$Ⅱ_1$康滇地轴	$Ⅲ_1$ 泸定米易台拱
	$Ⅱ_3$龙门大巴台缘坳陷	$Ⅲ_7$ 龙门山陷褶断束
	$Ⅱ_2$盐源丽江台缘坳陷	$Ⅲ_6$ 盐源陷褶束
	$Ⅱ_4$上扬子台坳	$Ⅲ_{10}$峨眉山断拱
$Ⅰ_3$ 松潘—甘孜地槽褶皱系	$Ⅱ_8$巴颜喀拉冒地槽褶皱带	$Ⅲ_{21}$茂汶丹巴地背斜
	$Ⅱ_9$雅江冒地槽褶皱带	$Ⅲ_{23}$炉霍地背斜
		$Ⅲ_{24}$雅江地向斜
		$Ⅲ_{25}$九龙地背斜

地质力学学说观点认为，研究区处于川滇经向构造带。该带是东部的扬子地块与西部的松潘—甘孜地块的过渡带或结合部，东西两区在沉积建造、岩浆活动及形变特征等诸多方面均有明显差别。该带东侧地区以北东向的线性褶皱构造为主，而西侧以北西向走滑断层和弧形构造带为主，并常见推覆构造。

板块构造是全球范围内的岩石圈构造，是最高一级的。断块构造是地球构造运动最基本的型式。活动断块是现今构造运动最基本的型式。活动断块学说观点认为，研究区在区域大地构造部位上位于川滇菱形断块、四川块体和川青断块交接部位，鲜水河断裂带、安宁河—则木河断裂带、龙门山断裂带则是该三大断块的分界断裂（图 2.1-2）。大渡河中游梯级电站多位于川滇菱形断块东边界断裂—鲜水河断裂带东侧。

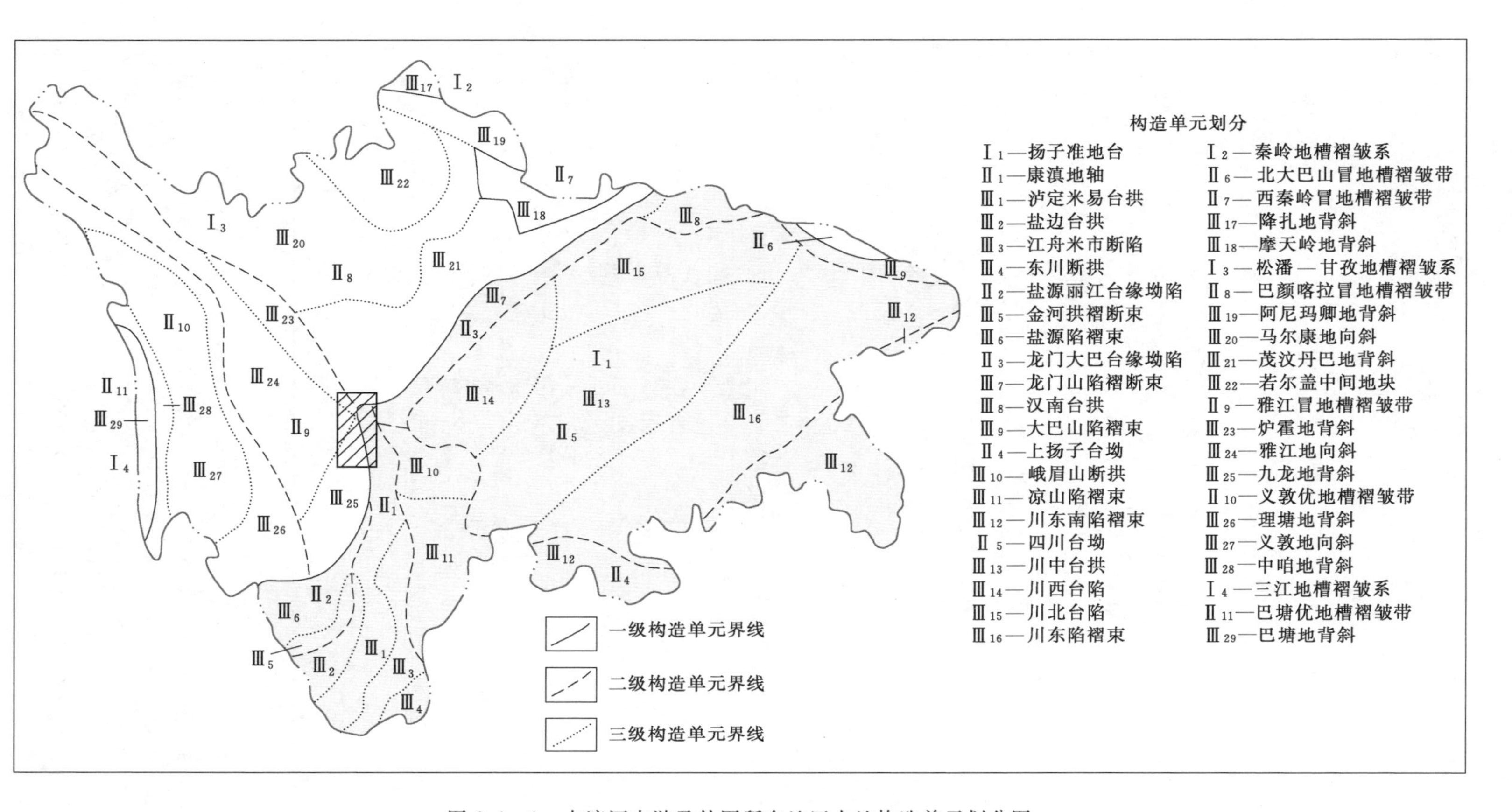

图 2.1-1　大渡河中游及外围所在地区大地构造单元划分图

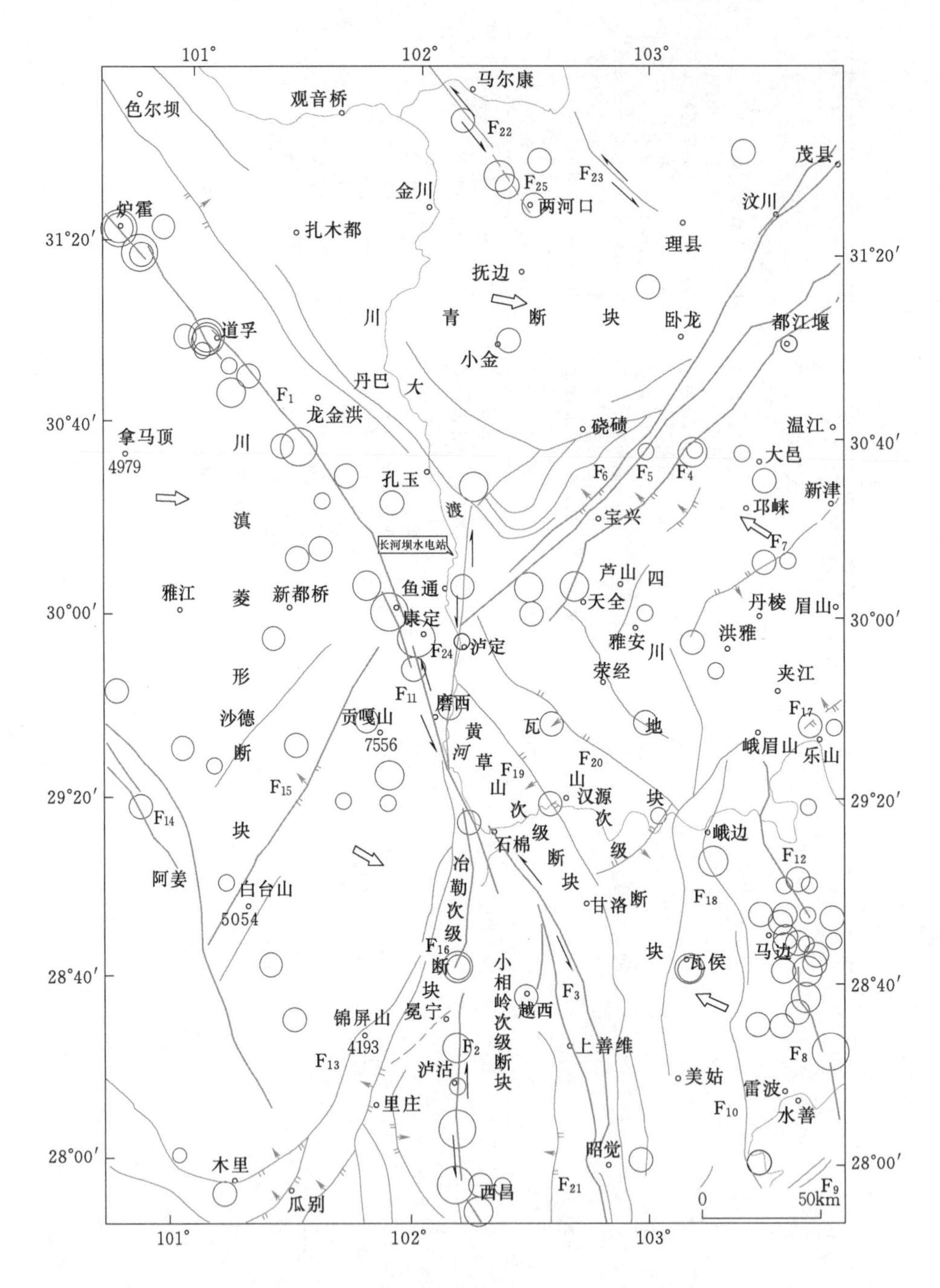

图 2.1-2　大渡河中游及外围地区活动断块分区图

F_1—鲜水河断裂带；F_2—安宁河断裂带；F_3—大凉山断裂带；F_4—彭县—灌县断裂；F_5—北川—映秀断裂；F_6—茂县—汶川断裂；F_7—浦江—新津断裂；F_8—马边断裂；F_9—莲峰断裂；F_{10}—老坝河—马颈子断裂；F_{11}—磨西断裂；F_{12}—马边—盐津断裂；F_{13}—小金河断裂；F_{14}—理塘—德巫断裂；F_{15}—玉农希断裂；F_{16}—大泥沟断裂；F_{17}—龙泉山断裂；F_{18}—美姑断裂；F_{19}—金坪断裂；F_{20}—保新厂—凤仪断裂；F_{21}—越西断裂；F_{22}—松岗断裂；F_{23}—米亚罗断裂；F_{24}—大渡河断裂；F_{25}—抚边河断裂

2.2　地形地貌特征

研究区除东南部为云贵高原，东部都江堰、峨眉山、屏山一线以东为四川盆地外，主要部分（龙门山、安宁河以西）处在青藏高原的东南端。在这里，强烈的隆起使上新世末的原始夷平面整体抬升到海拔 3500m 以上的高度，而长江上游及其几条大支流的侵蚀下切，又形成了深邃的峡谷，下切的相对深度可达到 2000～2500m。从而出现了丘状高原面和分割山顶面两类地貌形态。前者保存有面积较大、平缓浑圆的原始夷平面，残积物较为发育，并可见残留的河流相砾石；后者山高谷深，但最高一层的山顶面大体上处在同一高程上下，相当于原始夷平面的高度。

原始夷平面整体由 NW 向 SE 向倾斜，坡度在 4‰左右。同时，在一些巨大的活动性断裂带附近，可以观察到由于差异性构造运动而造成的夷平面解体现象，如理塘断裂带东西两侧夷平面位差 100～500m；西昌大箐梁子一带，则木河一侧的夷平面相对下掉约 500m，且向北翘起；松潘漳腊 4000m 的夷平面，在岷江东岸要比其西岸下落 1000m；通海曲江南北的夷平面分别为 1800m 和 2000m，位差 200～300m。

图 2.2-1 是唐荣昌等编绘的川渝地区第四纪差异抬升幅度图，概略地反映了研究区所处的川西地区燕山晚期原始夷平面分布和解体的格局，上面提到的几处夷平面的位差均有明显反映。与图 2.1-1 大地构造单元划分图相比较，有几个地区值得专门做一些评述。

图 2.2-1 中，原始夷平面的抬升幅度超过 4000m 的隆起带有 3 处：最西面的在白玉、巴塘、乡城一带，沿金沙江断裂带呈 SN 向展布，包括松潘—甘孜地槽褶皱系义敦优地槽褶皱带的中咱地背斜和三江地槽褶皱系巴塘优地槽褶皱带的巴塘地背斜两个三级大地构造单元；中部的在康定、九龙、木里一线，呈 SN 至 NNE 向展布，东临锦屏山—小金河断裂带，西接九龙断裂带，大体上包括了三级大地构造单元九龙地背斜的全部和理塘地背斜的东南部；东北的一处在南坪、漳腊、松潘、虎牙关一带，呈正南北向展布，跨越了分属于两个一级大地构造单元的 3 个三级构造单元（自北向南为阿尼玛卿地背斜、摩天岭地背斜、茂汶丹巴地背斜），其西缘沿岷江断裂、东门沟断裂展布，东侧以虎牙关断裂为界，南端与龙门山构造带的后山断裂呈大角度斜接。

隆起幅度在 3500m 左右的有两个区域，都分布在扬子准地台西部边缘。一处是龙门山陷褶断束，其北东端并向北扩展到虎牙关断裂东侧地区；另一处包括了盐源丽江台缘坳陷和康滇地轴的全部，以及上扬子台坳中的峨眉山断拱和凉山陷褶束，其东界大体在南北向的峨边—金阳断裂一线。

至于龙门山断裂带与其南东侧的四川盆地、安宁河断裂带与其东侧的米易—会理盆地之间地面高程上的落差，到底是这些断裂现今强烈差异性错动的决定性证据，还是燕山运动晚期（侏罗纪—早白垩世期间）大型内陆湖盆的继承性表现，必须综合多方面的资料进行分析。

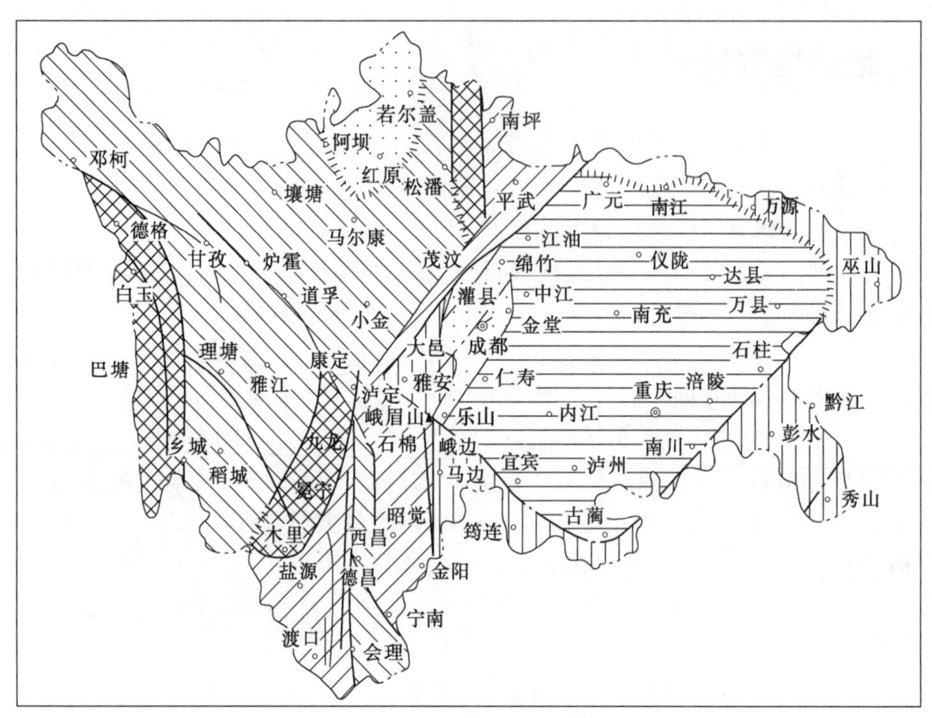

图 2.2-1　川渝地区第四纪差异抬升幅度图

2.3　区域地层岩性特征

2.3.1　沉积建造

区域地层以 NE—SW 走向的龙门山—锦屏山断裂系为界，东部为扬子地层区，在康滇地轴的范围内以岩浆岩和一套发育不全的元古界—中生界的沉积岩为特点；西部属巴颜喀拉地层区，发育一套以二叠系—三叠系为主的、巨厚的槽相浅变质岩系。此外，在磨西断裂西侧有少量泥盆系呈带状展布，在锦屏一级库区一带的长枪、江浪、踏卡乡等背斜核部有奥陶、志留和石炭系出露（表 2.3-1）。

大渡河中游河段及邻区位于扬子准地台的西缘，基本上沿康滇地轴的三级构造单元泸定米易台拱的北段自北而南展布。

研究区沿大渡河和南桠河广泛分布有太古代和早元古代的康定群片麻岩组及大面积侵入其中的晋宁期和澄江期花岗岩及花岗闪长岩，构成结晶基底片岩—片麻岩建造，其中，尤以研究区东南侧巨大的黄草山花岗岩体对研究区的区域构造稳定性意义最为重要。由于长时期的隆起剥蚀，泸定米易台拱的范围内只在局部地段可以看到小片的上三叠统陆相含煤碎屑岩分布。

康滇地轴以东，在上扬子台坳的西缘，冷碛、宜东至汉源一线，沉积盖层普遍发育，并分成两大套。第一套盖层由震旦系至二叠系组成，为浅海碳酸盐岩建造和碎屑岩建造交替出现。该区缺失石炭系，二叠纪峨眉山玄武岩仅有少量分布。第二套盖层由上三叠统到中侏罗统组成，为陆相含煤建造至红色建造，它超覆在第一套盖层上，与结晶基底一般呈平行不整合或角度不整合接触。

表 2.3-1　　　　大渡河中游及外围区域地层简表

年代地层			西部—巴颜喀拉地层区			东部—扬子地层区		
			岩石地层			岩石地层		
界	系	统	群、组	代号	厚度/m	群、组	代号	厚度/m
新生界	第四系	全新统	冲积（Q^{al}）、洪积（Q^{pl}）、坡积（Q^{dl}）、崩积（Q^{col}）、残积（Q^{el}）、冰碛（Q^{gl}）、滑坡（Q^{del}）、泥石流（Q^{cpl}）等堆积物，分布于河漫滩、Ⅰ级阶地、沟口、山麓等地段					
		更新统	冲积（Q^{al}）、洪积（Q^{pl}）、残积（Q^{el}）、冰碛（Q^{gl}）等堆积物。分布于Ⅱ～Ⅵ级阶地及夷平面等地段					
中生界	侏罗系	下统	地层缺失			益门组	J_1y	155～560
	三叠系	上统	西康群 杂谷脑组	T_3z	＞1099	白果湾组	T_3bg	
		中统	西康群 扎尕山组	T_2z	318	地层缺失		
		下统	菠茨沟组	P_3-T_1b	674			
古生界	二叠系	上统						
		中统	大石包组	P_2d	＞2820			
		下统	三道桥组	P_1s	＞812	铜陵沟组	P_1t	＞196.34
	泥盆系	中上统		$D_2^{1-3}d$	＞2300	河心组	$D_{2-3}h$	＞696
		下统	地层缺失			棒达组	D_1pd	＞283
新元古界	震旦系	上统				灯影组 上段	Z_2d^2	＞345
						灯影组 下段	Z_2d^1	＞350
						观音崖组	Z_2g	＞108
		下统				苏雄组	Z_1s	＞150
古元古界						康定岩群（Pt_1K）：英云闪长质片麻岩（$m\gamma_2^1$）、闪长质片麻岩（$m\delta_2^1$）、辉长质片麻岩（$m\upsilon_2^1$）、变质超镁铁质岩（$m\Sigma_2^1$）		

磨西断裂西盘，在松潘—甘孜地槽褶皱系的范围内，分布着一套变质的泥盆系中统和二叠系的岩石，以结晶灰岩、白云岩、大理岩、片岩、板岩、千枚岩、变质砂岩等为主。燕山期花岗岩侵入在上古生代的变质岩中，呈岩株、岩枝、岩墙或岩床状产出，属于贡嘎山花岗岩的边缘部分。

研究区及外围缺失白垩系、古近系和新近系。第四系下更新统昔格达组在冕宁大桥以南安宁河断裂带沿线比较发育，而在安宁河断裂北段和磨西断裂则很少见到。第四系中上更新统和全新统松散堆积层主要有冲积、崩积、洪积、残坡积和少量冰水沉积等，分布在河（沟）谷低地及缓坡地带。研究区沿河谷发育有五级阶地，主要沿大渡河干流和支流金汤河、瓦斯河、磨西河、田湾河、松林河、南桠河等较平缓的河谷段分布，高阶地以冰碛和冰水沉积为主，低阶地以冰水沉积和流水沉积为主。

2.3.2 岩浆活动

研究区的岩浆岩按产状分为侵入岩、火山岩和脉岩三类。

侵入岩系大致可分为五类系列。第一类为多期次侵入形成的规模不大的基性—超基性杂岩体，出露于南西部，为晚古生代活动陆缘拉张期的产物。第二类为辉长岩—闪长岩—英云闪长岩系列，见于区域中北部，组成了康定岩群中的片麻岩套，属古元古代初始陆壳形成时期闭合阶段岩浆活动的产物。第三类为正长岩—二长花岗岩系列，分布于区域西南部，形成于晚古生代活动陆缘闭合阶段。第四类为二长花岗岩系列，广泛见于区域中—东部及西部，为区内分布最广的侵入岩，其形成时代分别为晋宁期、澄江期和燕山期，属造山晚阶段的产物；其中晋宁—澄江期二长花岗岩构成了“黄草山花岗岩”的主体。第五类为钾长花岗岩系列，主要见于中—东部，形成于澄江期陆缘拉张的初始阶段。

火山岩在本区也较发育。其中最常见的是玄武质杂岩组合，分布于区域中、西部；最早的玄武质岩石发育于古元古代初始裂陷槽形成阶段，属结晶基底——康定岩群的组成部分；在西部的志留系、二叠系和东部的泥盆系、二叠系中均有产出。其次是玄武岩—安山岩—流纹岩组合，主要见于东部的震旦系、泥盆系。

区域性脉岩主要为基性脉岩，少量中、酸性脉岩，其岩石类型、发育时期大多与上述岩浆活动有关。最具代表性的是发育于大渡河两岸附近的辉绿岩脉系列，主要为印支—燕山期褶皱回返—推覆造山阶段的产物。

2.3.3 变质作用

按照变质作用类型将区域内的变质岩分为区域动热变质岩（含区域混合岩化的岩石）、动力变质岩、热接触变质岩和气液交代变质岩四大类，主要出露于大渡河以西地区，东部零星分布。

区域动热变质岩按照其变质程度及其组合关系等可明显分为两部分。一部分属古元古代结晶基底式区域动热变质作用形成的变质侵入岩——辉长质—闪长质—英云闪长质片麻岩及其变质超镁铁质岩包体，呈片麻岩中残余体出露的变质火山岩（片岩—变粒岩），分布于区域中部一带，变质程度达角闪岩相；另一部分属印支—燕山期褶皱回返阶段中浅层次的区域动热变质作用形成的石英岩、片岩及片麻岩、大理岩类，广泛产出于西部大多数地层中，构成草科热穹隆角闪岩相—绿片岩相的递增变质带。

动力变质岩根据形成作用及分布特征，可分为呈大面积分布的区域低温动力变质岩和呈带状出露的动力变质岩两类。区域低温动力变质岩主要出露于西部，东部有少量分布；岩石类型为变质陆源碎屑岩类（变质砂岩—千枚岩）、变质碳酸盐岩类（结晶碳酸盐岩—大理岩）和变质火山岩三类（变质熔岩—火山碎屑岩），以变质浅（低绿片岩相）、变形强（叠加褶皱）为特点，形成于印支—燕山期褶皱回返及推覆造山阶段。带状分布的动力变质岩组成区域主要断裂带，常见于区域中部；按其变形特征分为韧性变形系列——糜棱岩系（包括变晶糜棱岩和构造片岩类）和脆性变形系列——碎裂岩系（包括破裂岩类），具有多期活动、叠加改造的特征。

热接触变质岩仅零星见于西侧的三叠系中，叠加于区域低温动力变质岩和区域动热变质岩之上形成的以草科岩体为中心、宽度为100～200m向外渐次减弱的热接触变质带；主要为长英质岩石（片岩、片麻岩类）、少数变质碳酸盐岩类的角岩化，局部存在接触交代变质的特征，其变质程度一般为绿帘石角岩相，局部可达辉石角岩相，形成于燕山期。

气液交代变质岩广泛发育于东部地区的花岗质杂岩和苏雄组火山岩中；主要蚀变类型有绢云母—绿泥石化、绿帘石化、钠黝帘石化、钾长石化和硅化，形成变质程度不高的蚀变岩化岩石；其形成与各时期岩浆期后热液活动有关。

2.4 区域断裂构造特征

为研究大渡河中游及外围所在地区的区域构造稳定性，从一个更大的范围来审视其与老的和新的大地构造单元的关系，即扬子准地台与松潘—甘孜地槽褶皱系的接触边界和著名的川滇菱形断块的活动边界。现将有关的构造带的展布和组成简述如下（图2.4-1）。

2.4.1 鲜水河断裂带

位于巴颜喀拉冒地槽褶皱带中。在海西期已具雏形，沿该带有零星基性—超基性岩，整体表现为一NW走向的地背斜带。印支运动期间，伴随巴颜喀拉冒地槽的回返，鲜水河断裂带便在此地背斜中形成，并伴有碱性花岗岩的侵入。燕山运动和喜山运动以来，该断裂的继承性活动达到顶峰，在大面积动力变质作用的基础上逐步发展成为由甘孜断裂、炉霍断裂和康定断裂等三条左行走滑断裂组成的鲜水河走滑断裂带和地震带；在现今构造运动中成为川滇菱形块体的北界。总体走向NW，全长约400km，最宽处10～20km。

2.4.2 川滇南北向构造带

位于扬子准地台西缘的康滇地轴范围内，北端与龙门山构造带相接，南段被红河断裂带所截，总体呈南北向延伸，长约1000km，宽数十千米至上百千米，主要由五条断裂带组成，由西向东为：攀枝花—楚雄断裂带，磨盘山—绿汁江断裂带，安宁河—易门断裂带，西罗河—普渡河断裂带，甘洛—小江断裂带。其中，安宁河断裂带纵贯康滇地轴的轴部，其北段由冕宁向北，经野鸡洞、紫马垮至石棉安顺场附近。

2.4.3 龙门山构造带

是扬子准地台与松潘—甘孜地槽褶皱系接触边界的北东段，北端与秦岭东西构造带相交，南西端与川滇南北带相接，由勉县经广元、北川、汶川、都江堰、天全至泸定北，总体走向N40°～50°E，长约540km，带宽25～40km，主要由茂汶断裂、北川—映秀断裂和江油—灌县断裂三条断裂带组成。

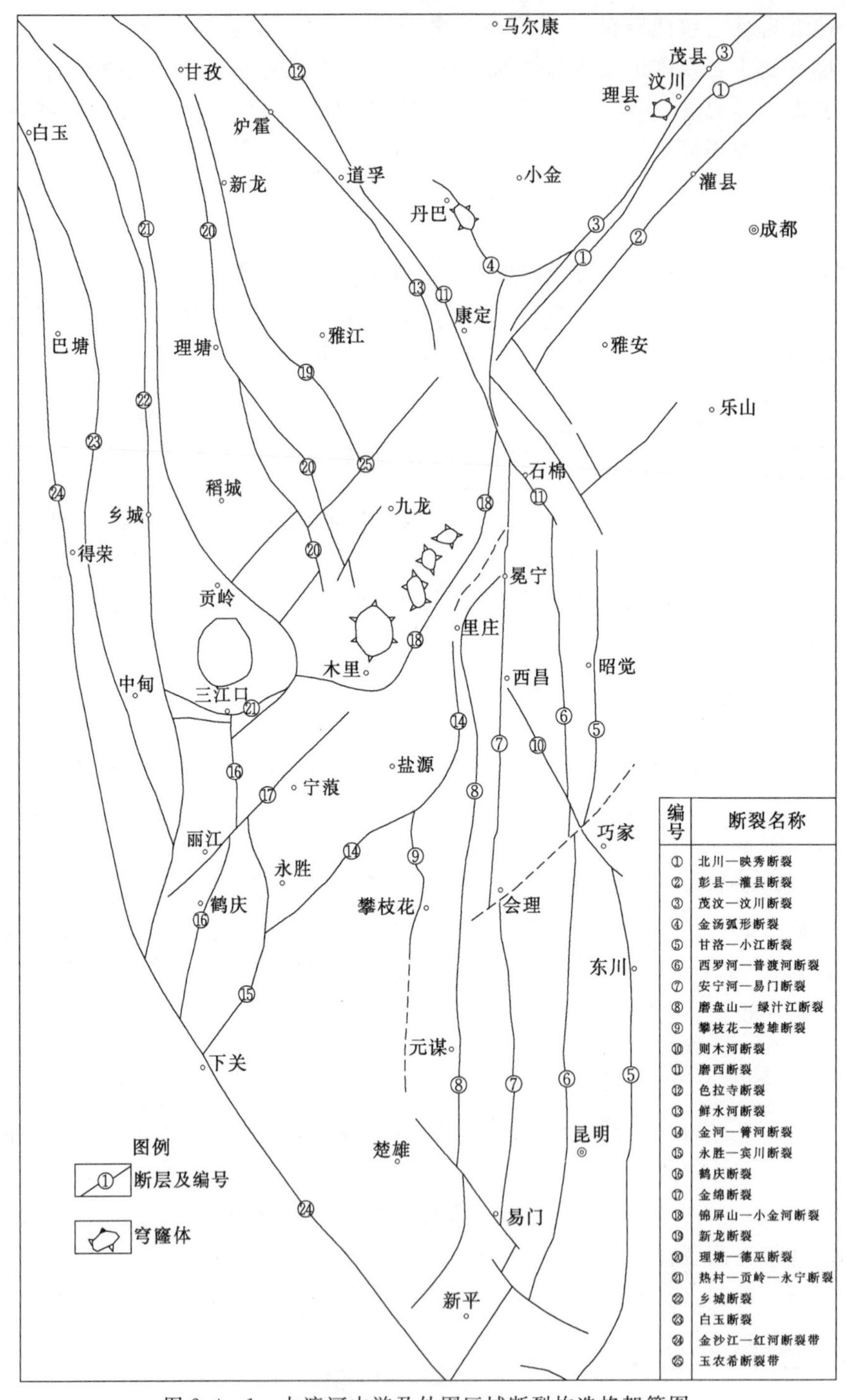

图 2.4-1　大渡河中游及外围区域断裂构造格架简图

2.4.4　金沙江—红河断裂带

北部系三江褶皱系与松潘—甘孜褶皱系之间的分界断裂，南部系三江褶皱系与扬子准地台之间的分界断裂，沿龙木错、玉树、金沙江、红河一线延伸，由一系列深大断裂所组成，总长3000km以上，宽20～30km。有资料表明，在整个古生代及三叠纪，金沙江—红河断裂带东侧的扬子陆块与西侧的西藏陆块（包括羌塘地块）之间，是一个宽达3000km以上的古特提斯洋。三叠纪以后，原在南半球的西藏地体才逐渐北上至现今的位置。因此，金沙江断裂带应该是缝合西藏古陆块和扬子古陆块的超岩石圈断裂带。

2.4.5 锦屏山—小金河断裂带

一般认为，它是扬子准地台与松潘—甘孜地槽褶皱系接触边界的南西段。锦屏山断裂呈NNE方向沿锦屏山主峰西侧穿过雅砻江大河湾地区，向北至石棉西油房以远，沿大泥沟转向NNW，又称大泥沟断裂。向南至大碉沟、吉尔坪与小金河断裂相接。小金河断裂由小金河口向SW，经瓜别、列瓦，逐渐转向NWW，形成向南凸出的弧形断裂带，至屋脚乡、永宁一带与三江口弧形断裂相连，并在中甸东侧交在乡城断裂带上。

2.4.6 金河—箐河断裂带

一般认为，金河—箐河断裂带是扬子准地台西部康滇地轴与盐源丽江台缘坳陷两个二级大地构造单元之间的分界断裂，北起冕宁里庄以北，大致呈SN向往南延伸，至金河后逐渐转向南西，整体呈向南东凸出的弧形，经箐河至永胜，与永胜—宾川断裂相接，全长在400km以上。

金河—箐河断裂带在里庄以北的延伸情况争论较多，有一种看法认为，由于燕山运动晚期冕西花岗岩沿断裂侵入，金河—箐河断裂带主干断裂北延的部分被“焊接”而愈合，目前已分辨不清了。

2.4.7 甘孜—理塘断裂带

系巴颜喀拉冒地槽褶皱带与玉树义敦优地槽褶皱带之间的分界断裂，北端起自玉树，向南东至甘孜，转为近SN向延至理塘，再转向SE行，至麦地龙乡以北，被八窝龙断层等一组NNE向断层顺扭错开，规模明显减小，至长枪复背斜WN逐渐消失，总长在1000km以上。

2.4.8 理塘—德巫断裂带

理塘—德巫断裂始于区外的蒙巴西北，向东经理塘、德巫至木里以北消失，全长约385km。走向NWW，倾向NE，倾角60°～80°，左旋走滑为主。该断裂带实际上是由该断裂带东边界断裂——中马岩断裂带（F_{3-1}）及西边界断裂——德巫断裂带（F_{3-2}）两组断裂组成的复杂断裂带（系），断裂带呈巨大的透镜状，在理塘、前波一带收敛变窄，向南，被玉农希断裂右行切错。中马岩断裂活动性主要在中马岩以北的NW向段。德巫断裂具较强的活动性，但分段明显特征，其活动性主要在NW的德巫段，南段不具活动性。

2.4.9 玉农希断裂带

玉农希断裂北起康定SW，沿玉农希沟向SW方向延伸，经鸡丑山、汤古、八窝龙等地，全长约250km。断裂走向N20°～30°E/NW∠50°～70°，倾角较陡。地貌线形特征较明显，为一系列垭口，如五须垭口、鸡丑山垭口、玉农希垭口等负地形。鸡丑山以东玉农希段活动相对较强，鸡丑山以西八窝龙段活动相对微弱。

2.5 地球物理场与深部构造特征

2.5.1 重力场特征

由图2.5-1可见，区域布格重力异常全为负值，且自SE向NW不均匀逐渐降低，其值在－110mg～－470mg范围内变化，分区特点十分显著。在东经102°～104°之间的地区，布格重力异常值变化很大，呈显著的布格重力梯级带，梯度带宽度约150km，平均变化梯度在2mg/km左右。反映了该地区的莫氏面呈一向西倾斜的斜坡。该重力带是NE向龙门山断裂通过的位置，表明龙门山断裂是一条切割深度已达上地幔的深大断裂岩石圈。该重力梯级带在北纬30°附近的康定、雅安地区分岔呈三支条带变化：一支呈NW向由雅安经峨眉、马边延伸进云南境内；另一支呈NE向由康定经九龙、木里延伸进滇西北地区；再一支呈SN向由康定经石棉、西昌、德昌至会理。这三条重力梯度带实质上是荥经—马边—盐津断裂、锦屏山构造带和安宁河断裂带在深部的具体反映。在东经102°的金川、康定、九龙以西地区，重力异常值存在由SE向NW逐渐降低的趋势，异常值小于－400mg，重力异常等值线展布无明显的优势方向，局部异常较多，反映出该地区地壳厚度大且变化不大。

2.5.2 磁场特征

图2.5-2是区域航磁ΔT化极上延20km异常平面图与$M_S \geqslant 6.0$级地震震中分布图。从该图可以看到，大致沿龙门山—康定—九龙一线可将研究区划分为东、西两个不同的磁异常区。龙门山—锦屏山构造带以西地区主要以负磁异常为主，异常值为0～－60nT，反映该区弱磁性体存在。以东地区的磁场具有北强南弱的特点，汉源、乐山以北为正磁异常区，正磁异常高达＋160nT以上，与四川盆地范围相当，反映了四川盆地基底为一套中深变质的强磁性岩浆杂岩；以南地区磁性相对较弱，以负磁异常为主，变化幅度较小，可能与该地区的基底为一套弱至无磁性浅变质砂板岩有关。

2.5.3 地壳厚度特征

由图2.5-3可见，地壳厚度等值线的疏密程度及异常形态，清晰地反映出该区莫氏面起伏状态。区域内的地壳厚度由东向西渐次增厚，最薄处为42km。到了九龙以北及理塘以西，地壳厚度达70km，其相对变化幅度达28km左右。尤其在龙门山幔坡陡倾带一线，其极为醒目的地壳厚度变化异常与该区巨型重力梯级带、航磁异常

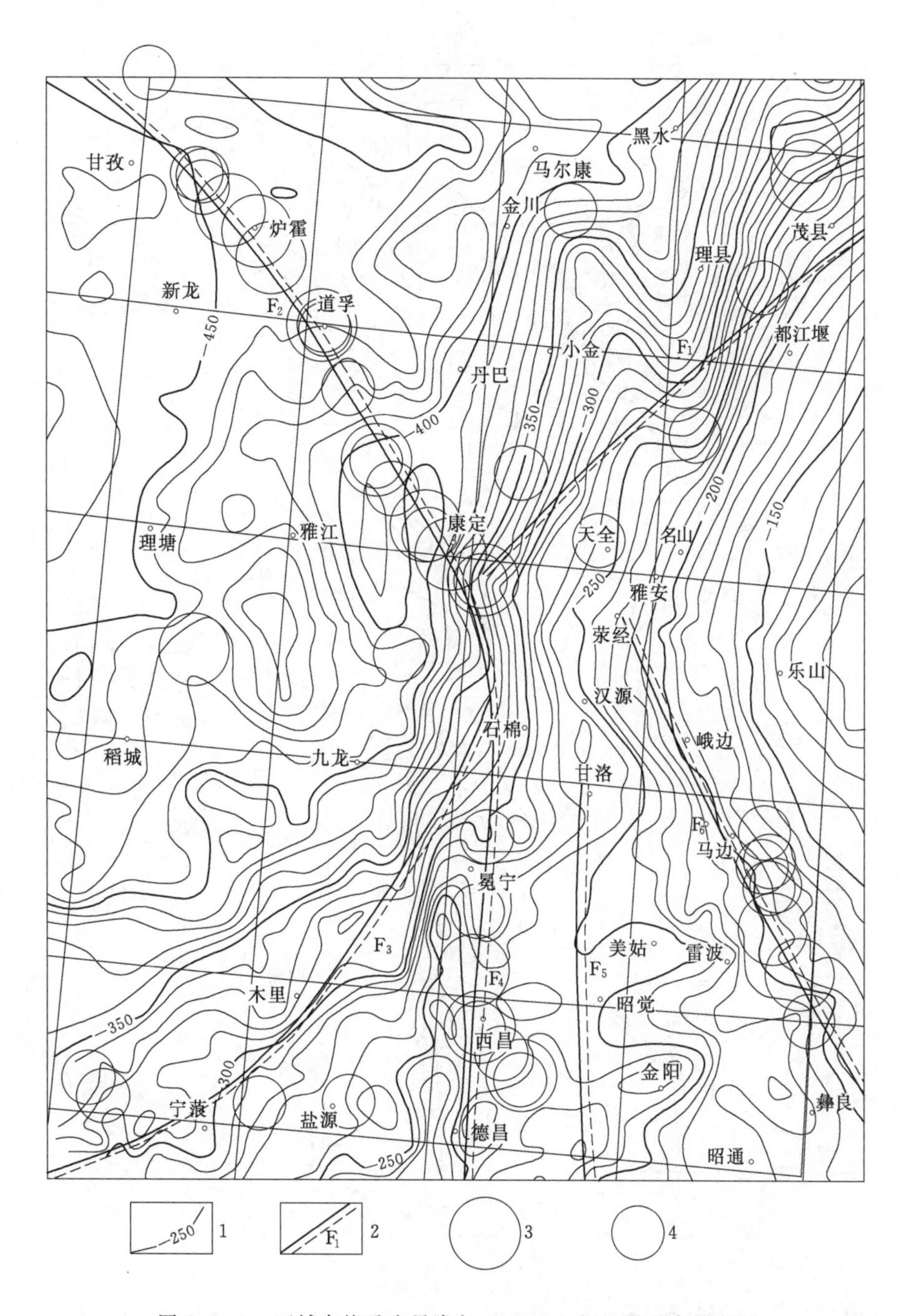

图 2.5-1　区域布格重力异常与 $M_S \geqslant 6.0$ 级地震震中分布图

1—布格重力异常等值线，毫伽；2—深大断裂；3—M≥7.0 级震中；4—M=6.0～6.9 级震中；
F_1—龙门山断裂带；F_2—鲜水河断裂带；F_3—锦屏山断裂带；F_4—安宁河断裂带；
F_5—四开—小江断裂；F_6—荥经—马边—盐津断裂带

陡变带一样，对应着龙门山深大断裂带。在锦屏山构造带和荥经—马边一线附近，东部是幔隆区的一部分，地壳薄的地方约 42km；西部为地幔坳陷区，地壳厚的地方约为 70km。中间所挟持的地区在莫氏面向西倾斜这一大背景下出现的局部隆、凹叠加

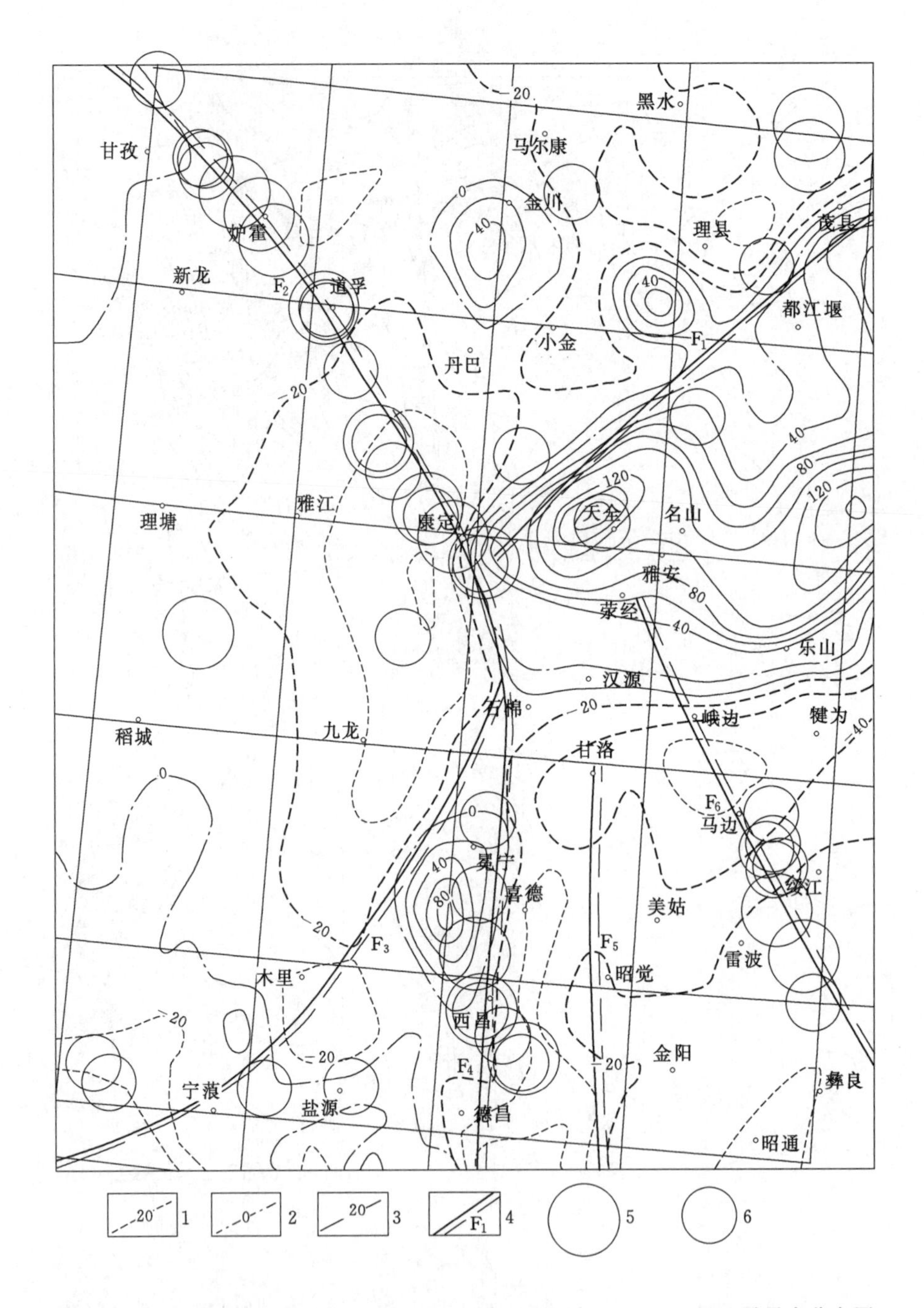

图 2.5-2 区域航磁 ΔT 化极上延 20km 异常平面图与 $M_S \geqslant 6.0$ 级地震震中分布图

1—负磁异常等值线，纳特；2—零值线；3—正磁异常等值线，纳特；4—深大断裂；5—M≥7.0 级震中；6—M=6.0～6.9 级震中；F_1—龙门山断裂带；F_2—鲜水河断裂带；F_3—锦屏山断裂带；F_4—安宁河断裂带；F_5—四开—小江断裂；F_6—荥经—马边—盐津断裂带

（西昌幔隆、金阳幔凹）。锦屏山构造带两侧亦出现了较大的地壳厚度差异，表明区内的边界断裂具有深大断裂性质。

贯通整个四川盆地的竹巴笼—资中人工地震测深剖面（图 2.5-4，王椿镛等，

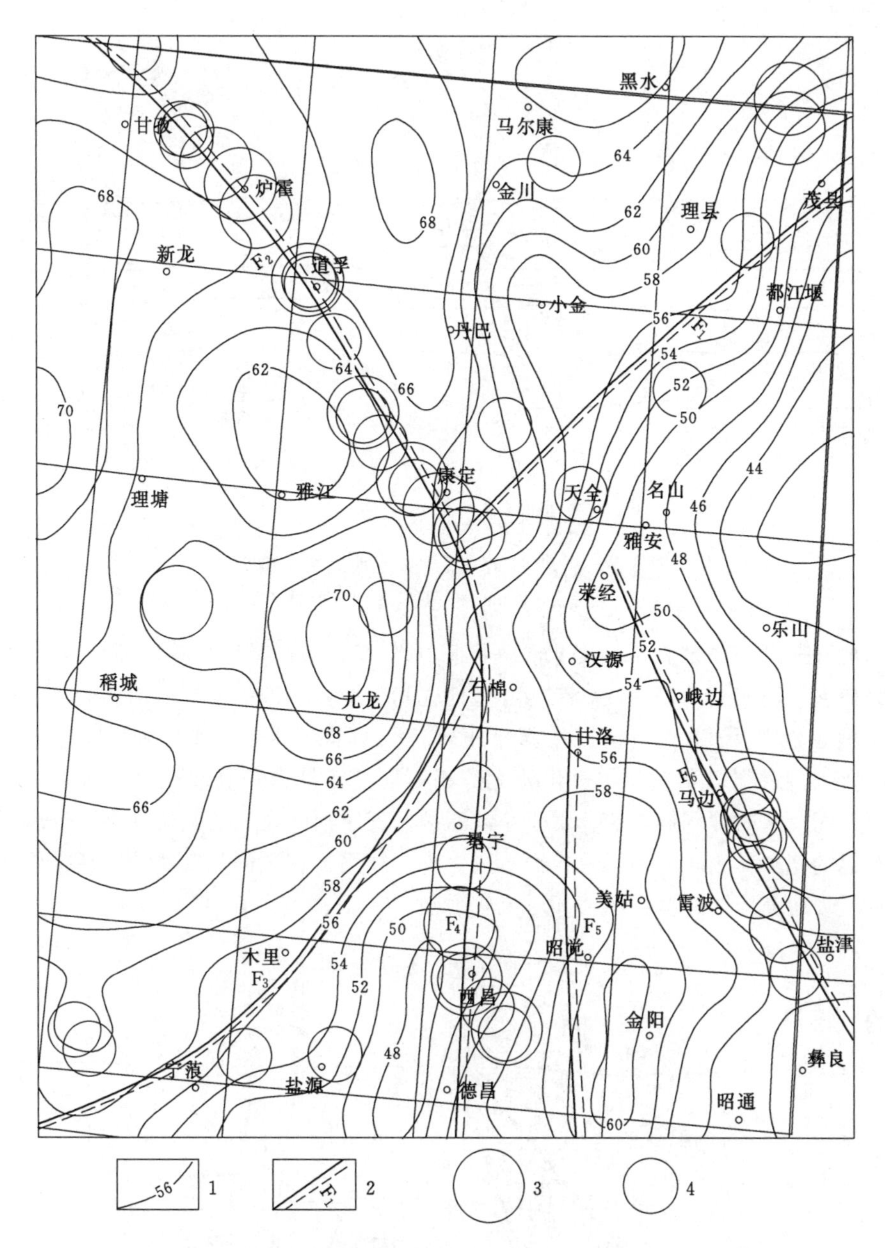

图 2.5-3　区域综合地壳结构与 M_S≥6.0 级地震震中分布图

1—地壳厚度等值线，km；2—深大断裂；3—M≥7.0 级震中；4—M=6.0～6.9 级震中；
F_1—龙门山断裂带；F_2—鲜水河断裂带；F_3—锦屏山断裂带；F_4—安宁河断裂带；
F_5—四开—小江断裂；F_6—荥经—马边—盐津断裂带

2002 年)，呈 EW 向横切研究区，从此图中可以看出上部地壳低速层为 5.80～5.85km/s，埋深约 15km，波速在横向上变化不大。下地壳的波速约 6.80～6.90km/s，但在龙门山断裂东西两侧地壳厚度出现显著差异，东侧莫霍面埋深约 40km，西侧约 60km。表明龙门山断裂为一套切割深度已达岩石圈的深大断裂。特别是在龙门山断裂以西地区 20km 左右深处，出现了一低速层，该位置也往往是地震孕育和发生的场所。

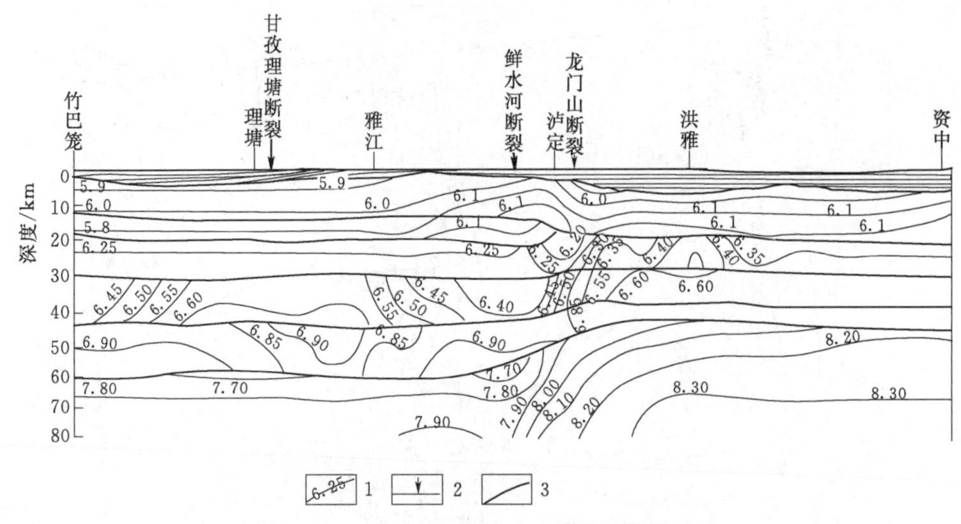

图 2.5-4　竹巴笼—资中人工地震测深剖面图

1—层速度，km/s；2—断裂带；3—推测界面

由丽江—新市镇的人工地震测深解释图（图 2.5-5，崔作舟等，1988），研究区的地壳为高、低速相间的多层层状结构。上地壳和上地壳底部低速层微向西倾，显塑性的低速层埋于地表下 20～30km。在新市镇低速层埋深 28km，到美姑、昭觉一带增至 34km，与该地区的优势震源深度位置大致相等，可能是青藏高原东缘地区上地壳相对下地壳剪切滑脱的深部拆离带。由于小江断裂、安宁河断裂、磨盘山断裂和程海断裂等深大断裂的切割作用，致使该莫霍面形成为不连续面，在不同的断块内，莫霍面埋深都不一致，表明该地区的构造活动相对比较强烈。

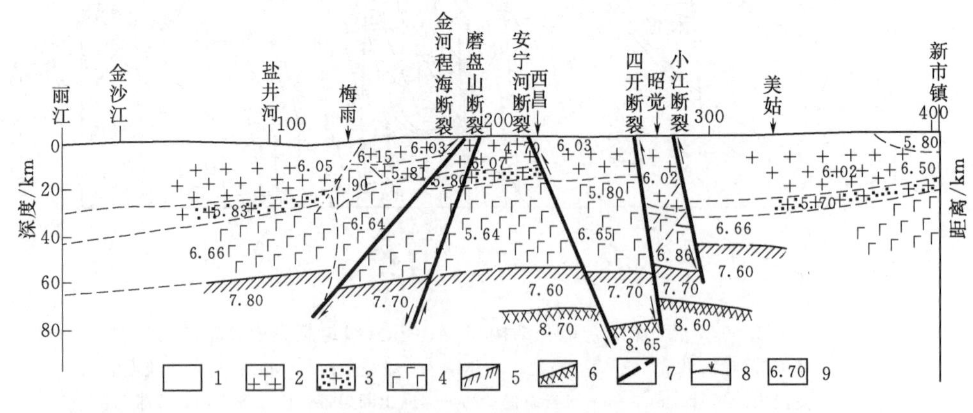

图 2.5-5　丽江—新市镇人工地震测深地壳结构剖面图

1—表层；2—硅铝质层；3—低速层；4—硅镁质层；5—莫霍界面；6—地壳—地幔过渡带界面；7—断裂带；8—人工爆破点位置；9—层速度，km/s

2.5.4　地球物理场与断裂带和地震的关系

鲜水河断裂带、安宁河断裂带和龙门山构造带都是巨型断裂构造，且都属于现代活动断裂。这三条断裂带汇聚在大岗山和泸定水电站所在的大渡河河段一带，构成著名的

川西“Y”字形构造体系，自然引起人们极大的关注。为进一步了解这些断裂带与深部构造之间的关系，在《中国地球物理图集（1996）》和《四川省重力航磁异常综合研究报告（1991）》中选择了一些图件，编成两个组图。图2.5-6由8幅图组成，选自《中国地球物理图集（1996）》，比例尺为1∶1200万，便于了解本区在大范围中的宏观定位。前四幅是航磁重力资料，后四幅是地温、地震资料，每幅图中部的矩形框表示研究区的大体位置。

粗略对比前后两组图有很大的差别：图2.5-6（a）、（b）两幅航磁图可以分辨出安宁河断裂带和龙门山构造带的线性影像，但鲜水河断裂带反映不明显；图2.5-6（c）、（d）两幅图主要反映了NNE至近SN走向的重力梯度陡变带，鲜水河断裂带和龙门山构造带反映不明显；后四幅图更多地反映了当前的情况，其中图2.5-6（e）、（f）两幅中“Y”字形图像十分清晰，但东北面的一支不是龙门山构造带，而是由茂汶—天全断裂并与虎牙关断裂、岷江断裂共同构成的NNE向强震带；图2.5-6（g）、（h）是深部的温度图，NNE和近SN的线性影像仍清晰可辨，但北西支没有反映。看来，这可能表明，所谓的“Y”字形构造，实际是由深、浅两套构造体系的反映叠加而成的：深部的更多反映了老构造，它们是安宁河断裂带和龙门山构造带；浅部反映鲜明但深部资料中不甚清晰的鲜水河断裂带，至少它的南东段，可能是新生成的、切割较浅但现代活动较强烈的断裂。

选自《四川省重力航磁异常综合研究报告（1991）》的4幅图件比例尺为1∶100万和1∶200万，选出航磁和重力各两幅组成图2.5-7。

从图2.5-7（a）、（b）中可以看到，在四川盆地与青藏高原之间，横亘着一条巨型的重力梯度陡变带，其重力异常值全为负值，最窄处由成都、乐山一带的－150mg向西到金川、雅江一线陡降至－400mg，平均每公里下降约0.9mg。该带在甘肃文县、四川平武一带入川，经黑水、理县向南南西行，至康定一带有一小段转为近SN向直至石棉。康定、石棉以南该梯级带分为两支，东支由石棉经马边向南东方向弯转，沿乌蒙山南下；西支由康定经九龙、锦屏山、木里至玉龙雪山，总体呈NNE转NE向。夹在这两个分支之间的是攀西南北向重力异常区，由东、西两个近SN向的异常组成，东为相对负异常场，异常宽缓；西为相对正异常场，由一系列SN向排列的串珠状正异常构成。攀西异常区的中心线位于石棉、西昌—攀枝花一线，安宁河断裂带即沿此中心线展布。

图2.5-7（c）是航磁化极异常图，（d）是向上延拓20km的化极异常图。航磁异常与重力异常的对比显示，其总体特征大体相似。特别是石棉—冕宁—西昌—会理一线，均为正负异常的分界线，西侧为相对高值，等值线呈圈闭，显然是安宁河断裂带的反映。康定、宝兴、都江堰、青川一线也是一条航磁正负异常的分界线，南东侧为正异常，北西侧以负异常为主，应与龙门山断裂带有关。

应该指出，无论是重力资料还是航磁资料，沿康定、道孚、炉霍、甘孜一线都看不到明显的线状构造。

四川省综合研究报告中还提供了一幅《重磁异常推断构造地质及分区图》（见图2.5-8）和一幅《重磁异常推断断裂体系图》（见图2.5-9）。按照该报告的分析并结合《中国地球物理图集（1996）》的资料（见图2.5-6），可以认为：龙门山构造带

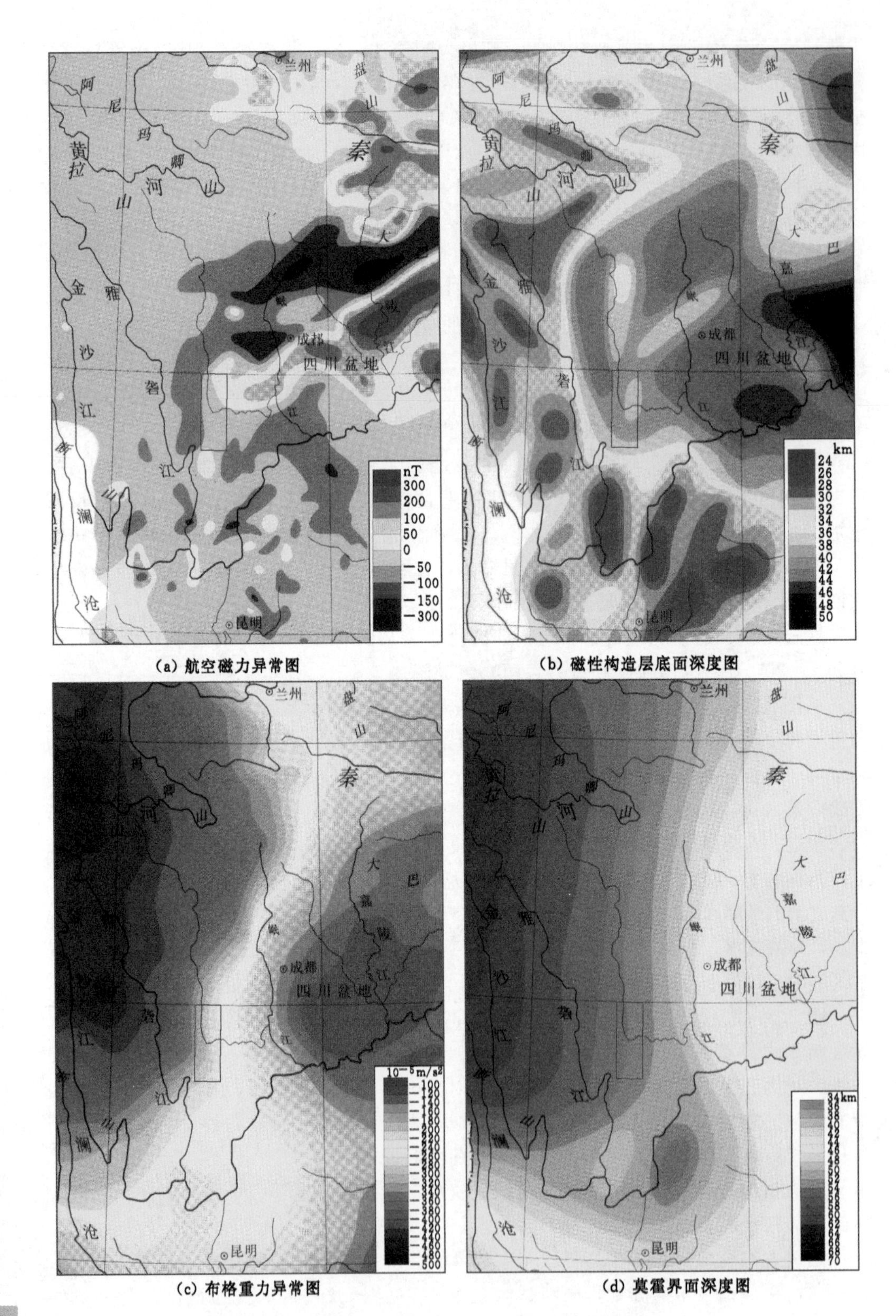

图 2.5-6（一） 大渡河中游及外围区域地球物理场组图

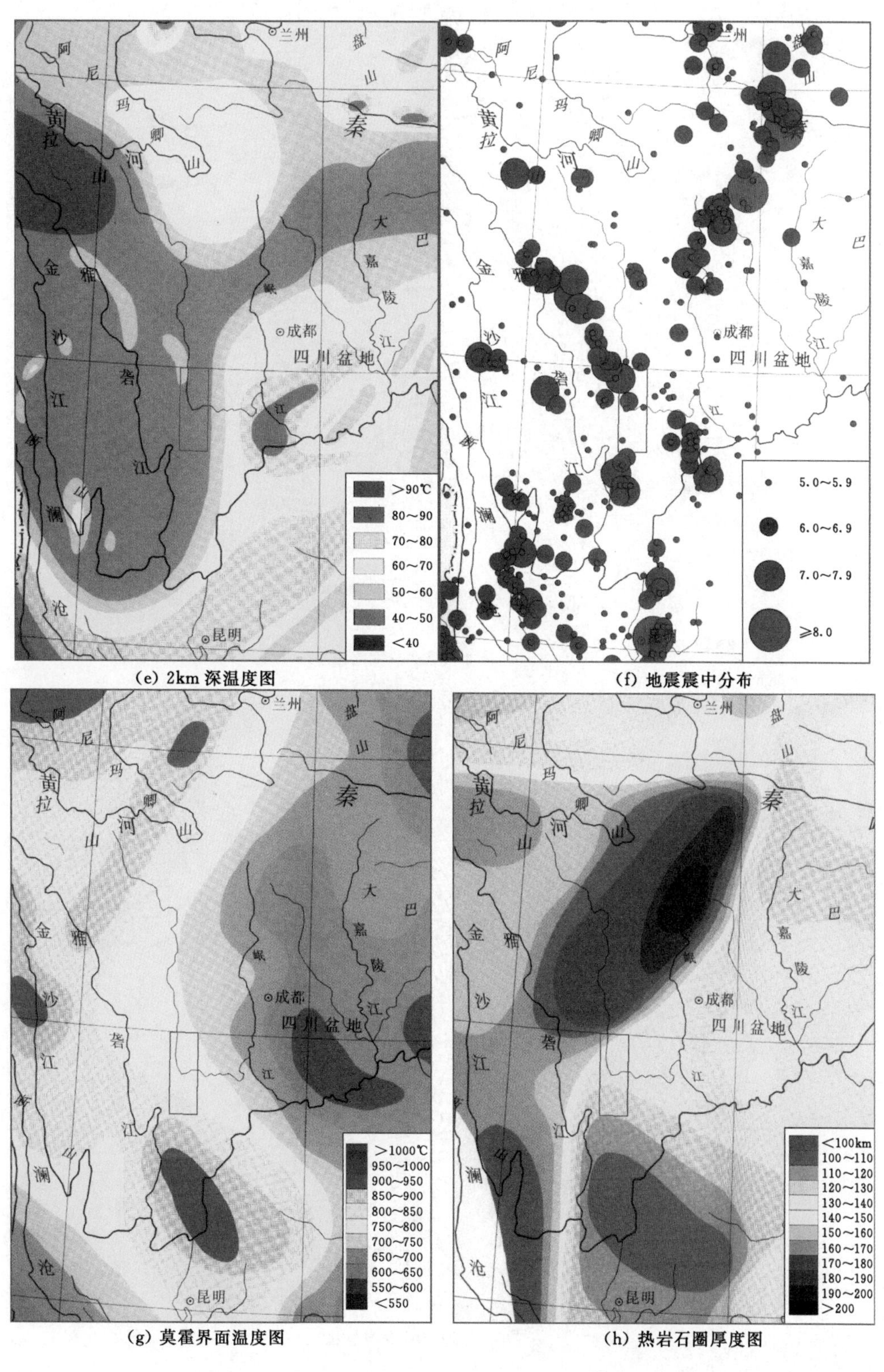

(e) 2km 深温度图

(f) 地震震中分布

(g) 莫霍界面温度图

(h) 热岩石圈厚度图

图 2.5-6（二） 大渡河中游及外围区域地球物理场组图

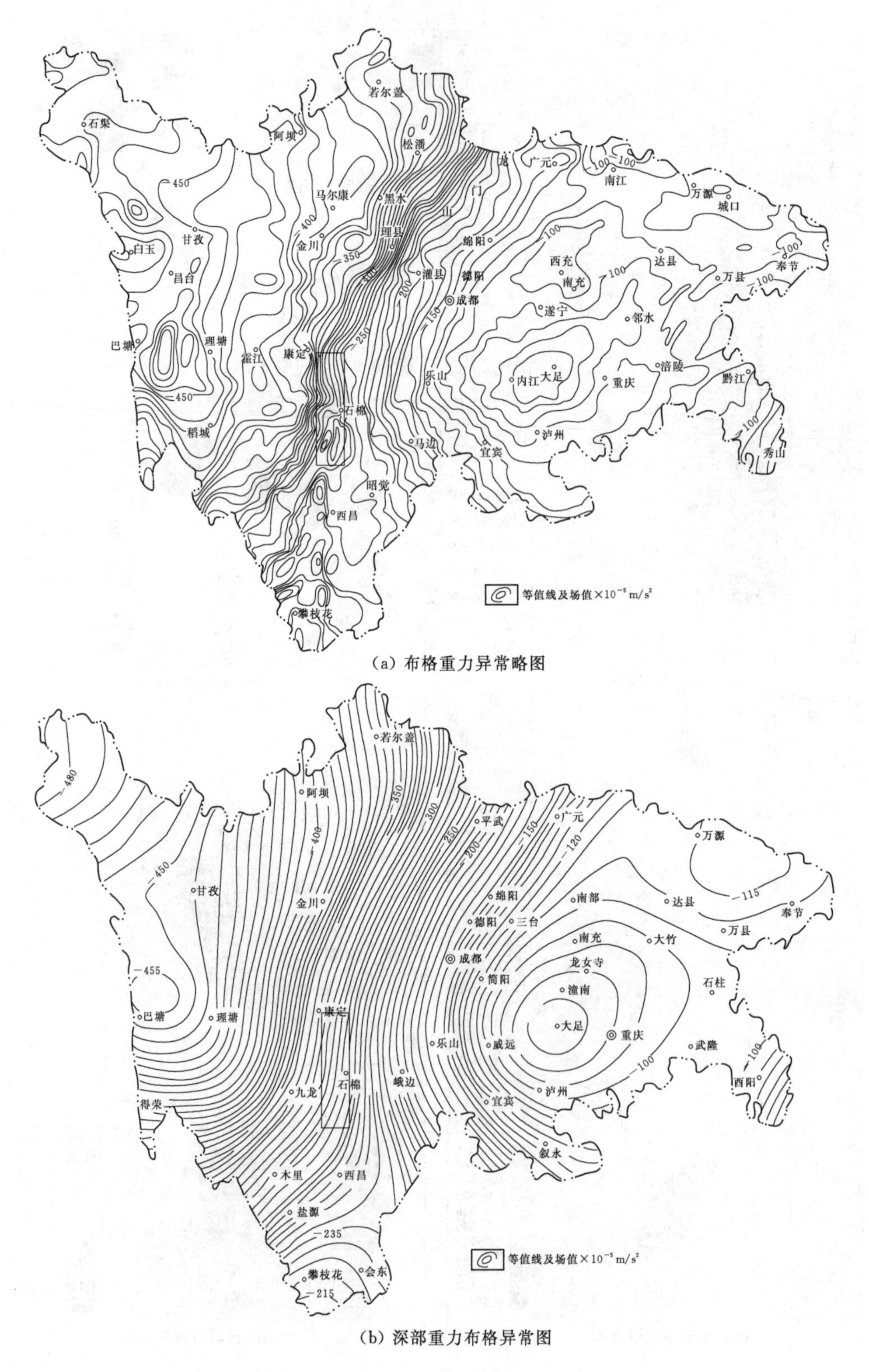

(a) 布格重力异常略图

(b) 深部重力布格异常图

图 2.5-7（一） 地球物理场组图

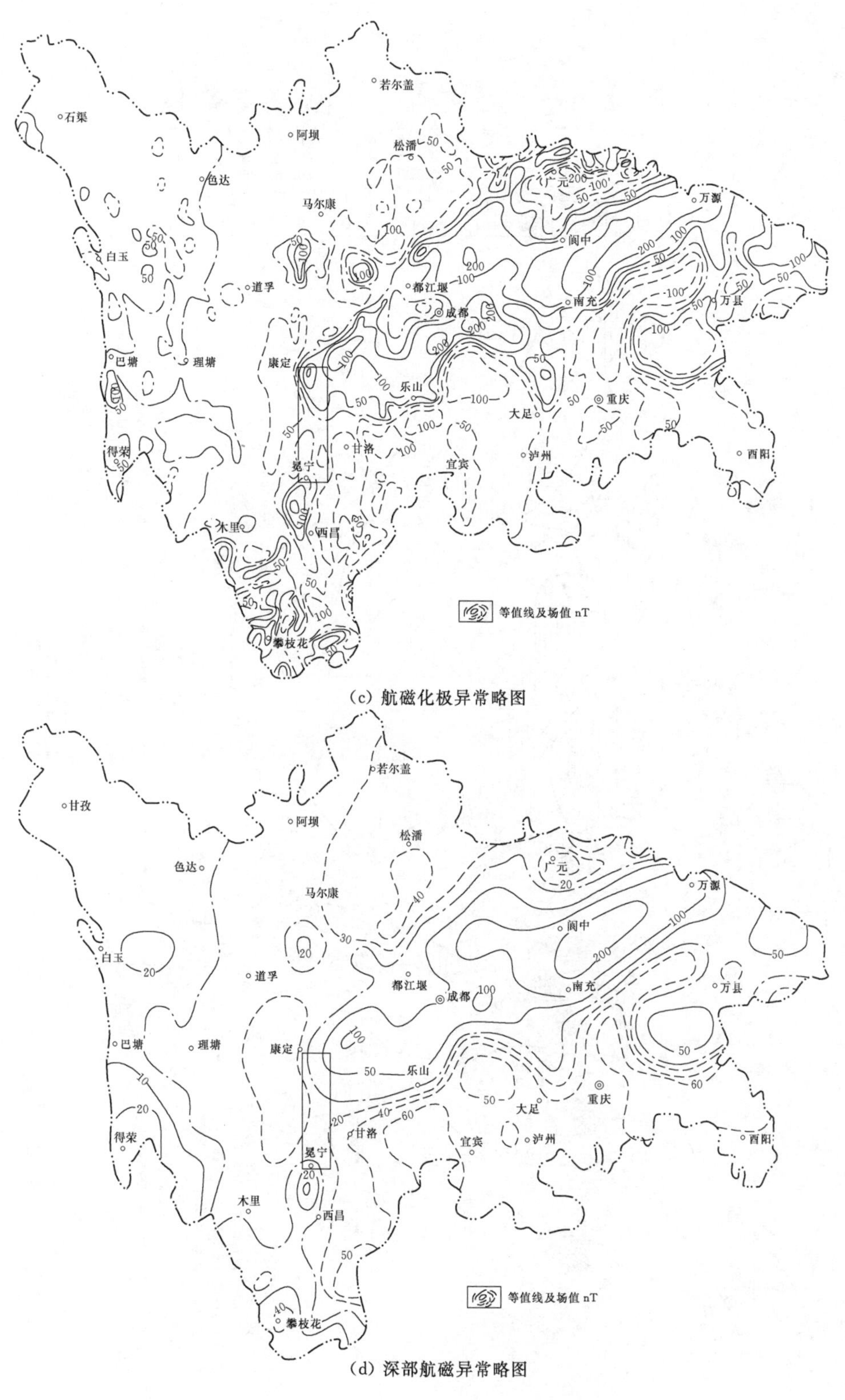

(c) 航磁化极异常略图

(d) 深部航磁异常略图

图 2.5-7（二） 地球物理场组图

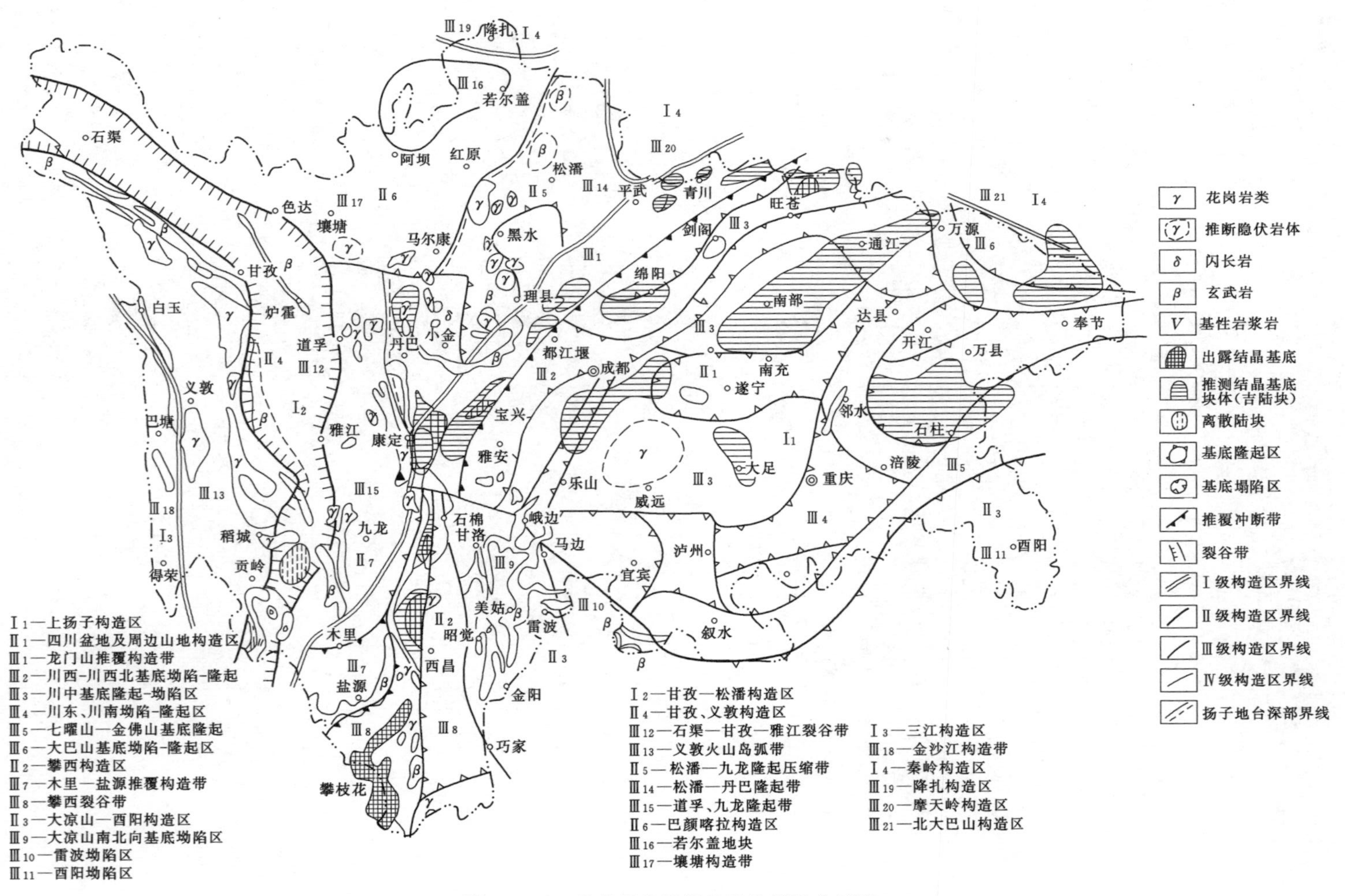

图 2.5-8 重磁异常推断构造地质及分区图

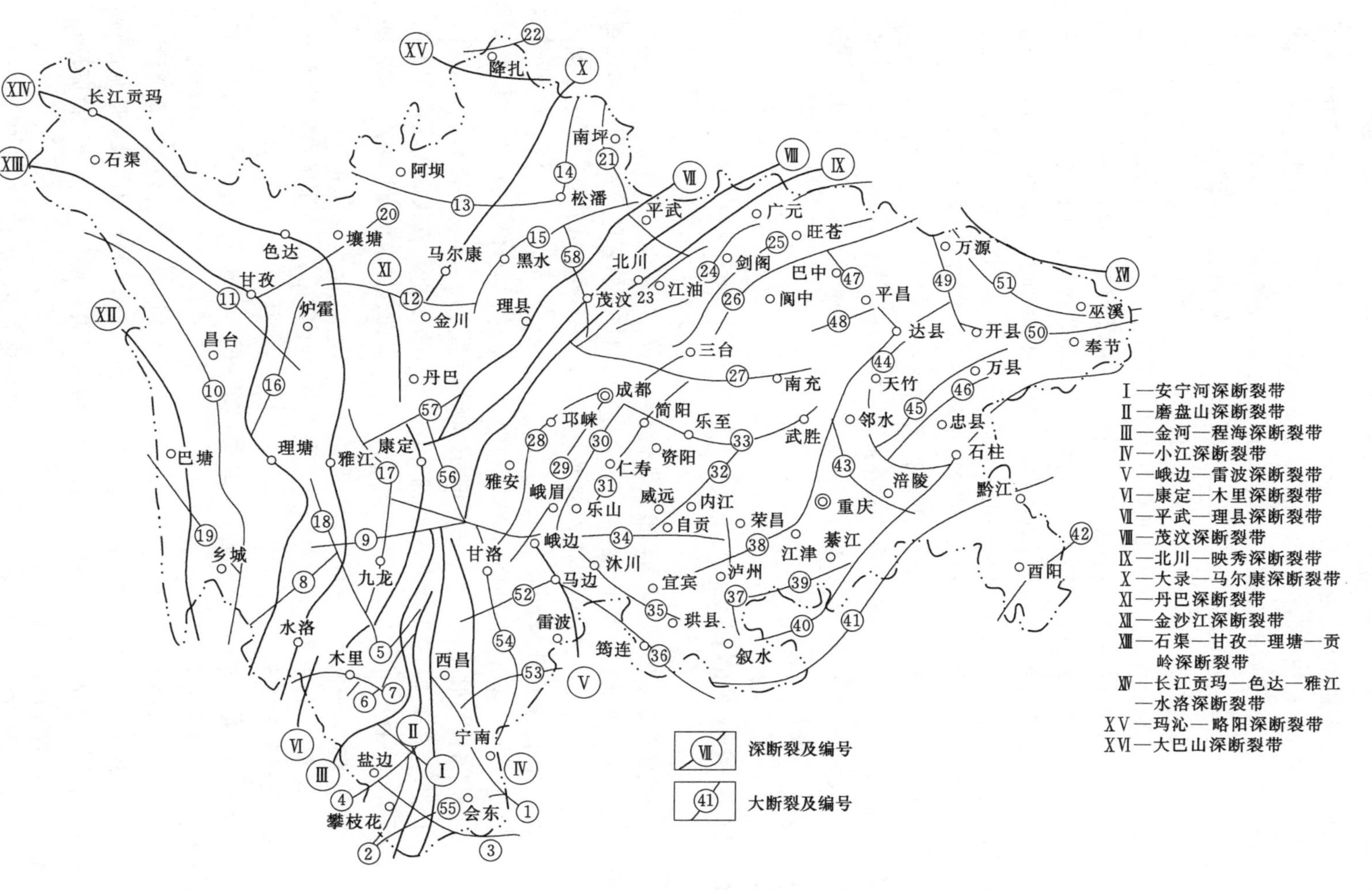

图 2.5－9 重磁异常推断断裂体系图

和康定—木里断裂（锦屏山—小金河断裂）是一级构造区的边界，属深断裂带（即超岩石圈断裂、岩石圈断裂和地壳断裂），但现今的地震活动和地热活动不明显；安宁河断裂带既是深断裂，现今活动又很明显；则木河断裂带是一条大断裂（即基底断裂，也称硅铝层断裂），现今活动不很明显；鲜水河断裂带的康定、道孚、炉霍段虽然地震活动强烈，但重磁图件上没有反映，说明是一条很浅的新生断裂；NNE 向的天全—黑水—松潘地震带沿线，深部资料中也没有发现较大的断裂。

具体到大渡河中游及外围一带的几条主要断裂带，图 2.5－7 的（a）、（c）两幅主要反映了较浅的构造，由于比例尺较大，一些线性构造反映得就比较明显：SN 向安宁河断裂带在航磁异常图和布格重力异常图上均十分清晰，并可向北延展到泸定、康定一带，可能属于大渡河断裂的表现；NE 向的断裂带，航磁图上以龙门山构造带反映明显，而重力图上则以 NNE 向的天全、黑图水、松潘一带反映比较清楚，相当于图 2.5－9 中的平武—理县深断裂带和茂汶深断裂带；NW 向的鲜水河断裂带只是隐约可见。图 2.5－7（b）、（d）两幅反映较深部的信息：SN 向的安宁河断裂、大渡河断裂以及 NE 向的龙门山构造带在航磁异常图上仍有相当清楚的反映，而在布格重力异常图上只反映出它们大体平行异常等值线展布；至于鲜水河断裂带，在重力和航磁异常图上基本没有反映。

2.6　区域构造发展简史

川滇青藏地区的大地构造演化，前人做了大量工作，文献众多，观点不一。本节将从水电工程区域构造稳定性评价的角度，舍弃某些细节上的差异，做一个粗略的概述。图 2.6－1、图 2.6－2 引用了成都理工大学吴德超等和四川省地矿局张云湘等《攀西裂谷》中的资料，作为参考。

（1）扬子准地台变质基底的同位素年龄值多在 9 亿～14 亿年、极少数有 17 亿～20 亿年，说明基底的形成经历了一个漫长的过程。经晋宁运动（8.5 亿年）及澄江运动（7.0 亿年），扬子造山旋回最终克拉通化，并与北面于早元古代已固结的中朝准地台合并一起，构成古中国地台。古中国地台的东南界即是江南台隆与华南褶皱系的过渡界线；西南界一般认为是金沙江—红河断裂带。

（2）中寒武世，扬子准地台北缘解体，形成秦岭地槽。这是古中国地台形成后，第一次发生解体的重要事件。

（3）志留、泥盆纪间的不整合运动，北秦岭冒地槽和北大巴山优地槽形成准地台外围的加里东褶皱带。

（4）二叠纪内部的褶皱运动，形成礼县—柞水及金沙江两个华力西地槽褶皱带。

（5）晚二叠世，西部广泛的拉张背景，形成松潘—甘孜地槽沉积区及海底基性喷发，同一时期康滇地轴隆起带基性岩侵入及地轴两侧玄武岩的喷发。这一广泛的拉张背景是地台又一次解体的重要事件。

（6）晚三叠世的印支运动，松潘—甘孜、秦岭地槽系全面褶皱，形成那里的印支地槽褶皱带。同时，在扬子准地台南缘及华南褶皱系亦发生强烈的盖层褶皱。

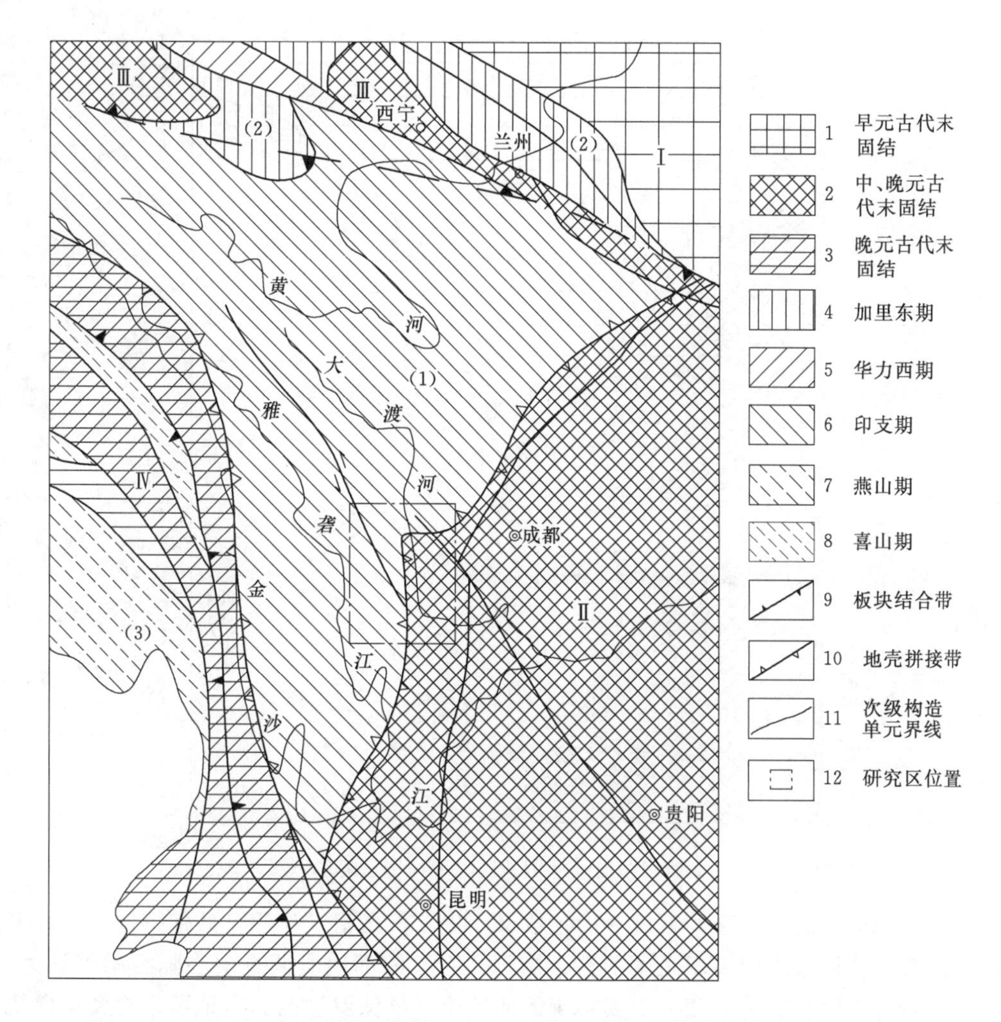

图 2.6-1　大渡河中游及外围地区大地构造发展简史示意图

陆块及地块：Ⅰ—华北陆块；Ⅱ—扬子陆块；Ⅲ—塔里木陆块；Ⅳ—羌塘—宝山陆块

褶皱带及活动带：(1) —松潘—甘孜褶皱带；(2) —秦岭褶皱带；(3) —冈底斯—腾冲活动带

松潘—甘孜褶皱系位于扬子准地台之西、秦岭褶皱系之南、三江褶皱系以东的广大三角形地区，是一个典型的印支地槽褶皱系。全区几乎尽被三叠系地槽沉积覆盖。根据零星出露的下伏古生界地层具地台沉积的特点，可以认为，这个地槽褶皱系在前印支期曾处于地台阶段，可能是扬子准地台的西部延伸，经后期解体而形成的印支地槽。

(7) 燕山运动是中国东部滨太平洋构造域最剧烈活动的阶段，但在川西一带表现相对微弱。经过印支运动的褶皱回返后，松潘—甘孜地槽系和龙门山陷褶断束镶贴在一起，成为统一的川西褶皱—块断山地。在侏罗纪—早白垩世期间，继续间歇性的抬升、剥蚀，成为四川红色盆地的沉积物源地。

川西南早侏罗世末和滇中地区早白垩世末的地壳隆升过程是不均衡的，早侏罗世的西昌盆地和早白垩世的滇中盆地，在很短距离之内隆升幅度有很大的差异，形成

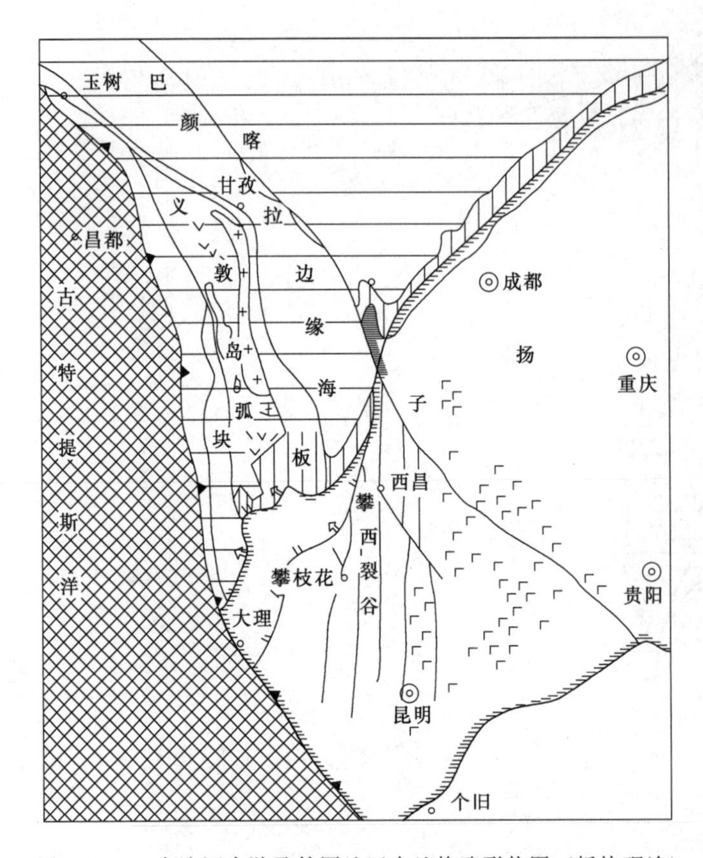

图 2.6-2 大渡河中游及外围地区大地构造形势图（板块理论）

盆、岭错列的形态，在隆升幅度大的地段又产生了挤压褶皱作用，致使下侏罗统或上白垩统与下伏地层之间出现角度不整合接触关系。成都地质调查中心陈智梁等认为，这个不整合所代表的褶皱变动，其影响的地域位于早侏罗世西昌盆地西南部和早白垩世滇中盆地的东北部，以及两个盆地之间的地段，在构造线方向上受老构造的控制，又有一定的地域限制，说明并非强大的区域应力场的产物。

（8）喜山运动和晚近（新）构造运动总体表现为间歇性的整体抬升与断块间差异升降。区域构造应力作用方向表现为由 NWW 向 SEE 方向的挤压，在这样方式方向构造应力场的作用下，SN 向断裂和 NNW 向断裂产生以左行近水平走滑为主、NE 向断裂产生 SE 方向逆冲为主的活动，并形成新的活动断层或地震断裂构造，如 NNW 向鲜水河地震断裂带、SN 向安宁河地震断裂、NE 向龙门山地震断裂等。

同时，间歇性、阶梯性的升降运动还形成青藏高原向四川盆地过渡的构造地貌，如多级夷平面、深切河谷、阶地等，大岗山坝区在中更新世以来地壳急剧抬升的背景下，大渡河河谷强烈下切，即形成了高差达 600m 的花岗岩峡谷。

2.7 新构造运动特征

研究区位于 SN 向、NE 向和 NW 向多组构造带的交汇复合部位。在漫长的地质历史时期中，各构造带所经受的历次构造运动的作用和影响程度有很大差异。喜山运动伴随青藏高原的强烈隆起和向 SEE 方向的水平推挤，加剧了区内各断裂带及其被分割的断块的新活动性，主要表现在以下方面。

1. 大面积整体间歇性急速抬升

喜山运动第一幕之后，大致中新世至上新世，区域范围内曾出现过较长时间的相对平静阶段，经剥蚀夷平形成统一的剥夷准平原面。上新世末以来，伴随着青藏高原的大规模强烈隆升，本区也大面积整体间歇性急速抬升和进一步解体（国家地震局地质研究所、四川省地震局，1990）。自西北而东南总体抬升幅度从 3500m 到 1500m 不等。地壳形变资料显示，这种大面积整体急速抬升运动至今仍在进行，其抬升速率为 5.5～9.5mm/a（刘本培等，1994）。

2. 断块之间的相对运动

区内 SN 向、NW 向和 NE 向等断裂构造发育，它们将整个区域范围内分成若干个断块，并形成“Y”字形区域构造框架。虽然喜马拉雅运动使这些块体总的不断抬升，但其抬升幅度各不相同，由此造成了块体间的升降差异运动。总的趋势是由西北向东南，块体抬升由强变弱，明显表现为阶梯式下降。地貌上，从西北向东南，夷平面表现形式由丘状高原面递变为分割山顶面。例如，以锦屏山—小金河断裂为界，西北部的川西块体平均海拔在 4500m。而东南部的滇中块体平均海拔在 4000m 以下，两块体高差约 500m，反映二者之间强烈的差异活动。有些断裂带本身，地貌上形成很宽的断层谷或断陷盆地、湖泊等，它们与两侧山地和高原的高差可达千米以上。例如沿安宁河断裂带发育的断层谷地海拔 1500～1600m，而两侧块体的海拔达 3500～4000m，二者相对高差 1900～2400m。如果再考虑谷地中的第四系厚度，二者之间的高差则更大，反映谷地和块体间的差异运动十分强烈。但值得指出的是，断裂带内断层谷、断陷盆地、湖泊的差异沉降活动同大面积的断块隆升运动相比，其范围很小，它是大范围隆升背景下的局部沉降。

3. 川滇块体的侧向滑移

鲜水河—小江断裂带以西的川滇菱形块体，受青藏高原强烈隆升和向 NE、继之 SE 方向侧向推挤的影响，除上述的大面积整体间歇性急速抬升和断块之间的差异升降运动外，还有整体向 SE 侧向滑移和挤出的运动（丁国瑜等，1986，1990），滑移和挤出运动的东边界是鲜水河—小江断裂带，南边界是红河断裂带，由此使鲜水河—小江断裂带的活动还表现出明显的左旋走滑性质，南边界红河断裂带则表现为强烈地右旋走滑活动。块体的这种运动方式得到了现代地壳运动观测网络观测结果的证实，即青藏高原东部矢量场由 NNE 向逐渐指向 NEE 向，再转为 SE 向，呈右旋型运动，速率也渐小。进入高原以东的贵州高原、四川盆地和鄂尔多斯盆地后，矢量明显变小，说明青藏高原东边缘有明显的应变积累或冲压位移。同时也说明，青藏高原东边界不是自由的，可能深部存在受阻的约束条件（马宗晋等，2001）。

4. 次级决体的相对转动

研究区地处青藏高原东南边缘，由于高原向东南的侧向滑移、挤出及其块体边界断裂的相互制约，区内各次级块体还存在明显的绕垂直轴的转动变形。其中，鲜水河—小江断裂带以西的川西块体、滇中块体表现为顺时针转动，以东的滇东块体表现为逆时针转动。依据古地磁研究资料，鲜水河—小江断裂带以西的川西块体、滇中块体新生代以来总的转动变形幅度约30°，第四纪以来顺时针转动变形角速度约为3.00°/Ma。

5. 区内现今应力场基本上继承了喜山运动晚期构造应力场的总体特征

根据工程区外围24次中强地震震源机制解，大多数错动节理面倾角均较大，有75%的节理面倾角大于或等于65°，有1/3的节理面倾角近于直立（≥80°）；主压应力轴的优势方位为NW—NWW向，主张应力轴的优势方向为NE—NEE向，多数主压应力轴和主张应力轴的仰角小于或等于15°。表明工程区及其外围地区，处于以水平运动为主的现代构造应力场中，主压应力轴方向NW—NWW向，三向应力状态属潜在走滑型。

研究区在大面积整体间歇性急速抬升的基础上受断裂活动的影响，还存在着显著的断块差异运动。这些由断裂围限的块体，其地貌特征、新活动强度各不相同，具有鲜明的分区性，研究区则位于以龙门山断裂带和荥经—马边—盐津断裂带以西的西部强烈隆起区。

新构造运动与地震活动关系十分密切，新构造运动强烈的地区，地震活动的强度和频次也高；反之亦然。从历史地震活动的实际情况看，川西新构造区、滇中新构造区和凉山新构造区发生的地震震级大、频次高，这和新构造区的强烈新活动一致。强烈地震都发生在地壳垂直差异运动和水平差异运动明显的地区。研究区由于各级新构造分区的边界均为活动断裂带，沿其两侧正是块体之间垂直差异运动和水平运动强烈的地带，因此活动断裂带往往就是强震活动带。如鲜水河断裂带、安宁河断裂带、则木河断裂带、小江断裂带既是滇中新构造区与凉山新构造区和滇东新构造区的分界线，又是历史和现今的强地震发生带。

第3章 现代构造活动概述

研究区及外围自新近纪以来经历了间歇性的升降和长期的剥蚀夷平过程。在上新世末仍处于总体海拔不高的准平原状态，表现为昔格达组下伏的古红土型风化壳和现今分水岭高地上的古岩溶等。上新世末、更新世初，喜马拉雅晚期的运动（第三幕）伴随青藏地区急剧抬升，使研究区及外围沿某些区域性断裂带重新产生强烈的差异性活动，说明构造活动进入了一个新的阶段。本章讨论川滇地区的现代构造活动，主要是指上新世末原始夷平面解体以来的构造活动及其特点。

3.1 现代地貌变形特征

3.1.1 夷平面变形特征

研究区位于青藏高原东部，习惯上称为川西高原。自新生代以来，其地貌发育历史与东侧的四川盆地有共同关系，亦有各自的特点。其根本原因是在辽阔的西南地区，新生代以来的新构造运动的一种同步性活动现象。均具有三级夷平面，4～6级阶地，构成了大致相似，可以参照和对比的地文期系统。但是在后期发展过程中，各地差异亦是十分明显的。贡嘎山则是区内NE向和NW向两组断裂彼此交织形成的菱形断块在第四纪以来差异性断块强烈抬升形成的断块山。

新生代初期，广泛分布于川西高原上的高原期夷平面与邻侧的四川盆地边缘最高的夷平面（如大岗山地区）可较好地相对比。当时可以互相连续，应该视为一个统一的原始平面，同属一个剥夷准平原。新近纪晚期以来，川西高原急速抬升，这个统一的原始平面方被开始分解，四川盆地各自沿着不同的进程继续发展，形成不同的地文期体系。具体而言，川西高原的地貌发育过程，乃是高原期夷平面在急速抬升中的迅速分解和深切峡谷深入发展的过程，因此，可以划分为下列三级夷平面。

(1) 一级夷平面（S_1）：海拔4400～4700m，为本区海拔最高的准平原化夷平面，即著名的高原期夷平面。野外调研发现，该级夷平面在大渡河右岸保存较完好，显示明显的山顶平台地貌景观。研究区区域地形曲线对区内夷平面也有清楚地显示（见图3.1-1、图3.1-2）。由图可见，区内西部地区该级夷平面分布广泛。

可以推论，燕山运动后到喜山运动Ⅰ期之前，我国西南的广大地区有一长期稳定时期，高原和盆地形成统一剥夷准平原，喜山运动Ⅰ期使高原急剧抬升，准平原被破坏，形成高原夷平面。

由于该期夷平面其切削了燕山运动生成的褶皱山地。与其相对应，川东华蓥山期

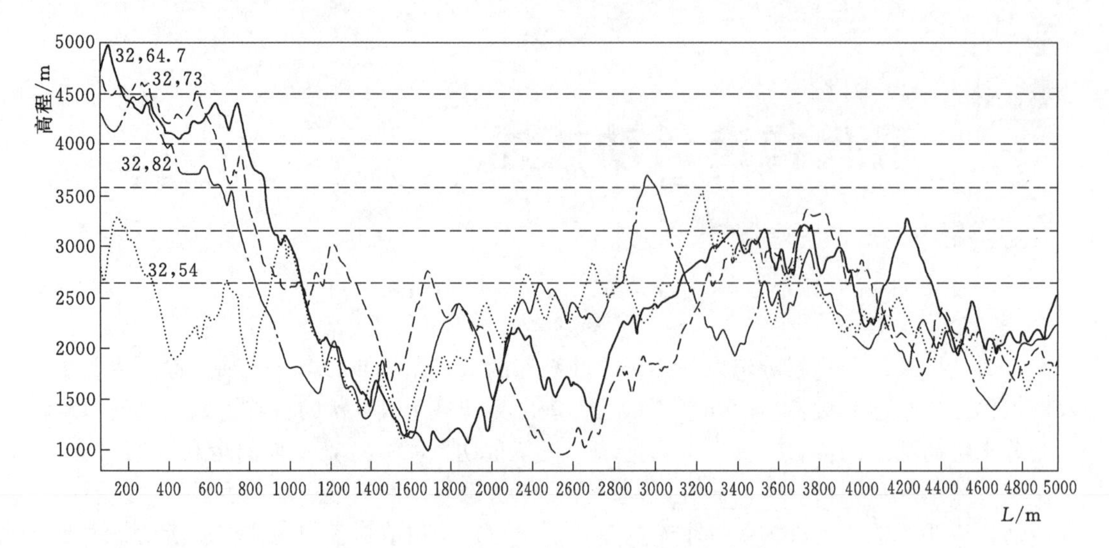

图 3.1-1 研究区区域纬向地形曲线叠合图示

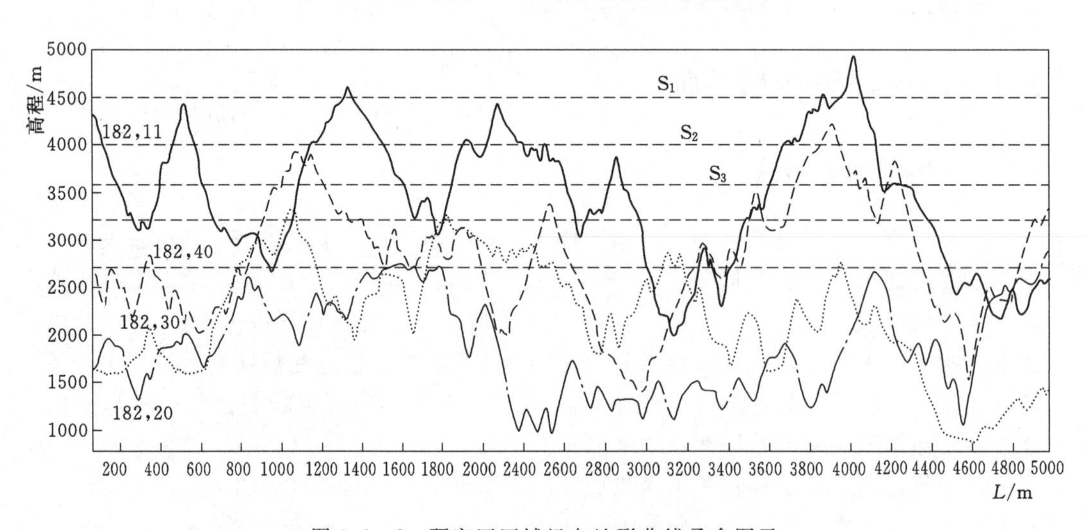

图 3.1-2 研究区区域经向地形曲线叠合图示

夷平面，切削了四川运动所完成的川东褶皱山地顶部。三峡鄂西期召风台亚期夷平面切削了仙女山背斜的白垩系。这些特征充分证实，高原期夷平面形成的地质时代大致可以推定在古近纪期末渐新世（E_3）期间。

（2）二级夷平面（S_2）：即 4000～4200m 剥蚀面，套生在 4500m 夷平面之间，是高原期夷平面破坏后，地壳抬升过程中短时期停顿形成的次级夷平面，属剥蚀面性质。由于停顿阶段不长，发展不充分，所以表现为小面积套生在分水岭间。野外区域调研可见呈谷肩式残留状分布。与邻侧的四川盆地第二级夷平面形成的地质时代相当，据刘兴诗教授资料（四川盆地的第四系，1983），巫山大庙二级夷平面（山原期）之下发育水平溶洞层，在溶洞中，找到穴居的巫山猿人及其他动物群化石，其时代为早更新世（Q_1），说明该夷平面的形成至少应早于 Q_1 时期。由此推测，区内二级夷平面应形成于新近纪期间，可能为新近纪上新世（N_2）。该夷平面高程与区域上鹧鸪山夷平面相当，所以仍将该地文期称为“鹧鸪山期”。

(3) 三级夷平面（S_3）：即 3500～3800m 剥蚀面。与二级剥蚀面特征类似，在二级剥蚀面形成后，地壳进一步强烈抬升，期间川西高原抬升过程中亦发生了短时期的停顿，但时间不够长，地表剥夷作用未能充分发展，未能生成广阔延展的山顶面，从而形成套生分布在 4200m 剥蚀面之间，仍具有属剥蚀面特征，呈谷肩式残留状分布，区域调研远观呈套生肩状平台景观的三级剥蚀面。与邻侧的四川盆地的低夷平面相对比，形成的地质时代应为第四纪初期（早更新世）。该高程与二郎山相近，按地文期创建与命名的基本原则，沿用“二郎山期”。从剥蚀面大量剥蚀的物质，堆积到邻区的湖盆（如川西著名的昔格达湖）分析，“二郎山期”可与川西的“湖盆期”相对应。

研究区夷平面高程不仅明显受川西高原强烈抬升掀斜作用的影响，而且也受区域断裂差异抬升的一定影响，表现出各级剥夷面西部高东部低、北部高南部相对低的分布特征（表 3.1-1），这种特征在图 3.1-1 和图 3.1-2 中均有清楚的显示。

表 3.1-1　　研究区剥夷面高程

夷平面级别	夷平面性质	地文期	代号	西部高程/m	东部高程/m
一级夷平面	夷平面	高原期	S_1	4500～4700	3900～4000
二级夷平面	剥蚀面	鹧鸪山期	S_2	3900～4100	3500～3600
三级夷平面	剥蚀面	二郎山期	S_3	3500～3700	3100～3300

3.1.2 阶地变形特征

研究区属大渡河流域中游高山峡谷宽谷区，丹巴以下季家河坝—长河坝河段呈现出高山嶂谷地貌，得妥—挖角河段呈现出高山峡谷地貌，河谷形态具有深切 V 形谷；其余河段河谷相对较宽缓，河谷形态为较宽缓的 V 形谷，局部河段呈 U 形谷，如甘谷地、加郡、得妥、安顺场等，呈串珠状排列。研究区大渡河两岸一般发育有 4～6 级阶地，河谷相对宽缓的河段阶地发育且保存较好；峡谷河段无阶地发育或局部零星发育于 V 形谷下部，且多为侵蚀阶地或基座阶地。典型的河流阶地剖面如下：

(1) 德威北侧（下河坝—德威乡）大渡河干流右岸发育Ⅰ～Ⅵ级阶地，各阶面残存高程如图 3.1-3 所示。Ⅰ级阶地（T_1）为堆积阶地，高出河水面 7.2m，高于河漫滩 5.1m；Ⅱ级阶地（T_2）为堆积阶地，阶面较宽阔，高出河面约 19.4m；Ⅲ级阶地（T_3）阶面遭受侵蚀而呈残留缓坡状，为侵蚀堆积阶地，阶面距现河面 51.3m；Ⅳ级阶地（T_4）为侵蚀阶地，阶面不太明显，距河面高差 128.6m。Ⅴ级阶地（T_5）为基座阶地，平台清楚，距河面高差 293.0m；Ⅵ级阶地（T_6）为侵蚀阶地，基座平台状地貌较清楚，距河面高差 362m，坡面可见零星残留冲积砾石，平台后缘为崩坡积物掩盖。

(2) 安顺场Ⅰ～Ⅴ级阶地保存较好，基本连续，如图 3.1-4 所示。其中Ⅰ级阶地（T_1）距河面 6.6m，阶面宽度 200 余 m，为堆积阶地；Ⅱ级阶地（T_2）为嵌入堆

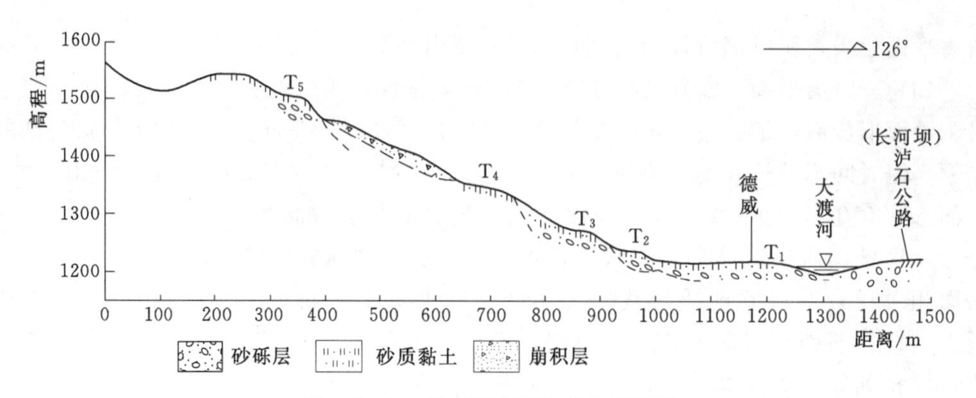

图 3.1-3　德威河流阶地综合剖面图

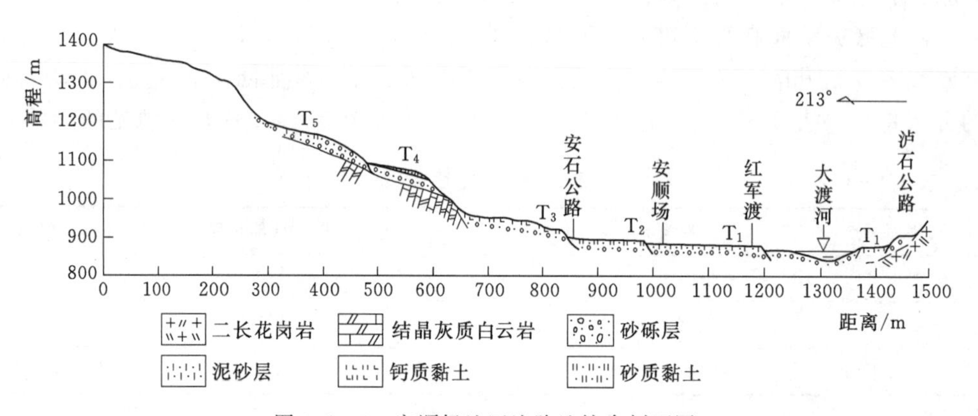

图 3.1-4　安顺场地区流阶地综合剖面图

积阶地，阶面平整、缓倾，宽度大于 150m，高出河面约 24.9m；Ⅲ级阶地（T_3）为堆积—基座阶地，阶面距现河面 61.5m；Ⅳ级阶地（T_4）为基座阶地，阶面呈残存缓坡状，距河面高差 198.1m；Ⅴ级阶地（T_5）为侵蚀—堆积阶地，基座平台清楚，呈平缓山脊状，阶面与河面高差 283.0m。

经综合研究和区域上、流域上的综合对比，初步确定Ⅰ～Ⅵ级阶地形成的地质时代见表 3.1-2。

表 3.1-2　　大岗山及外围地区河流阶地形成地质时代

河流阶地级别	阶地代号	河拔高程/m	形成地质时代
Ⅰ级阶地	T_1	6.5～8.4	Q_4^1
Ⅱ级阶地	T_2	17.7～24.9	Q_3^{2+3}
Ⅲ级阶地	T_3	44.4～66.7	Q_3^1
Ⅳ级阶地	T_4	128.6～198.0	Q_2^3
Ⅴ级阶地	T_5	283.0～292.0	Q_2^2
Ⅵ级阶地	T_6	366.0～398.0	Q_2^1

图 3.1-5 为研究区大渡河干流河流阶地位相图。图示及综合前述各河段河流阶地特征可见，研究区不同河段Ⅳ～Ⅵ级阶地河拔及高差差异较大，中部河段保存差，

说明该时期区域新构造运动极为剧烈，地壳差异抬升较明显；Ⅱ～Ⅲ级阶地河拔上、下游差异小，反映该段时期区内新构造活动相对趋于平和，地壳差异抬升相对较弱，大渡河干流下蚀作用依然较强。Ⅰ级阶地河拔高程上下游差异小或几无差异，说明全新世以来大岗山及其外围地区差异活动微弱，地壳趋于较平稳抬升；河谷发育进入了成熟河谷发育阶段。

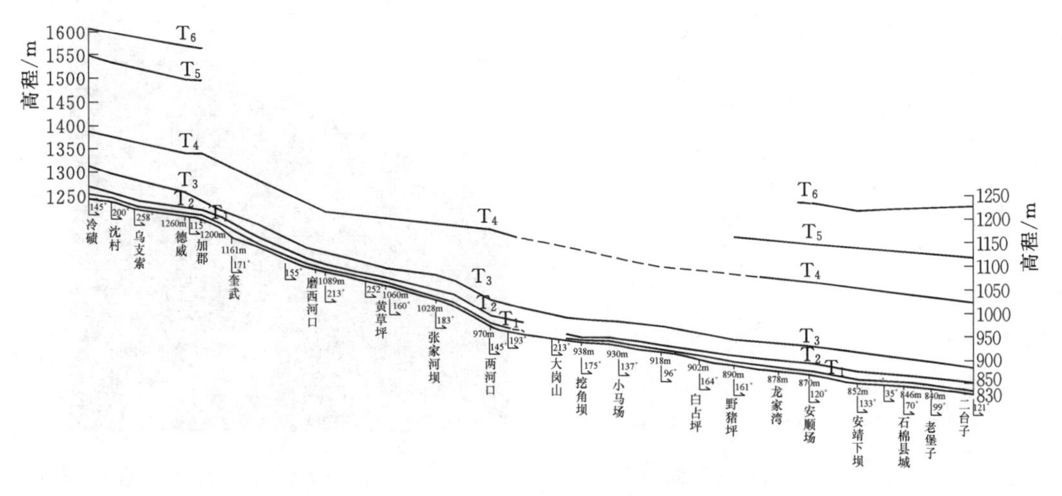

图 3.1-5　研究区大渡河干流河流阶地位相图

3.1.3　其他地貌变形特征

研究区位于青藏高原东南缘向四川盆地过渡之川西南高山区中部，区内山势巍峨，河谷深切，地势表现出西部高东部低、北部高南部相对低的特征。区内山脉、河流往往受控于断裂构造，如NE走向的龙门山与龙门山断裂带方向一致、SN走向的小相岭位于川滇南北构造带的东侧部位、SN向的安宁河受控于安宁河断裂、NW向的鲜水河受控于鲜水河断裂、研究区内的大渡河河段受川滇南北构造带的控制而呈由北向南流等，无一例外与构造有关。断裂作用不仅使地形地貌定向，而且使地形地貌变态和变位，尤其是断裂的新活动（如地震），往往在地表留下诸多痕迹，如水系的同步错位、断塞塘、断层陡坎和断塞塘等地貌。

根据康定—雅家埂地区的卫星图片，鲜水河断裂带的色拉哈—康定断裂在卫星图片中呈线状清晰可见，断层陡坎和断塞塘地貌十分发育，断塞塘呈串珠状分布。

图3.1-6为康定榆林地区的地形图，新榆林和老榆林右侧山坡各发育一条冲沟，冲沟被鲜水河断裂带的色拉哈—康定断裂同向位错，错距大于40m，表明色拉哈—康定断裂为左旋走滑断裂。

图3.1-7为1955年4月14日发生于四川康定折多塘断裂带的7.5级地震形成的地表破裂，在折多山垭口附近地震裂缝形成的反向坎清晰可见。

1786年6月1日位于康定南，震级7¾级强烈地震的发生与鲜水河断裂带的南东段的色拉哈—康定断裂密切相关，地表破裂主要沿康定以南至雪门坎之间发育。图3.1-8所示为此次地震错断的山脊，北边界a和南边界a′被左旋位错了约30m。

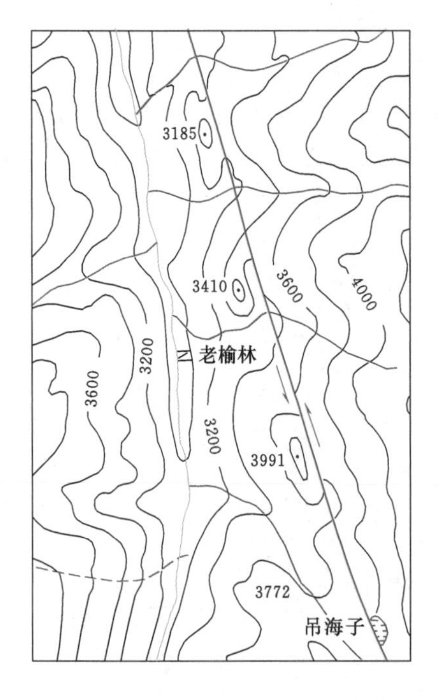

图 3.1-6　康定榆林地区冲沟同向位错图

图 3.1-7　折多山垭口附近山坡上地震裂缝形成的反向坎

图 3.1-8　1786 年地震震中山脊位错

3.2　区域地震活动性

3.2.1　地震目录

根据《中国历史强震目录》(公元前 23 世纪—1911 年)[3]、《中国近代地震目录》

($M_S \geq 4\frac{3}{4}$，1912—1990年)[4]、《强震观测工作通信第一期》(总第一期)以及中国地震台网中心等资料，选取了较大的范围，即北纬23°～33°，东经98°～106°所围限的地域，作为研究宏观地震活动规律的背景区；自公元前26—2016年12月31日，共有950次$M_S \geq 4.7$级的地震记录（其中2006—2016年$M_S \geq 5.0$级），其中5～5.9级地震582次，6～6.9级地震146次，7级以及7级以上地震共39次，最强的7¾级以上地震为6次，表3.2-1所列为≥6级地震。

表3.2-1　　大渡河中游及外围强震目录

(范围：北纬23°～33°，东经98°～106°)

序号	时间/(年-月-日)	北纬	东经	精度	震级	震中烈度	源深	参考地名
1	624-08-18	27.9°	102.2°	4	≥6	≥Ⅷ		四川西昌一带
2	814-04-06	27.9°	102.2°	4	7	Ⅸ		四川西昌一带
3	1216-03-24	28.4°	103.8°	5	7	Ⅸ		四川雷波马湖
4	1327-09	30.1°	102.7°	4	≥6			四川天全
5	1467-01-28	27.5°	101.6°	3	6½	Ⅷ		四川盐源一带
6	1478-08-26	27.5°	101.6°	3	6	Ⅷ		四川盐源一带
7	1481-07-24	26.5°	99.9°	2	6¼	Ⅷ+		云南剑川
8	1489-01-15	27.8°	102.3°	3	6¾	Ⅸ		四川西昌、越西一带
9	1500-01-13	24.9°	103.1°	3	≥7	≥Ⅸ		云南宜良
10	1512-10-18	25.0°	98.5°	2	6¾	Ⅸ		云南腾冲东南
11	1515-06-27	26.7°	100.7°	3	7¾	Ⅹ		云南永胜西北
12	1515-10	25.7°	100.2°	2	6	Ⅷ-		云南大理
13	1536-03-29	28.1°	102.2°	2	7½	Ⅹ		四川西昌北
14	1571-09-19	24.1°	102.8°	2	6¼	Ⅷ		云南通海
15	1577-03-23	25.0°	98.5°	3	6¾	Ⅸ		云南腾冲
16	1588-08-09	24.0°	102.8°	2	≥7	≥Ⅸ		云南建水曲溪
17	1606-11-30	23.6°	102.8°	2	6¾	Ⅸ		云南建水
18	1623-05-04	25.5°	100.4°	2	6¼	Ⅷ		云南祥云西北
19	1630-01-16	32.6°	104.1°	2	6½	Ⅷ		四川松潘小河
20	1652-07-13	25.2°	100.6°	2	7	Ⅸ+		云南弥渡南
21	1657-04-21	31.3°	103.5°	2	6½	Ⅷ		四川汶川
22	1680-09-09	25.0°	101.6°	2	6¾	Ⅸ		云南楚雄
23	1688-06-16	26.5°	99.9°	2	6¼	Ⅷ+		云南剑川
24	1713-02-26	25.6°	103.3°	2	6¾	Ⅸ		云南寻甸
25	1713-09-04	32.0°	103.7°	2	7	Ⅸ		四川茂县叠溪
26	1722	30.0°	99.1°	3	≥6	≥Ⅷ		四川巴塘一带
27	1725-01-08	25.1°	103.1°	1	6¾	Ⅸ		云南宜良、嵩明间
28	1725-08-01	30.0°	101.9°	2	7	Ⅸ		四川康定

续表

序号	时间/(年-月-日)	北纬	东经	精度	震级	震中烈度	源深	参考地名
29	1732-01-29	27.7°	102.4°	2	6¾	Ⅸ		四川西昌东南
30	1733-08-02	26.3°	103.1°	2	7¾	Ⅹ		云南东川紫牛坡
31	1747-03	31.4°	100.7°	4	6¾	≥Ⅷ		四川炉霍
32	1748-05-02	32.8°	103.7°	3	6½	>Ⅶ		四川松潘漳腊北
33	1748-08-30	30.4°	101.6°	3	6½	Ⅷ		四川道孚乾宁东南
34	1750-09-15	24.7°	102.9°	2	6¼	Ⅷ		云南澄江
35	1751-05-25	26.5°	99.9°	2	6¾	Ⅸ		云南剑川
36	1755-01-27	24.7°	102.2°	2	6½	Ⅷ+		云南易门
37	1755-02-08	23.7°	102.8°	2	6	Ⅷ		云南石屏东
38	1761-05-23	24.4°	102.6°	2	6¼	Ⅷ		云南玉溪北古城
39	1763-12-30	24.2°	102.8°	2	6½	Ⅷ+		云南江川、通海间
40	1786-06-01	29.9°	102.0°	2	7¾	≥Ⅹ		四川康定南
41	1786-06-02	29.9°	102.0°	3	≥6			四川康定南
42	1789-06-07	24.2°	102.9°	2	7	Ⅸ+		云南华宁路居
43	1792-09-07	30.8°	101.2°	3	6¾	Ⅷ		四川道孚东南
44	1793-05-15	30.6°	101.5°	2	6	Ⅷ		四川道孚乾宁
45	1799-08-27	23.8°	102.4°	1	7	Ⅸ		云南石屏宝秀
46	1803-02-02	25.7°	100.5°	2	6¼	Ⅷ		云南宾川、祥云间
47	1811-09-27	31.7°	100.3°	2	6¾	Ⅸ		四川炉霍朱倭
48	1814-11-24	23.7°	102.5°	2	6	Ⅷ		云南石屏
49	1816-12-08	31.4°	100.7°	2	7½	Ⅹ		四川炉霍
50	1833-09-06	25.0°	103.0°	2	8	≥Ⅹ		云南嵩明、杨林一带
51	1839-02-07	26.1°	99.9°	2	6¼	Ⅷ		云南洱源
52	1839-02-23	26.1°	99.9°	2	6¼	Ⅷ		云南洱源
53	1850-09-12	27.7°	102.4°	2	7½	Ⅹ		四川西昌、普格间
54	1870-04-11	30.0°	99.1°	2	7¼	Ⅹ		四川巴塘
55	1876-08-05	25.5°	99.5°	3	6	Ⅶ+		云南永平
56	1884-11-14	23.1°	101.0°	2	6½	Ⅷ+		云南普洱
57	1887-12-16	23.7°	102.5°	2	7	Ⅸ+		云南石屏
58	1893-08-29	30.6°	101.5°	2	7	Ⅸ		四川道孚乾宁
59	1896-03	32.5°	98.0°	3	7	Ⅸ		四川石渠洛须
60	1901-02-15	26.0°	100.1°	1	6½	Ⅷ+		云南邓川东、西湖
61	1904-08-30	31.0°	101.1°	2	7	Ⅸ		四川道孚
62	1909-05-11	24.4°	103.0°		6			云南华宁、弥勒间
63	1909-05-11	24.4°	103.0°	2	6½	Ⅷ+		云南华宁、弥勒间

续表

序号	时间/(年-月-日)	北纬	东经	精度	震级	震中烈度	源深	参考地名
64	1913-08	28.7°	102.2°		6	Ⅷ		四川冕宁S
65	1913-12-21	24°09′	102°27′		7	Ⅸ		云南峨山
66	1913-12-22	24.2°	102.5°		6			云南峨山
67	1917-07-31	28.0°	104.0°		6¾	Ⅸ		云南大关北
68	1919-05-29	31.5°	100.5°		6¼			四川道孚西北
69	1919-08-26	32.0°	100.0°		6¼			四川甘孜一带
70	1920-12-22	29.0°	98.5°		6	Ⅷ		西藏芒康（刘昌森，1991）
71	1923-03-24	31.5°	101.0°		7.3	Ⅹ		四川炉霍、道孚间
72	1923-10-20	30.0°	99.0°		6½			四川巴塘附近
73	1925-03-16	25.7°	100.4°	2	7	Ⅸ+		云南大理附近
74	1925-03-17	25.0°	100.5°		6¼			云南南涧附近
75	1925-10-15	26.9°	100.1°	2	6			云南丽江
76	1927-03-15	26.0°	103.0°		6	Ⅷ		云南寻甸
77	1929-03-22	24.0°	103.0°		6			云南通海
78	1929-10-17	25.8°	98.7°	3	6.5			云南腾冲北
79	1930-04-28	32.0°	100.0°		6			四川甘孜北
80	1930-04-29	25.8°	98.6°		6¼			云南腾冲北
81	1930-05-15	26.8°	103.0°	2	6	Ⅶ～Ⅷ		云南巧家南
82	1930-09-22	25.8°	98.4°		6.5	Ⅷ		云南腾冲北
83	1930-09-26	25.3°	98.9°	3	6			云南腾冲东北
84	1930-12-02	25.8°	98.3°	3	6			云南腾冲北
85	1931-07-25	25.5°	98.5°		6			云南腾冲北
86	1932-03-07	30.1°	101.8°		6	Ⅷ		四川康定一带
87	1933-06-07	27.5°	99.9°	2	6¼			云南中甸附近
88	1933-08-11	25.9°	98.4°	2	6.5			云南泸水西
89	1933-08-25	31.9°	103.4°	2	7.5	Ⅹ		四川茂县北叠溪
90	1934-01-12	23.7°	102.7°	2	6	Ⅷ		云南石屏附近
91	1934-01-19	25.9°	98.3°	3	6			云南泸水西
92	1935-04-28	29.4°	102.3°		6	Ⅶ～Ⅷ		四川泸定得妥
93	1935-12-18	28.7°	103.6°	2	6	Ⅷ		四川马边
94	1935-12-19	29.1°	103.3°	3	6			四川马边
95	1936-04-27	28.9°	103.6°	2	6¾	Ⅸ		四川马边
96	1936-04-27	28.7°	103.2°		6			四川马边
97	1936-05-16	28.5°	103.6°	2	6¾			四川马边
98	1938-03-14	32.3°	103.6°	2	6			四川松潘南

续表

序号	时间/(年-月-日)	北纬	东经	精度	震级	震中烈度	源深	参考地名
99	1940-04-06	23.9°	102.3°	3	6	Ⅷ		云南石屏
100	1941-05-16	23.6°	99.4°	3	7	Ⅸ		云南耿马附近
101	1941-06-12	30.1°	102.5°	3	6			四川泸定、天全一带
102	1941-10-08	31.7°	102.3°	4	6	Ⅷ		四川黑水一带
103	1941-10-31	25.4°	98.4°	4	6¼			云南腾冲北
104	1942-02-01	23.1°	100.3°		6¾	Ⅷ		云南思茅
105	1946-01-26	24.0°	98.5°		6			云南潞西南
106	1948-05-25	29.5°	100.5°		7.3	Ⅹ		四川理塘
107	1948-06-27	26.4°	99.7°	3	6¼	Ⅷ		云南剑川
108	1951-12-21	26.7°	100.0°	2	6¼	Ⅸ		云南剑川
109	1952-09-30	28.3°	102.2°	2	6¾	Ⅸ		四川冕宁、石龙一带
110	1955-03-22	25.9°	98.4°	2	6			云南泸水西
111	1955-04-14	30.0°	101.8°	2	7.5	Ⅹ		四川康定折多塘一带
112	1955-06-07	26.5°	101.1°	2	6	Ⅷ		云南华坪西轿顶山一带
113	1955-09-23	26.6°	101.8°	2	6¾	Ⅸ		云南永仁四川会理一带
114	1958-02-08	31.5°	104.0°	2	6.2	Ⅶ		四川茂汶、北川一带
115	1960-11-09	32.7°	103.7°	2	6¾	Ⅸ	20	四川松潘
116	1961-06-27	27°44′	99°45′	1	6	Ⅷ	10	云南中甸
117	1962-06-24	25.2°	101.2°	2	6.2	Ⅶ＋		云南南华附近
118	1963-04-23	25.8°	99.5°	2	6	Ⅶ	20	云南云龙东南
119	1966-02-05	26.1°	103.1°	2	6.5	Ⅸ		云南东川
120	1966-02-13	26°06′	103°06′	1	6.2	Ⅶ～Ⅷ		云南东川
121	1966-09-28	27.5°	100.1°	2	6.4	Ⅸ		云南中甸东
122	1967-08-30	31°36′	100°18′	1	6.8	Ⅸ		四川炉霍西北
123	1967-08-30	31°42′	100°20′	1	6			四川炉霍西北
124	1970-01-05	24°12′	102°41′	1	7.8	Ⅹ＋	13	云南通海
125	1970-02-07	23°05′	101°02′	1	6.2	Ⅶ＋	15	云南普洱西南
126	1970-02-24	30°39′	103°17′	1	6.2	Ⅶ	15	四川大邑西
127	1971-04-28	23.0°	101.1°	2	6.7	Ⅷ	15	云南普洱
128	1971-09-14	23.0°	100.8°	2	6.2			云南普洱西
129	1973-02-06	31.3°	100.7°	2	7.6	Ⅹ	11	四川炉霍附近
130	1973-02-08	31.6°	100.5°	1	6			四川炉霍西北
131	1973-08-11	32.9°	104.1°	1	6.5	Ⅶ	19	四川松潘东北
132	1973-08-16	23.1°	101.2°	1	6.3	Ⅷ	7	云南普洱
133	1974-05-11	28.2°	104.1°	1	7.1	Ⅸ	14	云南大关北

续表

序号	时间/(年-月-日)	北纬	东经	精度	震级	震中烈度	源深	参考地名
134	1975-01-15	29.4°	101.9°	2	6.2		25	四川九龙东北
135	1976-05-29	24.5°	99.0°		7.3	Ⅸ	24	云南龙陵东
136	1976-05-29	24.6°	98.7°		7.4	Ⅸ	21	云南龙陵
137	1976-05-31	24.3°	98.7°		6.5	Ⅷ	17	云南潞西东南
138	1976-06-01	24.2°	98.7°		6		18	云南潞西南
139	1976-06-09	24.8°	98.7°		6.2	Ⅶ	10	云南腾冲
140	1976-07-04	24.3°	98.8°		6		22	云南潞西东南
141	1976-07-21	24.8°	98.7°		6.6		16	云南腾冲
142	1976-08-16	32.6°	104.1°		7.2	Ⅸ	15	四川松潘、平武间
143	1976-08-22	32.6°	104.4°		6.7		21	四川平武北
144	1976-08-23	32.5°	104.3°	1	7.2	Ⅷ+	23	四川松潘、平武间
145	1976-11-07	27.6°	101.1°		6.7	Ⅸ	21	四川盐源西北
146	1976-12-13	27.4°	101.0°		6.4	Ⅷ	21	四川盐源西南
147	1979-03-15	23.2°	101.1°		6.8	Ⅸ	10	云南普洱
148	1981-01-24	31.01°	101.11°	1	6.9	Ⅷ+	12	四川道孚附近
149	1981-09-19	23.02°	101.46°	1	6	Ⅶ	33	云南普洱
150	1982-06-16	31.96°	100.03°	2	6	Ⅶ	15	四川甘孜西北
151	1985-04-18	25.89°	102.93°	1	6.2	Ⅷ	5	云南禄劝东北
152	1988-11-06	23.16°	99.55°	1	7.2	Ⅹ	16	云南耿马团结乡
153	1989-04-16	29.99°	99.23°	1	6.6	Ⅷ	12	四川巴塘东南
154	1989-04-25	30.05°	99.42°	1	6.6	Ⅷ	7	四川巴塘东
155	1989-05-03	30.11°	99.54°	1	6.3		14	四川巴塘东
156	1989-05-03	30.07°	99.55°	1	6.3		7	四川巴塘东
157	1989-05-07	23.52°	99.62°	1	6.2	Ⅶ	34	云南耿马附近
158	1989-09-22	31.58°	102.51°	1	6.5	Ⅷ	12	四川小金北
159	1993-01-27	23.1°	101.1°		6.3			云南普洱
160	1995-10-24	25.9°	102.2°		6.5			云南武定
161	1996-02-03	27.2°	100.3°		7			云南丽江
162	1996-02-05	27.0°	100.3°		6			云南丽江
163	1998-11-20	27.3°	100.9°		6.2			云南宁蒗
164	2000-01-15	25°35′	101°07′		6.5(M_L)		30	姚安
165	2001-02-23	29°25′	101°06′		6.3(M_L)		6	雅江 6.0S
166	2001-10-27	26°14′	100°34′		6.2(M_L)		15	永胜 6.0S
167	2003-07-21	25°57′	101°14′		6.2(M_L)		6	大姚
168	2003-10-16	25°55′	101°18′		6.1(M_L)		5	大姚

续表

序号	时间/(年-月-日)	北纬	东经	精度	震级	震中烈度	源深	参考地名
169	2007-06-03	23.0	101.1		6.4		33	云南普洱县
170	2008-05-12	31.0	103.4		8.0		14	四川汶川县
171	2008-05-12	31.0	103.5		6.0		33	四川汶川县
172	2008-05-12	31.4	103.6		6.0		33	四川汶川县
173	2008-05-13	30.9	103.4		6.1		0	四川汶川县
174	2008-05-18	32.1	105.0		6.0		0	四川江油市
175	2008-05-25	32.6	105.4		6.4		0	四川青川县
176	2008-07-24	32.8	105.5		6.0		0	四川青川县、陕西省汉中市
177	2008-08-01	32.1	104.7		6.1		0	四川平武县、北川县
178	2008-08-05	32.8	105.5		6.1		0	四川青川县
179	2008-08-30	26.2	101.9		6.1		10	四川攀枝花市
180	2009-07-09	25.6	101.0		6.3		6	云南姚安县
181	2013-04-20	30.3	103.0		7.0		17	四川芦山县
182	2013-08-12	30.0	98.0		6.1		15	西藏左贡县
183	2014-08-03	27.1	103.3		6.5		12	云南鲁甸县
184	2014-10-07	23.4	100.5		6.6		5	云南景谷县
185	2014-11-22	30.3	101.7		6.3		18	四川甘孜州康定县

3.2.2 地震区带划分及其地震活动性分析

从区域地震背景上看，大渡河中游及外围处于青藏地震区向华南地震区过渡的部位，地震地质条件复杂，现代地震活动十分强烈。

按照2015年8月1日实施的《中国地震动参数区划图》[5]并结合中国地震局“九五”重点项目《中国地震动参数区划图编制》中关于“中国及邻近地区地震区、带划分”的研究成果，大渡河中游及外围研究区位于青藏地震区青藏高原中部地震亚区西南部的鲜水河—滇东地震带内。该地震带东邻的华南地震区地震活动相对较弱；东北侧为青藏高原北部地震亚区的龙门山地震带；北面是青藏高原中部地震亚区的巴颜喀拉山地震带；西南面则与青藏高原南部地震亚区最东面的滇西南地震带相邻，后三个地震带都有多次7级以上的强震记载。有关参数见表3.2-2。

地震活动是现代构造运动最明显和最突出的表现之一，特别是里氏M≥6级的强烈地震，往往成为判断和评价现代构造运动的直接标志，具有很高的可信度。

为进一步分析大渡河中游及外围地区的区域地震背景条件，更好地了解本研究区地震活动与我国西南大地构造格局之间的宏观联系，选取了较大的范围，即北纬23°～33°；东经98°～106°所围限的地域，作为研究宏观地震活动规律的背景区，它包括了整个川滇菱形断块、龙门山构造带、松潘甘孜地槽褶皱系大部、四川台拗西半

表 3.2-2　　川滇藏地震区（Ⅴ）各亚区及部分地震带震级分配一览表

地震亚区、带名称	地震区带代号	区内各级地震个数			
		M≥8	M=7～7.9	M=6～6.9	M=5～5.9
西昆仑—帕米尔地震亚区	V_1	2	37	169	538
青藏高原北部地震亚区	V_2	4	21	57	197
龙门山地震带	V_{2-1}	2	10	23	76
青藏高原中部地震亚区	V_3	1	32	116	383
巴颜喀拉山地震带	V_{3-1}	0	3	11	31
鲜水河—滇东地震带	V_{3-2}	1	29	105	352
青藏高原南部地震亚区	V_4	10	36	216	561
滇西南地震带	V_{4-2}	2	15	61	171

部，以及邻近地区，编制了大渡河中游及外围地震构造纲要图，图中绘入了新生代以来的主要活动断裂构造、全部有记载的6级以上地震的震中，以及8级潜在震源区和7.5级潜在震源区的范围。

自公元前26—2016年12月31日，共有950次 $M_S \geq 4.7$ 级的地震记录（其中2006—2016年 $M_S \geq 5.0$ 级），其中5～5.9级地震582次，6～6.9级地震146次，7级以及7级以上地震共39次，最强的7¾级以上地震为6次，它们是：

1515年6月27日云南永胜西北的7¾级（Ⅹ度）；

1733年8月2日云南东川紫牛坡的7¾级地震（Ⅹ度）；

1786年6月1日四川康定南的7¾级地震（$I_0 \geq$ Ⅹ度）；

1833年9月6日云南嵩明、杨林一带的8级地震（震中烈度 $I_0 \geq$ Ⅹ度）；

1970年1月5日云南通海的7.8级地震（$I_0 \geq$ Ⅹ度）；

2008年5月12日四川汶川的8级地震（Ⅹ度）。

此外，1973年2月6日四川炉霍附近的地震原来定为7.9级，经核实后现定为7.6级（Ⅹ度）。

3.2.3 地震活动时空特征

3.2.3.1 地震活动的空间分布特征

现将研究区范围内的185次破坏性强震（$M_S \geq 6.0$ 级）列入表3.2-1（截至2016年12月31日），再将震中位置绘入图3.2-1，并分别按1899年以前、1900—1979年和1980—2016年三个时段，用不同的颜色标出。图3.2-1清晰地显示出，强震在空间上呈带分布的特征十分明显，其中大部分沿川滇菱形断块的边界断裂分布。

图3.2-1的范围内，东部的四川盆地开发较早，其中最早是公元前26年（西汉末年）的“犍为郡地震”。自唐代以来，西昌、大理等地相继有个别破坏性地震记载。明代以来，地方志盛行，地震史料日渐丰富，地震破坏的记录也相对较详细；大约始

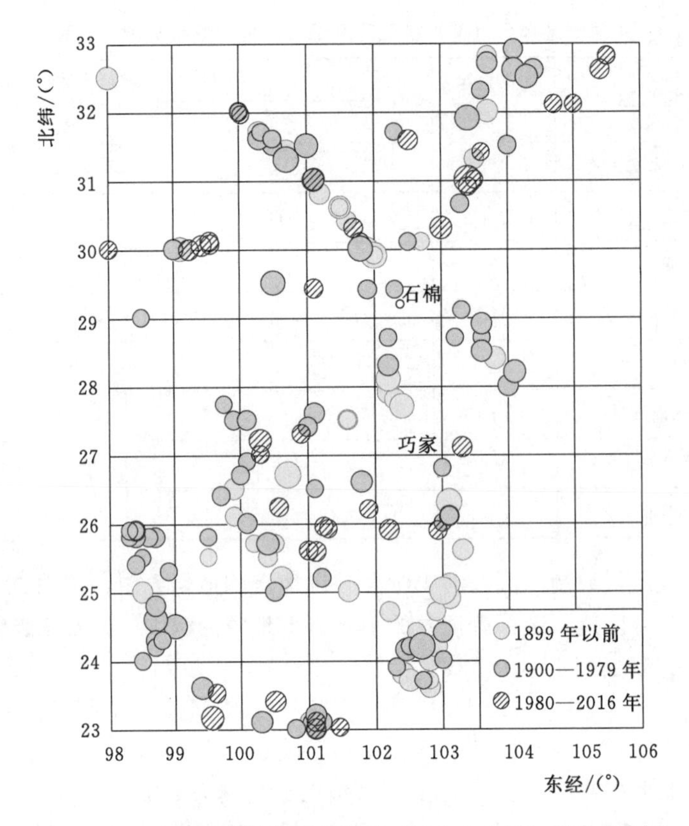

图 3.2-1 大渡河中游外围及强震（M_S≥6.0 级）震中分布图

自 15 世纪中叶，西昌、盐源、大理、昆明及滇东等地区，破坏性地震的记载明显增加。至 18 世纪初（清代早期），鲜水河地震带的康定、乾宁、道孚、炉霍也有较详细的地震记载。1900 年以后，仪器记录地震已在世界范围内展开，发生的较大地震在国际地震综合报告中一般都能查到观测数据。我国上海徐家汇天文台地震仪就记录了 1917 年 7 月 31 日发生在云南大关吉利铺的 6¾级地震。

本区记载有 7.5 级以上的地震 12 次，10 次发生在川滇菱形断块范围内，除永胜 1 次外，其余 9 次分别沿云南东川—嵩明—通海、西昌—普格和炉霍—康定分布，它们都被划分为 8 级潜在震源区。另两次分别是：1933 年的四川茂汶叠溪 7.5 级地震，在天全—松潘地震带范围内；2008 年 5 月 12 日四川汶川 8.0 级地震，在龙门山地震带范围内。

研究区内 27 次 7.0～7.4 级的地震，17 次与川滇菱形断块有关，除理塘和丽江各一次外，其余也都是沿断块的边界分布。另有 10 次分别与马边—盐津地震带（2 次）、天全—松潘地震带（4 次）、澜沧—耿马地震带（2 次）和龙陵—潞西地震带（2 次）有关，都被划分为 7.5 级潜在震源区。

川滇菱形断块边界沿线的地震活动强度也是不均一的，强震活动段与中等强度活动段相间出现。特别引人注目的两处是：断块北东边界的石棉段和东部边界的巧家段，没有 6 级以上地震分布。从大地构造上看，前者是鲜水河断裂带向 SE 切入康滇地轴受阻后转而沿原有的安宁河断裂带南行的部位；后者是安宁河断裂在西昌断陷盆地南端再次转向SE，沿则木河断裂切穿康滇地轴后，再沿原有的小江断裂带南行的部位。从地震活动上看，两处都是典型的中等强度活动段，以频繁的3～4级弱震为主，间有少量中强震。其中，石棉段由磨西得妥经石棉转向南至冕宁大桥，历史上最大只记到两次5级地震（1951年3月和1989年6月），图3.2-1中在磨西断裂北纬29.4°一线标出了两个6级地震，西侧的是1975年发生在九龙北的一个地震，在菱形断块以西约40km，属于断块内部发生的零星地震；东侧的是1935年4月28日的"泸定石棉间地震"，原引自1959年南水北调队的资料，20世纪70年代多次调查均未落实。

3.2.3.2 地震活动的时间分布特征

强震在时间分布上同样也是不均一的，在地震记录比较完整的情况下，可以分辨出强震频发的地震活跃期和强震相对稀少的平静期，交替变化，构成一种准周期的活动模式。

由鲜水河断裂带、安宁河断裂带和小江断裂带组成的川滇菱形断块东北和东缘的边界断裂带，地震活动十分强烈，也称为川滇地震带。本文所研究的大渡河中游地区就处在川滇地震带的中段。在我国发布的强震目录中，检出了川滇地震带在1700—2016年的时段内发生的M≥6.0级的强烈地震，共计45个，据之绘制了强震的时序图（M-t图，见图3.2-2）。统计资料显示，1700年以来川滇地震带强震活动呈现出明显的活跃期和平静期的交替变化，可以分辨出四个活跃期。各活跃期不同震级的分布情况列入表3.2-3。

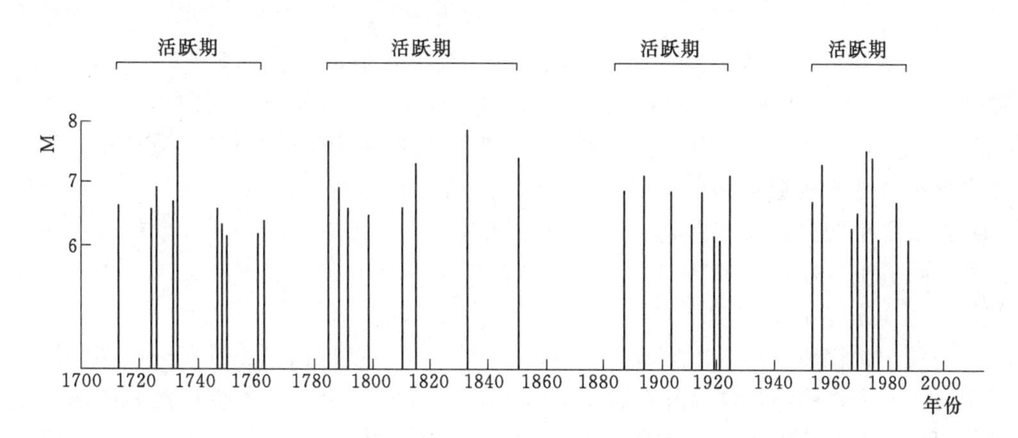

图3.2-2 川滇地震带强震时序图

表3.2-3 川滇地震带强震活跃期时段统计

活跃期划分		时段/年	历时/年	≥6级	≥7级	≥7½级	最大震级
一	活跃期	1713—1763	51	10	2	1	7¾
	平静期	1764—1785	22	0			
二	活跃期	1786—1850	65	9	5	4	8
	平静期	1851—1886	36	0			

续表

活跃期划分		时段/年	历时/年	≥6 级	≥7 级	≥7½级	最大震级
三	活跃期	1887—1923	37	9	5	0	7.3
	平静期	1924—1951	28	5	0		6.0
四	活跃期	1952—1985	31	12	3	3	7.8
	平静期	1986—	>20	0			

在强震的时间分布上有两个现象值得注意：

(1) 前三个活跃—平静周期的延续时间在65～101年之间，而且每个周期中活跃期都长于平静期。这表明，川滇地震带沿线的大型水电工程在其有效使用期内至少会经历一个地震活跃期，必须十分重视工程的抗震安全问题。

(2) 在平静期的数十年中，整个川滇地震带都没有M≥6级的地震发生。第三周期的平静期是个例外：28年中在甘孜北、康定一带、巧家南、寻甸和通海各发生一次6级地震。这表明，石棉段和巧家段两个地震活动相对较弱的区段，在今后1～2个地震活动周期中发生大于6级地震的可能性是很小的。

3.2.4 大渡河中游及外围地震活动性

从宏观地震背景上看，“大渡河中游及外围”研究区与鲜水河—安宁河断裂带的中段关系比较密切，为进一步了解研究区地震活动的特点，选取北纬28°30′～30°30′、东经101°54′～102°30′的范围，从1970—2005年的仪测地震目录中检索出M_L≥2.5级的地震共538个，其中M_L≥4.0级的8个，仅占1.5%，最大为1989年6月9日发生在石棉西北的5.0级地震；M_L＝3.9～3.0级148个，M_L＝2.9～2.5级382个。图3.2-3 (b) 是大渡河中游及外围全部仪测地震的震中分布图，其中4级以上地震用红圈表示，其余的用黑圈。仪测地震中4级以上的地震随机分散在小震当中，看不出有什么特殊的构造意义。其中1989年6月的“石棉西北地震”，图3.2-3 (a)、(b) 两幅图中的位置有些差别，经查对是资料来源不同造成的差别。微震目录中给出的宏观震中坐标是北纬29.16°、东经102.15°，而《中国近代地震目录》中则是北纬29.34°、东经102.38°。

为便于比较和分析，在图3.2-3 (a) 中给出了该范围内历史震中分布图。图中康定下方三个地震都是鲜水河断裂带南端的，包括1786年的7¾级地震；图南端中部是冕宁小盐井6级和大桥地震。可以看出，大渡河中游及外围正处在上文所述鲜水河—安宁河断裂带的中段，北西侧与该断裂带北段的康定亚段相接，南面与西昌冕宁段的北端相邻。图中还可见到，得妥、泸定一线沿大渡河只有两个中等强度的地震，即1952年的5.8级和1805年的4.8级。石棉往南沿南桠河、安宁河直至冕宁大桥，这一区间没有历史地震的记载。

图3.2-3 (b) 表明，在康定和冕宁两个强震区段附近，现今的小震活动并不是特别密集的。小震最密集的地段沿磨西断裂的中段和南段展布，并且在石棉南面，还有一个密集的NW—SE向条带，有可能是沿着石棉断裂往凉山断裂束的方向延伸。

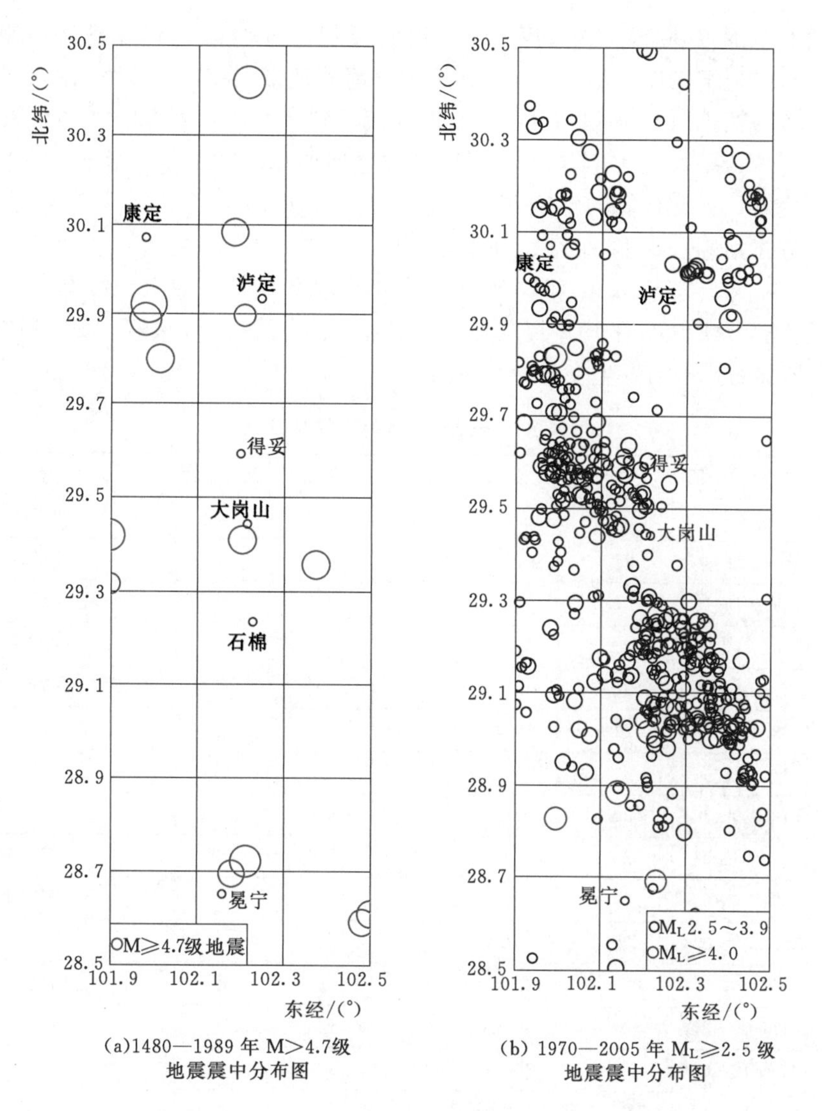

图 3.2-3 大渡河中游及外围弱震活动特征比较图

与大渡河中游水电开发项目有关的部位，在大岗山水库中段得妥一带小震比较密集；由得妥往泸定方向并再往北延，沿大渡河恰好是一段小震稀少的河段；大岗山以下的几个梯级的小震要多一些。

3.2.5 鲜水河—安宁河断裂带地震活动性

对大渡河中游至南桠河地区一系列水电工程影响最大的是鲜水河—安宁河断裂带的地震活动性。众所周知，作为川滇菱形断块北东边界的鲜水河断裂、安宁河断裂、则木河断裂及小江断裂的地震活动性很强。其中，以鲜水河断裂的地震活动性最强，地震发生的强度和频度都很高；其次安宁河断裂和小江断裂，强度很高但频度略低；而则木河断裂只在与安宁河断裂交汇的西昌—普格段发生过为数不多但非常强烈的地震。在此重点分析一下鲜水河—安宁河断裂带的地震活动特征。

从研究范围内将属于鲜水河—安宁河断裂带的6级以上地震挑选出来列入表3.2-4。有历史记录以来，整个鲜水河—安宁河断裂带上发生的6级以上地震一共有33个。若以实际发生的地震事件来计算时间段，则从624年到2016年的1393年，6级以上地震的年平均发生率是0.0237，平均重现期是42.21年。显然，早期的历史记载并不完善，如此计算的年发生率过于偏低。若从1700年算到2016年是317年，鲜水河—安宁河断裂带上6级以上地震有29个，则年平均发生率是0.0915，平均重现期是10.93年。若从1900年算到2016年的117年间6级以上地震有16个，则年平均发生率是0.1368，平均重现期是7.31年。由此可见，鲜水河—安宁河断裂带上6级以上地震的年平均发生率是相当高的。

表3.2-4　　鲜水河—安宁河断裂带强震目录

序号	时间/(年-月-日)	北纬	东经	精度	震级	震中烈度	源深	参考地名
1	624-08-18	27.9°	102.2°	4	≥6	≥Ⅷ		四川西昌一带
2	814-04-06	27.9°	102.2°	4	7	Ⅸ		四川西昌一带
3	1489-01-15	27.8°	102.3°	3	6¾	Ⅸ		四川西昌、越西一带
4	1536-03-29	28.1°	102.2°	2	7½	Ⅹ		四川西昌北
5	1725-08-01	30.0°	101.9°	2	7	Ⅸ		四川康定
6	1732-01-29	27.7°	102.4°	2	6¾	Ⅸ		四川西昌东南
7	1747-03	31.4°	100.7°	4	6¾	≥Ⅷ		四川炉霍
8	1748-08-30	30.4°	101.6°	3	6½	Ⅷ		四川道孚乾宁东南
9	1786-06-01	29.9°	102.0°	2	7¾	≥Ⅹ		四川康定南
10	1786-06-02	29.9°	102.0°	3	≥6			四川康定南
11	1792-09-07	30.8°	101.2°	3	6¾	Ⅷ		四川道孚东南
12	1793-05-15	30.6°	101.5°	2	6	Ⅷ		四川道孚乾宁
13	1811-09-27	31.7°	100.3°	2	6¾	Ⅸ		四川炉霍朱倭
14	1816-12-08	31.4°	100.7°	2	7½	Ⅹ		四川炉霍
15	1850-09-12	27.7°	102.4°	2	7½	Ⅹ		四川西昌、普格间
16	1893-08-29	30.6°	101.5°	2	7	Ⅸ		四川道孚乾宁
17	1896-03	32.5°	98.0°	3	7	Ⅸ		四川石渠洛须
18	1904-08-30	31.0°	101.1°	2	7	Ⅸ		四川道孚
19	1913-08	28.7°	102.2°		6	Ⅷ		四川冕宁
20	1919-05-29	31.5°	100.5°		6¼			四川道孚西北
21	1919-08-26	32.0°	100.0°		6¼			四川甘孜一带
22	1923-03-24	31.5°	101.0°		7.3	Ⅹ		四川炉霍、道孚间
23	1930-04-28	32.0°	100.0°		6			四川甘孜北
24	1932-03-07	30.1°	101.8°		6	Ⅷ		四川康定一带
25	1952-09-30	28.3°	102.2°	2	6¾	Ⅸ		四川冕宁、石龙一带
26	1955-04-14	30.0°	101.8°	2	7.5	Ⅹ		四川康定折多塘一带

续表

序号	时间/(年-月-日)	北纬	东经	精度	震级	震中烈度	源深	参考地名
27	1967-08-30	31°36′	100°18′	1	6.8	Ⅸ		四川炉霍西北
28	1967-08-30	31°42′	100°20′	1	6			四川炉霍西北
29	1973-02-06	31.3°	100.7°	2	7.6	Ⅹ	11	四川炉霍附近
30	1973-02-08	31.6°	100.5°	1	6			四川炉霍西北
31	1981-01-24	31.01°	101.11°	1	6.9	Ⅷ+	12	四川道孚附近
32	1982-06-16	31.96°	100.03°	2	6	Ⅶ	15	四川甘孜西北
33	2014-11-22	30.3°	101.7°		6.3		18	四川甘孜州康定县

有记载以来，鲜水河—安宁河断裂带沿线共发生（M≥4.7级）破坏性地震75个，图3.2-4给出了时序图。表3.2-5列出了这75个地震按纬度的分布状况，根据震中的疏密程度按纬度划分出若干小段，以半级的间隔统计了各档地震数。从表3.2-5中可以看到，7级以上地震主要集中在炉霍—乾宁段、康定一带和西昌一带，是该断裂带活动性最强的三个区段；甘孜—炉霍以北段和冕宁一带都发生过多次6～6.9级，活动性也比较强。泸定—石棉—冕宁大桥以北长约100km的地段（表中用加粗字体表示），有可靠历史记载的近300年内只记录到5次5～5.5级的地震，没有不小于6级地震的记载，该段是整个鲜水河—安宁河断裂带中地震活动的相对平静段。

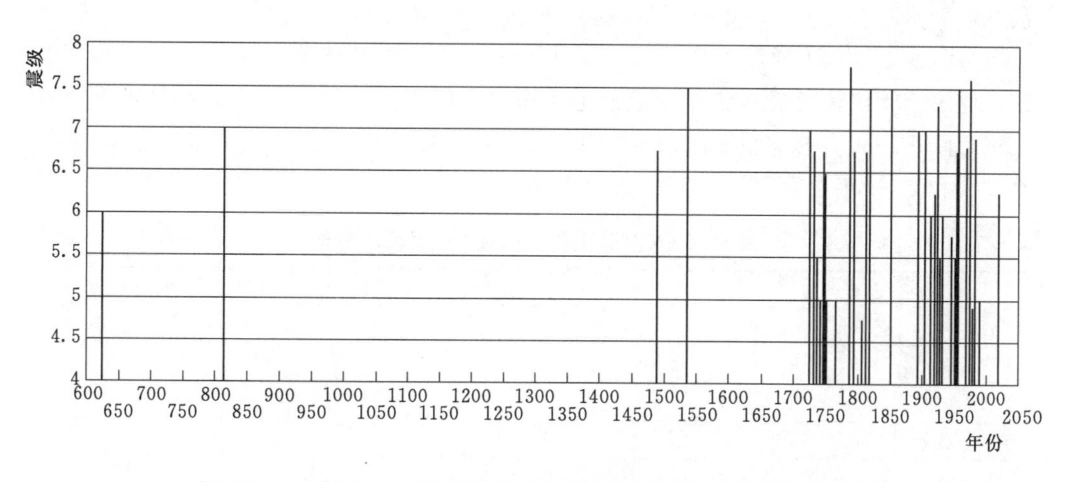

图3.2-4 鲜水河—安宁河断裂带（M≥4.7级）强震活动时序图

表3.2-5　　鲜水河—安宁河断裂带地震活动性空间分段比较表

地　段	纬度范围/(°)	≥7.5	7.4～7.0	6.9～6.5	6.4～6.0	5.9～5.5	5.4～5.0	4.9～4.7	合计
甘孜及以北	32.0～31.9	0	0	0	3	1	0	2	6
甘孜—炉霍	31.7～31.6	0	0	2	2	1	2	1	8
炉霍—道孚	31.5～31.3	2	1	1	1	1	1	0	7
道孚附近	31.0～30.8	0	1	2	0	2	1	2	8
道孚—乾宁	30.6	0	1	0	1	4	5	0	11

续表

地　段	纬度范围/(°)	≥7.5	7.4～7.0	6.9～6.5	6.4～6.0	5.9～5.5	5.4～5.0	4.9～4.7	合计
乾宁康定间	30.5～30.2	0	0	1	1	4	0	1	7
康定一带	30.1～29.8	2	1	0	2	4	0	1	10
泸定石棉间	29.6～29.3	0	0	0	0	1	4	0	5
石棉—冕宁	29.3～28.7	0	0	0	0	0	0	0	0
冕宁一带	28.7～28.2	0	0	1	1	2	0	1	5
西昌一带	28.1～27.7	2	1	2	1	0	1	1	8
合　计		6	5	9	12	20	14	9	75

表3.2-6列出了各地段6级以上强震在不同时间段中的分布情况。时间段主要根据历史资料的完整性和可信度划分：624—1724年只在开发较早的西昌一带有四个大震资料，但这并不意味着开发很晚的康定、道孚、炉霍、甘孜一带没有发生过大震；1725—1899年期间鲜水河断裂带沿线已有一定数量的大震记载，但毕竟地处偏僻，漏记在所难免；1900年以后，仪器记录地震已在世界范围内展开，较大地震的观测数据在国际地震综合报告中一般都能查到，鲜水河—安宁河断裂带上大于6级的地震基本上也不会漏失；考虑到20世纪80年代强震活动骤然减少，把1900—1979年和1980—2005年分成两个时段来讨论其活动性。

表3.2-6显示，鲜水河—安宁河断裂带各地段强震的时间分布也是不同的：西昌一带的活动主要发生在1900年以前，冕宁一带没有7级以上强震，1913年和1952年各有一次6级以上地震，1980年以来两地段都没有出现6级以上地震；鲜水河断裂带地震活动比较频繁，1900年以前道孚至康定段更强，1900年之后则是道孚至甘孜更活跃；1980年以来的37年间各地段都相当平静，只是1981年在道孚、1982年在甘孜和2014年在康定各发生一个6级多的地震。

表3.2-6　　　　鲜水河—安宁河断裂带强震发生时段比较表

地　段	纬度范围/(°)	624—1724年		1725—1899年		1900—1979年		1980—2016年	
		≥7.0	6.9～6.0	≥7.0	6.9～6.0	≥7.0	6.9～6.0	≥7.0	6.9～6.0
甘孜及以北	32.0～31.9	—	—	—	—	—	2	—	1
甘孜—炉霍	31.7～31.6	—	—	—	1	—	3	—	—
炉霍—道孚	31.5～31.3	—	—	1	1	2	1	—	—
道孚附近	31.0～30.8	—	—	—	1	1	—	—	1
道孚—乾宁	30.6	—	—	1	1	—	—	—	—
乾宁康定间	30.5～30.2	—	—	—	1	—	—	—	1
康定一带	30.1～29.8	—	—	2	1	1	1	—	—
泸定石棉间	29.6～29.3	—	—	—	—	—	—	—	—
石棉—冕宁	29.3～28.7	—	—	—	—	—	—	—	—
冕宁一带	28.7～28.2	—	—	—	—	—	2	—	—
西昌一带	28.1～27.7	2	2	1	1	—	—	—	—
合　计		2	2	5	7	4	9	0	3

根据强震的时空分布，可以把鲜水河—安宁河断裂带分为三段：

(1) 北段由甘孜到康定，是地震活动极强的断层破裂段。考虑到乾宁到康定之间有30km左右沿断层只发生过一次6.5级地震，也可以再分成两个亚段，即甘孜乾宁亚段和康定亚段，两段都具有7.5～8.0级的地震背景。

(2) 中段由泸定、石棉至冕宁大桥以北，是中等强度的地震活动段，具有5.5～6.0级的地震背景。

(3) 南段为西昌冕宁段，具有7.5级的地震背景。

3.3 中国西部地区强震的主震—余震统计关系

为了满足结构抗震非线性分析的需要，对强地震活动主震和余震之间关系，主要是主震和余震在强度上相差的数量级、主震和余震之间在发震时间上的延后天数等项指标进行了统计分析。主要考察强震主震与序列中的第一和第二大余震的关系。因此，收集和整理资料的工作异常重要，如何正确分辨出强震的余震序列，以及序列中的主次余震都需要非常专业和细致的分析。在此不讨论分析过程，只给出主要的分析结果。

3.3.1 地震序列的基本类型

地震序列是指在一定的空间范围和时间段内连续发生的一系列大小地震，且其发震机制具有某种内在联系或有共同发震构造的一组地震总称。地震序列大体可分为如下三种类型：

(1) 主震型序列：此序列中主震所释放的能量占全序列地震能量的90%以上，它又可以分为前—主—余（震）型和主—余（震）型两种，视其有否前震而定。这类地震的能量和频度，均衰减较快。1962年新丰江6.1级地震和1975年海城7.3级地震就属于前—主—余型地震序列。

(2) 震群型序列：主要的能量是通过多次震级相近的地震释放的，其最大地震能量占全序列的80%以下。它可分为双震型和群震型，前者由两个接连发生的大地震及其余震组成，后者由多个余震组成。这类地震一般衰减较慢。1966年3月邢台地震，1966年云南东川地震，1976年5月龙陵地震，2003年2月新疆巴楚6.8级地震都是典型的震群型序列。

(3) 孤立型序列：其主震能量与序列总能量之比常大于99.9%，前震和余震均较少，且衰减很快。

据有关统计，主震型序列和震群型序列几乎占了全部6级以上地震序列的70%～85%，即一旦有地震发生那么绝大多数情况下结构将不止遭受一次地震的作用，而是承受多次地震作用。

3.3.2 主震—余震的震级统计关系

最大余震震级与主震震级之差ΔM，遵从常用的巴特（M. Bath）定律：

$$\Delta M = 1.2 \pm 0.5$$

对最大余震震级与主震震级之差 ΔM，宇津德治、帕帕扎乔斯（B C Papazachos）等人得到，对有的地震其主震与最大余震震级之差与巴特定律有显著不同，此差值与地震的类型有关。

早期强余震一般大于晚期强余震，对于依次发生的较大余震，也经常出现第二次强余震比第一次强余震大的情况，也常常看到早期最大余震与晚期最大余震震级接近的情况。用数理统计的方法获得强余震的震级比较直观、实用。

为了统计主震—余震震级之间的数学关系式，根据对实际历史地震资料分类分析，从 1912—2005 年发生在中国西部地区的强震目录中挑选主—余震组合 140 组，这些地震记录符合以下条件：

（1）所选记录中主震与余震发生地点最大纬度差为 0.5°，最大经度差为 0.5°，其中余震离主震最大距离为 60.9km。

（2）所选记录中主震与余震最大时间间隔为 135 天。

（3）对多次余震的地震序列，选其中两次较大震级的地震，主震后顺次发生的两次最大余震分别称作第一大余震和第二大余震，资料中包含第二大余震的地震记录共 69 组。

需要指出的是，有关余震震中位置的问题非常复杂，涉及的因素很多。主、余震的震中位置可能相距很近，也可能偏离较远。为了使统计结果具实用性，在考虑强余震的范围时，一方面考虑到主、余震震中位置偏差不宜太大；另一方面是参考历史地震资料的余震震中数据情况和西部地震地质构造特点而综合确定的，大部分强震的余震区活动区长轴集中在 1°以内，因此选取 0.5°的经纬度差基本上能够反映实际情况。

采用回归分析统计方法，可获得以下关系式：

140 组主—余震组合统计分析得到主震震级 M 与第一次大余震 M_{a1} 的统计关系式：

$$M_{a1}=3.08+0.332M \quad (\sigma^2=0.196, R=0.518)$$

69 组主—余震组合统计分析得到主震震级 M 与第二次大余震 M_{a2} 的统计关系式：

$$M_{a2}=1.896+0.529M \quad (\sigma^2=0.263, R=0.616)$$

140 组主—余震组合统计分析得到主震震级 M 与最大余震 M_a 的统计关系式：

$$M_a=2.259+0.483M \quad (\sigma^2=0.226, R=0.634)$$

图 3.3-1、图 3.3-2 和图 3.3-3 分别是 M 与 M_{a1}、M 与 M_{a2}、M 与 M_a 的相关关系图，图中虚线范围分别表示上述 3 种统计关系总体方差的 95%置信区间。可以看出，主、余震震级之间基本上呈现正相关的关系。

3.3.3 余震的空间分布特征

通过对我国大陆地区近些年发生的大地震的强余震序列的研究表明，强余震往往发生在主震附近或断层两端附近。根据中国西部地区地震特点和发震断裂活动段的长度特征，确定主震震中 61km 半径范围为余震可能发生的区域。

余震的空间分布特征与发震断裂的展布、发震机制、断层活动习性等密切相关。一般来说，余震开始时密集于主震附近，震级越大，余震展布范围越大。为了研究问题的简便，对强余震与主震震中的相对距离进行了统计分析，结果分别见表 3.3-1

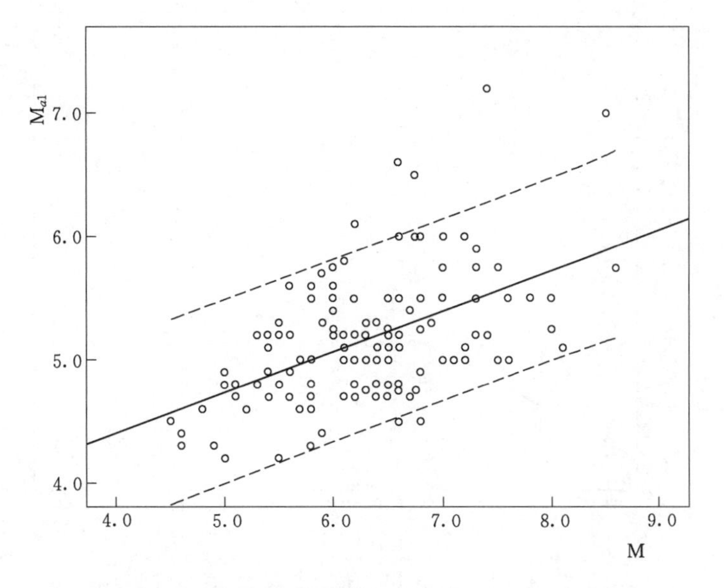

图 3.3-1　主震震级 M 与第一次大余震 M_{a1} 的统计关系

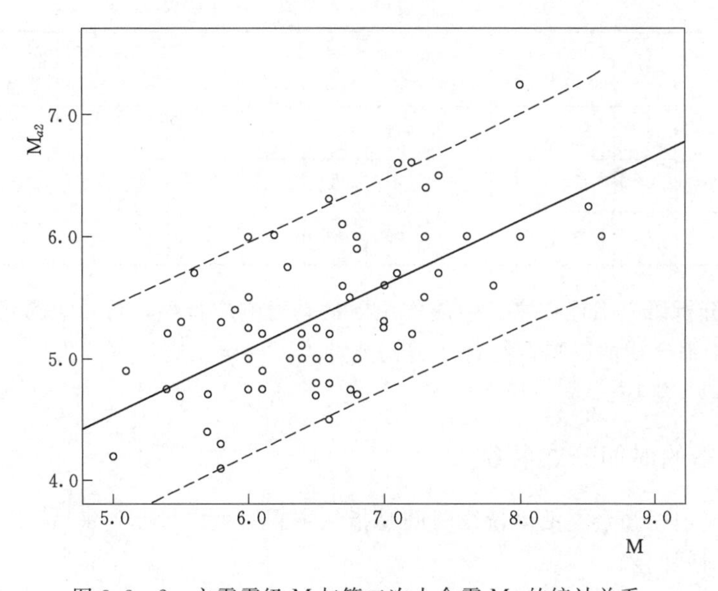

图 3.3-2　主震震级 M 与第二次大余震 M_{a2} 的统计关系

和图 3.3-4。可以看出：

(1) 第一次大余震主要分布于主震震中 30km 范围内，占 86.4%；其中 0～15km 范围约占 54.3%，15～30km 范围占 32.1%。

(2) 第二次大余震主要分布于主震震中 35km 范围内，占 92.8%；其中 0～10km 范围约占 23.2%，10～20km 范围占 37.7%；20～35km 范围占 31.9%。

(3) 最大余震主要分布于主震震中 30km 范围内，占 84.3%；其中 0～20km 范围约占 65.0%，20～30km 范围占 19.3%。

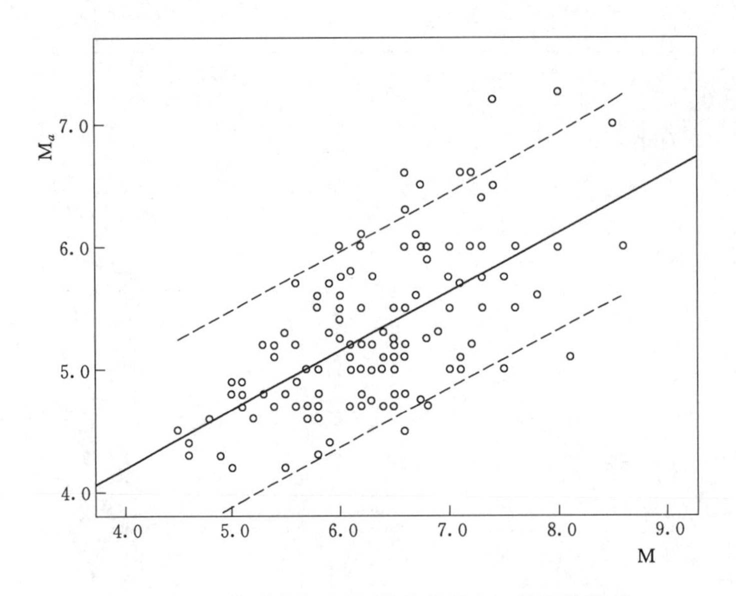

图 3.3-3　主震震级 M 与最大余震 M_a 的统计关系

表 3.3-1　　　　强余震与主震震中之间距离的统计结果

距离 L/km 频数/次	L≤5	5<L≤10	10<L≤15	15<L≤20	20<L≤25	25<L≤30	30<L≤35	35<L≤40	40<L≤45	45<L≤50	50<L≤55	55<L≤60	60<L≤65
第一次大余震	23	23	30	16	15	14	3	3	4	2	4	2	1
第二次大余震	8	8	15	11	6	6	10	1	1	1	2	0	0
最大余震	20	22	30	19	14	13	6	3	4	2	5	2	0

因此，分析研究工程在主、余震作用下的动力响应特性，可重点考虑来自主震震中 30km 范围强余震的影响，结合地震构造特点，确定余震的可能发震地点及其对工程的地震动影响效应。

3.3.4　余震的时间分布特征

一般意义上的强余震活动持续时间是指从主震发生之日起到最后一个强余震活动发生为止的时间间隔。

主震发生后 5 天左右的时段内余震频度高，能量释放大，衰减很快，强余震也基本上集中在这个时段。表 3.3-2～表 3.3-4 以及图 3.3-5 分别给出了第一次大余震、第二次大余震以及最大余震在主震后的发生时间。可以看出，140 组主余震中第一次大余震发生在主震后 5 天内的共 101 次，约占 72%；69 组主余震中第二次大余震发生在主震后 5 天内的共 39 次，约占 57%；140 组主余震中最大余震发生在主震后 5 天内的共 91 次，约占 65%。因此，强余震的峰值期间为 5 天。晚期最大余震分布时间范围较宽，但不像早期分布余震那样明显。考虑强余震的影响，可重点考虑 10 天尺度。

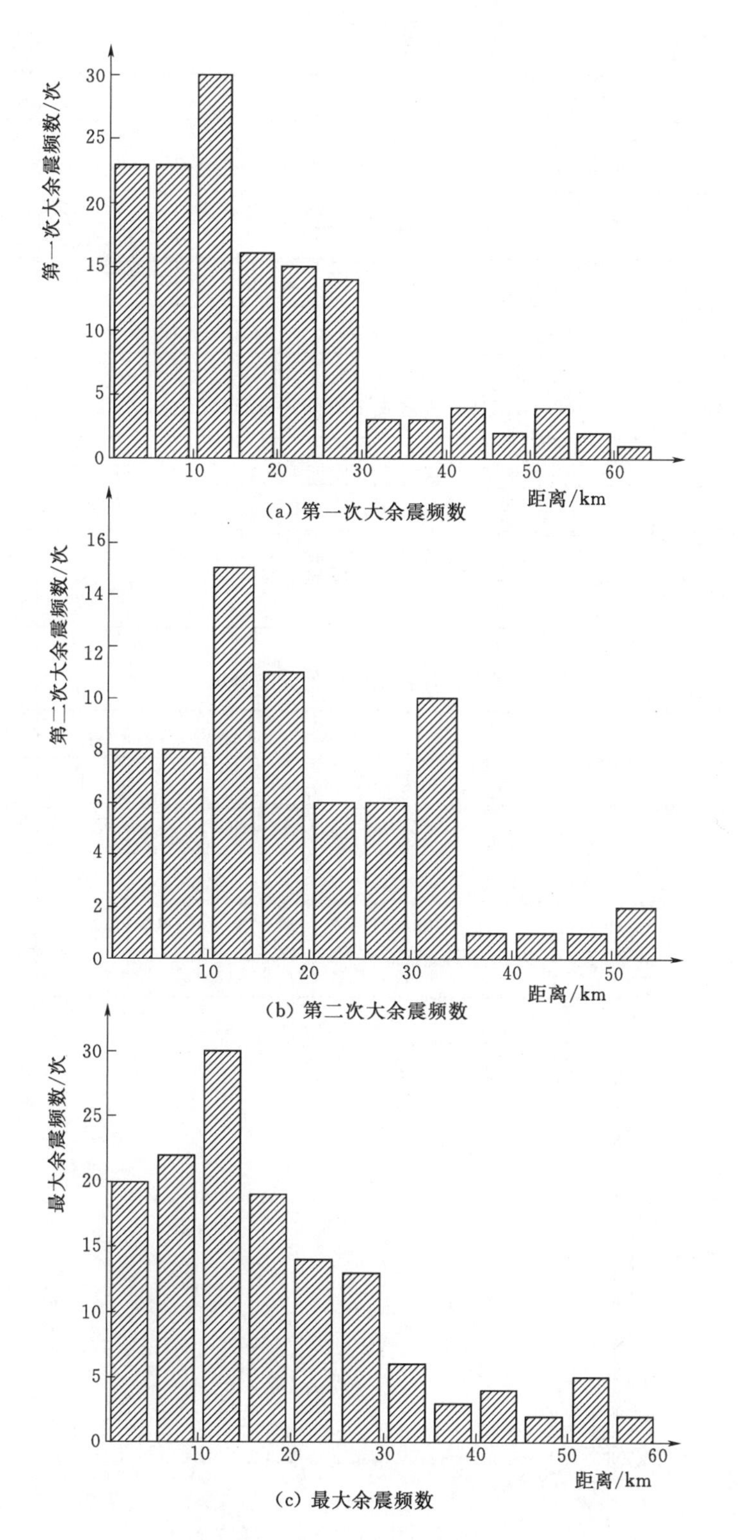

图 3.3-4　强余震与主震震中之间距离的分布图

表 3.3-2　　第一次大余震发生时间的分布情况

天数	0～5	6～10	11～15	16～20	21～25	26～30	31～35	36～40	41～45	46～50
次数	101	14	4	3	3	2	0	1	2	1
天数	51～55	56～60	61～65	66～70	71～75	76～80	81～85	86～90	91～95	96～100
次数	0	1	1	0	0	0	1	3	0	1
天数	101～105	106～110	111～115	116～120	121～125	126～130	131～135	136～140		
次数	1	0	0	0	0	0	0	1		

表 3.3-3　　第二次大余震发生时间的分布情况

天数	0～5	6～10	11～15	16～20	21～25	26～30	31～35	36～40	41～45
次数	39	8	4	2	3	2	1	3	1
天数	46～50	51～55	56～60	61～65	66～70	71～75	76～80	81～85	
次数	0	4	0	0	0	0	0	1	

表 3.3-4　　最大余震发生时间的分布情况

天数	0～5	6～10	11～15	16～20	21～25	26～30	31～35	36～40	41～45	46～50
次数	91	16	4	3	5	3	0	1	3	2
天数	51～55	56～60	61～65	66～70	71～75	76～80	81～85	86～90	91～95	96～100
次数	0	1	1	0	0	0	1	3	0	1
天数	101～105	106～110	111～115	116～120	121～125	126～130	131～135	136～140		
次数	1	0	0	0	0	0	0	1		

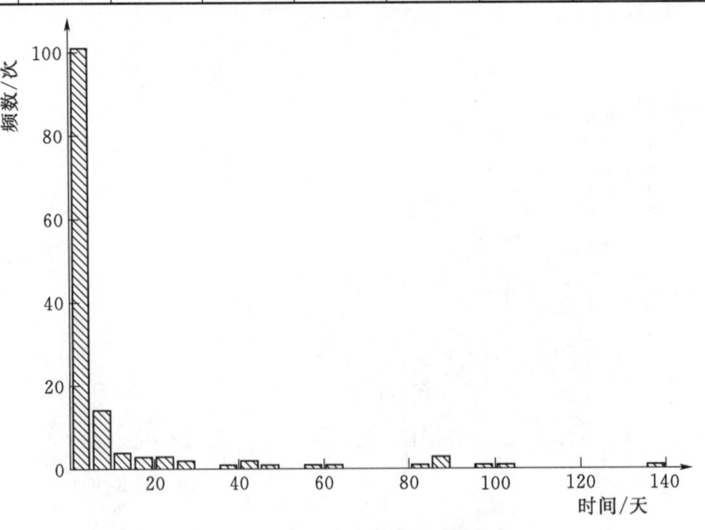

(a) 第一次大余震的时间分布

图 3.3-5（一）　主震后强余震的时间分布

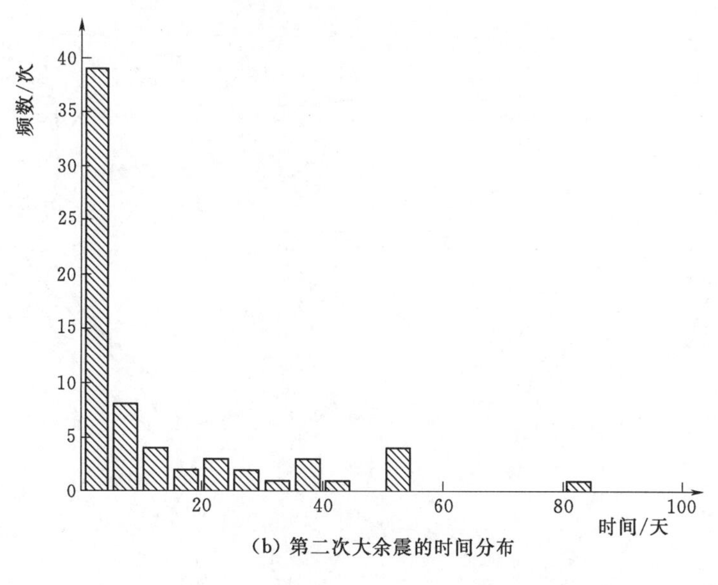

(b) 第二次大余震的时间分布

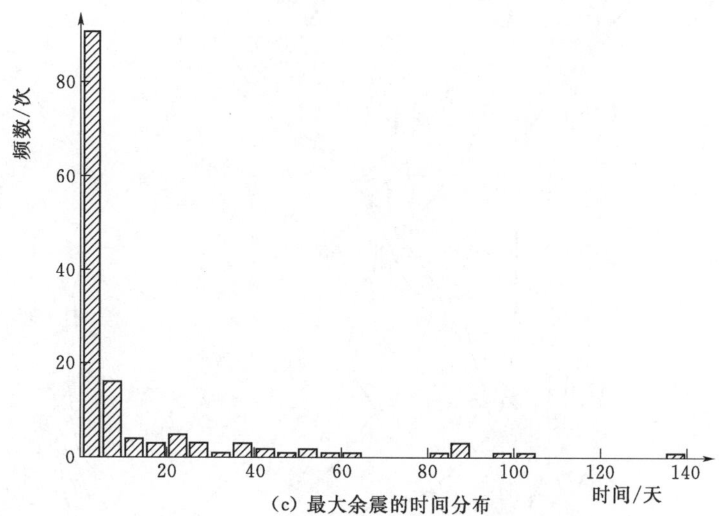

(c) 最大余震的时间分布

图 3.3-5（二） 主震后强余震的时间分布

3.4 地震构造应力场

根据129个P波初动解的资料，证明研究区的现代构造应力场是近于水平的，沿地震错动面的错动力也是近乎水平的，而地震错动面本身却相当陡立。张云湘等指出，从震源机制解求出的主压应力轴的方向，各处并不一致，其中在川滇菱形断块的范围内，北部以NWW至近EW向占优势，而中、南部则明显转为以NNW—SSE方向为主。由震源机制解求出的主压应力方向表示在图3.4-1中，沿各主要断裂带发生的典型地震的震源机制解参数列在表3.4-1中。

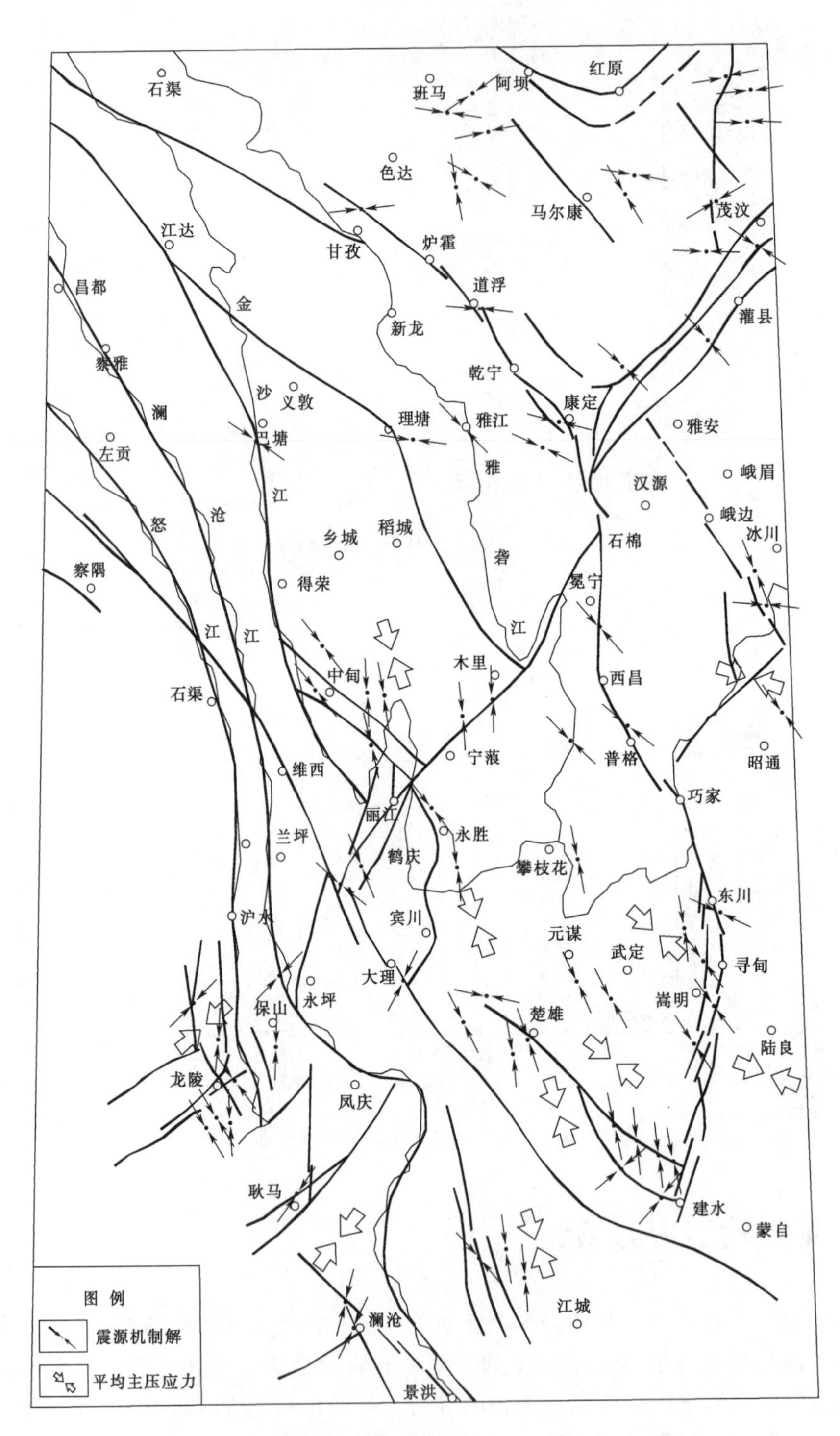

图 3.4-1 研究区主压力轴方位与应力场状态分布图

表 3.4-1　　大渡河中游及外围地区部分震源机制解参数表

序号	发震时间 /(年-月-日)	震级	震中位置		参考地点	两组P波节面						主压应力		主张应力		运动方向		发震断层
						节面Ⅰ			节面Ⅱ									
			北纬/(°)	东经/(°)		走向	倾向	倾角/(°)	走向	倾向	倾角/(°)	方位	倾角/(°)	方位	倾角/(°)	Ⅰ	Ⅱ	
安宁河断裂带、磨盘山—绿汁江断裂带																		
1	1952-09-30	6.8	28.3	102.2	石龙	65	NW	75	354	NE	40	128	21	13	45	顺扭	反扭	Ⅱ
2	1977-01-13	5.3	28.3	102.2	泸沽南	11	NWW	73	300	NE	43	278	19	322	47		反扭	Ⅰ
3	1972-05-07	4.8	27.9	102.3	西昌东	4	E	76	92	N	80	138	3	47	17	反扭	顺扭	Ⅰ
4	1962-02-27	5.5	27.6	101.9	盐源树河	85	NW	61	356	NE	87	3.7	17	45	23	顺扭	反扭	Ⅱ
5	1955-09-23	6.7	26.6	101.8	鱼鲊	31	NE	87	300	SW	80	165	5	256	9			
小江断裂带																		
6	1979-04-25	5.0	27.1	102.7	宁南西南	49	SE	50	342	SW	65	103	9	203	49			
7	1975-01-29	4.0	26.6	102.9	巧家	66	SE	65	332	NE	82	107	24	201	12			
8	1977-05-07	4.0	26.9	103.3	巧家东	97	S	80	185	E	80	141	14	231	5			
9	1966-02-05	6.5	26.2	103.2	东川	249	NW	80	339	SW	85	294	11	24	3			
鲜水河断裂带																		
10	1967-08-30	6.8	31.6	100.4	甘孜	34	SE	47	79	NW	53	49	66	147	4	顺扭	反扭	
11	1973-03-24	5.6	31.7	100.2	甘孜	70	SSE	80	341	SWW	86	206	10	115	5	反扭	顺扭	Ⅱ
12	1967-08-30	6.0	31.7	100.3	侏倭	11	SEE	80	281	SSW	87	56	5	146	9	顺扭	反扭	Ⅱ
13	1973-02-06	7.9	31.5	100.4	炉霍	27	SE	80	116	直立	90	72	7	162	7	顺扭	反扭	Ⅱ
14	1972-09-27	5.8	30.2	101.5	塔公	76	SSE	80	167	SWW	80	301	0	211	15	顺扭	反扭	Ⅱ
15	1972-09-30	5.8	30.2	101.6	康定	40	SE	85	129	NE	82	85	10	354	3			
16	1955-04-14	7.5	30.0	101.9	折多塘	69	SSE	87	337	NEE	81	113	9	23	5	顺扭	反扭	Ⅱ

续表

序号	发震时间/(年-月-日)	震级	震中位置		参考地点	两组P波节面						主压应力		主张应力		运动方向		发震断层
						节面Ⅰ			节面Ⅱ									
			北纬/(°)	东经/(°)		走向	倾向	倾角/(°)	走向	倾向	倾角/(°)	方位	倾角/(°)	方位	倾角/(°)	Ⅰ	Ⅱ	
理塘断裂带																		
17	1968-03-03	5.7	29.3	103.7	理塘	43	NW	63	318	NE	81	268	12	4	26	顺扭	反扭	Ⅱ
八窝龙断层																		
18	1972-04-08	5.2	29.4	101.8	康定六巴	85	NNW	81	179	E	59	136	15	38	29	顺扭	反扭	Ⅰ
19	1975-01-15	6.2	29.5	101.8	九龙北	9	SE	65	106	SW	75	150	29	57	7	反扭	顺扭	
金沙江—红河断裂带																		
20	1974-06-05	5.2	29.4	99.6	巴塘东南	87	S	86	356	E	82	42	3	132	8	反扭	顺扭	Ⅱ
21	1976-09-03	5.5	27.8	100.2	中甸东	79	NNW	59	344	SWW	82	297	28	36	16	反扭	顺扭	Ⅱ
22	1966-09-28	6.4	27.5	100.0	中甸东南	20	NE	49	358	W	48	341	70	249	1			
23	1975-12-01	5.0	27.2	100.4	丽江东北	53	SE	60	93	N	38	94	66	338	12			
24	1977-03-17	4.8	25.8	99.7	洱源	102	SW	74	1	E	55	147	37	47	12			
25	1975-09-04	5.0	25.8	99.9	漾濞	143	SW	76	63	NW	53	18	16	275	35			
26	1978-05-19	5.3	25.5	100.3	下关	150	NE	45	54	NW	85	2	35	111	26			
盐源、木里弧形构造																		
27	1976-11-07	6.7	27.5	101.1	盐源	28	SE	72	126	SW	68	166	30	257	3	反扭	顺扭	Ⅰ
28	1976-11-07	5.6	27.4	101.1	盐源	32	直立	90	121	NE	77	345	9	77	10	反扭	顺扭	
29	1976-11-07	5.7	27.4	101.1	盐源	5	SEE	80	99	SSW	70	140	22	233	7	反扭	顺扭	
30	1976-12-13	6.4	27.3	101.0	盐源	39	NW	82	130	NE	75	354	16	85	5	反扭	顺扭	Ⅱ
31	1977-05-03	5.6	27.3	101.0	盐源	18	NW	75	292	NE	72	334	24	66	3	反扭	顺扭	
32	1980-02-02	5.8	27.9	101.1	木里	NNE	E					NW				反扭	顺扭	Ⅰ

3.5 现代活动断层

现代活动断层是指“晚更新世（绝对年龄10万年）以来有过活动，今后还可能活动的断层”。这是根据对我国新构造运动期次和活动特点的最新研究成果：将断层活动年代的下限取为中更新世末、晚更新世初。可以理解为是人们能够分辨（测定）的、新构造活动性比较稳定均一、能满足统计外推至今后数百年的最近时段。

根据这一标准，对于重大的水电水利工程项目，晚更新世以来有过活动的断层，在工程使用期内存在着再次活动的可能性，应该认为属于“活断层”；而晚更新世以来确证为没有活动的断层，外推至工程未来使用期内（100～200年），发生突然错动的可能性极小，可以不予考虑。

近年来，随着地震地质研究和重大工程区域构造稳定性研究工作的不断深入，我国西南和西北地区有一些资料表明，在晚更新世早期与中期之间可能有一次构造变动，似乎主要集中表现在现今区域性的巨大发震断裂带沿线。例如，唐荣昌等认为四川西部地区第四纪断裂活动大致可分为四个活动期，其中第三期为中更新世中后期至晚更新世早期，最后一期则为晚更新世中后期至全新世，而四川东部地区表现不明显。这样，在有足够地质资料的地方，也可以把晚更新世中期（距今约6万年）发生过构造活动的断层称作为活断层；而该时期以来没有活动的断层，即可认为不属于活断层。

1. 活断层对水电工程的影响

活断层对水电工程的影响，主要表现为以下两个方面：

（1）由于工程场区活动断层的错动（包括引起强烈地震的突然错动和无震蠕滑错动），直接导致水工建筑物被错断而遭致破坏，或近坝边坡因基岩错断而失稳，影响到工程的正常运行。

（2）由于活断层突然错动引发强烈地震动，其巨大动荷载造成水工建筑物结构的破坏、库岸崩塌或滑坡、软基液化失效等，影响工程正常运行。

2. 活断层的研究和判别

关于活断层的研究和判别，通过查明与所研究断层有关的地貌、地质、地球物理、地震等条件，综合判定断层的现今活动性。活断层的各种判别标志可分为：

（1）直接标志。具下列标志之一的断层，可判定为活断层：①错断晚更新世以来地层者；②经可靠的年龄测定，断裂带中的构造岩或被错动的脉体最后一次错动的年代，距今10万年及小于10万年；③根据仪器观测，沿断层有位移和地形变（>0.1mm/a）者；④沿断层有历史和现代强震震中分布，或有历史地震地表破裂，或有晚更新世以来确切的古地震遗迹，或有密集而频繁的近期弱微震活动者；⑤在地质构造上，证实与已知活断层有共生或同生关系的断层；⑥错移古文化层及古代、近代建筑物的断层。

（2）间接标志。主要是沿所研究断层实际观察和测量到的地形地貌、地球物理场、地球化学场、水文地质场等方面的异常形迹，它们能为断层活动性研究提供重要线索，但不能单独作为判定活断层的依据。

(3) 参考标志。主要指小比例尺区域图件和遥感图片上解读的地貌、地球物理场、地球化学场等方面的异常形迹，以及物理模拟和数学模拟求出的活动性强烈的断层段。在未经实地取得直接证据前，只有参考意义。

对于水电水利工程而言，断层活动性研究最关键的内容，就是对活断层的研究、识别和判定。多年来，围绕“Y”字形构造体系展布区的水电工程，对其区域构造稳定性研究和评价，一直有相当多的争论，其中一个主要原因，就是在现代活动断层的鉴别和研究上，遇到了不少困难。诸如各种外动力地质作用对活断层判别的干扰、断层活动测定方法的局限性和测年结果的不确定性，以及地表或勘探所揭示的各种地质现象的多解性，等等。

本专著重点对鲜水河断裂带南段的磨西断裂，龙门山断裂带西南端的二郎山断裂、大渡河断裂带和安宁河断裂带北段的活动性进行了全面详细的研究，为大渡河中游及邻区的区域构造稳定性评价提供基础资料，同时也希望能借此为类似工程地区的断层活动性研究提供一个借鉴。

3.6 《大渡河中游及外围工程地震地质环境图》编制

《大渡河中游及外围工程地震地质环境图》是从工程角度，以图的形式，表达构成工程地震地质危险性和稳定性评价的基础要素，包括地层界系和侵入岩、活动断裂及其活动性、历史地震和现代微震、地震影响烈度、地震烈度和地震动峰值加速度区划、大地构造、断裂带现代构造应力场和潜在震源等。

大渡河中游及外围工程地震地质环境图1（参见书后插页图3.6-1）范围：大渡河中游及外围地区范围为东经102°00′～102°25′；北纬27°40′～30°20′。该图分为南北两幅，北幅主要涉及大渡河中游地区，南幅主要涉及大渡河中游南部的外围地区。

大渡河中游及外围工程地震地质环境图2（图3.6-2）范围：东经101°～104°；北纬27°～32°，包括小震分布图和历史地震烈度影响图等2幅基础图件。

1. 地层界系和侵入岩

地层界系划分包括：前古生界、古生界、中生界、新生界四个地层系。侵入岩划分包括：前印支期侵入岩和印支—燕山期侵入岩。前印支期侵入岩包括晋宁期和澄江期的花岗岩和花岗闪长岩。前古生界地层和前印支期侵入岩构成本地区（图幅）古老的基底。

2. 活动断裂及其活动性

《大渡河中游及外围工程地震地质环境图》包含鲜水河断裂带南段的磨西断裂带、龙门山断裂带和安宁河断裂带北段及大渡河断裂带。其中，磨西断裂带、龙门山断裂带和安宁河断裂带北段构成本地区现代构造块体及其运动的边界。根据断裂带的规模和构造地位及其对工程地震地质危险性和稳定性评价的作用，分为三类：

(1) 基干断裂。主要包括磨西断裂带、龙门山断裂带和安宁河断裂带北段构成本地区现代构造块体及其运动的边界的断裂。

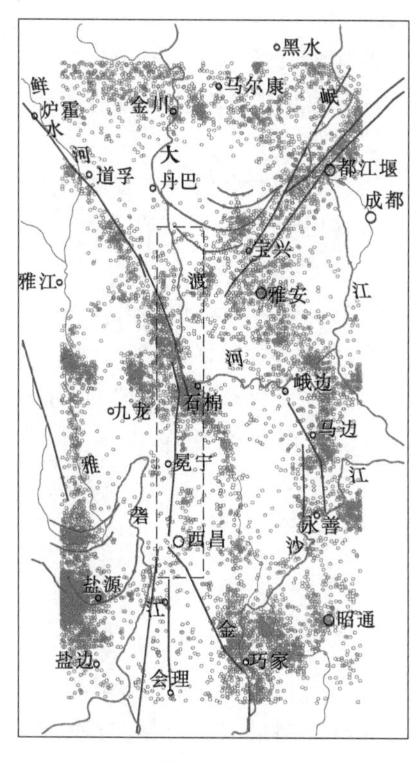

小震分布图

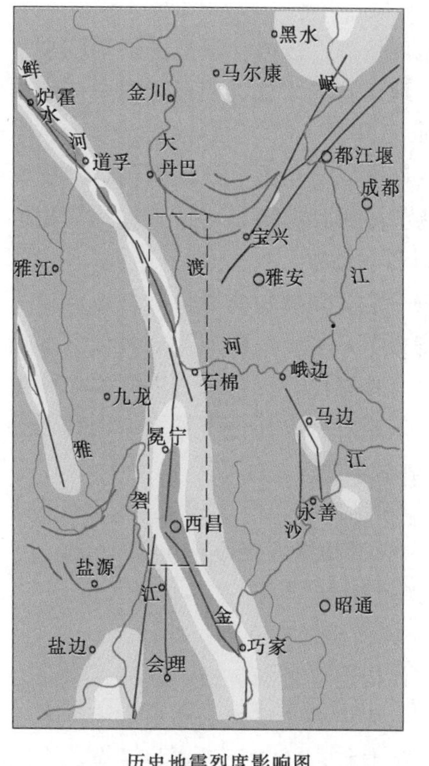

历史地震烈度影响图

图 3.6-2　大渡河中游及外围工程地震地质环境图 2

（2）主要断裂。主要包括对本地区某些大水电工程稳定性评价有直接影响、本次重点研究分析的大渡河断裂和安宁河断裂带体系中的铁寨子断裂。

（3）一般断裂。相对而言，这些断裂大部分为区域块体内部断裂，分布广，规模不一，但大部分对本地区工程稳定性评价影响不及上述两类断裂。

根据断裂带地层和断裂的盖切关系、断裂带脉体和构造岩的特点及年代、与活动构造的构造联系、强震活动等地质特征，确定三类最晚活动时代断裂：

（1）全新世活动断裂。断裂带有确切的断错全新世地层的证据，所谓确切的证据是：①相对稳定的河（漫滩相）湖相沉积地层中的断错，两侧的地层岩相相对稳定、有可对比的标志地层；对于非河湖相、岩相堆积非稳定的地层，如冲洪积、冰水沉积、坡残积等岩相变化较大地层，存在不小于 0.5m 的断错位移，且有排他性的解释。②有 M≥7.0 级历史地震事件。本图涉及磨西断裂带西北段呈左阶排列的康定—色拉哈断裂、安宁河断裂带中段冕宁大桥彝海以南和则木河断裂带。

（2）晚更新世活动断裂。无全新世地层断错确切证据、无 M≥7.0 级历史地震事件、断裂带发现有稳定的Ⅱ级阶地沉积覆盖层及其测年距今大于 1 万年或断裂带脉体特征和测年结果距今大于 1 万年者。

（3）活动时代待定断裂，对于一般类型的断裂，无特别的确切证据而一概划归活动时代待定断裂。

3. 地震

除个别地区以外，区内中强地震活动强度不大，频度不高。主图中标出 M≥4.0 级地震。有关地震基本信息直接标于图中。副图中的小震分布图取 M≥2.0 级地震。

4. 历史地震影响

历史地震影响以地震影响烈度表示，地震影响烈度资料数据来自历史地震烈度图和烈度影响场的分析计算结果，反映的是该地区平均的震害历史。

5. 断裂带滑动速率

根据断裂带形变测量和断裂带位移地震分析成果；根据断裂带滑移性质及水平和垂直位移比例关系，水平位移大于垂直位移 2 倍以上者定义以水平滑移为主；无水平位移资料，仅有垂直位移资料视为以倾滑位移为主；介于两者之间者定义走滑和倾滑相当。为此，采用三个位移速率等级，四种情况，表达断裂带的位移速率：

1）以走滑运动为主，年位移大于 4mm；

2）以走滑运动为主，年位移大于 2mm 小于 4mm，以大于 2 表示；

3）走滑和倾滑相当，年位移小于 1mm；

4）以倾滑位移为主，年位移小于 1mm。

6. 断裂带现代构造应力场

断裂带现代构造应力场包括，断裂带（受）主压应力方向，断裂带两侧块体相对运动方向等，主要根据地震机制和地震形变带、现代地壳形变测量及历史考古和地文学（唐荣昌、韩渭宾，1992）等资料综合结果而确定。

7. 潜在地震危险源评价

根据地震活动，断裂活动性质、时代、滑移速率和特点，断裂带所处区域构造应力场等地震地质活动特点，评价和确定潜在地震危险源（潜在震源）。潜源区边界在图中用黑色粗虚线表示。

第4章 大渡河中游及外围主要断裂带活动性研究

南北地震构造带的鲜水河断裂带南段——磨西断裂带、大渡河断裂带和安宁河断裂带北段，直接纵贯于大渡河两岸及其支流地区，并构成了该地区基本地震地质构造环境。因此，该三条断裂带的活动性直接决定了该地区的构造稳定性。本研究的重点是这三条断裂带。

有关磨西断裂带、大渡河断裂带和安宁河断裂带的活动性及其地震地质评价，结合该地区的地震地质基础研究和工程场地地震安全性评价等，中国地震局地质研究所、四川省地震局工程地震研究院、中国水利水电科学研究院、成都院等单位作过专门的研究分析。多年来，围绕这三条断裂带附近分布的水电工程，对其区域构造稳定性的认识和评价，一直有相当多的争论。其中一个主要原因，就是在对现代活动断层和古地震事件的鉴别和研究上，遇到了不少困难。在西南地区由于第四纪以来地壳大幅度隆升所造成的地表外动力地质作用十分强烈。在人类活动的时段内，由外动力地质作用产生的物质迁移和地表变形的规模和尺度在某一时段内远远大于由长期缓慢的内动力地质作用所产生的构造形变。就局部观测剖面或一个探槽而言，由于冰水沉积、冲洪积、泥石流堆积等以及边坡重力失稳形成的楔形或透镜体状物质堆积，远远大于古地震事件遗留的信息。加之断裂河谷的发育，相互叠加复合，导致地形地貌成因的复杂性和多解性。因此，对于这一地区断裂活动性和古地震事件的判别鉴定，重点应以地质剖面观测为基础，追寻断裂活动的直接地质证据。在确定断裂带的活动时代方面，应着重从新地层的切盖关系、断裂带侵入脉状体的交切关系、断裂带物质可靠测年和形貌分析等4个基本方面综合进行。虽然具有一定的难度，但对"事件"的判断和甄别具有足够的可信度和可操作性，可为工程评价提供确切的地质依据。

本研究结合大渡河大岗山水电站、泸定水电站和硬梁包水电站、南桠河栗子坪水电站等4个水电工程，对磨西断裂带、大渡河断裂带和安宁河断裂带北段的断层活动性，进行详细全面的研究，为大渡河中游及邻区的区域构造稳定性评价提供基础资料。

断裂活动性研究工作以《水力发电工程地质勘察规范》(GB 50287)[6]和《水电工程区域构造稳定性勘察规程》(NB/T 35098)[7]有关的原则和方法为基础，并参照相关专业部门在地质和地震方面的基本规定和要求，开展全面系统的现场调查和室内测试研究，主要包括以下几方面的内容：

(1) 系统考察和建立断裂带的地震地质及地貌剖面，追寻和分析断面与第四系地层之间的切盖关系及断面脉体地质特征；

(2) 断裂带构造变形特征的微观样品和盖层测年样品系统采集及观测分析；

（3）调查作为断裂带地震地质活动性基础的古地震事件剖面；

（4）分析断裂带位移形变量测、中国 M≥7.0 级地震形变带和地震活动性；

（5）编制《大渡河中游及外围工程地震地质环境图》（比例尺 1∶20 万）；

（6）综合分析三条断裂带的活动性，提出定量或定性的结论性意见，在此基础上完成大渡河泸定水电站、硬梁包水电站、大岗山水电站及南桠河栗子坪水电站的活动断裂工程适宜性评价。

4.1 鲜水河断裂南段——磨西断裂带

书后插图 4.1－1 为断裂带地震地质特征考察剖面分布情况。

4.1.1 断裂带展布特征

磨西断裂带为鲜水河断裂带的组成部分，地处其南东段的南端。鲜水河断裂带为我国西部著名的强震活动带，在大地构造部位上位于四川西部Ⅱ级构造单元松潘—甘孜地槽褶皱系内部，是松潘—甘孜地槽褶皱系内部两个次级构造单元的分界线；同时也是川滇菱形断块北东部之边界断裂。据统计，鲜水河断裂带发生过 8 次 7 级以上强烈地震和多次6.0～6.9 级强地震，有强度大、频率高的地震活动特点。

鲜水河断裂带北西起于甘孜西北，向 SE 经炉霍、道孚、乾宁、康定、磨西，石棉新民以南活动形迹逐渐减弱，终止于石棉公益海附近。断裂带在康定西北总体走向 310°～320°，康定以南总体走向 330°～340°，全长约 400km。鲜水河断裂带由炉霍断裂、道孚断裂、乾宁断裂、雅拉河断裂、中谷断裂、折多塘断裂、色拉哈—康定断裂、磨西断裂等 8 条断裂组成（图 4.1－2）。以惠远寺拉分盆地为界，断裂分为 NW

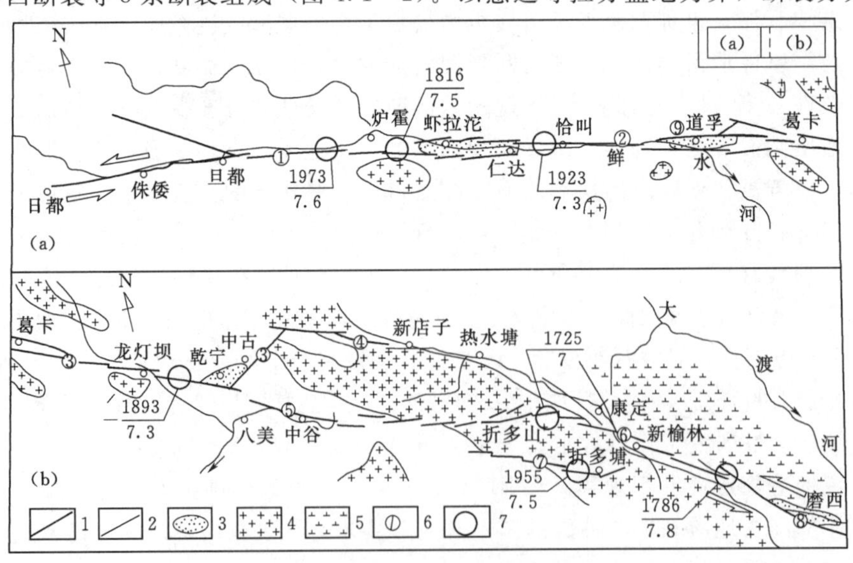

图 4.1－2 鲜水河断裂空间分布图

1—活动断裂；2—前第四纪断裂；3—第四纪盆地；4—燕山晚期花岗岩；5—澄江—晋宁期花岗岩；6—断裂编号；7—7 级以上地震的震中位置和发震时间；①—炉霍断裂；②—道孚断裂；③—乾宁断裂；④—雅拉河断裂；⑤—中谷断裂；⑥—色拉哈—康定断裂；⑦—折多塘断裂；⑧—磨西断裂

和SE两段，北西段长约200km，由炉霍、道孚、乾宁三条断裂组合呈左行羽列的雁列状构造，几何形态和内部结构比较单一，走向315°，断裂带主要呈直线状延伸并伴有微角度的走向弯曲，有显著的左旋走滑运动特征。SE段断裂结构比较复杂，断裂总体走向330°～350°，呈一略向NE凸出的弧形状，有一系列的次级分叉活动断裂伴生；乾宁—康定段由雅拉河断裂、中谷断裂、色拉哈—康定断裂、折多塘断裂近于平行展布而成，几何形态和内部结构都比较复杂，走向320°～330°（四川省地震局等，1997）；康定以南断裂基本上呈单一的主干断裂延伸，以挤压—逆冲运动为主，走向335°～345°，康定—雅家埂为色拉哈断裂，雅家埂以南为磨西断裂，二者呈左阶排列。

磨西断裂带的展布相对平直（图4.1-3），走向335°～345°。色拉哈—康定断裂NW起自多日阿嘎莫，经亚日阿运错、色拉哈山口、木格错、虫草坪、吊海子，经雪门坎到雅家埂以南与磨西断裂呈左阶斜列（图4.1-4），所构成阶区的最大间距为1.6km，重叠距约为2.5km（四川省地震局等，1997）。磨西断裂向南沿磨西沟（河）、穿湾东沟、田湾河，经大石包、出路沟、穿过小水沟（安顺场）等地，终止于石棉南的公益海，总长约150km，主体呈NNW—SSE向延伸。磨西断裂的走向不太稳定，沿断裂走向有明显波状弯曲：北段（雅家埂—海螺沟）呈N10°W展布，线性特征明显；中段（海螺沟—田湾）呈明显的舒缓波状弯曲，断层线时而SN、时而NNW向变化展布，整体呈N15°W；南段（田湾—石棉公益海）呈N20°～30°W展布，线性特征也较明显。断层呈向W和SWW倾，倾角较陡，通常在60°以上，断裂面沿倾向均较平直。

4.1.2 典型地震地质剖面

由于发生于1786年6月1日7¾级地震震中距磨西断裂带很近，地震强破坏区也波及磨西断裂带分布区，特别是1786年地震同震位错是否在磨西断裂带发育，也成为评价磨西断裂带活动性的关键之一。为此，沿磨西断裂带的走向建立和复核一系列地震地质剖面，并采集断裂带活动性微观样品，作为研究磨西断裂带活动性的基础。表4.1-1为磨西断裂带地质剖面基础资料。

为进行磨西断裂带活动性的对比研究分析，对鲜水河断裂带的色拉哈—康定断裂、折多塘断裂也进行了野外考察。

4.1.2.1 折多塘剖面

1955年4月14日发生于四川康定折多塘断裂带的7½级地震形成的地表破裂，在折多山垭口的地震裂缝清晰可见（图4.1-5）。折多塘附近的2个探槽，均揭露出鲜水河断裂错断全新世断层，而且揭露出几次古地震事件（图4.1-6）。

4.1.2.2 新榆林剖面

鲜水河断裂带的色拉哈—康定断裂以走滑为主，各种走滑地貌特征明显，活动强度也比较大，所以断层陡坎和断塞塘地貌十分发育，新榆林（图4.1-7）是一个断塞塘，附近山脊也有错动现象，在断塞塘的尾端开挖一个探槽，图4.1-8为探槽南东壁照片，图4.1-9为探槽南东壁剖面素描图。

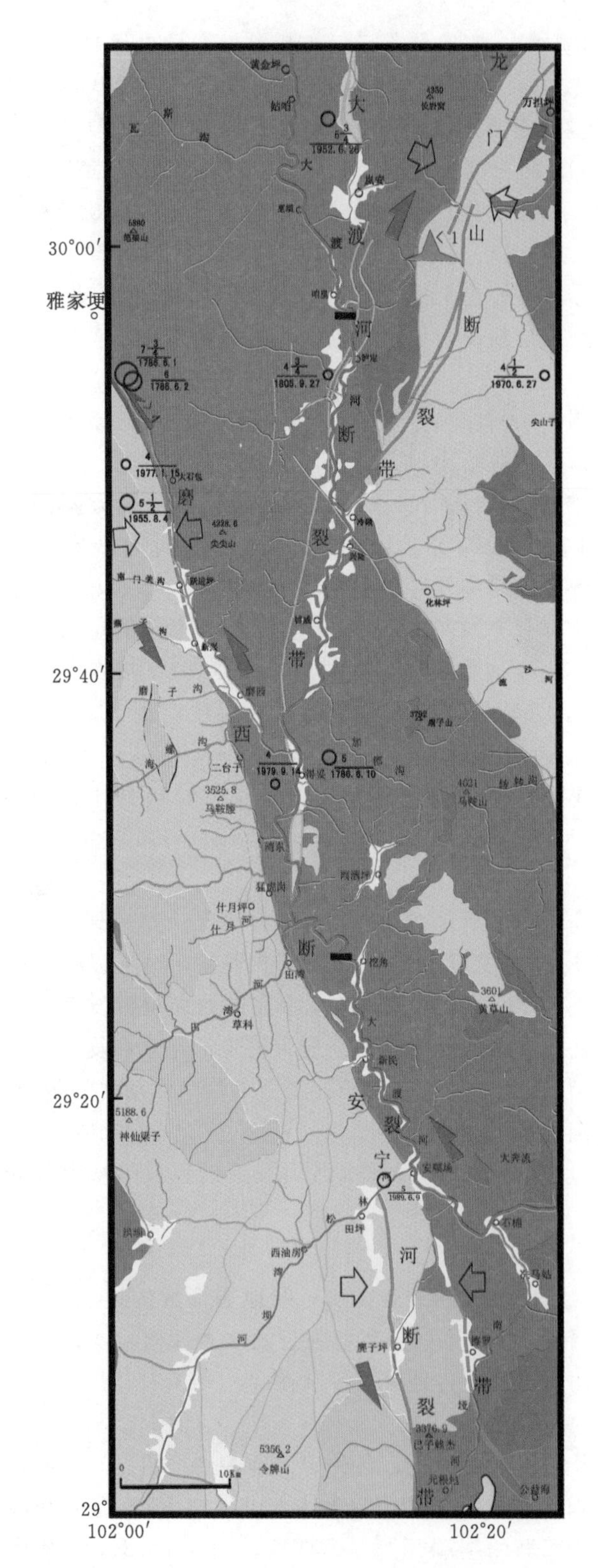

图 4.1-3　磨西断裂带空间位置图

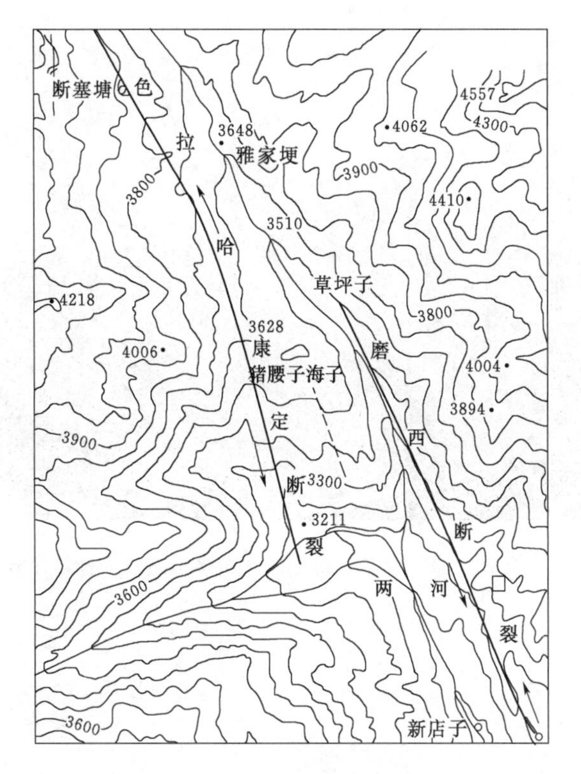

图 4.1-4　色拉哈—康定断裂和磨西断裂之间的左阶不连续

表 4.1-1　　磨西断裂带地质剖面基础资料

序号	编号	位置	典型地质剖面/张	样品/个
1	M106	折多塘	2	
2	M107	新榆林	1	
3	M101	雅家埂		
4	M102	大石包	1	
5	M103	跃进坪	3	
6	DD115	湾东	2	6
	DD119	银厂沟边	1	1
	M104	二台子		
7	M105	猛虎岗	7	
8	DD117	什月河边西	1	9
	DD117	什月河边东	1	2
	DD118	什月河边Ⅱ级阶地	1	2
9	DD120	田湾河富民索桥	1	
	DD121	田湾河弯路		
	DD122	田湾河村西	1	2
合计		9	22	22

图 4.1-5　1955年7.5级地震在折多山垭口的地震裂缝

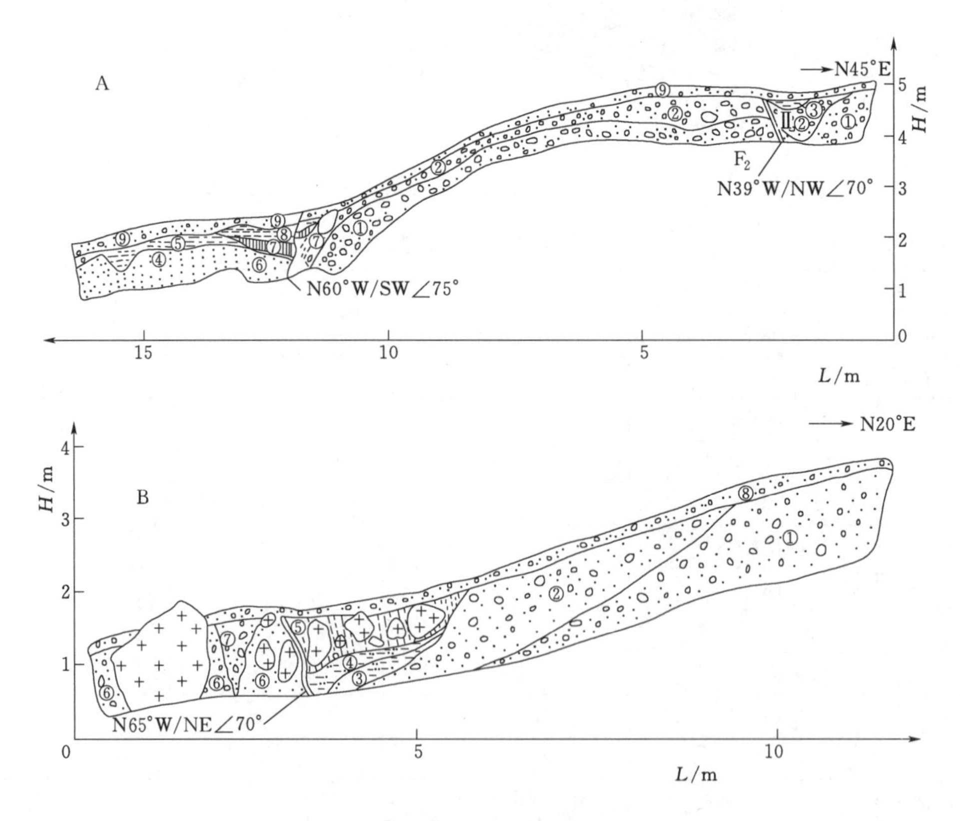

图 4.1-6　折多塘附近折多塘断裂上的探槽剖面

A：①—灰黄色冰碛砾石；②—黄褐色冰碛砾石；③—灰色含砾亚砂土；④—黄褐色—黄灰色砂土；⑤—黄褐色砂层；⑥—灰白色砂层；⑦—浅黄色黏土；⑧—灰黑色亚黏土；⑨—暗褐色腐殖土层；Ⅰ、Ⅱ—地震楔体

B：①—米黄色冰碛砾石；②—黄色冰碛砾石层；③—褐黄色粉砂质黏土；④—灰褐色亚黏土；⑤—褐黑色砾石层；⑥—灰褐色砾石层；⑦—褐黄色砂砾石楔体；⑧—暗褐色含草根亚砂土

图 4.1-7　新榆林探槽位置照片

图 4.1-8　探槽东南壁照片

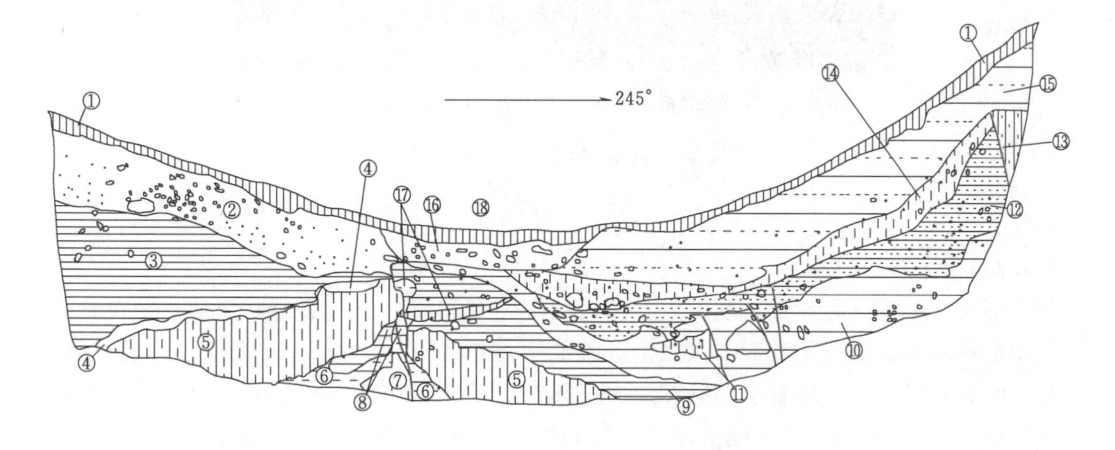

图 4.1-9　新榆林探槽东南壁剖面

①—表层耕作土；②—灰褐、红褐色黏质砂土；③—灰绿色砂砾石层；④—棕红色角砾石层；⑤—灰黑色淤泥相沉积层；⑥—青灰色碎裂岩堆积；⑦—灰白色砂质类土状层；⑧—红褐色角砾石堆积；⑨—灰绿色砂砾石层；⑩—灰褐色砂砾石层；⑪—黄棕色砂质黏土层；⑫—黑色黏土质砂砾石层；⑬—灰绿色角砾石堆积；⑭—土黄色黏土；⑮—土黄色黏土质粗砂砾石层；⑯—棕色流水相砂砾石堆积；⑰—青灰色泥质角砾石层；⑱—杂乱堆积楔

4.1.2.3 雅家埂剖面

赵翔（1985）、王新民等（1987）、Allen 等（1991）研究认为，1786 年 6 月 1 日震中位于康定南，震级 $7\frac{3}{4}$ 级强烈地震的发生与鲜水河断裂带的南东段的色拉哈—康定断裂密切相关，地表破裂主要沿康定以南至雪门坎之间发育。中国地震局地质研究所（2005）通过考察，发现 1786 年 6 月 1 日 $7\frac{3}{4}$ 级地震的震中位于雅家埂以西的色拉哈—康定断裂上，而不是磨西断裂上。沿色拉哈—康定断裂地表破裂分布连续、形迹清晰（图 4.1-10）。在雅家埂西侧的色哈拉断裂上即可见到 1786 年 6 月 1 日 $7\frac{3}{4}$ 级地震的宏观震中的震害现象，在雪门坎一带，破裂带表现为坡向北东的陡坎，在雅家埂震中附近则表现为宽 20～30m、深 2m 左右的地震沟槽，在沟槽内往往有多级地震陡坎（图 4.1-11）及海子发育（图 4.1-12），冲沟和山脊沿断层都发生了左旋位错。

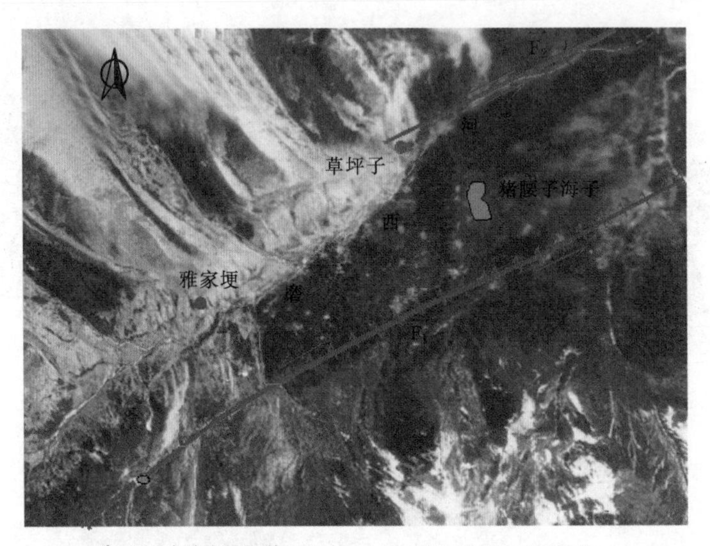

活动左旋走滑断裂　1786年地震地表破裂带

F_1色拉哈—康定断裂　F_2磨西断裂　海子

图 4.1-10　1786 年地震震中航空影像图

4.1.2.4 大石包剖面

磨西—康定公路，雅家埂南大石包边坡第四系剖面，正是磨西断裂通过的位置。中国地震局地质研究所（2005）认为，剖面中有四条断层组成的一宽约 15m 的破裂带，断裂断错冲洪积砾石层，砾石层向西倾斜，倾角约 15°～30°。破裂带内砾石顺断层定向排列，倾角达 70°以上。断层顶部被厚约 2m 的砂砾石层覆盖，没有明显的断错。

该剖面是否显示四条断层可另作别论，但有一点可以认为，该剖面不显示有全新世活动或 1786 年 6 月 1 日 $7\frac{3}{4}$ 级地震断错的可信的痕迹。

4.1.2.5 跃进坪剖面

闻学泽等（2001）根据地貌形态认为，在跃进坪的高阶地上，1786 年破裂沿断

图 4.1-11　1786 年地震震中阶梯状陡坎

图 4.1-12　1786 年地震震中区沟槽及断塞塘
（冲沟和山脊沿断层都发生了左旋位错）

层陡坎延伸，左旋位移和垂直位移分别为 (4.5±0.5)m 和 (0.7±0.2)m。在跃进坪公路边阶地剖面却无任何地震扰动迹象，经现场对图 4.1-13 地貌现象的追索和对照，似乎也难找到任何可信的断错信息。

跃进坪地区地貌陡坎及负地形很发育，随处可见。为了复核断错位移现象，通过分析在最为可能是地震陡坎地方，宽 10m 左右的槽地西倾的陡坎和缓坡，各开挖了一个探槽，YJP-Tc-1 和 YJP-Tc-2，图 4.1-14 和图 4.1-15 分别为这两个探槽的剖面，这两个探槽都没有揭露到断层。在此缓坡上又开挖一探槽 YJP-Tc-3（图

4.1-16)，在此探槽内可能存在断层，但其顶部被距今（1220±65)年未扰动的黑色黏土层覆盖，说明和1786年地震没有联系。

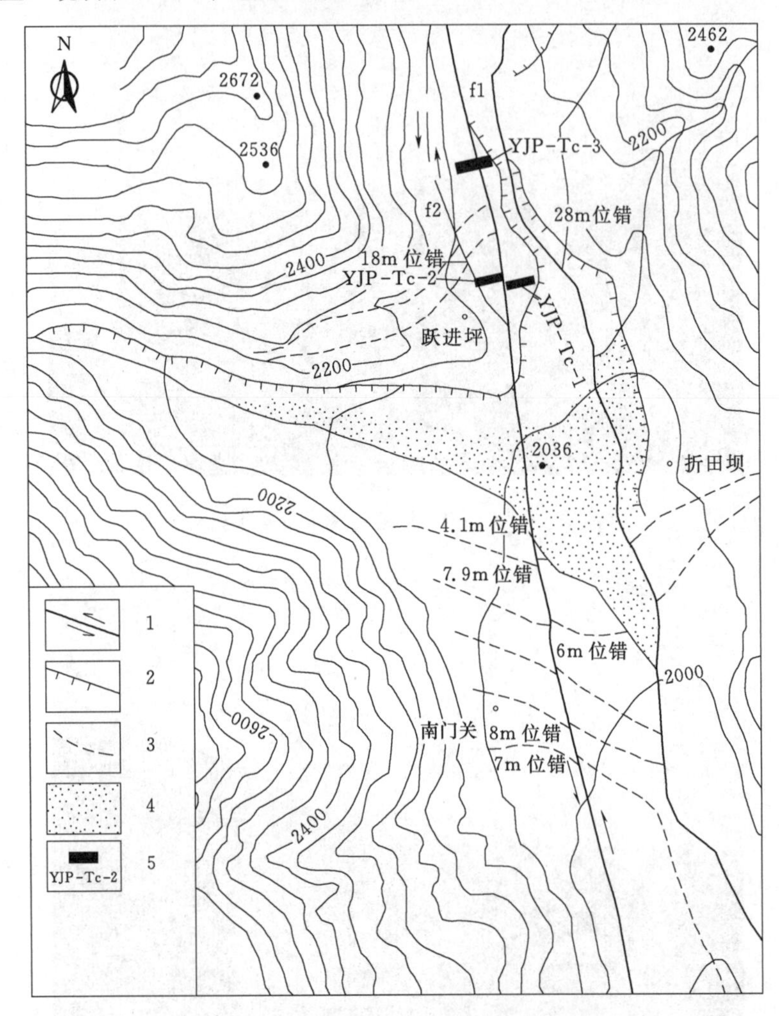

图4.1-13　磨西断裂断错地貌分布图

1—磨西主断裂；2—台地坎；3—废弃冲沟或古河道；4—现代河漫滩；5—探测位置及编号

4.1.2.6　湾东剖面

磨西断裂切过磨西二台子，向南通过湾东并与猛虎岗相连，根据断裂地貌及野外沿断层追索，磨西断裂在湾东应切过湾东冲洪积台地，但从附近公路开挖的剖面看，该剖面揭露出二叠纪砂岩、页岩与元古代花岗闪长岩之间的断层接触带被厚约10m的第四系覆盖，并未发现被错断现象。因此，认为1786年地震地表破裂没有到湾东（中国地震局地质研究所，2004）。

从航空照片上看，磨西断裂过二台子后，有一清晰的线性影像以310°～320°向南一直延伸到大渡河边，这可能就是最新活动的磨西断裂的空间展布。从湾东向北，断裂沿银厂沟分布，走向340°～350°，与上述线性影像有一明显的夹角，而且看不到最新活动形成的微地貌。因此，从二台子到湾东如果存在1786年的地震破裂，有沿上

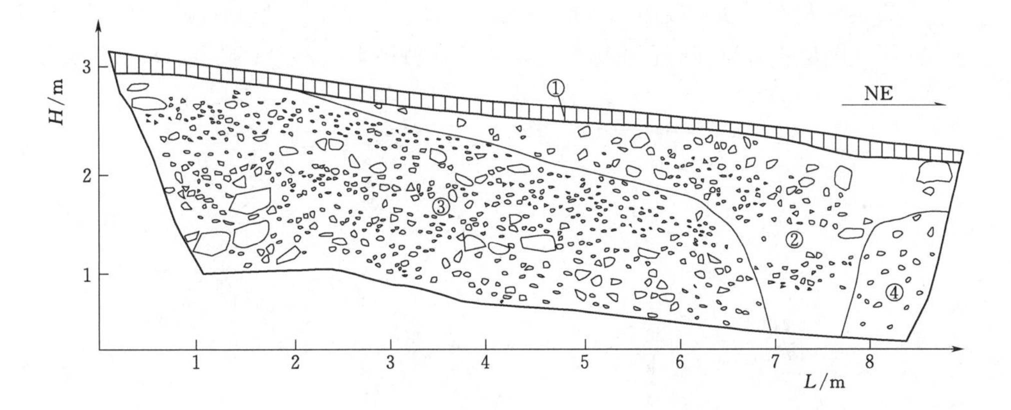

图 4.1-14 跃进坪探槽 YJP-Tc-1 剖面

①—黑色黏土；②—黄色砂黏土夹砾石；③—灰色砂砾石层；④—淡黄色黏土夹砾石

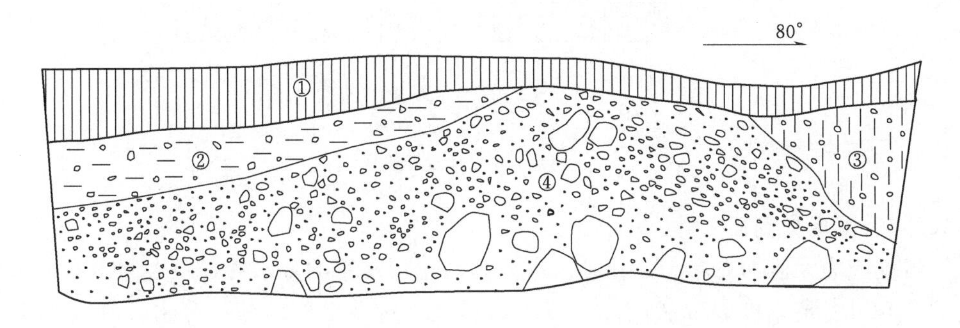

图 4.1-15 跃进坪探槽 YJP-Tc-2 剖面

①—黑色黏土；②—黄色砂黏土夹砾石；③—灰色砂砾石层；④—淡黄色砂土夹砾石

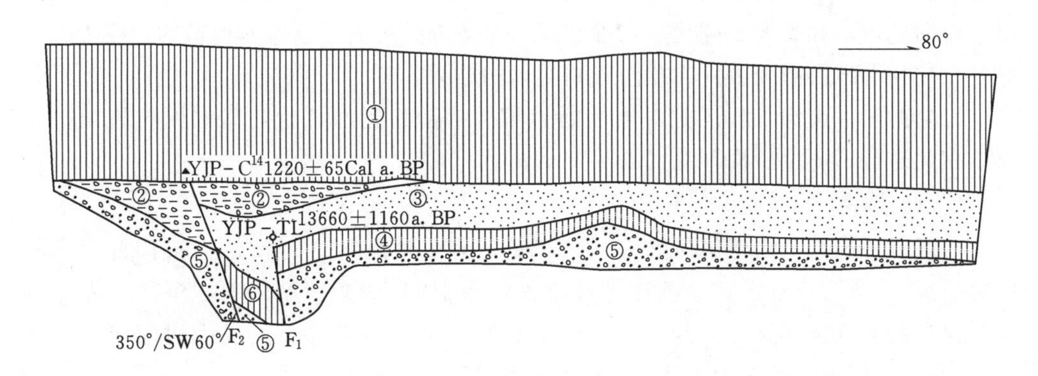

图 4.1-16 跃进坪 YJP-Tc-3 剖面

①—黑色砂黏土，夹小砾石；②—黑色砂黏土，夹较多细砾石；③—灰黄色细砂层；④—淡黑色砂黏土；⑤—黄色砂砾石层；⑥—黑色砂黏土团块

述线性影像延伸至大渡河的最大可能性。但经追索，在大渡河见不到任何断错的可疑痕迹。

湾东石英岩和石英砂岩接触带内断层剖面（图 4.1-17），按断面断阶特征显示其为逆冲断层，断层中有较多的石英脉侵入。从断面特性来看，无明显新活动的痕迹。

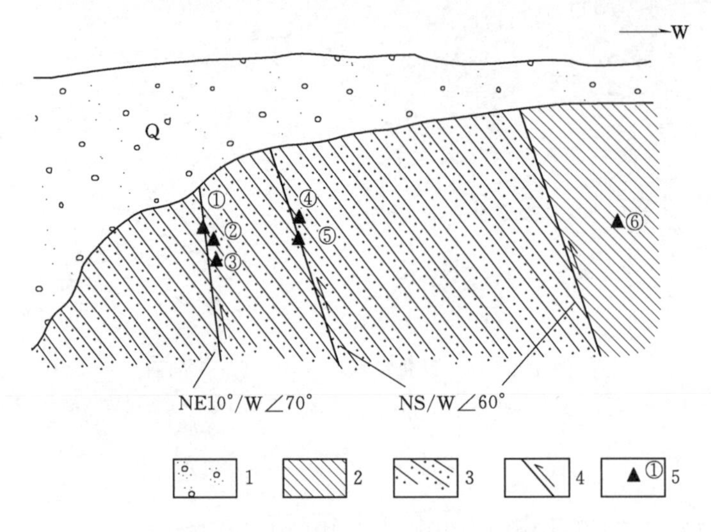

图 4.1-17　磨西断裂湾东断层剖面（局部）
1—砾石层；2—紫红色页岩；3—厚层石英岩；4—逆断层；
5—薄片标本采样点及编号

4.1.2.7　猛虎岗剖面

猛虎岗为大渡河右岸支流什月河水系和湾东河水系的分水岭，距大岗山水电站坝址约 8.5km。磨西断裂带从该分水岭垭口通过，构造地貌清楚。分水岭地貌相对开阔，波状起伏，发育高山草甸和湖塘，具剥夷面特征。由于地壳强烈抬升和水系深切，断裂带附近现代边坡变形失稳强烈，并形成正反向负地形的地貌形态。由于本地区地壳强烈抬升和水流下切，导致天然边坡极不稳定，崩塌滑坡及其引起的非构造形变的地形地貌，如裂缝、陡坎、沟谷和反向坡等随处可见。这些非构造的形变引起的事件，往往和地震形变事件有相同或相类似的结果。

无论是对大岗山工程还是对磨西断裂带的构造稳定性评价，猛虎岗位置至关重要，在此进行了 3 个探槽开挖（图 4.1-18）。

1. T_{C1} 探槽

四川省地震局工程地震研究院（2003）在湾东以南约 2.5km 的猛虎岗开挖探槽（T_{C1} 探槽），认为该剖面记录两次地震事件，根据 ^{14}C 测龄值结果看，事件Ⅱ发生的时间应在公元（1510±21）年—（1560±20）年之间；事件Ⅰ的发生时间应在公元（1260±27）年前。并认为最新一次破裂就是 1786 年地震造成的。

中国地震局地质研究所（2005）对 T_{C1} 探槽进行了复核，根据 T_{C1} 探槽特征，在“崩积楔”的顶部和上部覆盖层底部各采集一 ^{14}C 样品测试，其年龄分别为（920±80）年和（930±80）年。也就是说，最新一次错动发生在距今 900 年左右，显示该错断与 1786 年历史地震无关。其实，按四川省地震局工程地震研究院对剖面的测年结果，最后一次事件也是发生于距今（390±20）年之前，1786 年历史地震距今也只

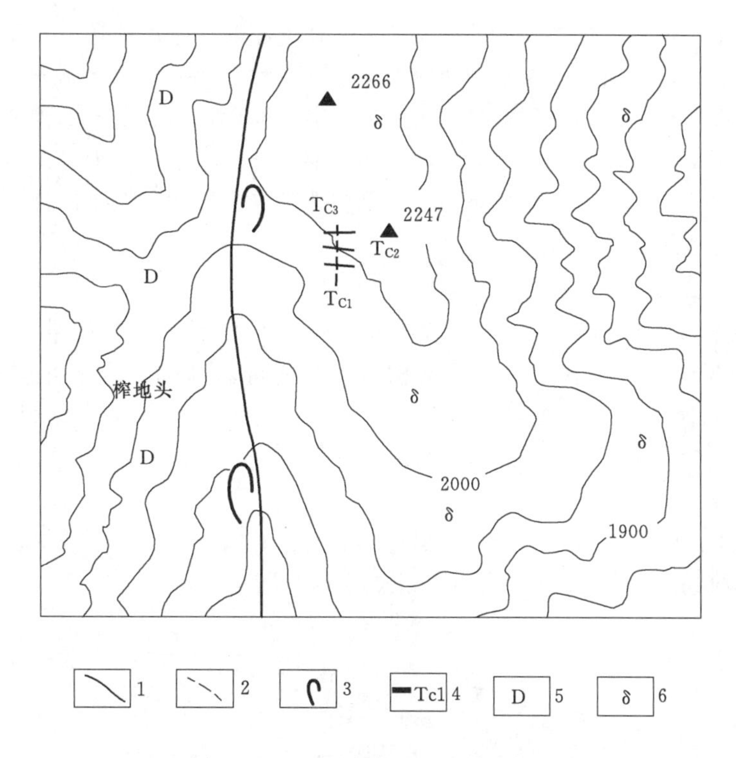

图 4.1-18　猛虎岗地形地质示意图

1—磨西断裂；2—疑似活动断裂；3—滑坡、崩塌地段；4—探槽及编号；5—泥盆系中统灰岩；6—前震旦系闪长岩

有 218 年，两者相差 172 年，它同样与 1786 年历史地震无关。

且不谈两者的测年差异，相同的结果是说明剖面内的错断事件发生在 1786 年以前，显然和 1786 年地震无直接的关系。

仔细观测和分析一下 T_{C1} 探槽照片（图 4.1-19），剖面可以简化为图 4.1-20。

图 4.1-19　猛虎岗探槽北壁

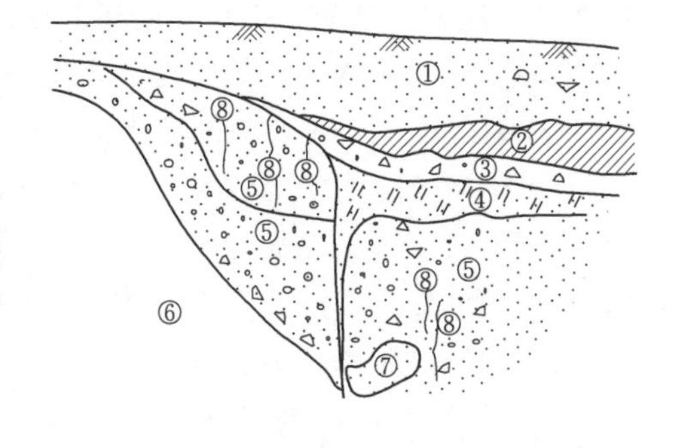

图 4.1-20　猛虎岗探槽北壁再复核剖面

①—表层含碳黑色碎石土；②—黑色黏性土；③、④—黑色碎石土；⑤—底部含巨砾的黄色碎石土；⑥—强风化花岗岩；⑦—巨石块；⑧—张裂缝

剖面中“切错”地层仅仅是一般的张裂缝，无任何相对位错的痕迹。相反，地层中的砾石有隐约的连接。而且，探槽的两侧似乎也不对称，北壁断面无延伸，南壁错断面也消失，延续性很小，相对位差仅仅为厘米量级的断面，作为明显的构造裂缝的可比性和可信性很小，本地区的沉积环境和非构造形变环境造就的变形和差异，远远大于此数量级。因此，该断面显示的是局部、非构造裂缝的可能性会难以排除。作为地震构造事件缺乏地震地质基础。

2. T_{C2}和T_{C3}探槽

作为一个地震地质事件，特别提到有2m以上的水平同震位错，应该有其相应的规模和延伸，否则就缺乏其作为构造事件的可信基础。为了复核猛虎岗古地震事件，在此探槽延伸方向北约50m以内又开挖了2个探槽，结果发现探槽内为正常的坡积物，无任何地震形变的痕迹。

3. 榨地头

在猛虎岗南断裂带内的榨地头见黑色断层泥、碎裂岩等逆冲于灰绿色粗砾石层之上，并被厚约2m的冲洪积砾石层夹砂土层覆盖（图4.1-21）。

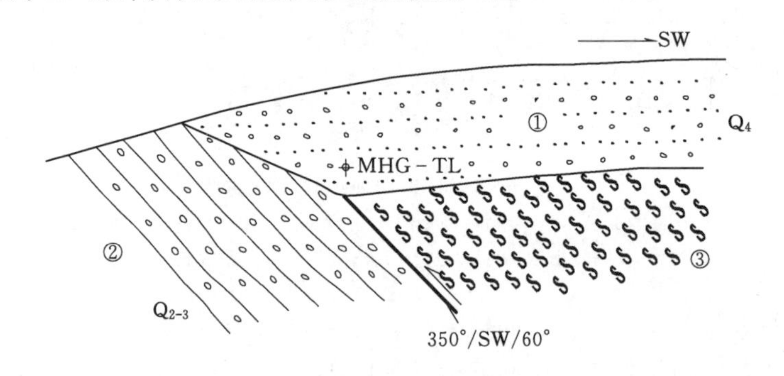

图4.1-21 猛虎岗榨地头断层剖面

①—砂砾石层，具水平层理；②—灰色砾石层；③—黑色断层带物质，由断层泥及碎裂岩组成

根据以上地震地质剖面的研究分析，到目前为止，尚无可信的资料显示猛虎岗地区有1786年地震活动和地表地震断错的证据。

从宏观上看，鲜水河断裂带总体走向NW段为315°，中段为320°～330°，SE段为335°～345°，因此，鲜水河断裂带为一由NW逐渐过渡为NNW的弧形，南段磨西断裂地处从NW向鲜水河断裂带转向近SN向安宁河断裂带的大转弯部位的中部，由于鲜水河断裂带强烈的左旋走滑，在其NNW段必然产生近东西地壳缩短，事实也是如此，在磨西断裂的南西盘存在以海拔7556m的贡嘎山为中心的强烈抬升区，它吸收了沿鲜水河断裂带的部分左旋走滑位移，使得磨西断裂的左旋走滑活动强度小于鲜水河断裂带的NW段。鲜水河断裂带各单条次级剪切断层，其年平均滑动速率由NW向SE逐渐减小的趋势[8-10]。

4.1.2.8 什月河坝剖面

1. 地质地貌

磨西断裂通过猛虎岗垭口南延直抵什月河坝附近，断裂西侧为中泥盆纪碎屑岩系，主要为厚层石英砂岩和石英岩及碳质页岩，东盘为古老的元古代闪长岩。根据什月河坝地质地貌示意图（图4.1-22）和剖面图（图4.1-23）所显示的信息，此段断裂宽度约30～40m。断裂东侧闪长岩中SN走向的压性断面显示有水平向和倾向的运动擦面，西侧沉积岩中断面显示的运动主要为压性。闪长岩和沉积岩接触断面被无明显构造变形的Ⅰ级、Ⅱ级阶地沉积所覆盖，特别是Ⅱ级阶地沉积中上部地层明显显示原始沉积特征。经地层测年，Ⅱ级阶地中部的沉积物沉积年代为（7.1±0.78～9.5±0.81）万年。如果认为剖面右侧可能为断错接触，则断错事件发生在6万～8万年至Ⅱ级阶地新沉积以前，应为晚更新世中晚期。

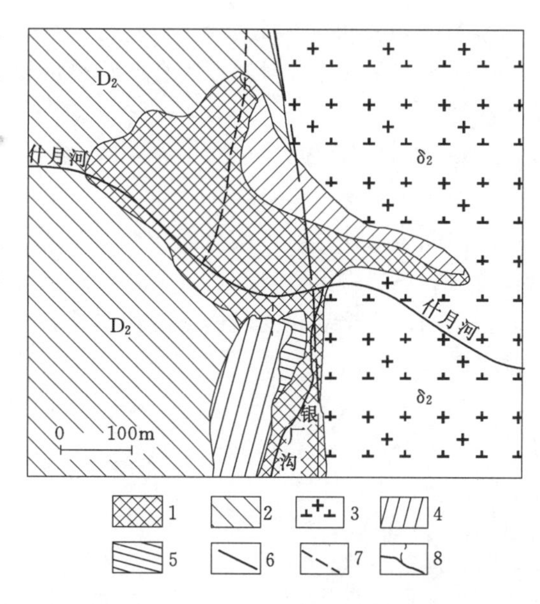

图4.1-22 什月河坝地质地貌略图
1—第四系；2—中泥盆纪；3—前震旦侵入岩（闪长岩）；4—Ⅱ级阶地；5—Ⅰ级阶地；6—磨西断裂带；7—磨西断裂影响带断面；8—水系

什月河坝磨西断裂带通过的阶地剖面

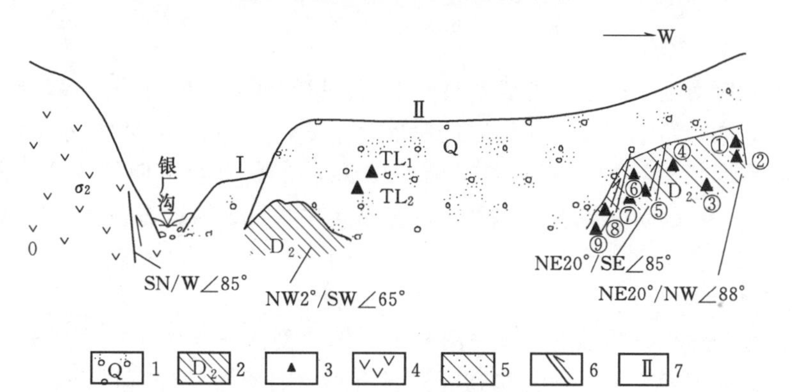

图4.1-23 什月河坝磨西断裂带地质地貌剖面
1—砾石层；2—炭质页岩；3—样品采集点位置及编号；4—闪长岩；5—厚层石英砂岩；6—压性断面；7—阶地级别；TL_1、TL_2—热释光测年样品编号；①～⑨—薄片标本编号

2. 什月河坝附近水系分布

图 4.1-24 是什月河坝地区磨西断裂带和水系分布特征图，显示该地区断裂带左旋运动特征。

4.1.2.9 田湾河剖面

1. 富民桥西端

磨西断裂从什月河坝南延至田湾河在富民桥西端通过，断裂西侧为泥盆系碎屑岩，主要为厚层石英砂岩和炭质页岩，东盘为古老的元古代闪长岩。但断裂接触带在地表未出露。根据破碎的炭质页岩和闪长岩出露情况，断裂带宽度较窄，约几米至十余米（图4.1-25）。

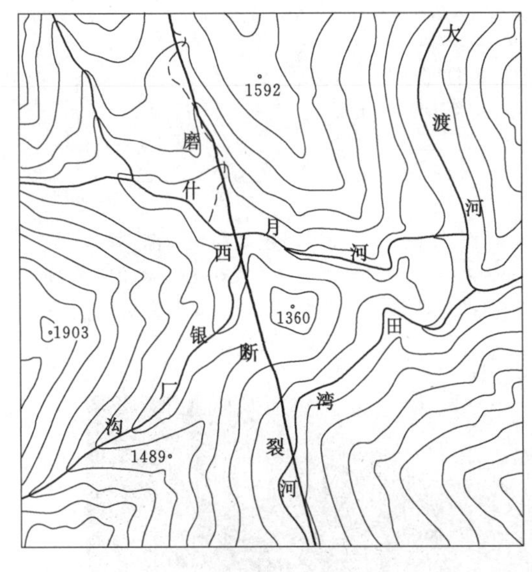

图 4.1-24 什月河坝地区磨西断裂带和水系分布特征图

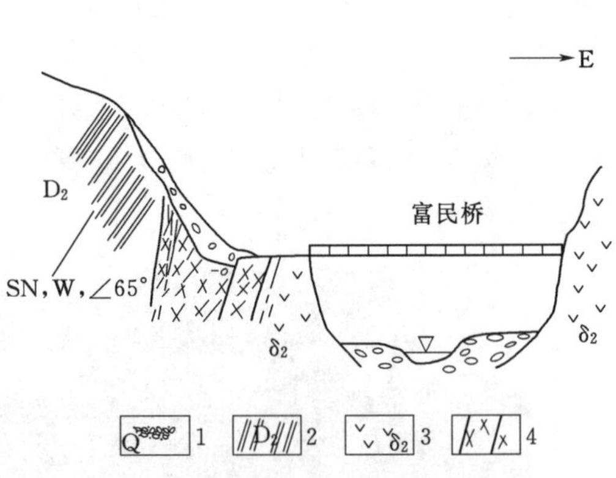

图 4.1-25 田湾富民桥头磨西断裂破碎带剖面
1—坡积碎石；2—泥盆系页岩；3—闪长岩；4—断裂破碎带

2. 田湾乡政府南剖面

田湾乡政府南剖面位于田湾乡乡政府南侧，田湾河右岸山坡，为磨西断裂形变观测点布设处，高程约 1280m。断裂通过地带为一 SN 向浅沟，断裂西侧为下泥盆统薄层板岩，岩层产状 N33°W/NE∠68°，揉皱强烈；东盘为晋宁期闪长岩，断裂产状 N4°W/SW∠60°，破碎带宽约 60～70m，主要为片状岩、构造透镜体等组成，炭化、泥化明显（图 4.1-26）。

3. 田湾乡西南小沟口剖面

剖面由中泥盆纪石英砂岩组成（图 4.1-27），剖面中发育一系列近 SN 向高角度压性断面，断面沉积有未受任何构造变形的Ⅱ级、Ⅲ级阶地底部的砾石层和中细砂层。显示该断裂活动发生在Ⅱ级、Ⅲ级阶地形成以前。该断裂组距传统的磨西断裂带约几百米，从整体构造环境而言，该断层属 SN 向构造体系，某种程度上多少反映磨西断裂带此段的活动性。

图 4.1-26　田湾乡政府南磨西断裂带露头剖面

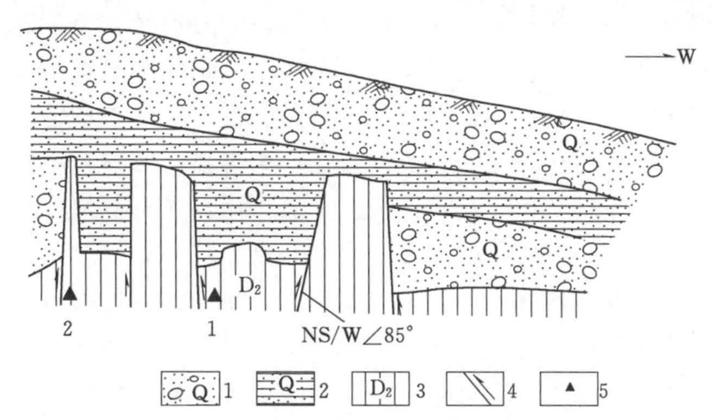

图 4.1-27　田湾乡西沟口Ⅱ级基座阶地中泥盆纪石英砂岩中压性结构面剖面

1—冲洪积砾石层；2—微层理清晰的中细砂层；3—中泥盆纪厚层石英砂岩；4—压性断面；5—薄片标本采样点及编号

4.1.3　断裂带构造变形和活动的微观特征

近年来，显微构造分析方法在断层带（尤其是韧性剪切带）的研究中得到广泛的应用，并取得了显著成效。它主要通过研究断层岩的显微构造特征来探明断层的性质、活动方式、形成条件以及岩石变形机制，从而为了解断层的演化发育历史提供直接的依据。

4.1.3.1 微观样品采集

磨西断裂总体走向 N20°W～N40°W，倾向 SW 或 NE，倾角 60°～80°，总长约 150km，断裂活动方式以反时针错动为主。在野外工作中重点考察 3 个剖面，即湾东剖面、什月河坝剖面和田湾乡西南剖面，采集断层岩样品 20 块（表 4.1-2）。在室内对各种样品进行了镜下观察。

表 4.1-2 断裂带微观分析采样情况一览表

剖　面	标本号	样品数	标本岩性
湾东剖面	DD115 (1-6)	6	石英糜棱岩，页岩
什月河坝剖面	DD117 (1-11)	11	糜棱岩，断层泥
	DD117	1	断层泥
田湾乡西南剖面	DD122 (1-2)	2	千糜岩

4.1.3.2 断层岩类型及其变形特征

1. *断层岩类型*

沿该断裂带发育有糜棱岩和碎裂岩，大多数是叠加有碎裂和糜棱化两种作用的断层岩，糜棱岩类有初糜棱岩和糜棱岩；碎裂岩类有初碎裂岩，碎裂岩和断层泥。

2. *糜棱岩类变形特征*

由于原岩类型和变形条件不同，糜棱岩的变形显微特征也不同，归纳起来有以下几种。

（1）糜棱岩化石英脉。石英是最能体现糜棱岩特征的矿物，因此特别注意采集富含石英的岩石，在湾东剖面和什月河剖面都采到石英脉。经镜下观察，发现它们具有类似的变形特征：原来粗粒的石英发生了程度不同的动态重结晶细粒化，页理化作用不明显。在初糜棱岩化石英脉中粗晶石英的边缘发生动态重结晶，出现一圈细小的新晶粒围绕原来晶粒的残留部分。糜棱岩化作用越强，细的新晶粒所占比例越大，残晶部分越来越小，最后，整个晶粒出现重结晶作用。在石英的残斑中一般都呈现强烈的波状消光，在许多晶粒中还发育有变形纹和亚晶粒。

重结晶是在亚颗粒化进一步发展的基础上形成的，由此可以看出随着变形的增强，石英中的显微构造特征出现了波状消光—变形纹—亚晶粒—动态重结晶的顺序。重结晶的粒度主要取决于变形时差异应力的大小，在局部应力集中部位，新的晶粒非常小，因此在糜棱岩中，不同部位其晶粒的大小往往是不同的。

（2）糜棱岩化浅变质岩石。在什月河坝剖面和田湾乡西南剖面出露有千糜岩类型的断裂构造岩，这些千糜岩是由中泥盆统火木山组和标水崖组硅质白云岩以及石英脉经简单剪切的粒化作用和有化学活性的流体作用所形成的一种片岩或千枚状岩石，主要由绢云母、石英及细小白云石组成，这种岩石内透入性面理置换明显，S-C 面理构造发育，并常见页理被扭曲。部分石英集合体构成眼球状，其长轴近于平行 C 面理，这种千糜岩是硅质白云岩简单剪切作用与水弱化作用的产物，所以微观表现为韧性变形特征。在含石英较多的片石中，可以看到由糜棱岩化作用引起的石英晶体的强烈拉长及由重结晶石英晶粒组成的石英条带，它们均与片理方向一致呈定向排列。

（3）碎裂岩。该断裂带内出露的碎裂岩多数都经过了韧性变形改造。在发生了早期轻度碎裂的岩石中，只是产生一些微裂隙，在后期韧性变形中，裂隙中的石英碎屑发生重结晶，从而把裂隙愈合起来形成缝合线。在早期破碎较强时，岩石中大部分晶粒发生破碎，岩石的粒度明显减小，在后期韧性变形过程中，石英碎屑发生重结晶，从而消除了碎裂作用产生的微裂隙而产生一种似糜棱岩结构。这种岩石虽然也发生了细粒化，但与糜棱岩的细粒化不同，前者是由碎裂作用造成的，而后者则是由重结晶造成的，所以其晶粒的形态也不同。碎裂作用的晶粒为不规则棱角状，随机分布，重结晶的细粒为规则的多边形或长轴状，一般都是定向排列。

（4）断层泥。在什月河坝剖面出现有两类断层泥，一类是经过韧性变形之后又遭受脆性变形；这类断层泥中石英被拉长，长轴方向与片理基本一致呈定向排列，垂直于长轴方向发育一系列近于平行的微裂隙，裂隙中充填多期方解石脉是断裂多期活动、先扭性后脆性断裂的构造岩标志。另一类断层泥中不同颜色的断层泥相互交错，这类断层泥是断层最新活动的产物。

（5）韧—脆性变形断层岩。在湾东和什月河坝剖面上的石英脉和硅化岩中有一种兼有韧性变形和脆性变形两种特征的岩石。在这种岩石中，粗大的石英颗粒被一组密集的、近于平行的滑移面切割成一系列的长条，长条有宽有细，并有不同程度的弯曲，其形成原因和过程可推测为，在应力作用下，石英晶粒内受到较大分剪应力作用的一系列相互平行的滑移面被激活，因而沿这些面发生晶内平移滑动，光性上无反映。当滑移不均匀时，出现不均匀消光，晶内出现一系列相互平行的长条状亚颗粒。如果继续变形，随着滑移量的加大，超过了滑移面两侧晶格的结合强度而发生突然的破裂滑移。这样就造成了既有塑性变形的亚晶粒化特征又有脆性破裂特征的独特显微构造，这可能是古地震的产物。

（6）岩脉的变形。较宽的石英脉经历了脆性—韧性—脆性变形过程，在石英脉充填之后的破裂作用中发生破碎，仍保持脉的总体形态。之后发生一次韧性剪切作用，脉中的石英碎屑发生重结晶，从而破碎的石英脉又胶结在一起，后来再次发生碎裂作用，由此产生的裂隙切过了愈合裂隙并贯穿了方解石脉。

方解石脉有三期，第一期方解石脉发育机械双晶，且多为两组，有的发生弯曲或扭折；第二期方解石脉仅发育一组双晶；第三期——最新的一期方解石脉基本上未变形，脉体完整，无双晶发育。

4.1.3.3 剪切带滑动的古应力值

磨西剪切带剪切滑动古应力值可以利用动态重结晶石英粒度予以估算，因为岩石在剪切变形达到稳态平衡时，动态重结晶的粒度与差异应力之间存在指数函数关系。变形越强，重结晶粒度越细，所需差异应力越大；反之，重结晶粒度越粗，所需差异应力值越小。计算结果（表 4.1-3）表明磨西剪切带变形主期差异应力值为 55～103MPa。

4.1.3.4 断裂活动的性质和特征

根据野外考察和室内显微构造分析可知，磨西断裂出露有糜棱岩、碎裂岩和断层泥，更多的是叠加有糜棱岩和碎裂岩两种结构特征的断层岩，反映了断层早期活动为

表 4.1-3 由重结晶的石英颗粒估算的差异应力值

样 号	岩石名称	平均粒径/mm	Δσ/MPa
DD122-2	千糜岩	0.0195	88.30
DD115-4	糜棱岩	0.0149	103.20
DD117-4	糜棱岩	0.0335	60.10
DD117-3	糜棱岩	0.0390	55.20
DD117-1	糜棱片岩	0.0380	56.13

韧性剪切，使石英拉成长条状；长条状石英的阶步状排列，显示断层的右旋滑动。之后发生脆性破裂，垂直于条状石英的长轴方向发育一组近于平行的微裂隙，且充填多期方解石脉，最新一组方解石脉未变形，最新一期断层滑动使断层泥中产生一组雁行式裂隙，显示断层为左旋滑动。断层泥中方解石脉未变形。表明断层新活动较弱。

4.1.3.5 断裂活动的期次和年代

根据断层岩的变形特征，该断裂带早期是韧性剪切滑动，使泥盆系中统的砂岩、二叠系、三叠系的浅变质岩糜棱岩化；此后地壳不断抬升，韧性剪切带发生脆性破裂。根据方解石脉的穿插关系和早期方解石脉发育2组机械双晶，第二期仅发育一组双晶及第三期无变形迹象的特征，认为该断裂至少经历两期脆性变形。由于什月河坝剖面上复未变形沉积物的热释光年龄分别为（7.1±0.78）万年和（9.5±0.81）万年，因此，可以认为磨西断裂带自晚更世以来活动较弱。

4.1.4 磨西断裂带基本认识

磨西断裂带与北西侧色拉哈—康定断裂带呈左阶排列。比较而言，作为1786年6月1日7¾级地震发震断层的色拉哈—康定断裂，沿其地表破裂分布连续、形迹清晰，显示全新世活动特征和相对可信的证据。而雅家埂以南的磨西断裂，作为全新世活动的一些地貌的信息，也都存在多解的可能，一些直接的“断错”证据，在强度上也和7级以上地震断错形变量级不相匹配。从航片判读、野外地震地质剖面调查和分析、探槽开挖及测年结果等，尚无发现确切的证据可信其有全新世断错活动迹象。同样，以色拉哈—康定断裂为发震断裂的1786年6月1日7¾级地震，在磨西断裂上是否可能有破裂产生，也未发现可信的证据。

从宏观上看，鲜水河断裂带为由NW逐渐过渡为NNW的弧形，南段磨西断裂地处从NW向鲜水河断裂带转向近SN向大转弯部位的中部，鲜水河断裂带强烈的左旋走滑导致其NNW段必然产生近EW地壳缩短，磨西断裂的南西盘（上升盘）存在以海拔7556m的贡嘎山为中心的强烈抬升区，吸收了沿鲜水河断裂带的部分左旋走滑位移，使得磨西断裂的活动强度远小于鲜水河断裂带的北西段。

从目前的资料来看，磨西断裂带，特别是雅家埂以南地段，断裂上覆Ⅰ级和Ⅱ级阶地无明显的变形，反映了磨西断裂晚更新世，特别是晚更新世晚期以来新活动相对较弱。根据野外考察和室内显微构造分析可知，磨西断裂出露有糜棱岩、碎裂岩和断层泥，更多的是叠加有糜棱岩和碎裂岩两种结构特征的断层岩，反映了断层早期活动为韧性剪切，使石英拉成长条状。之后发生脆性破裂，垂直于条状石英的长轴方向发育一组近于平行的微裂隙，且充填多期方解石脉，最新一组方解石脉未变形。最晚一期断层滑动使断层泥中产生一组雁行式裂隙，表明断层新活动为左旋滑动，但断层泥中方解石脉未变形，反映断层新活动较弱特点。

4.2 大渡河断裂带

4.2.1 断裂带展布特征

大渡河断裂带北起大渡河左岸金汤附近，向南经泸定，过大渡河至右岸，冷碛西、得妥、郑家坪、田湾河河口、新民海尔沟，至安顺场松林河，呈断续状展布，全长约150km。断裂带主要由北部的昌昌断裂、瓜达沟断裂、楼上断裂、泸定韧性剪切带（断裂）（图4.2-1）（成都理工大学，2004）和南部的得妥断裂等断裂组成。破碎带宽约十米至百余米，主要由角砾岩、糜棱岩等组成，显示出压性特征，主断面走向近SN，倾向SE，倾角70°～80°（中国地震局地质研究所，2004）。

总体上看，大渡河断裂带处于由NW向鲜水河断裂带、北东向龙门山断裂带和近南北向安宁河断裂带构成的“Y”字形构造的上岔口，其规模、构造地位、地震活动性等方面，远低于构成“Y”字形构造的三条主干断裂带。历史最大地震为发育于大渡河断裂带和金汤弧形断裂带西翼复合地区的1941年金汤附近的6级地震。

4.2.1.1 昌昌断裂

昌昌断裂北起康定县金汤大火地，大火地以北与SN向瓜达沟断裂合为一支。从金汤五大寺，向南经大火地、边坝、苦白梁子到康定麦崩乡，在麦崩乡昌昌处呈分支复合状，其间夹持志留系茂县群的碳酸盐。继续往南，经坟山、康定县前溪乡鹅包沟、人家沟、雷打树沟、三叉河，止于泸定县岚安乡以东的徐二梁子，总长度约35km。昌昌断裂在平面上线形特征比较明显，总体上呈SN走向，沿大渡河的左岸延伸。但在走向上呈波状弯曲变化，总体向东倾斜，倾角总体较陡。一般中段相对较宽，向北和向南逐渐变窄。该断裂为一脆性断层，形成碎粉岩、碎斑岩、构造角砾岩等脆性变形系列的断层岩，为印支—燕山期逆冲推覆作用形成的产物。断裂切割了晋宁—澄江期形成的南北向泸定韧性剪切带，而后期又有左行水平剪切活动。据金康水电站隧洞昌昌断裂的次级断层“断层泥”（软化、泥化碎粉岩）ESR测年（16.4±1.4）万年及边坝和麦崩附近昌昌断裂测年分别为（12.0±0.1）万年、（23.2±0.98）万年，断层带上覆未变形地层年龄为（13.1±3.0）万年，说明其最晚活动时代为中更新世晚期（成都理工大学，2004）。

4.2.1.2 瓜达沟断裂

瓜达沟断裂是扬子地台西缘康滇地轴内部的次级断层，位于昌昌断裂的东侧，呈SN走向与昌昌断裂平行延伸，距昌昌断裂最宽处仅1500m左右。瓜达沟断裂的规模远不及南边的泸定韧性剪切带，也不及西侧的昌昌断裂，但其变形较强烈。瓜达沟断裂北起康定县金汤大火地，由金汤五大寺，向南经过瓜达沟、江口，到康定县前溪乡赶羊沟交于昌昌断裂，总长度约22km。瓜达沟断裂在平面上线形特征比较明显，

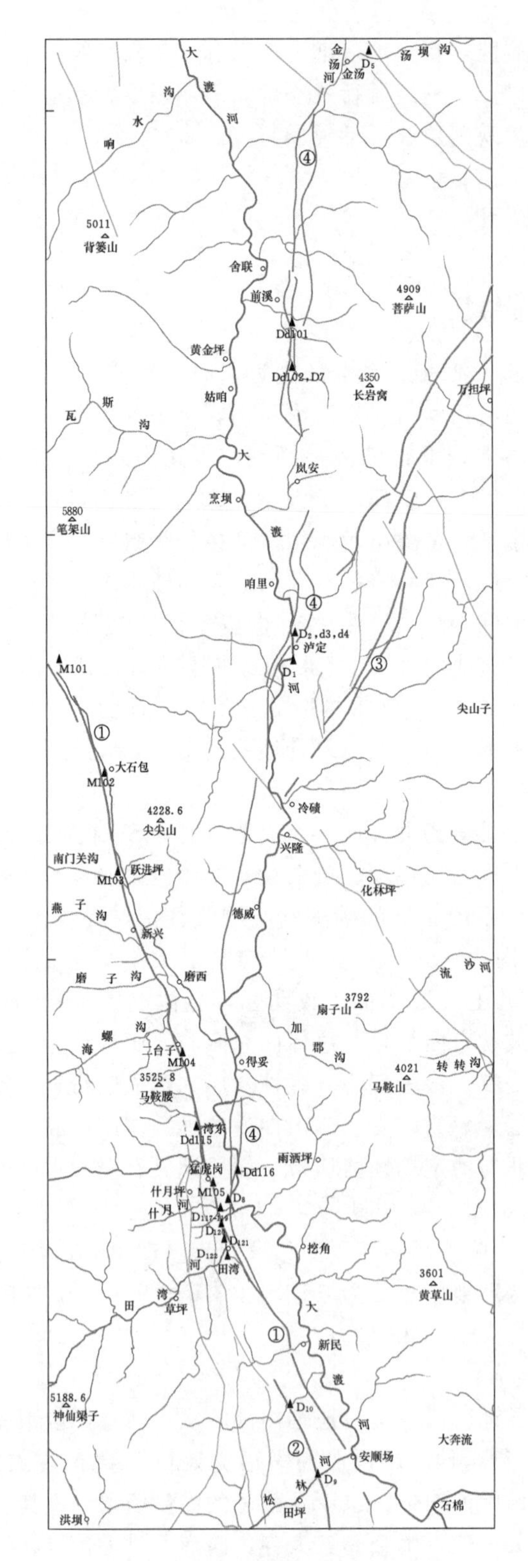

图 4.2-1　大渡河断裂展布示意图

①—磨西断裂；②—安宁河断裂；③—龙门山断裂；④—大渡河断裂

总体上呈SN走向，沿大渡河的左岸延伸。但在走向上呈较为明显的波状弯曲变化，其北段至苦白梁子一带，断裂走向近SN；从苦白梁子—瓜达沟南侧，断层走向由NNE转为SN再转为NNW，构成一向西凸出的弧形；瓜达沟以南，从初咱磨子沟—江口一带，走向近SN，最后转为NNE走向交汇于昌昌断裂。瓜达沟断裂的倾向较为稳定，总体向东倾斜。但在其走向上的不同部位，倾向也有一些变化，北端五大寺一带断层倾东；向南至苦白梁子一带断层倾向南南东，在瓜达沟一带，断层倾向NEE—E；向南至江口一带，断层倾向东，倾角总体较陡，但在不同部位也存在一些变化，在北段五大寺一带，瓜达沟断裂的倾角较陡，倾角变化范围在84°～86°之间；在中段昌昌一带和在南段初咱沟一带，断层倾角也较陡，一般在60°以上。该断裂为一脆性断层，形成碎粉岩、破裂岩、构造角砾岩等脆性变形系列的断层岩，为印支—燕山期逆冲推覆作用形成的产物。断裂在其南端切割了晋宁—澄江期形成的南北向泸定韧性剪切带。瓜达沟断裂ESR测年为（15.6±4.2）万年，说明其活动性主要为中更新世晚期（成都理工大学，2004）。

4.2.1.3 楼上断裂

楼上断裂是扬子地台西缘康滇地轴内部的次级断层，该断裂位于昌昌断裂的西侧，呈SN走向与昌昌断裂平行延伸，距昌昌断裂最宽处仅800m左右；楼上断裂的规模不及昌昌断裂和瓜达沟断裂，其变形程度也相对较弱。楼上断裂走向SN，北起康定县麦崩乡敏千，向南经过初咱磨子沟、鹅包沟、赶羊、楼上，在鹅包沟—楼上一带，断裂显示分支复合状，夹持一透镜状的志留系茂县群千枚岩。从楼上向南经玛呷到泸定县岚安乡的三叉河，终止于岚安乡东侧的徐二梁子，总长度约19km。楼上断裂在平面上线形特征比较明显，总体上呈SN走向，沿大渡河的左岸延伸，走向的波状起伏变化不太明显。断裂的倾向较为稳定，总体向东倾斜，倾角中等—陡。楼上断裂带的宽度不大，在南段约10m，北段逐渐变窄。该断层为一脆性断层，基本特征与西侧相邻的昌昌断裂和瓜达沟断裂相似。根据断层变形特征以及通过区域对比可知，楼上断层为一上盘向上位移的逆断层，是印支—燕山期逆冲推覆作用形成的产物。断裂ESR测年结果为（54.7±1.2）万年和（31.4±3.0）万年，显示其最晚活动时期为中更新世早期（成都理工大学，2004）。

4.2.1.4 泸定韧性剪切带（断裂）

泸定韧性剪切带北起大渡河左岸的泸定县岚安乡徐二梁子附近，向南经乌坭岗、店子上、四湾、泸定县城区北，后斜跨大渡河到右岸，继续向南延伸经红军楼、泸定中学，沿着大渡河河床向南延伸，在泸定县杵坭乡以北的青极坝，该韧性剪切带又斜跨大渡河，向南延伸经杵坭、足坡到毛古厂，与得妥断裂带斜接，总长度约40km。平面上泸定韧性剪切带线形特征比较明显，总体上呈SN走向沿大渡河流域延伸，走向上呈波状弯曲变化，泸定韧性剪切带倾向较为稳定，除北端残留在昌昌断裂带内呈透镜状残片的糜棱岩叶理向SEE方向倾斜以外，其余部位均向西倾斜。泸定韧性剪切带的宽度在不同部位变化较大，总体呈北宽南窄的变化趋势。

泸定断裂带大致沿大渡河呈SN向分布、发育于早元古代康定群的变质火山岩和澄江期岩浆岩体之中，宽约500～1000m。泸定断裂带南延和得妥断裂带相接。该断裂带东、西支断层之间所夹持的是一套不同成分、不同类型、不同变形强度，具有强烈定向组构的糜棱岩系列断层岩，是地壳较深处高温高压环境中原岩经强烈韧性变形而形成的一条韧性剪切带，命其名为泸定韧性剪切带。该带的西侧主要发育的是早元古代康定群的变质基性—酸性火山岩以及澄江期的斜长花岗岩，仅有少量的澄江期钾长花岗岩。韧性剪切带的东侧则表现为以澄江期的强烈岩浆活动为主，主要发育包括黄草山花岗岩在内的澄江期二长花岗岩、钾长花岗岩及少部分中性岩浆岩体。

泸定韧性剪切带曾经历过三期不同性质的构造变形：①晋宁—澄江期韧性剪切作用，带内发育斜长角闪质和长英质糜棱岩、斜长角闪质和长英质初糜棱岩、千糜岩和构造片岩，这是真正意义的“泸定韧性剪切带”；②印支期受区域 SN 向逆冲推覆作用影响而叠加韧—脆性或脆—韧性变形，后期脆性变形往往集中发育在早期韧性剪切带的边界处，而韧性剪切带内则显示强烈韧性变形的特征；③燕山—喜山期脆性叠加，在韧性剪切带中发育规模不大的脆性破裂，通常表现为切层或顺层的挤压破碎带，如泸定下坝址 PD01 发育 10 余条宽几厘米至十余厘米的挤压破碎带。

在剖面上，泸定韧性剪切带的北段和中段的运动特征主要表现为上盘相对于下盘向下滑动位移，平面上的水平剪切位移则是较次要的位移分量，韧性剪切带上盘总体由东向西下滑。

叠加于韧性剪切带中的小型脆性断层或挤压破碎带石英形貌显示其无新活动性，其最新活动年龄为（23.1±0.62）万年，显示其最晚活动时期为中更新世（成都理工大学，2004）。

4.2.1.5 得妥断裂

得妥断裂系大渡河断裂带的南段，其北起杵坭乡，经得妥、新华、郑家坪、田湾河口、新民海尔沟，至安顺场松林河，长约 60km。得妥断裂主要发育于花岗岩或元古代斜长花岗岩和三叠系白果湾组炭质页岩接触部位。相对而言，得妥断裂带的规模，特别是宽度及其影响范围明显的小于泸定韧性剪切带。在得妥新华桥附近得妥断裂通过的位置，粗粒花岗岩中劈理密集，带宽 2m 左右，闪长岩中近 SN 向的节理发育，并有水平擦痕。在田湾河口得妥断裂发育于元古代斜长花岗岩和三叠系白果湾组炭质页岩接触带。断面呈现紧密压性特征，片理发育，挤压成透镜体。上覆Ⅱ级阶地砾石层未扰动，断层胶结良好，显示为老断层特征。

4.2.2 典型地震地质剖面

大渡河断裂带地震地质考察点位 10 个，剖面共 11 个，微观样品 47 个(表 4.2－1)。

4.2.2.1 金汤剖面

大渡河断裂带北起金汤乡附近，与金汤弧形构造的西翼相汇。在金汤乡南汤坝村电信发射塔附近，河拔高度约 100m，相当于Ⅲ级阶地的砂砾石层中，TL 年龄值为（3.68±0.25～3.89±0.26）万年，曾认为形成一组张剪性断层，疑为新的活动（2004）。

经现场开挖揭示，剖面（图 4.2－2）低部地层连续，所见地层不连续的接触面是不生根的。分析认为，由于后期冲蚀先前的沉积层而形成的局部楔状砾石层，阶地南北两侧均有出露，南侧下游位置较低，剖面显示冲洪积和泥石流特点（图 4.2－3），为不

表 4.2-1　　　　　　　　大渡河断裂带地质剖面基础资料表

序号	编号	位　置	典型地质剖面图/张	样品/个
1	D5	金汤乡汤坝村	2	
2	DD103	磨子沟	1	4
3	DD104	瓜达沟	1	5
4	DD101	鹅包沟口（前溪乡路边）	1	6
5	D7	楼上桥头	1	6
	DD102	楼上桥头补样		1
6	D2	泸定平洞 PD01		6
	D3	泸定平洞 PD01		3
	D4	泸定平洞 PD01		3
7	D1	瓦窑岗剖面 1、剖面 2	2	5
8		硬梁包厂房平洞剖面	1	1
9	DD116	新华桥	1	3
10	D8	田湾河河口	2	4
合计		10	11	47

连续沉积接触关系，不属构造变形所致。事实上，大渡河断裂带北延最东的组成断层—瓜达沟断层，也距该剖面地点有约 5km 水平距离之遥。

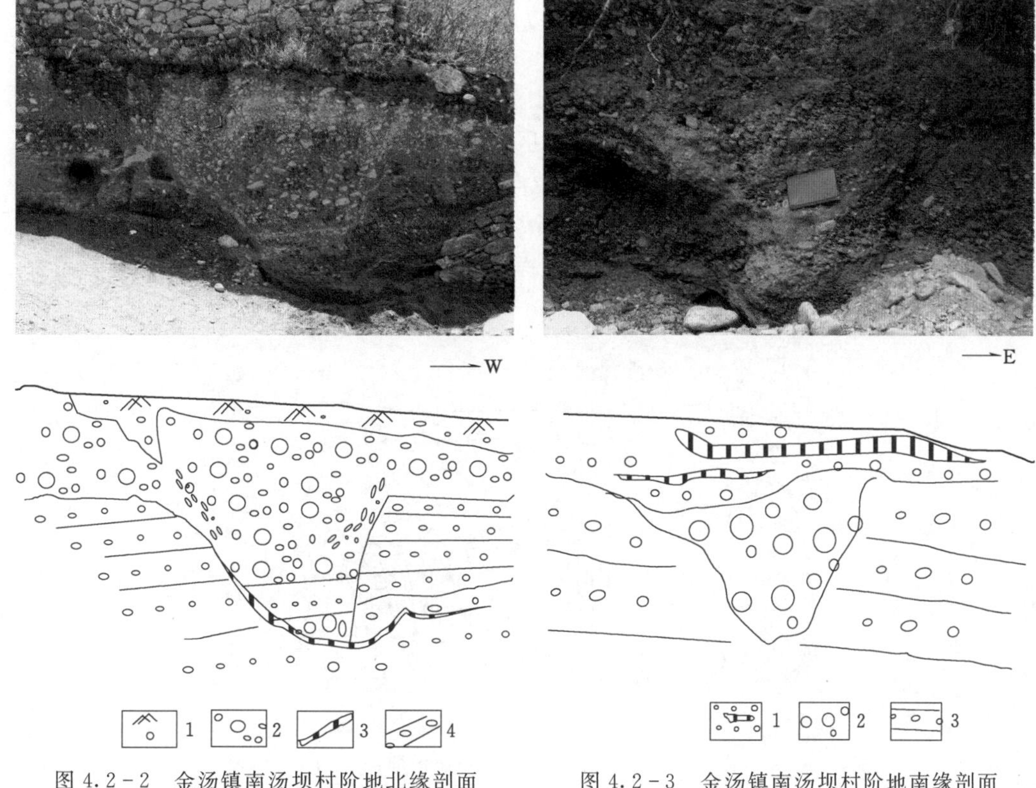

图 4.2-2　金汤镇南汤坝村阶地北缘剖面

1—表层土；2—粗砾石层；3—（钙质）黏土；4—层理清楚较细砾石层

图 4.2-3　金汤镇南汤坝村阶地南缘剖面

1—较细砾石层夹黏性土透镜体；2—无层理粗砾石；3—粗砂、砾石互层

4.2.2.2 磨子沟剖面

磨子沟口是昌昌断层通过的地区，按1∶20万地质图，断层的东侧为三叠系中统（T_2）的厚层灰岩，西侧为三叠系上统（T_3）的页岩板岩。断层接触带被几十米钙质胶结的灰岩块石所覆盖，在地貌上呈堆积负地形。剖面中（图4.2-4）断裂带西侧三叠系上统（T_3）的炭质页岩变形强烈，小褶皱发育，破碎，局部片理化。从南延的地貌看，覆盖其上的Ⅲ级阶地也无特殊的变形异常。

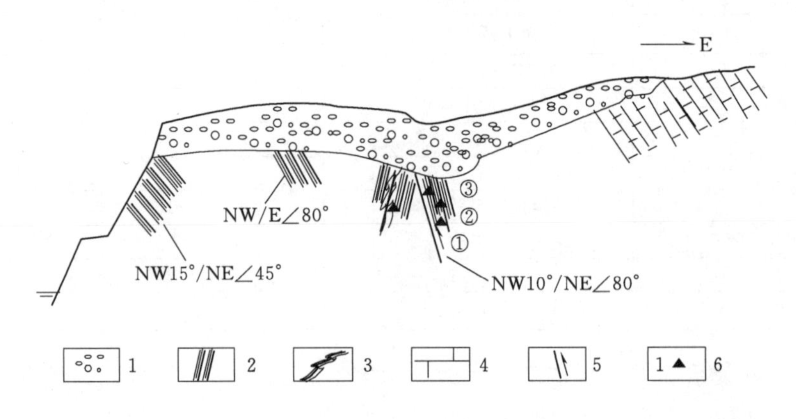

图4.2-4 磨子沟村昌昌断裂地质剖面图

1—漂砾石层；2—炭质页岩、片岩、泥岩；3—页岩揉皱；4—原层灰岩；5—断层；6—样品采集点

4.2.2.3 瓜达沟口剖面

瓜达沟口也是昌昌断裂南延经过的地区，断面清楚（图4.2-5），发育于厚层灰岩中。断裂带由多组、含断层泥的挤压结构面、石英脉、构造角砾岩和片理化岩组成，断裂带宽度10～15m。影响宽度50余m，主要为节理发育的块状岩体。断面上覆盖有残留的Ⅱ级基座阶地底部砾石层，样品测年为距今（4.37±0.48）万年，无后期构造扰动现象。

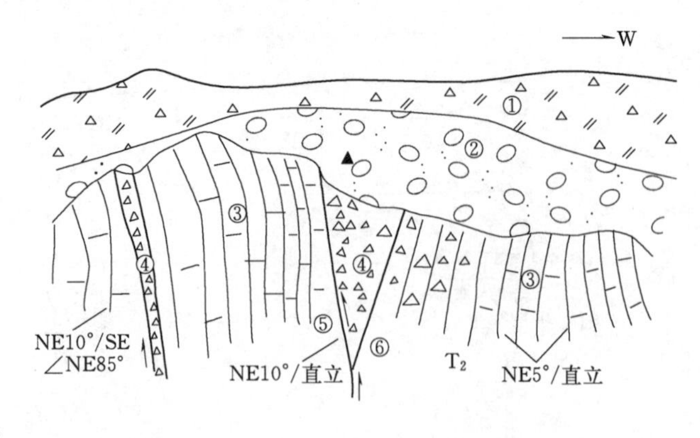

图4.2-5 瓜达沟口昌昌断裂地质剖面图

①—表层土；②—砾石土；③—块状灰岩；④—构造角砾岩；⑤—片理化断层岩；⑥—测年样品采集点位置

4.2.2.4 鹅包沟口剖面

鹅包沟口为元古代（澄江—晋宁期）花岗岩和三叠系上统须家河组接触带。断层走向近SN，发育一系列高角度的压性断裂，属南北向大渡河断裂构造系。该断面上覆盖有厚层第四系漂砾石层。第四系漂砾石层河拔高度约40m，相当于Ⅱ级阶地。漂砾石层地层原始沉积状态保持良好。经地层砂样测年，漂砾石层沉积时代为（3.41±0.38）万年和（3.86±0.43）万年（图4.2-6），无后期构造扰动迹象。

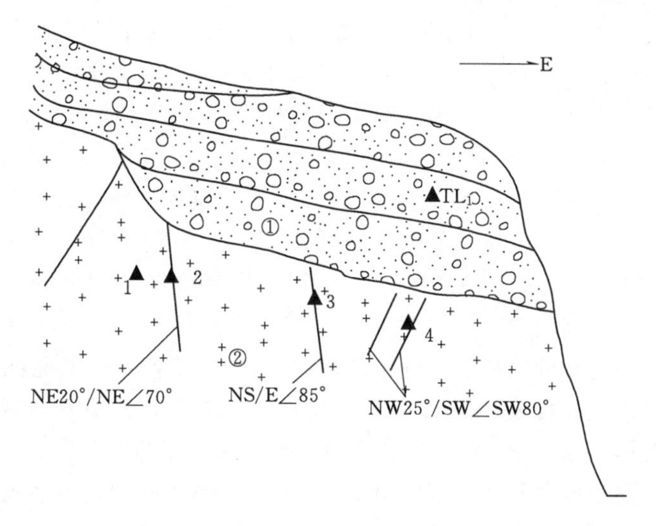

图4.2-6 鹅包沟口的断层地质剖面

①—巨砾、漂砾层；②—块状花岗岩；▲TL₁—测年样品采集点位置；▲1～4—微观样品采集点位置和编号

4.2.2.5 楼上剖面

楼上剖面（图4.2-7）显示楼上断层的特征，楼上断层近SN走向，位于昌昌断层的西侧，和昌昌断层平行南延和泸定韧性剪切带相接。楼上断层属大渡河断裂带的组成部分。楼上断层剖面位于楼上村电站附近小桥南。断面及其破碎带发育于三叠系

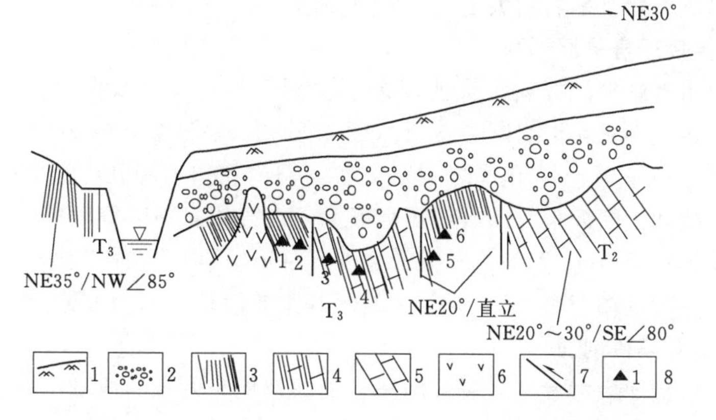

图4.2-7 楼上村桥边楼上断层地质剖面

1—表层砾石；2—冲洪积砾石；3—页岩；4—页岩、灰岩；5—大理岩、灰岩；6—岩脉；7—压性断层面；8—样品采集点及编号

中统雷口坡组中厚层泥质灰岩和三叠系上统须家河组炭质页岩接触带，破碎带及其影响带宽度10余m，由数条压性逆冲性质断面组成。断层上覆盖有河拔高度约20～30m、相当于Ⅱ级阶地底部漂砾石沉积层，地层原始沉积状态保持良好。经地层砂样测年，漂砾石层沉积时代为（1.97±0.22）万年，无后期扰动迹象。

4.2.2.6 泸定PD01平洞剖面

泸定下坝址左岸PD01平洞位于元古代（澄江—晋宁期）闪长岩中，属泸定韧性剪切带，带宽大于100m。带内揉皱、片理化特征明显，挤压较紧密，尔后经历印支期和燕山—喜山期叠加有规模不大韧脆性及脆性破裂，次级挤压带、片理和裂隙发育，岩体均一性和完整性较差。平洞揭示，韧性剪切带内发育脆性小断层12条，产状以N10°～20°E/SE∠60°～75°为主，单条宽10～30cm不等，主要由压碎岩组成，局部见1～3mm碎粉岩条带。平洞洞深42.7m处小型脆性挤压破碎带g12采集的样品中，经石英形貌鉴定，未见浅度侵蚀的贝壳状、次贝壳状石英，次贝壳—橘皮状石英仅占7.7%，橘皮状石英占7.7%，鳞片状、苔藓状等较深度侵蚀石英（Ⅱ）占11.5%，窝穴状、珊瑚状等强烈侵蚀石英（Ⅲ、Ⅳ）高达73.1%，说明主要活动时期为早更新世，中更新世以来活动性不明显；洞深10.5m处小型脆性挤压破碎带g3采集的样品中也未见浅度侵蚀的贝壳状、次贝壳状石英，次贝壳—橘皮状石英仅占13%，橘皮状石英占8.7%，鳞片状、苔藓状等较深度侵蚀石英（Ⅱ）占21.7%，窝穴状、珊瑚状等强烈侵蚀石英（Ⅲ、Ⅳ）高达56.5%，同样说明主要活动时期为早更新世，中更新世以来无明显活动性。

洞内采了3组12个微观分析样品。显示韧性带中脆性破裂充填物变形很小，活动不甚强烈。

4.2.2.7 瓦窑岗复核剖面

二郎山—泸定大渡河左岸国道2786+400附近为大渡河断裂带通过的地方，在瓦窑岗见有两处元古代花岗岩中基性岩脉与第四系冰水沉积物接触的露头（图4.2-8和图4.2-9），花岗岩和基性岩脉近SN向节理发育，但第四系冰水沉积物扰动不明显，当属冰水沉积物于基岩斜坡上的正常堆积现象。

4.2.2.8 硬梁包厂房平洞剖面

在硬梁包水电站平洞揭露了大渡河断裂，剖面显示三叠系白果湾组黑色碳质泥岩、页岩和元古代钾长花岗岩断裂接触（图4.2-10）。断裂产状为N15°E/直立，呈压性。断裂带宽30～50cm，花岗岩相对完整，洞内花岗岩中几米至十余米间隔可见几公分宽、产状和主断面平行的次级压性断面。在碎屑岩中因挤压形成小揉褶，发育石英脉体，脉体宽1～4cm不等，影响带宽度5～6m。在断层面上取灰色断层泥ESR样品测定的年龄为（23.2±2.3）万年，显示其主要活动时期为中更新世。

4.2.2.9 得妥新华桥剖面

得妥新华桥剖面为大渡河断裂带南段得妥断裂地表展布的地段，即断裂在此通过的位置，粗粒花岗岩中劈理密集带宽2m左右，闪长岩中近SN向的节理发育，并有水平擦痕。包含劈理密集带的花岗岩和闪长岩组成河拔高度约40m的Ⅱ级阶地的基

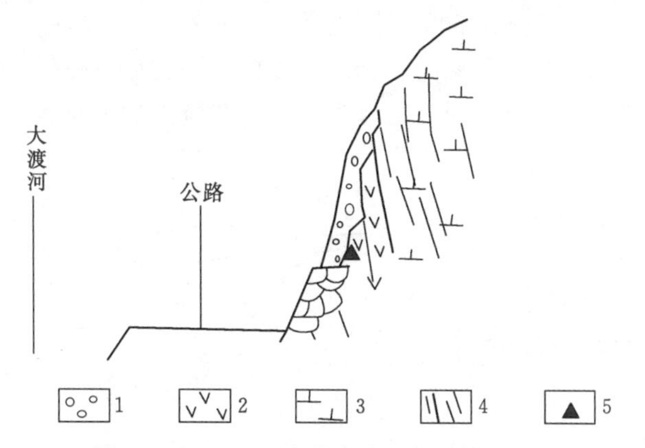

图 4.2-8　D1 瓦窑岗大渡河断裂剖面图
1—砾石层；2—基性岩脉；3—花岗岩；4—节理面；5—样品采集点位置

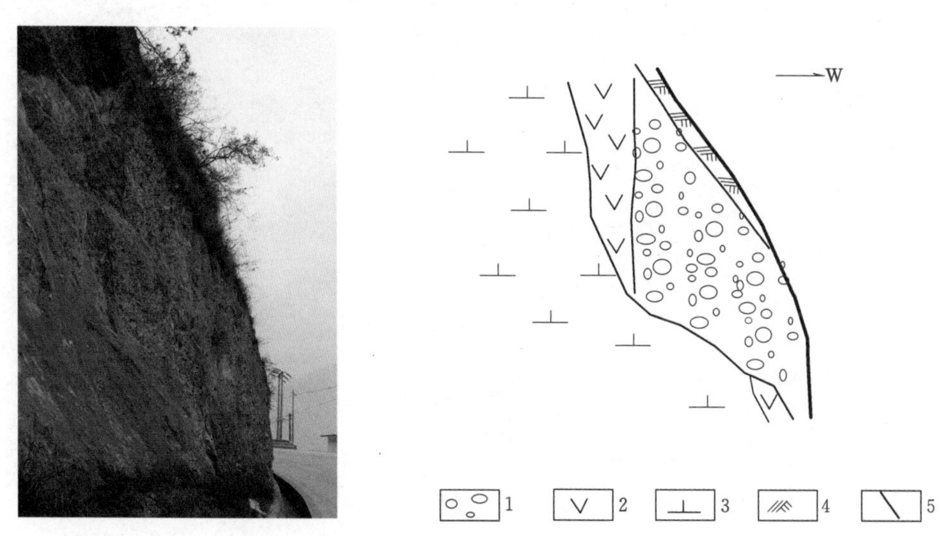

图 4.2-9　D2 瓦窑岗大渡河断裂剖面图
1—砾石层；2—基性岩脉；3—花岗岩；4—表层土；5—节理面

座（图4.2-11），其上覆盖约10～15m的冲洪积的巨砾、漂砾石层，砾石层的原始沉积结构保持良好，未见有构造扰动的痕迹。

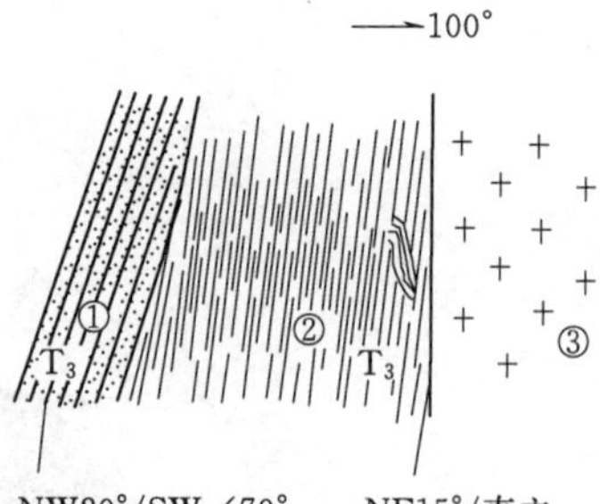

图4.2-10　硬梁包平洞内大渡河断裂剖面

①—三叠系白果湾组砂岩；②—三叠系白果湾组泥页岩，断裂影响带；③—元古代钾长花岗岩

4.2.2.10　田湾河口剖面

大渡河断裂带南段，得妥断裂，发育于元古代斜长花岗岩和三叠系白果湾组炭质页岩接触带。断面呈现紧密压性特征，片理发育，挤压成透镜体（图4.2-12、图4.2-13)。上覆Ⅱ级阶地砾石层未扰动，显示为老断层特征。

4.2.3　断裂带构造变形和活动的微观特征

断层岩是断裂带中的变形岩石，它是断层活动的直接产物。断层岩的显微构造记录了断层活动时的物理环境和构造应力场特征。因此断层岩的显微构造研究可以提供有关断层活动性质及其演化发育历史等重要信息。同时也可为了解构造应力的大小提供可靠的依据。

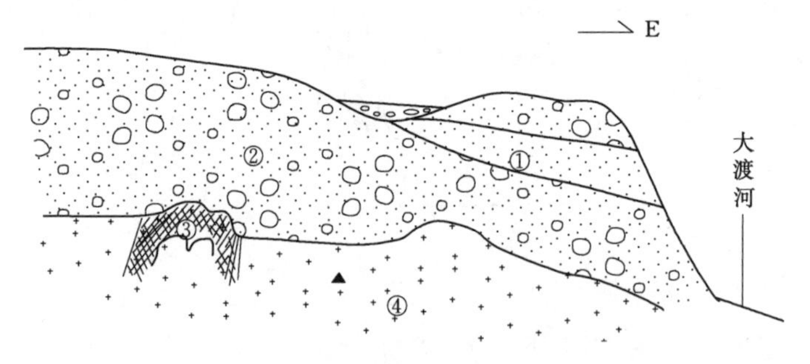

图4.2-11　得妥新华桥沟口Ⅱ级阶地剖面

①—粗砂层；②—砾石层；③—劈理密集带；④—花岗岩；▲—样品采集点位置

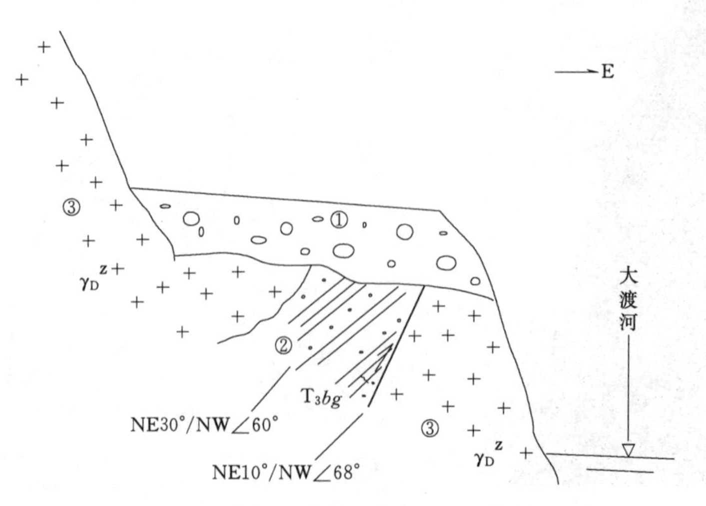

图4.2-12　田湾河口大渡河断裂（得妥断裂）剖面

①—Ⅱ级阶地砾石层；②—砂岩、片岩；③—花岗岩

4.2.3.1 微观样品采集

在野外工作中，采集了昌昌断裂、楼上断裂、泸定断裂和得妥断裂断层岩标本37块，具体采样情况见表4.2-2，在室内对所有标本的薄片都进行了镜下观察。

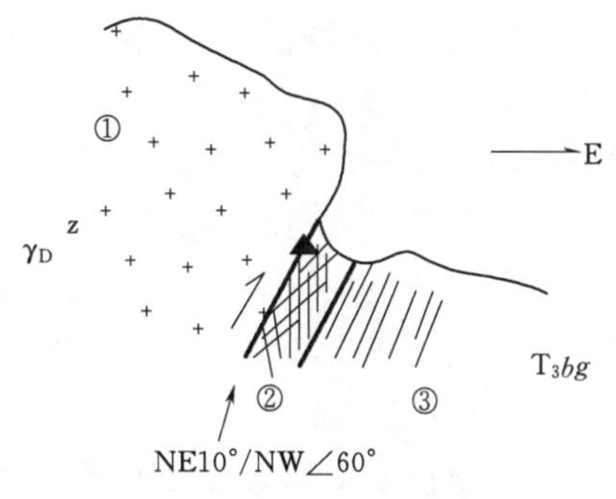

图4.2-13 田湾河口大渡河断裂（得妥断裂）剖面

①—花岗岩；②—挤压带；③—炭质页岩、片岩

4.2.3.2 微观变形特征

1. 昌昌断裂

昌昌断裂为一脆性断层，断裂带宽大于10m，该断裂带中出露了碎粉岩、碎斑岩，构造角砾岩等脆性变形系列的断层岩。沿此断裂考察2个剖面：磨子沟剖面和瓜达沟口剖面。

（1）磨子沟剖面：该剖面出露板岩和页岩，页岩变形强烈，小褶皱发育，破碎，局部片理化，沿片理充填有石英脉。

表4.2-2 大渡河断裂带微观分析采样情况一览表

断　裂	剖面位置	标本编号	采样数量	样　品
昌昌断裂	磨子沟	DD103（1-5）	5	断层岩
	瓜达沟口	DD104（1-3）	4	断层岩
楼上断裂	楼上	D71-D76	6	断层岩
	鹅包沟口	DD101（1-4）	4	断层岩
泸定断裂	泸定平洞	D21～D26	6	糜棱岩
		D31～D33	3	糜棱岩
		D41～D43	3	糜棱岩
得妥断裂	新华桥	DD116（1-3）	3	闪长岩，辉绿岩
	田湾河口	D81～D83	3	断层岩

镜下观察结果：DD103-3和DD103-4样品中石英发育变形纹，波状消光，后期侵入的方解石脉发育机械双晶，而DD103-4中发育皱纹线理，即沿早期片理的挤压作用形成轴面与之垂直的一系列小揉皱，这些片理皱纹平行排列，构成线状构造。DD103-1板岩中顺层侵入的石英脉没有变形迹象，DD103-2石英脉边缘石英颗粒较细，石英波状消光，后期侵入的方解石脉未变形，上述特征表明，石英脉侵入之后，断层曾发生过活动，但强度不大。

（2）瓜达沟口剖面：该剖面出露的主要是灰岩，断面清晰，断裂带由多组含碎粉岩软化、泥化的“断层泥”的挤压结构面，石英脉，构造角砾岩和片理化灰岩组成，断裂带宽10～15m。断裂上覆盖有Ⅱ级阶地砾石层，热释光测年为（4.37±0.48）万年，显微镜下观察：DD104-3角砾岩中方解石发育密集机械双晶，DD104-2中有多期方解石脉侵入，早期方解石脉宽0.8mm，发育机械双晶，晚期方解石脉小于0.1mm，未变形，DD104-1样品中方解石脉仅发育一组机械双晶，表明断层的新活动较弱。

（3）讨论：根据野外考察的情况可知，磨子沟剖面板岩和页岩发生了强烈变形，褶皱发育，局部片理化。沿片理侵入的石英脉有一定程度的破碎。瓜达沟口剖面出露的既有断层角砾，也有碎裂岩和碎粉岩软化、泥化的“断层泥”。两个剖面的宏观特征都反映了断层活动的多期性。

从岩石的微观结构特征看，昌昌断裂为一脆性断层，早期断层活动使岩石产生褶皱，后期发生多次活动，如沿片理侵入的石英脉石英发育变形纹，其后多期方解石脉侵入，早期的发育机械双晶，晚期的没有变形。表明断层新活动较弱。

由于断层上覆晚更新世沉积物均未扰动，因此，可以认为该断层在晚更新世以来基本上没有活动。

2. 楼上断裂

楼上断裂主要发育于志留系的千枚岩与碳酸盐岩之间，沿此断裂考察 2 个剖面：鹅包沟口剖面和楼上剖面。

（1）鹅包沟口剖面：该剖面出露的花岗岩中发育一系列高角度压性断层，断层附近花岗岩已破碎，断层面上覆盖有厚层第四系砾石层。原始状态良好，未见扰动现象，热释光测年为（3.41±0.38）万年和（3.86±0.43）万年。

显微镜下观察所有样品的共同特征是，长石已强烈风化为高岭土，花岗岩强烈破碎为碎裂结构，并发生微小位移。而靠近三个小断层的样品 DD101－2、DD101－3和DD101－4中，后期生成的白云母产生扭折，表明该断裂曾发生过 2 次活动，且以快速滑动为主。

（2）楼上剖面：该剖面出露三叠系中厚层泥质灰岩和炭质页岩，破碎带及其影响带宽十余米，剖面上有数条压性逆冲小断层。断层上覆盖有厚约 20～30m 的砾石沉积层，沉积层理未见变形迹象，热释光测年为（1.97±0.22）万年。

D71 粉砂质板岩，由长石、石英粉砂屑及少量钙泥质胶结物组成，滑动面近于平行，绢云母定向排列。D72 绢云母泥质板岩，岩石局部产生强烈褶皱，同时有石英脉侵入，石英生长成长条状，且长轴垂直于脉壁，石英没有变形迹象，表明石英脉侵入之后，断层未再活动，D73－1、D73－2 炭质页岩，岩石产生褶皱，石英脉同期或者后期顺褶皱侵入，形成褶皱状石英脉脉中长条状石英长轴垂直于脉壁，石英没有变形迹象。D73－3 粉砂、质板岩，充填有石英脉，脉中石英为细粒，没有变形迹象，D75、D76 为千枚岩，早期的裂隙已愈合，石英脉侵入之后，又有后期的方解石脉侵入，石英轻微波状消光，方解石发育二组机械双晶表明断层曾经历了 3 次活动，但活动强度较弱。

（3）讨论：根据野外考察的情况可知，楼上剖面存在宽约 30cm 的强变形片理化窄带，在这个窄带可明显看到由断层活动而形成的摩擦镜面和阶步。阶步的陡坎表明断层为逆冲滑动，俄包沟口剖面破碎带宽约 4m，但片理化带宽仅 30cm，两个剖面都显示其活动性较弱。

从岩石的微观结构情况来看，靠近小断层的岩石变形较强，如 DD101－2、DD101－4 中后期生成的白云母发生扭折，D72 中发育强烈的褶皱。而离断层稍远的 D71 和 D75 基本没有变形，表明断层活动不强。

综合宏观和微观特征可以认为，楼上断裂为一脆性断层，早期活动，使炭质页岩产生褶皱，花岗岩破碎成碎裂岩，之后炭质页岩中充填石英脉，同时断层面附近的花岗岩裂隙中生长白云母，断层的最新活动使石英脉中石英颗粒产生波状消光，白云母发生扭折，这些特征表明楼上断裂曾经可能为快速滑动，但强度不大。

3. 泸定断裂

泸定断裂带内发育一套不同成分、不同类型、不同变形强度，具有强烈定向组构的韧性剪切形成的糜棱岩。

（1）泸定平洞：平洞内发育一套糜棱岩，在距洞口10m、40m和51m处见有小脆性断层，碎粉岩泥化的“断层泥”厚5～20cm不等，“断层泥”已片理化，颜色为浅灰色，“断层泥”中透镜体拖尾特征显示断层为逆冲滑动。

显微镜下观测结果，定向样品D21～D26均为糜棱岩，D22和D25为靠近小断层的样品，样品中的σ构造、书斜式构造和云母的反S构造，表明断层上盘下降，样D21和D22垂直于长石长轴的微裂隙已愈合，长石双晶发生弯曲，沿片理方向发育近于平行的一组滑动面，D26样品中褶皱发育，X型扭裂纹的残斑碎晶长石外围有糜棱物质和绢云母组成的条带定向分布，长石波状消光，被X扭裂分成若干小菱形体，裂隙中有重结晶的石英颗粒充填，两组扭折所夹钝角等分线代表的主压应力方位与糜棱岩条带近于垂直。D31～D33为糜棱片岩，糜棱物质主要是研碎的辉石，重结晶作用晶出少量石英、绢云母，石英集合体条带状，同构造作用使糜棱岩条带强烈褶皱。D41～D43为细糜棱岩，长石碎斑的叠瓦式构造和核为长石、尾端为重结晶的石英形成的压力影响，是断层上盘下滑的产物。D42样品中长石发生脆性破裂，裂隙中已充填的石英脉未变形。

（2）讨论：根据野外考察的情况可知，泸定断裂总体上呈南北走向沿大渡河流域延伸，但在走向上呈波状弯曲变化，倾向较为稳定，一般向西倾，从泸定断裂平面分布来看，泸定平洞与该断裂垂直，平洞内发育劈理和片理化带，带宽数十厘米至百余厘米，与韧性剪切带小角度相交，胶结较好，同时洞内发育有宽几厘米至十余厘米的脆性挤压破碎带。

从岩石的微观结构情况来看，靠近小断层的岩石变形较强烈，如D22和D25，D41和D43，这些样品中发育有不对称压力影和书斜式构造。而离断层20～25cm的样品，变形较弱，未见有旋转变形迹象，表明断层活动较弱，仅造成靠近断面的岩石变形较强，微观特征方向指示断层上盘下滑。

综合宏观和微观特征，可以认为，泸定断裂早期活动使带内的花岗岩糜棱岩化；之后断裂再次活动，使岩石产生书斜式构造、不对称压力影，石英条带的反S构造和长石中X扭裂纹均显示断层的上盘向下滑，长石中微裂已被重结晶的细小石英颗粒充填愈合，这些塑性变形需要在一定的温压条件下才能出现，这说明断层早期活动时岩石尚在较深的部位，岩石抬升之后，断层虽然也有活动，但都未造成明显的碎裂结构，只是沿糜棱岩的片理产生一些滑动面，且垂直于片理的微裂隙中生长的黏土矿物随机分布，没有变形迹象，同时，脆性破裂带中石英碎屑SEM表面形貌以虫蛀状、苔藓状、珊瑚状为主，次贝壳状—浅橘皮状结构仅占10%左右，表明断裂新活动较弱，总之，该断裂的宏观和微观特征都表明断裂的活动不明显。

4. 得妥断裂

得妥断裂实质为泸定断裂的南延段，主要发育于花岗岩与三叠系接触带中。

(1) 新华桥剖面：该剖面出露有闪长岩和花岗岩，但界限不清，闪长岩中节理发育，并有水平擦痕；花岗岩劈理间距约 2m，在花岗岩中有辉绿岩脉侵入，显微镜下观测 DD116－1 为闪长岩，石英波状消光，样品中有少量微裂隙，黑云母发生弯曲。DD116－2 为花岗岩，石英、长石波状消光，石英、长石有脆性破裂，石英在正交偏光下显示的菱形裂纹是韧—脆性变形的结果。DD116－3 为辉绿脉，该样品中条状长石已风化为高岭土，没有变形迹象。

(2) 田湾河口剖面：此剖面为花岗岩与三叠系接触带，断层走向 NE10°，倾向 NW，倾角 60°，断层面具有水平擦痕，此剖面采样 4 个。

显微镜下观察 D81－A，D81 原为花岗岩，长石已风化为高岭土，石英强烈波状消光，局部区域破碎强烈已形成超糜棱岩，超糜棱岩带宽 2～6cm，超糜棱岩与花岗岩界面平直，超糜棱岩中石英颗粒随机分布方解石脉未变形，侵入超糜棱岩中的方解石脉没有变形迹象，表明方解石侵入之后，断层活动较弱。D82 为花岗岩与砂岩的接触面样品，由于样品强烈风化为黏土，浸染状碳酸盐广泛分布，此样品微观结构不清晰。D83 为砂岩，石英颗粒压扁拉长，稍有定向，局部石英碎屑显示书斜式构造，它与砂岩中拉长的石英集合斜交，这种石英颗粒的拉长定向和书斜式构造与断层活动有一定的关系，砂岩中石英颗粒拉长定向之后，方解石脉顺片理侵入，脉宽 140μm，其后发育一组近于平行的微裂隙斜切方解石脉，最新一期的宽 60μm 方解石脉侵入之后，由于这期方解石未变形，因此断层未再有新活动。

(3) 讨论：根据三叠系分布情况可知，三叠系沉积在较大的范围内，它同时沉积在花岗岩岩体之上，因此在地层沉积前，可能在花岗岩岩体中发生了早期的断裂活动，从靠近断层面的花岗岩强烈破碎成超糜棱岩，表明此时断层活动较强烈。三叠系沉积之后，岩层局部强烈揉皱，微观上显示岩石韧性变形，砂岩砂粒拉长定向，碎屑定向排列，这是断层较缓慢滑动的特征。综合宏观和微观特征，认为这期活动可能是缓慢的构造运动。这期活动之后，断层还发生了多期活动。从方解石侵入的期次来看，至少发生 3 次活动，但强度不大。第一期方解石脉宽约 140μm，已强烈风化为黏粒；其后断层活动产生一系列微裂裂隙切断方解石脉，但位错量较小，最新一期的方解石脉宽约 60cm，方解石新鲜，未有变形迹象。综上所述，田湾河口的断层岩显示，在三叠系沉积前和沉积后，断裂都有过较强烈的活动。但由于相互穿插的方解石脉逐渐变细，断裂位错也较小，说明新的断裂活动不强烈，且有逐渐变弱的趋势。

4.2.3.3 断裂活动的性质和特征

大渡河断裂带主要是由昌昌断裂、瓜达沟断裂、楼上断裂、泸定断裂和得妥断裂等南北向断裂组成的构造带。其中泸定断裂的岩石中都存在塑性变形的大量证据，如长石双晶发生弯曲，不对称压力影，云母的反 S 构造，石英重结晶和长石中微裂隙已被重结晶的细小石英颗粒充填愈合，这些塑性变形需要在一定温压条件下才能出现，根据 Sibson（1977）模式，推测断层早期活动岩石大约在地表 10km 以下，是韧性剪切变形。岩石中的书斜式构造，不对称压力影和 X 扭裂纹，表明断层上盘下滑。地壳抬升之后，虽然断层也有活动，但未造成明显的破裂结构，只是沿糜棱岩片理产生一些滑动面，同时石英碎屑表面 SEM 形貌中反映断层活动的次贝壳—浅橘皮状结构仅占 10%左右，这些均表明断层活动较弱。

昌昌断裂和楼上断裂岩石中存在大量脆性变形证据，如白云母膝折，碎裂结构发育，构造角砾岩中方解石发育密集机械双晶，反映了断层的活动可能以快速滑动为主。

总之，大渡河断裂带中不同断裂其活动性不同，泸定断裂活动主要是早期韧性剪切，断层上盘下滑，脆性变形较弱；昌昌断裂和楼上断裂主要是脆性变形，且为逆冲滑动。

4.2.3.4 断裂活动的期次和年代

泸定断裂断层岩主要是糜棱岩，根据构造岩特征和结构型式分析推测它可能经历三期不同性质的构造变形：①早期断层活动使花岗岩糜棱岩化；②后期岩石抬升，断层再次活动，使岩石产生不对称压力影，石英条带反 S 构造，长石中裂隙愈合，岩石的变形仍在一定的温度压力条件下；③断层岩脆性变形，新的微裂隙叠加在塑性变形之上，沿糜棱岩片理产生一系列滑动面，垂直于片理的微裂隙中生长随机分布的黏土矿物，表明断层活动较弱。

石英碎屑的 SEM 形貌特征，虫蛀状，苔藓状和珊瑚状等强烈溶蚀的结构占 80%以上，表明该断裂主要活动期在早更新世，而中更新世以来活动较弱。

昌昌断裂早期活动使岩石片理化，石英脉顺片理侵入；之后断层再次活动，使石英产生变形纹，方解石脉侵入；断层的再次活动使早期的方解石产生机械双晶，新的方解石脉侵入。楼上断裂早期活动使花岗岩破碎为碎裂岩，页岩产生褶皱，造成石英脉沿页理侵入，花岗岩裂隙中充填白云母；断层的再次活动，造成白云母发生膝折，石英脉中的石英产生波状消光，反映了该断裂至少经历两次活动。

总之，大渡河断裂带经历了多期活动，不同区段其活动期次和年代不同，主要活动在中更新世及以前。

4.2.4 大渡河断裂带基本认识

宏观上，大渡河断裂带主要由昌昌断裂、瓜达沟断裂、楼上断裂、泸定断裂和得妥断裂等南北向断裂组成的构造带，其中，泸定断裂带规模最大。包括得妥断裂在内，大渡河断裂带全长约 150km。大渡河断裂带地处北东向的龙门山断裂带和北西向鲜水河断裂带之间，属块体内部的断裂带，其整体规模、构造地位和地震地质活动性均在两者之下。

地质断面和构造岩的特征显示，大渡河断裂带北段昌昌断裂、瓜达沟断裂和楼上断裂等有一定规模的脆性变形特征，中南段泸定断裂和得妥断裂显示早期强烈的韧性剪切和后期的小规模的脆性破裂叠加，断面多为沿岩脉发育、挤压性质的小断层，显示晚期活动相对为弱。断裂南延至新华桥和田湾河河口附近，断裂带及其影响宽度规模已变小。根据现有的断面和第四系地层的切盖关系、断裂展布区地形地貌特征，特别是断裂带上覆Ⅱ～Ⅲ级阶地沉积物保持原始状态，无明显扰动变形，显示大渡河断裂晚更新世以来无明显地质和地震断错活动的可信迹象，结合大渡河断裂带主要组成断面的断层泥测年结果（12万～54万年）综合来看，大渡河断裂带主要地质活动期为中更新世及以前。

4.3 安宁河断裂带

4.3.1 断裂带展布特征

安宁河断裂带处于康滇地轴的轴部，为本地区SN向断裂带主体，属边界性质的深大断裂带。一般认为断裂带分为东、西两支，平行展布，相距4～9km，总体走向SN，倾向或东或西，倾角60°～80°。东支延伸长，是主干断裂。安宁河断裂带北起石棉安顺场附近，与磨西断裂斜接，向南经麂子坪、紫马垮、南桠村、拖乌、泸沽、西昌、德昌至会理以南消匿，全长约350km。西支断裂起自冶勒附近的三叉河，向南经哑吧坡、大桥、冕宁马黄屯，再向南沿安宁河谷西侧延伸，经德昌城西向南消匿，全长约200km（图4.3-1）。事实上，根据1∶20万地质图，安宁河断裂带在地表的展布并非为连续断裂，而是断续分布于安宁河两侧、由一系列近于平行、近SN向断裂构成的很宽的断裂带，从断裂带分布的宏观地质地貌环境，冕宁以南，断裂基本沿安宁河宽谷断陷盆地发育，断裂带呈多组、平行、时隐时现分布。冕宁以北，基本上以单条为主，由NNE走向逐步转向NNW走向呈微微向东凸的弧形，向北连续出露。安宁河断裂带成生于晋宁期，经多次构造运动其规模和力学属性均有发展，并对岩浆活动、沉积环境、构造活动、地震活动均起着明显的控制作用，但在时间、空间、活动强度上又具有明显的分段性特点。

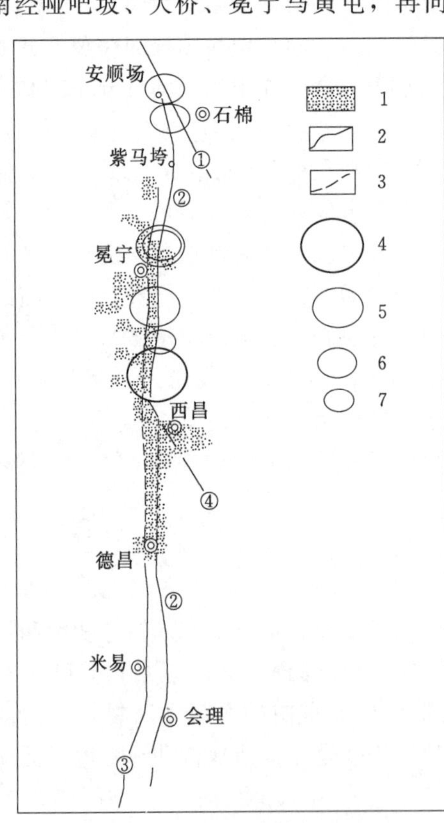

图4.3-1 安宁河断裂带地震构造

1—第四纪盆地；2—断裂及编号；3—隐伏断裂；4—M=7.0～7.9；5—M=6.0～6.9；6—M=5.0～5.9；7—M=4.7～4.9；①—鲜水河断裂；②—安宁河东支断裂；③—安宁河西支断裂；④—则木河断裂

根据安宁河断裂带地震地质特点和其所处的地质地震环境，一般将其分为南、中、北三段。其中以中段（冕宁—西昌）的规模最大，新活动性最强；北段（安顺场—冕宁）和南段（西昌—会理）相对较弱。

北段（安顺场—冕宁），北起安顺场附近，经麂子坪、紫马垮、野鸡洞，至冕宁彝海一带，全长约80km，总体走向近SN，以东支断裂为主体，呈弧形由北向南延伸。除局部地区而外，断裂基本上连续分布于隆起的基岩山区。麂子坪黑泥巴沟以南，断裂基本上发育于古老的侵入岩（结晶基底）中，主要为元古代花岗闪长岩、石英闪长岩或其分界线。据钻探和平洞揭露，紫马垮附近断裂破碎带宽度达300～400m。三叠纪末期至侏罗纪早期，由于康滇古陆隆起而在局部地段强烈断陷形成的小型的山间盆地中，沉积中生代的陆相沉积物。因此，能在大部分的断裂带内，见有上三叠统白果湾组炭质页岩和侏罗系益门组红色砂泥岩。麂子坪以北，断裂带及其两侧，晚中生代盆地及其陆相沉积基本消匿。该断裂基本上发育于沉积岩中，主要为中泥盆统地层，接近北端则发育于中泥盆统和上二叠统地层界线中。处于隆起区，仅仅在断裂带的东侧局部地区，如栗子坪、擦罗等地，早更新世发育有仅几十米至一二百米厚不等的昔格达地层，但从构造上，这些地区的昔格达地层似乎和安宁河断裂带无明显的直接依附关系。在断裂带两侧形成的规模较小的单侧断陷盆地沉积，其规模远小于同期在安宁河断裂带中段断陷谷北部尾端的单侧断陷盆地沉积。中晚更新世，在隆起主体抬升的背景下，发育于隆起区内的安宁河断裂，特别是东支断裂，基本上不控制中晚更新世盆地的沉积，而在其外缘两侧，形成一系列单侧断坳陷盆地，个别盆地沉积物达400m以上（冶勒盆地），显示北段隆起区的安宁河断裂带伴随隆起区的上升幅度，已远远超过同时期断裂带断陷幅度（百余米）。

北段沿断裂带虽然在地貌上也显示了垭口、槽谷等形态的发育，但主要反映的是安宁河大致沿东支断裂穿行于高山深谷的断层河谷地貌，是伴随于整体新构造运动（包括整体抬升和水流侵蚀作用）的长期结果。而且，安宁河在彝海附近，也偏离了安宁河断裂带而溯源于菩萨岗隆起的南坡。从断裂带分别通过安顺场、麂子坪等处的晚更新世冲洪积台地沉积物皆未发生变形来看，说明该段断裂带晚更新世以来的地质活动不强。另外，从安宁河断裂带两侧盆地被揭示的，如冶勒盆地的晚更新世几百米保持原始缓倾上游状态的地层、孟获城盆地晚更新世保持水平状态的地层等，迄今未发现断裂构造和新活动的形迹，也显示该地区晚更新世晚期以来新活动处于相对低水平的状态。

与其相对应，安宁河断裂带北段地区，现代地震活动强度也明显降低，地震活动在强度和频度上远非和中段相比，基本上以中小地震和微震活动为主，偶尔也发生6级以下的破坏性地震，如1989年石棉西北5.0级地震。

中段（冕宁—西昌），北起冕宁彝海一带，南至西昌以南河西黄连关附近，长约120km。主要断于震旦系、三叠系上统白果湾组—侏罗系下统益门组及第四系下更新统昔格达组地层之间，总体走向近SN，倾向东，倾角60°～80°。破碎带宽达数百米，挤压片理和断层角砾糜棱岩发育。晚更新世—全新世新构造活动显著。

该段安宁河断裂带，在冕宁—西昌间，局限于安宁河以东红妈至小相岭一带，断裂带宽10～20km，由一系列较规则的SN向直线状断裂组成，延长50～60km以上，其性质为一组高角度冲断层，断面一般倾向东，倾角65°～80°，个别倾向西，或具枢纽性质。广义安宁河断裂带由东向西包括有6条主要断裂，即安南河断裂、哑口村断层、姑鲁沟—盐井沟断层、大石板断层、光明村断层和石库村断层。这些断裂，越往东断距越小，以致消失。越往西断距越大，岩石挤压破碎强烈，产生变质。显示近安宁河的安宁河断裂为其主干断裂，活动性也最强。其显著特点是，活动具长期性、间歇性和继承性。为区内多期岩浆活动的主要通道。自震旦纪以来，安宁河断裂带严格控制着两侧的地质发展，其西，岩浆活动强烈，在牦牛山一带，晚古生代至三叠纪拗陷强烈，有较厚的沉积和大量的岩浆侵入和喷发；其东，褶皱基底裸露于泸沽附近，整个古生代上隆，无沉积。三叠纪末期至侏罗纪早期，该段安宁河断裂带直接成为印支古陆东侧断陷盆地的边界，西侧为元古代花岗岩侵入岩体，并伴有印支—燕山期花岗岩侵入，东侧为晚中生代陆相沉积。

安宁河断裂带中段第四纪断陷河谷地貌清晰，断块差异运动明显，并使安宁河断裂带纵向上发生强烈的断陷，冕宁县大桥彝海以南，由东西两支断裂控制，形成一个典型的断陷谷，其范围北端始于大桥以南，南端止于德昌以北狭长地区，在早更新世—晚更新世，断陷谷堆积了巨厚的第四系地层，西昌一带，据物探资料厚度达 1500m。断陷谷两侧差异活动明显，安宁河谷东岸相对西岸的抬升导致东西两岸阶地明显不对称，东岸晚第三纪至早更新世地层出露高差达 400m，古河谷较现代河谷高出 200～400m。在地质活动上，冕宁高山普东、冕宁东北沙滩沟、泸沽南（4km）川滇公路、礼州附近安宁河谷中、冕宁王二普子附近、冕宁泸家普子以西等地，频频出现昔格达层的构造变形（断裂和褶皱）和逆冲断层断错昔格达层和其以后的晚更新世以致全新世地层，反映了该段晚更新世—全新世地质活动。在地震活动上，安宁河断裂带中段是地震活动最为活跃地段，其中，大桥以南地质活动强烈的断陷谷先后发生过 1536 年西昌新华 7½ 级地震、1732 年西昌南 6¾ 级地震、1850 年西昌—普格间 7½ 级地震、1913 年冕宁小盐井 6.0 级地震、1952 年冕宁石龙 6¾ 级地震。显示中段地震活动的频度和强度远远超过其南北地段。

南段（西昌—会理），北起黄连关，经德昌至会理以南，全长约 150km。早更新世断陷沉积昔格达湖相地层以后，由于整体抬升（除西昌—德昌有局部断陷外）、北端与则木河断裂带相接复合，致使晚更新世至全新世的连续和强烈活动向北西向则木河断裂带的转移，导致安宁河断裂带南段本身晚第四纪地质活动表现微弱，断层两侧无差异活动，现今地震活动也很微弱，表现为一些零星的小震活动。

4.3.2 断裂带北段中段地震地质剖面

为进行安宁河断裂带活动性研究分析，在安宁河断裂带北段（含铁寨子断层）和中段建立 31 个剖面，复核探槽剖面 10 个，照片 74 张，采集断裂带活动性微观特征样品 86 组。表 4.3-1 为安宁河断裂带地质剖面基础资料。

4.3.2.1 田坪大坪子剖面

田坪大坪子剖面中安宁河断裂带的老断裂发育于泥盆系中统标水岩组，破碎带宽度达几百米（图 4.3-2）。大理岩，灰绿色板岩及辉绿岩岩脉等混杂，破碎，地层产状变化很大而乱。松林河一级水电站引水隧道穿越该段安宁河断裂带，岩石破碎，有大量的黑色片岩碎块。断层面为古老的断面，地貌照片显示，断裂带通过的山脊和Ⅱ级阶地无明显的变形。

表 4.3-1　　安宁河断裂带地质剖面基础资料

编号	断裂名称	位　置	典型地质剖面图/张	照片/张	探槽复核/条	样品/个
D9	安宁河断裂北段	田坪大坪村	1	5		6
D15		麂子坪黑泥巴沟	2	6		3
B3		紫马沟沟口	1			
B4		紫马沟路边	1			
B5		紫马垮2号支洞	1（长剖面）			16
D14		紫马垮3号沟	2+1（长剖面）	9		23
D16		紫马垮村北路边	1	1		3
DD123		紫马垮沟口工地	1	2		
DD124		紫马垮形变观测点		1		
DD107		紫马垮村北	2	4	1	
DD108		紫马垮村北北	1	1	1	
DD109		紫马垮村南1	1	3	1	
DD110		紫马垮村南2	2+1	4	1	
DD111		紫马垮村南3		1	1	
DD112		紫马垮村南4		2	1	
DD113		紫马垮村南5		1	1	
DD114		紫马垮村南6	2		1	
		紫马垮（据唐荣昌，1993）	1			
D11	铁寨子断层	栗子坪水电站厂房公路边	1	3		10
D12		元根村南山上	1	7		6
D20	安宁河断裂中段	野鸡洞YT1、YT2探槽	2+2	15	2	3
DD105		冕宁石龙乡和平2组	1	1		10
DD106		石龙碾石桥	1	4		
B2		老鹰沟	1	2		
合　计			30	72	10	80

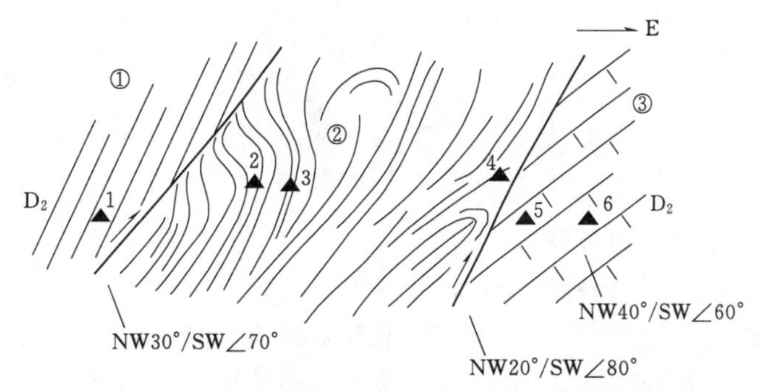

图 4.3-2　田坪大坪子二队松林河左岸安宁河断裂带剖面

①—中泥盆纪板岩、片岩；②—强烈破碎岩带；③—中泥盆纪大理岩；▲—样品采集点位置；1～6—样品编号 D10～D15

4.3.2.2 鹿子坪黑泥巴河剖面

1. 鹿子坪黑泥巴河

鹿子坪黑泥巴河发育于砂岩和炭质页岩中老断层面和破碎影响带，断面擦痕显示左旋走滑运动，侧伏角30°，压扭性质。2m范围内出现连续三个平行断层面，断面走向NE10°，近直立，地层走向NE20°，倾SE，倾角45°。破碎带宽度几十米至百余米（图4.3-3）。

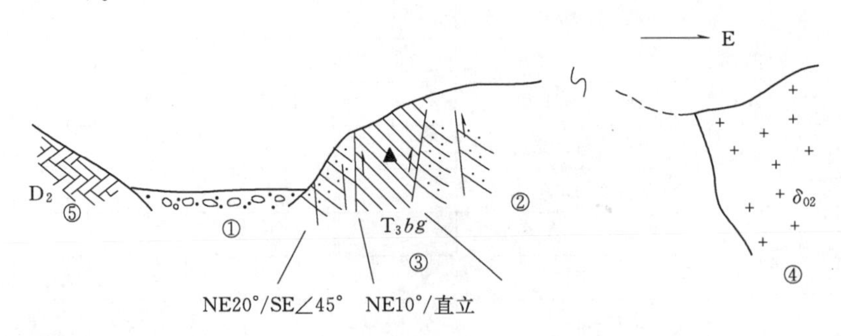

图4.3-3 鹿子坪黑泥巴沟支沟口安宁河断裂带剖面

①—河床砾石；②—页岩和砂岩；③—炭质页岩强烈破碎带；④—石英闪长岩；⑤—大理岩

2. 鹿子坪黑泥巴河分水岭垭口

南桠河支流紫马河与小水河支流黑泥巴河的分水岭垭口是安宁河东支断裂带通过的地方，在垭口北侧黑泥巴河沟电站附近公路上，见到断裂带发育于三叠系白果湾组砂页岩中，断裂带破碎，片理发育，断面走向NE10°，直立，压性扭（图4.3-4）。断面上生长有方解石脉，未有变动迹象。

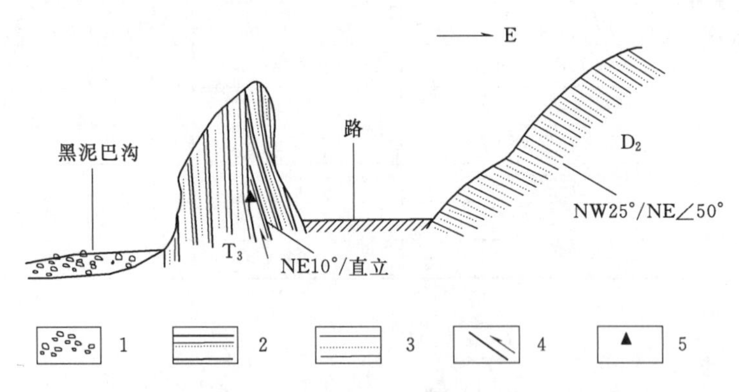

图4.3-4 鹿子坪黑泥巴沟电站北安宁河断裂带剖面

1—河床砾石；2—炭质页岩和砂岩；3—砂岩；4—压性断层面；5—样品采集点位置

4.3.2.3 紫马垮地区探槽复核

安宁河断裂带从紫马垮地区穿过，紫马垮地处近SN向断裂（安宁河断裂带）构造谷。早期的冰水沉积、现代河流沉积形成复杂的地形地貌形态和构造谷地貌形态的复合，加上SN向强烈地震构造带，往往使现存的地形地貌形态的成因解释复杂化。为研究安宁河断裂带冕宁以北段地质活动性和地震危险性，在紫马垮地区，前后开挖8个探槽（图4.3-5），其中一些探槽的结果成为评价安宁河断裂带地震活动性和大地震重复周期的主要基础，并广泛用于本地区和邻近地区水电工程地震安全性评价。

1. 紫马垮村北探槽

此探槽（图 4.3-6、图 4.3-7）位于紫马垮村北约 50m，地貌上处于台地陡坎边缘垭口，探槽近东西向，长约 6～7m，宽约 2m。通过清理，探槽两壁显示突起的古地形引起的沉积变化，属正常（强烈）风化基岩边缘坡残积和水塘交互沉积，从探槽南北两壁剖面上，原始的突起的强烈风化基岩大致相当，但见不到有任何构造变形痕迹。在强烈风化闪长岩中，保留陡倾角和缓倾角两组节理构成的阶状台面，并有黑色沉积，给人以正断错的假象。

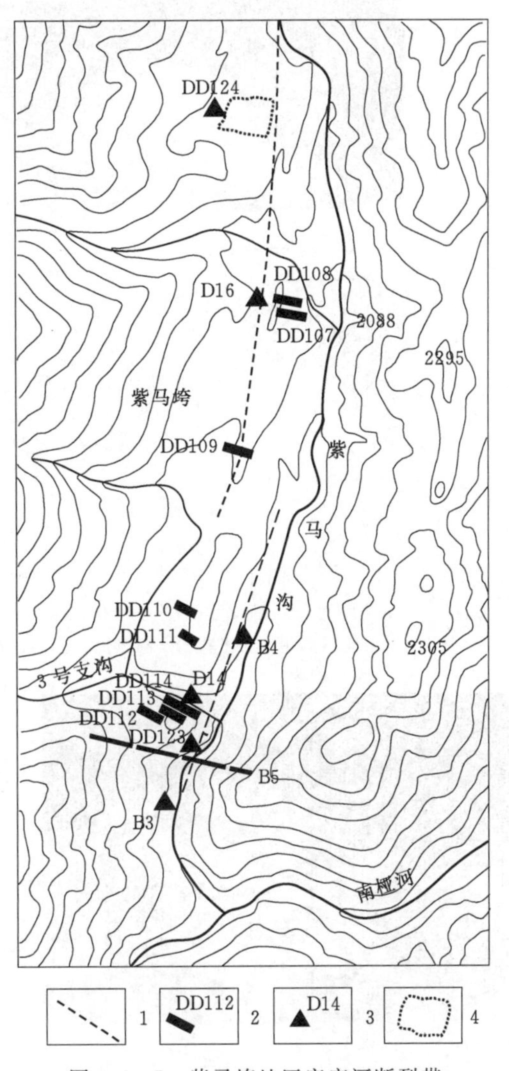

图 4.3-5 紫马垮地区安宁河断裂带研究观测点分布示意图

1—安宁河断裂；2—探槽及编号；3—地质地貌观测点；4—水塘

2. 紫马垮村北探槽

此探槽（图 4.3-8）所属地貌单元同 DD107，位于探槽 DD107 的正北 30m 处。探槽长 10m，宽 2m。此探槽揭示的是坡积碎石土夹巨大滚石组成的正常边坡，巨石大者直径近 1m。探槽周壁情况基本相同，都未见任何构造形变的痕迹。

3. 紫马垮村南探槽（DD109）

DD109 探槽所在地貌属小河Ⅱ级阶地（台地，陡坎边缘）和Ⅰ级阶地（或高漫滩，后缘）接触处。探槽长 4m，宽 1.5m。探槽剖面揭示出在表层近 1m 的含砾石的碎石土下，沉积一套以细颗粒为主的中粗砂层和粉质黏土层，底部有直径近 1m 的闪长岩块石（图 4.3-9）。剖面内地层相对稳定，沉积环境变化不大，显示河流漫滩相沉积。剖面中未见构造变动的迹象。

4. 紫马垮村南探槽（DD110）

DD110 探槽长约 7m，宽 1.5m，此探槽南壁剖面与闻学泽（2000）确定紫马垮地区安宁河断裂活动性的紫马垮村北探槽剖面相类似。以此剖面为基础，确定了安宁河断裂带此段（北段）两次全新世古地震的事件（闻学泽，2000），一些工程的地震安全性评价涉及此断裂带时，基本上以此结果为基础进行评价（中国地震局地质研究所，2005；四川省地震局工程院，2004）。

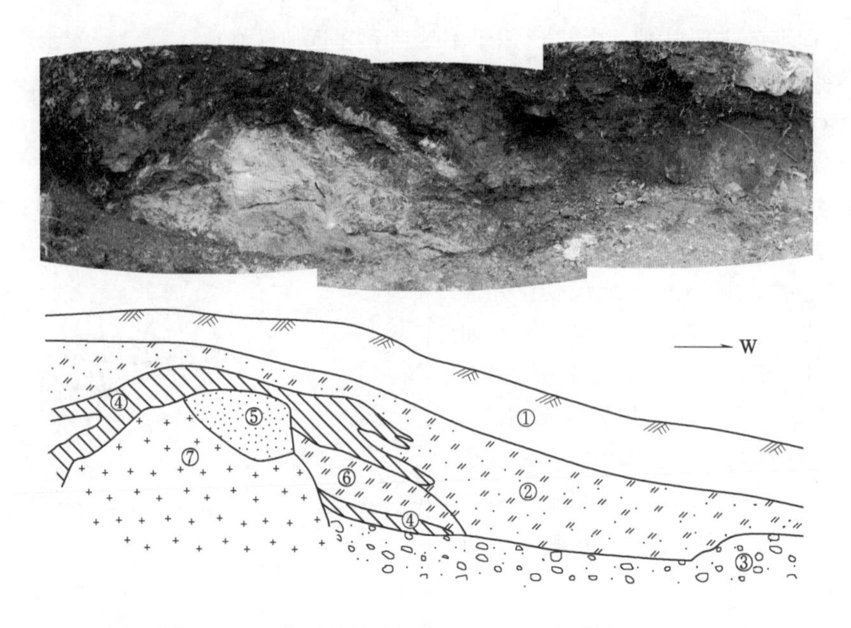

图 4.3-6　紫马垮村北探槽（DD107）探槽南壁剖面

①—杂色黑色表层土；②—褐黄色碎石土；③—坡积碎石土；④—黑色黏土夹碎石；⑤—黄色石英砂为主夹黏土；⑥—灰绿色黏土、高岭土；⑦—全风化（高岭土化）花岗岩

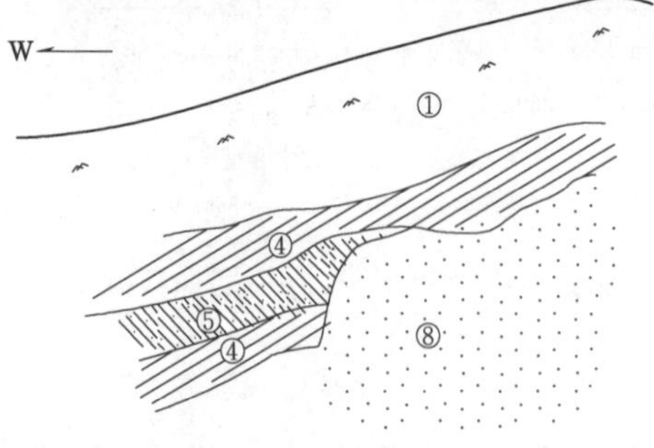

图 4.3-7　紫马垮村北探槽（DD107）探槽北壁剖面

①—杂色黑色表层土；④—黑色黏土夹碎石；⑤—黏土、高岭土；⑧—全风化（高岭土化）花岗岩

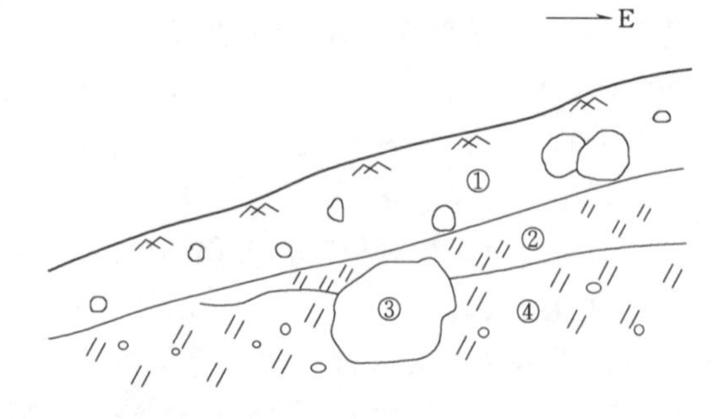

图 4.3-8　紫马垮村北探槽（DD108）探槽北壁剖面

①—表层土夹砾石；②—碎石土；③—大块石；④—黄色碎石土

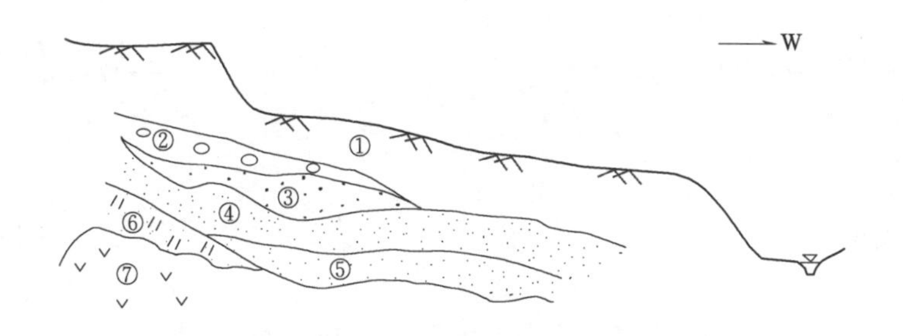

图 4.3-9　紫马垮村南探槽（DD109）探槽南壁剖面

①—表层土夹砾石；②—粗砾石碎石；③—粗砂透镜体；④—中砂夹风化碎石，有层理；⑤—相对均一的中砂含土；⑥—粉质黏土；⑦—大块闪长岩块石

从探槽两壁剖面揭示情况来看（图 4.3-10 和图 4.3-11），反映了一个古老的基岩（闪长岩）露头上正常的坡残积现象，闪长岩较为破碎，但无定向特征，属构造影

图 4.3-10　紫马垮村南探槽（DD110）探槽南壁剖面

①—表层土夹砾石；②—粗砾石碎石；③—黄色黏土碎石；④—破碎闪长岩体；⑤—风化闪长岩块石；⑥—张裂缝

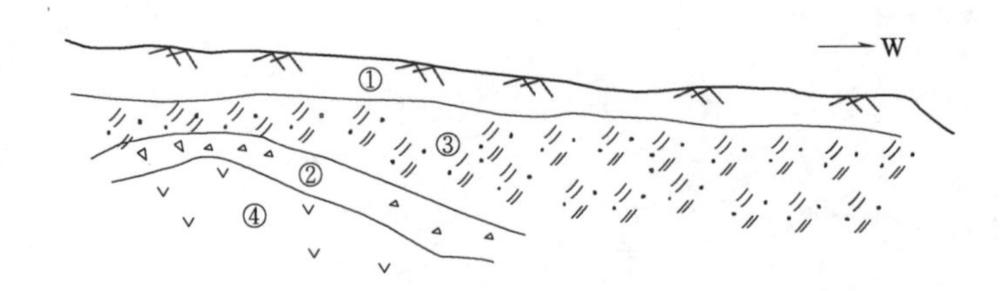

图 4.3-11　紫马垮村南探槽（DD110）探槽北壁剖面

①—表层土夹砾石；②—坡积碎石；③—黄色黏土碎石；④—破碎闪长岩体

响和风化所致，岩体呈碎块结构，风化节理也很发育。剖面中的裂缝实为普通的张裂缝，一条深入基岩不长而消失，裂缝中有些黑色的有机土是从上部土层中淋入。至于该剖面的尾部的“花岗构造岩”，实为土中所夹的闪长岩强烈风化块石。该探槽两壁显示不出任何古地震事件。

5. 紫马垮村南探槽（DD111）

DD111 探槽位于台地斜坡上，方向近 EW。探槽中揭露是含巨大滚石的土，探槽长 6m，宽 1m，可见深度 1～1.5m。未见任何构造形迹。

6. 紫马垮村南探槽（DD112）

DD112 探槽位于支沟分水岭上，探槽长 6m，宽 1.5m，深 1.5m。探槽走向 NE70°，探槽两壁岩土情况基本相同。上部为黑色腐殖土，厚 30～50cm。下部为黄色黏土夹碎石，大块石直径 20～30cm，无磨圆，属坡残积未见构造形迹。

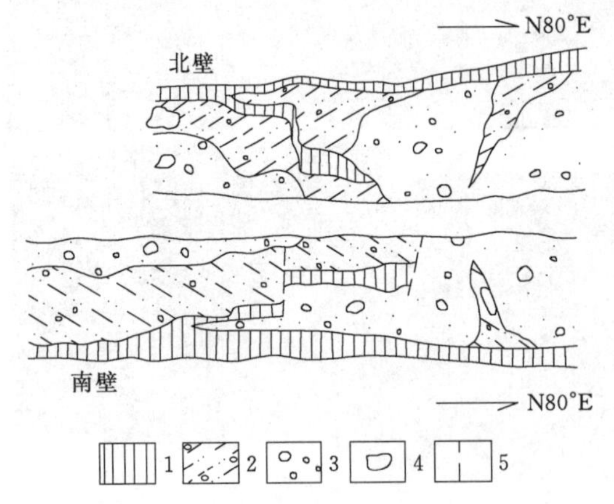

图 4.3-12　紫马垮村南探槽（DD114）探槽剖面

1—黑色沼泽相腐殖质土；2—黄色压砂土夹少量碎石；3—灰色或灰绿色坡积碎石土；4—大孤石；5—土层中的裂缝

7. 紫马垮村南探槽（DD113）

DD113 探槽揭示为土夹块石，大块石直径达 30～40cm，属坡残积碎石土。未见构造形迹。

8. 紫马垮村（南）长探槽复核剖面（DD114）

图 4.3-12 和图 4.3-13 为紫马垮村南探槽（DD114）探槽剖面（据中国水利水电科学研究院，1990），未见构造形迹。

9. 紫马垮横跨断层陡坎探槽剖面（据唐荣昌、韩渭宾，1993）

紫马垮横跨断层陡坎探槽揭示出两条正断层（图 4.3-14），从图中标示来看，垂直断距 60cm 的 F_1 和垂直断距 70cm 的 F_2 分别断切了晚更统中期（Q_{3-2}）冰积层④［TL 测年值（4.64±0.33）万年］，但被晚更新世晚期（Q_{3-3}）冰积层所覆盖［TL 测年值（2.33±0.28）万年］，显示 2.3 万年以来没有断错活动。

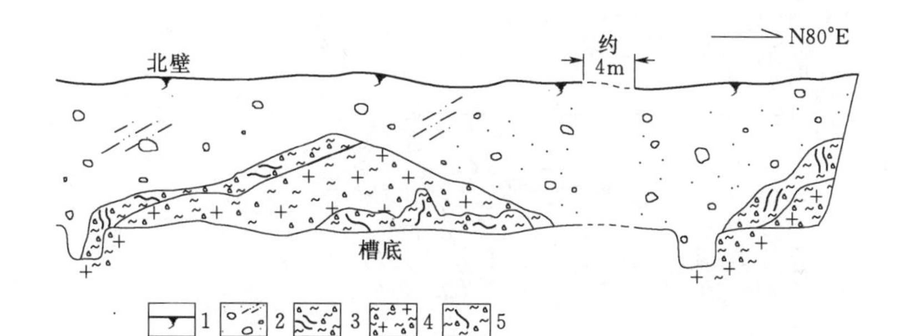

图 4.3-13　紫马垮村南探槽（DD114）探槽剖面

1—表土层；2—灰色或灰绿色坡积碎石土；3—糜棱岩化或碎斑岩化的灰绿色片岩，强烈风化呈土状，内夹少量紫红色砂板岩碎块；4—灰红色花岗质构造岩，糜棱岩或碎斑岩化，强烈风化呈土、砂状；5—黑色构造岩，已风化呈土状，内夹黑色炭质页岩岩屑，块径 0.5～1cm

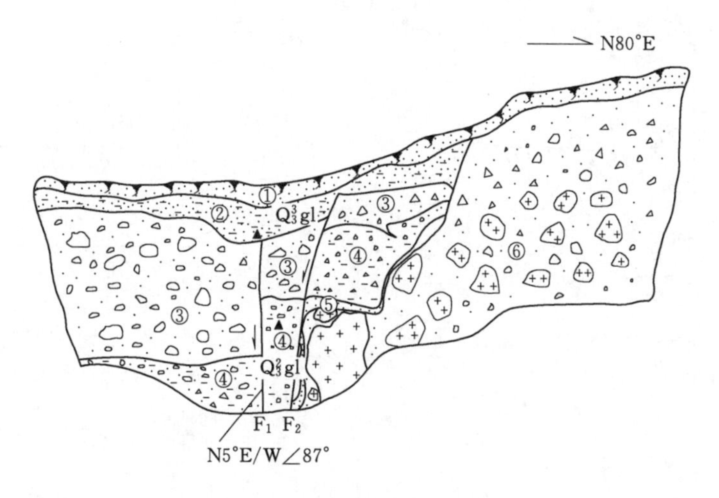

图 4.3-14　紫马垮横跨断层陡坎探槽

①—黑色腐殖土层；②—土黄色粉砂质黏土层；③—灰白色碎屑岩；④—黄绿色含砾砂土；⑤—棕红色碎屑状砂土层；⑥—灰白色、灰绿色冰碛层

4.3.2.4　紫马垮地区剖面

1. 紫马沟沟口剖面

紫马垮林场公路边的安宁河断裂带上覆盖Ⅱ级阶地之漂卵石层（图 4.3-15），^{14}C 测龄（1.42±0.05）万年，该层未发生明显变形或存在位错的形迹。

2. 紫马沟 3 号支沟北 300m 路边剖面

紫马沟 3 号支沟北 300m 路边三叠系上统白果湾组炭质页岩剖面（图 4.3-16），显示安宁河断裂带切错白果湾组炭质页岩的典型露头。

3. 紫马垮村北路边剖面（D16）

D16 剖面位于 DD108 探槽垭口另一侧，显示安宁河断裂带的断面。剖面中石英闪长岩挤压破碎，断面发育 2～3mm 断层泥，断层两侧岩石片理化（图 4.3-17）。

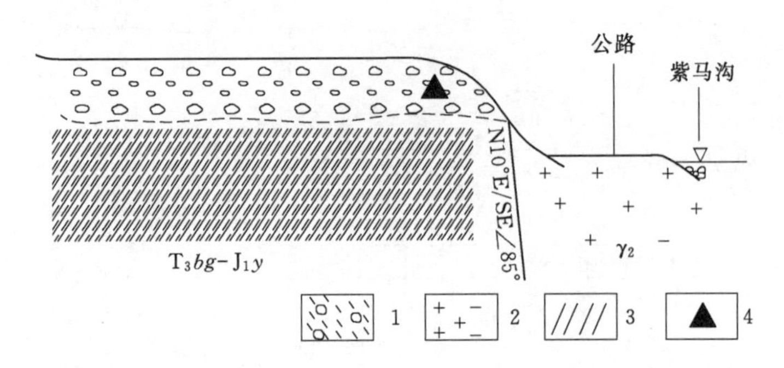

图 4.3-15　紫马沟沟口附近安宁河断裂带破碎带剖面

1—Ⅱ级阶地砾石层；2—花岗岩；3—炭质页岩、紫红色泥岩；4—样品采集点位置

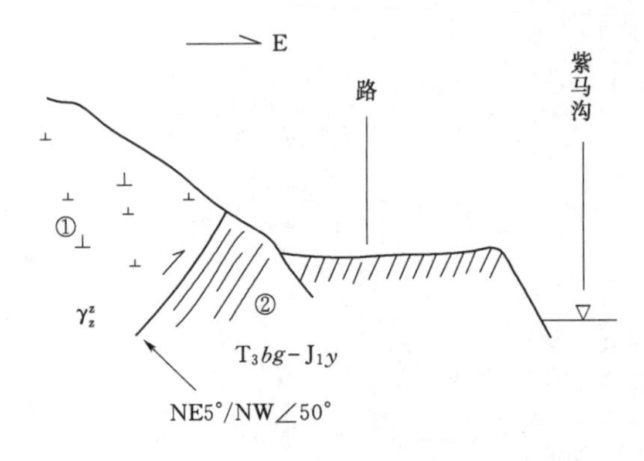

图 4.3-16　紫马沟路边安宁河断裂带剖面

①—石英闪长岩；②—炭质页岩

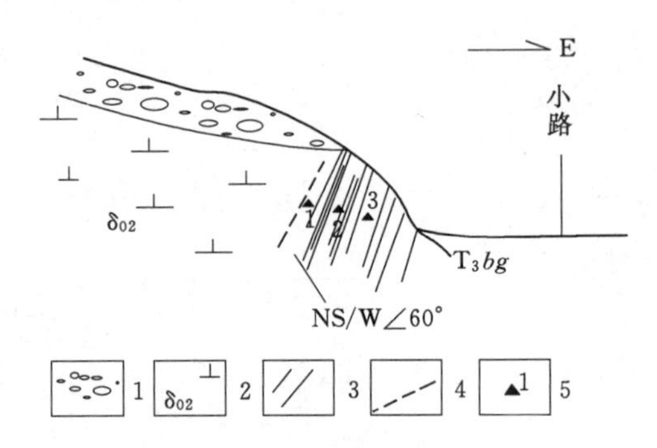

图 4.3-17　紫马垮村北附近安宁河断裂带剖面（D16）

1—冲洪积砾石层；2—石英闪长岩；3—炭质页岩；4—压性断层面和断层泥；5—样品采集点位置

4. 紫马沟口安宁河断裂带滑动断面（DD123）

DD123 断面由开挖路基而出露，显示一系列强烈挤压结构面，结构面走向近 SN，部分压性断面沿基性岩脉发育。剖面基本特征和穿越该地区的安宁河断裂带平洞所示特征相同。压性断面上覆巨砾、漂砾石层（Q_3）未受任何构造变动（图 4.3-18）。

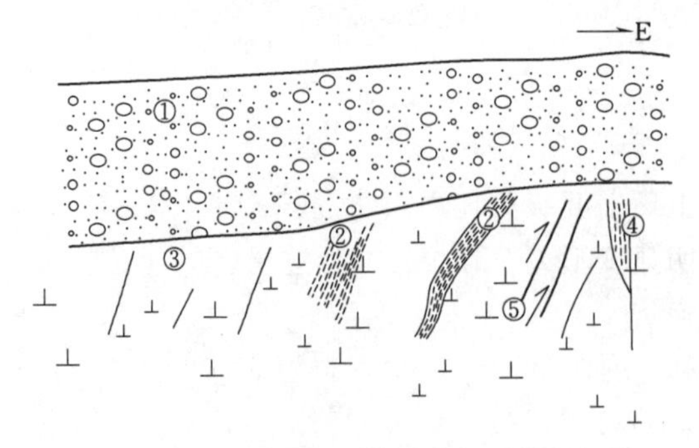

图 4.3-18　紫马沟口安宁河断裂带闪长岩中压性断面（DD123）

①—巨砾、漂砾层（Q_3）；②—强烈挤压片理化破碎带；③—闪长岩；④—基性岩脉；⑤—小断面

5. 紫马垮村北形变台站附近地貌（DD124）

紫马垮村北形变台站附近地貌属支沟的分水岭，地形相对开阔，由于水系冲洪积物堆积变化，残留有积水洼地（图 4.3-19）。

图 4.3-19 紫马垮村北形变台站附近地貌（D124）

6. 栗子坪水电站引水隧洞（1+657～3+113）段剖面

栗子坪水电站引水隧洞桩号 2+360～2+893 段穿过安宁河东支断裂（图 4.3-20），断裂产状近 SN，倾角 75°～85°，断裂带内物质主要由 T_3bg 白果湾组炭质页岩和 J_1y 红色砂泥岩强烈挤压破碎的片状岩组成，东侧为花岗岩，西侧为石英闪长岩。断裂带强烈动力蚀变，形成绿泥石和绿帘石等组构的片状岩，挤压错动明显，多垂直擦痕，清晰，少水平擦痕，挤压错动紧密，但性软，潮湿，白色石英脉体宽约 1cm，顺断面断续分布，受强烈挤压而呈碎粒、碎粉状，反映该段水平活动不强烈，显示以挤压逆错运动为主。在栗子坪水电站引水隧道中共采集 16 组样品（图 4.3-21）。洞中的样品总体上强烈破碎，局部形成了强烈劈理化带。断层主要沿基性岩脉，岩石强烈劈理化是该剖面的主要特征之一。

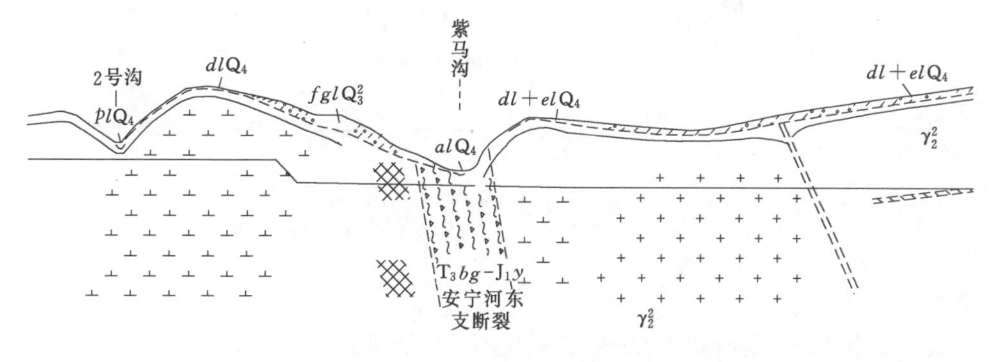

图 4.3-20 栗子坪水电站引水隧洞穿越安宁河断裂带位置示意图

4.3.2.5 紫马沟 3 号支沟剖面

紫马沟 3 号支沟是横切安宁河断裂带的一条沟，也是距栗子坪水电站通过安宁河断裂带引水隧洞最近的一条支沟。据隧洞和钻孔揭示，此段安宁河断裂带宽度 350m，发育于白果湾组炭质页岩（T_3bg）和元古代石英闪长岩中，无主断面，由一系列挤压破碎带和挤压断面组成，断裂带岩石多呈碎粒状或碎粉岩化。支沟揭示安宁河断裂带地表可见剖面宽度 150m（图 4.3-22），剖面构造岩和构造变形与引水隧洞内揭示的构造岩及其变形相似。破碎带东侧长度 50 余 m，构成Ⅱ级阶地基座，覆盖洪冲积漂砾石层，可见厚度 2～5m 不等，漂砾石层下发育有挤压滑动面（图 4.3-23），片理化挤压面。挤压面走向、产状和安宁河断裂带走向基本一致。断裂带中岩脉多次错

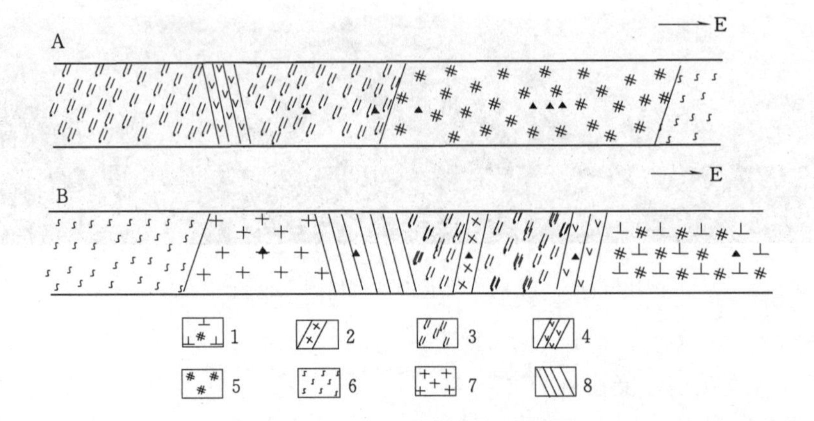

图 4.3-21　栗子坪水电站引水隧洞桩号 2+360～2+893 段样品采集点位置

1—破碎闪长岩；2—石英脉；3—碎粉岩；4—片理化基性岩脉；5—破碎带；
6—挤压片理带；7—花岗岩；8—片岩；▲—采样点

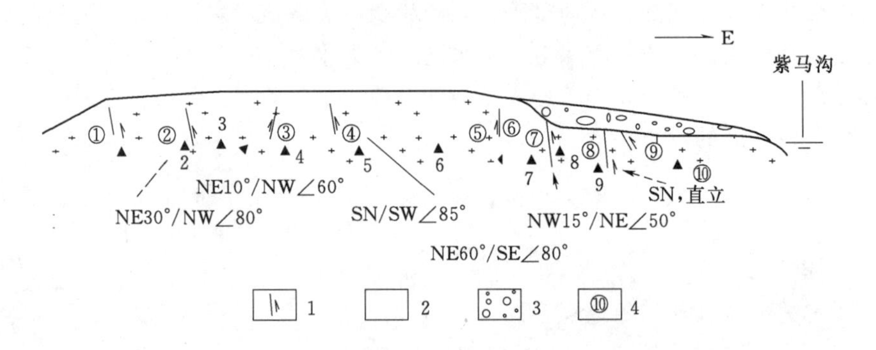

图 4.3-22　紫马沟 3 号支沟出露的安宁河断裂带剖面（D14）

1—压性结构面；2—花岗闪长岩；3—Ⅱ级阶地冲洪积砾石层；4—剖面号；
▲—采样点；①～⑩—DD14-1～DD14-10

动，显示断裂经历多期活动。漂砾石覆盖层原始沉积状态保存良好（图 4.3-24），未见有明显的扰动痕迹，显示Ⅱ级阶地的洪冲积漂砾石层形成以来，安宁河断裂带未活动或活动不强。该剖面的基本构造变形特征和穿越该地区的安宁河断裂带引水隧洞所示特征相同。

4.3.2.6　铁寨子断层主要剖面

铁寨子断层出露于南桠河中游左岸栗子坪—擦罗一带，以铁寨子为中心，向北延伸穿过南桠河经栗子坪、元根村、中卡、西冲、至擦罗附近与磨西断裂相交而终止。因孟获城—拖乌盆地第四系掩盖，铁寨子向南而无出露，可能沿盆地边缘延伸于拖乌西和安宁河东支断裂带相交而止，全长约 20km。铁寨子断层主要断于晋宁—澄江期岩浆岩中，在铁寨子附近该断层为震旦系辉长岩逆冲于三叠系上统白果湾组砂岩、页岩和炭质页岩夹煤地层之上；在栗子坪至中卡，多数地段地表可见花岗岩“逆掩”在

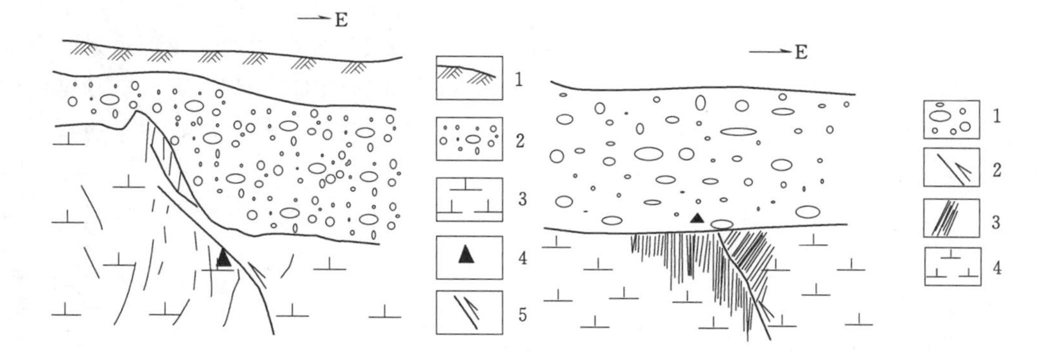

图 4.3-23　紫马沟 3 号支沟安宁河断裂带局部剖面

1—表层土；2—Ⅱ级阶地砾石层；3—花岗闪长岩；4—样品采集点位置；5—花岗闪长岩中压性断面

图 4.3-24　紫马沟 3 号支沟安宁河断裂带局部剖面 No.8

1—Ⅱ级阶地砾石层；2—花岗闪长岩中压性断面；3—挤压劈理密集带；4—花岗闪长岩

第四系下更新统昔格达组砂泥岩层上，显示其早更新世以后的活动特点。断层总体走向 NNE，倾向 NW，倾角 15°～32°。铁寨子断层规模不大，位于安宁河东支断裂东侧，属安宁河断裂带体系，其活动受安宁河断裂带整体活动控制。

1. 栗子坪姚河坝水电站库区剖面（D13）

最能反映和确定铁寨子断层最晚活动时代的地质剖面是姚河坝水电站库区左岸公路边的逆冲地层剖面。该地质剖面发育于南桠河Ⅱ级基座阶地，阶地基座为花岗岩和第四系下更新统昔格达组砂泥岩层，阶地拔河高度 20～26m。该剖面出露高度 4m 左右，断层以 30°低倾角，使晋宁期花岗岩“逆掩”于第四系下更新统昔格达砂岩层之上，断层走向 NE20°，倾向 NW（图 4.3-25）。断层剖面上部覆盖有 1m 至几米厚的河床相洪冲积漂砾石—砂层，覆盖层原始层位清楚，未受扰动，断面没有切入覆盖层。显示该断层活动以后，Ⅱ级阶地沉

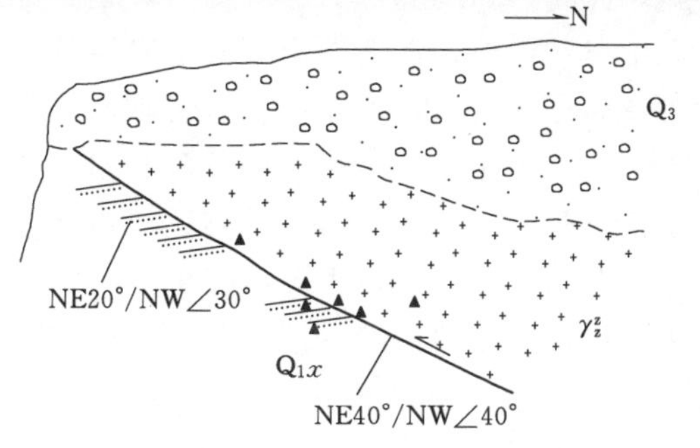

图 4.3-25　姚河坝库区左岸铁寨子断层剖面

1—花岗岩；2—砂泥岩互层；3—冲洪积砾石层；4—样品采集点位置；5—逆掩断层

积和形成至今没有明显的再活动，也就是说，根据此断层地质剖面，铁寨子断层最晚活动是在Ⅱ级阶地沉积和形成之前。覆盖层底部冲洪积层砂样的测年结果是距今(2.63±0.22)万年，因此，铁寨子断层最晚一次的活动时代是距今2.6万年以前，或者说，2.6万年Ⅱ级基座阶地沉积物沉积以来，铁寨子断层没有明显的再活动过。

另外，从断面影响来看，断层下盘昔格达层变形并不强烈，影响带也仅仅几厘米，并且偶见昔格达层被挤入花岗岩中，而挤入昔格达层构造片理也不发育，更无大构造变形，显示断裂作用是一个漫长的蠕滑过程。而花岗岩的强烈变形，显示的是早期的韧性变形的结果。

2. 元根村中卡沟剖面（D11）

在栗子坪至中卡，多数地段地表可见花岗岩“逆掩”在昔格达组砂泥岩层上，显示其早更新世以后活动特点。断层总体走向NNE，倾向NW，倾角15°～32°。在元根村中卡沟，见到早震旦纪花岗岩逆冲（掩）于昔格达组砂泥岩互层之上（图4.3-26），早震旦纪花岗岩岩脉片理发育，片理走向NE10°，倾向NW，倾角30°。花岗岩的破碎带由断层泥、碎粉岩、角砾岩、片状岩组成，宽约50m，影响带宽200～500m。在光荣沟沟口，逆冲于昔格达组上的花岗岩具有强烈的片理化，糜棱岩化，花岗岩中的基性岩、辉绿岩等也全部构造变质而形成灰绿色片岩、糜棱岩等。和上盘花岗岩构造变形形成强烈对照的是下盘昔格达层的构造变形不强，除在接触带有轻微的变形和偶尔发育破劈理而外，无特殊的构造现象。虽然昔格达地层有20°～30°，个别达40°～50°的倾斜，但总体完整。从断层直接接触带影响宽度来看，也仅仅几十厘米，而且，昔格达层被挤于花岗岩中，并形成相互交切和昔格达地层俘虏花岗岩的现象，但岩石变形并不强烈。因此，强烈的构造变形差异，可能反映了花岗岩过去的构造变形状态，早期的韧性剪切变形所致，现在看到的花岗岩和昔格达组的构造接触也许是一个缓慢的构造变动事件，而非突发的构造变动事件。

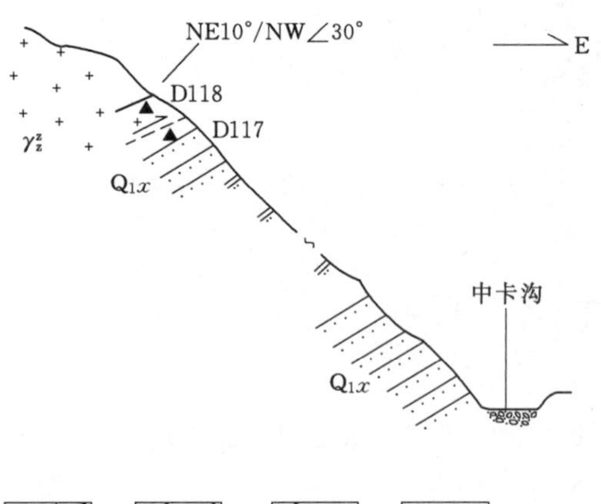

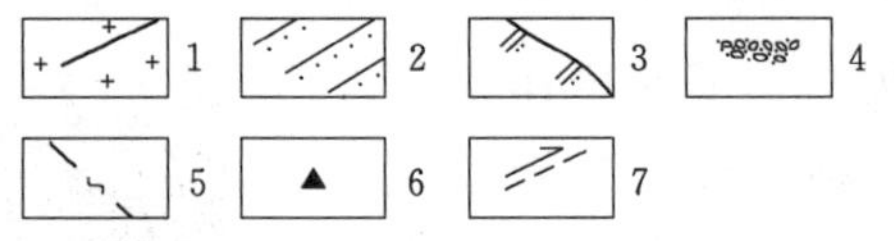

图4.3-26　中卡沟铁寨子断层剖面
1—花岗岩及岩脉；2—砂、黏土层；3—表层土；4—河床砾石；5—剖面简化；6—样品采集点位置；7—逆掩断层

剖面中昔格达组层理清楚，呈缓倾斜状态，完整而不破碎，黏土层中褶皱变形也很明显，显示长期而缓慢的掀斜作用而引起的变形过程。

从该断层新活动断面特征来看，断层下盘昔格达层变形并不强烈，影响带也仅仅几厘米，并且偶见昔格达层被挤入花岗岩中，而挤入昔格达层构造片理也不发育，更无大构造变形。昔格达层呈缓倾斜状态，完整而不破碎，黏土层中褶皱变形是明显的掀斜作用结果。因此，断裂作用和掀斜作用是一个漫长的蠕滑过程。而花岗岩的强烈变形，显示的是早期的韧性变形的结果。在铁寨子断裂及其附近，到目前为止，尚无破坏性地震发生和可信的相关遗迹存在，这样的事实也是和上述基本地震地质环境特点相适应的。

根据地层的切盖关系和变形特征，铁寨子断层主要活动时代为晚更新世，并以蠕滑活动为主。

4.3.2.7 野鸡洞探槽剖面复核

地貌上野鸡洞地区地处支流分水岭，地势相对开阔，呈波状起伏。支沟洪积扇发育，枯水期和洪水期的水流并非一致，随之而变的洪积物不仅形状各一，改变地形，而且往往在一些局部的相对平坦的地方，形成堰塞湖、积水洼地等。

野鸡洞地区地处安宁河断裂带内，处于安宁河断裂带中北段的交界地段。根据地质地貌特点，为研究安宁河断裂带冕宁以北段地质活动性和地震危险性，开挖了三个探槽。

1. 野鸡洞探槽复核剖面

剖面显示坡积的正常接触，无异常变形，相当于发现有古地震痕迹的④层覆盖于可能为构造断面上，但无可见的构造扰动（图 4.3-27）。

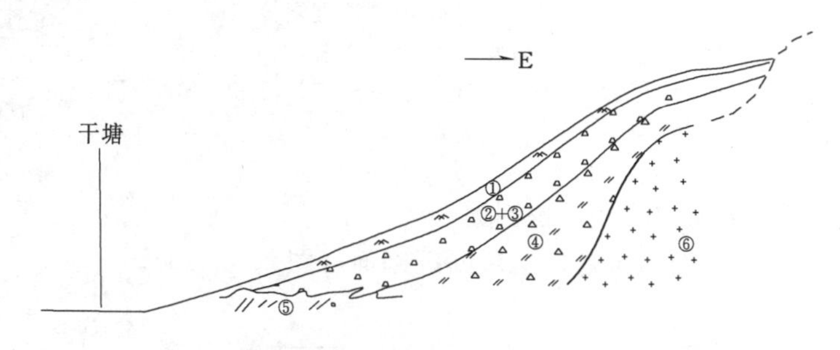

图 4.3-27 野鸡洞探槽复核剖面

①—表层土；②—黄色碎石层；③—黑色粉土夹碎石；④—碎石夹土；⑤—黄色粉质黏土；⑥—花岗岩

2. 野鸡洞探槽清理复核剖面

通过剖面的清理，剖面和照片显示的是坡积和湖相静水沉积交互相正常沉积（图 4.3-28）。坡积中包含的直径近 1m 三角形强风化孤石的周边为淋漓的泥沙所充填，泥沙成分相对均一，为后于孤石等坡积物的充填物（充填泥沙测年时代为距今 1.5 万年）。坡积层见不到任何断裂活动的痕迹。第四系地层与花岗闪长岩为沉积接触，无明显的构造变形和扰动。与第四系接触的花岗闪长岩面可能存在一个老的构造滑动面，其方向和安宁河断裂走向面基本相近，是湖塘边的古露头的侵蚀剥蚀面。如果存在构造活动，也是一个正向的拉张活动形式，也许是小相岭抬升过程中局部沿断裂拉张引起的沉积活动，这是一个漫长的地质过程，而非黏滑的突发事件。因此，该剖面未见古地震构造事件的遗迹。

4.3.2.8 冕宁石龙乡和平 2 组剖面

冕宁石龙乡和平 2 组公路边昔格达砾岩层中发育一系列近 SN/W∠80°左右断层

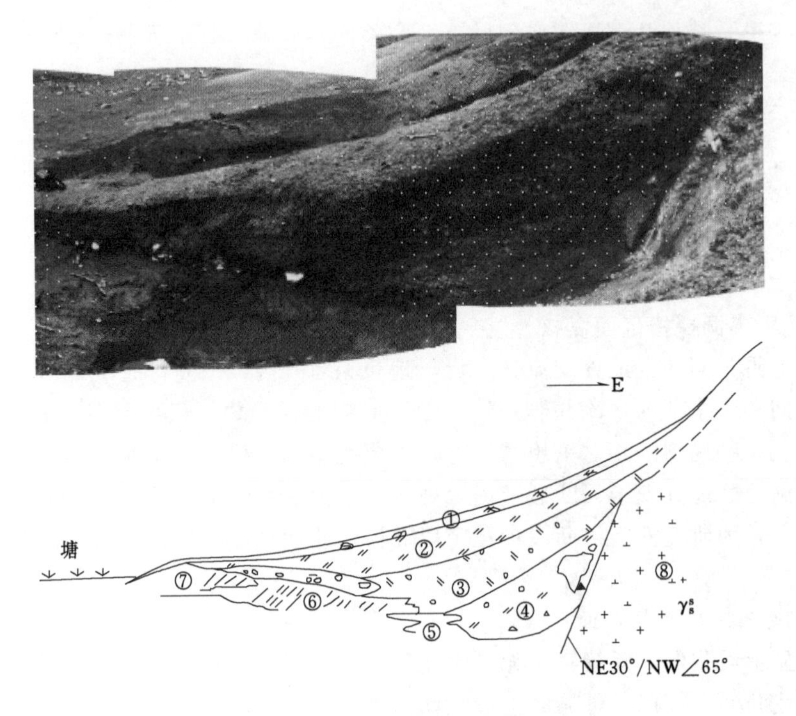

图 4.3-28　野鸡洞探槽清理复核剖面

①—表层土；②—黄色碎石层；③—黑色粉土夹碎石；④—碎石夹土；⑤—粉质黏土夹碎石；⑥—黄色粉质黏土；⑦—黏土；⑧—花岗岩

(图 4.3-29)。

4.3.2.9　冕宁石龙乡北沟口碾河桥剖面

冕宁石龙乡北沟口碾河桥昔格达层断层剖面（图 4.3-30）。

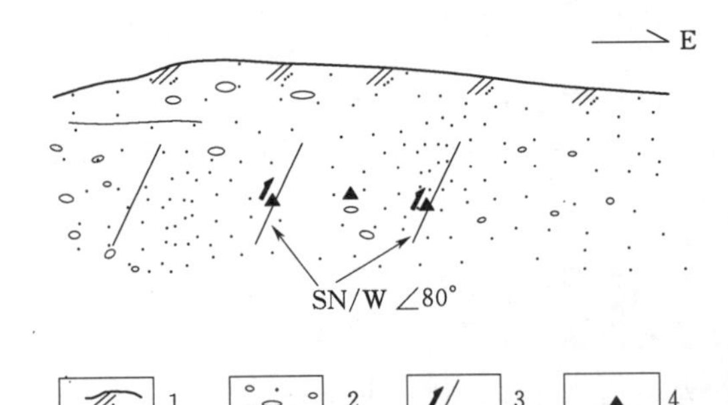

图 4.3-29　冕宁石龙乡和平 2 组附近发育昔格达组中压性剖面

1—表层土；2—昔格达组砾岩；3—断面；4—样品采集点位置

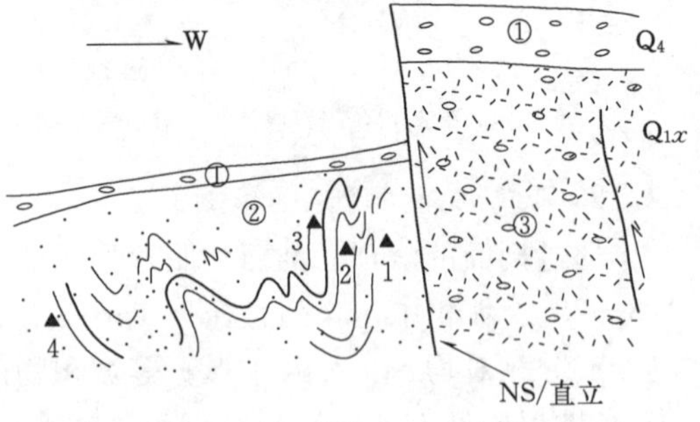

图 4.3-30　冕宁石龙乡北碾河桥昔格达层断层剖面

①—全新世砾石层；②—昔格达砂层及其揉褶；③—砾石层；▲采样位置和编号-1～4，样品编号 DD106-1～DD106-4

4.3.2.10　泸沽老鹰沟剖面

老鹰沟Ⅱ级阶地冲洪积层中逆冲断层，上盘砾石层有明显的变形（图 4.3-31），根据本地区Ⅱ级阶地物质形成时间为晚更新世晚期或末期（1.5万～2.0万年），阶地形成时间应在晚更新世末期—全新世早期，因此，此断错事件最大可能发生在全新世。

4.3.3 断裂带北段中段微观构造特征

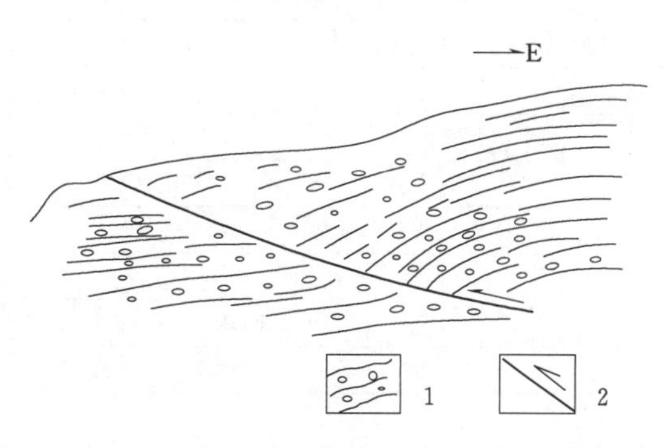

图4.3-31 泸沽老鹰沟Ⅱ级阶地断层剖面

1—冲洪积砾石层；2—逆掩断层

4.3.3.1 主干断裂微观构造特征

断裂构造的位错活动必然会留下其地质形迹，而断层构造岩（含断层泥），则是保留其遗迹的载体。由于断层物质是断层活动的直接产物，因此它必定记录并保留了有关断层活动期次、断层滑动方向、滑动性质和活动年代多种消息，提取这些信息以论证断层活动性，无疑是最重要的和最直接的途径之一。

断层活动具有黏滑和蠕滑两大类，蠕滑发生大地震的可能性较小，黏滑可能发生大地震。断层黏滑常常造成断层泥中矿物、碎屑随机分布，黏土矿物集合体呈膝折现象，断层面平直或锯齿状构造；扫描电镜下碎屑架空结构，团粒嵌镶结构，石英碎屑表面平直擦痕和撞击坑等。而断层蠕滑则使断层泥产生平缓褶皱，条状矿物定向排列，眼球状结构发育，流动构造明显；扫描电镜下呈现片片叠聚结构，颗粒定向排列，石英碎屑表面弯曲擦痕、研磨坑明显等。

1. 微观构造样品采集

为了研究分析和对比安宁河断裂带活动性，沿安宁河断裂带系统采集了显微构造分析标本，在室内进行显微构造分析，希望能够从中提供有关断层活动性的显微构造证据。

安宁河东支断裂走向近SN，断裂通过早震旦世石英闪长岩（δ_{o2}）和花岗岩（γ_2^2），断裂带内广泛发育糜棱岩、构造片岩、碎裂岩，构成数百米宽的挤压破碎带，在成群压性结构面上可见到近于水平的镜面擦痕，断裂总体向西陡倾。对断裂带中9个剖面进行系统采样，为了从微观方面探明该断裂的活动性特征，共采集岩石标本74块，其中有10块为定向样，样品概况见表4.3-2，室内对所有样品薄片进行了观察。

2. 分析结果

根据安宁河断裂各剖面断层泥中的显微构造特征（表4.3-3和表4.3-4），虽然各剖面断层泥微观特征各有所异，但它们可分为两大类，一是以黏滑为主的微结构特征，二是以蠕滑为主的微结构类型。安宁河断裂带野鸡洞以北主要以蠕滑为主，野鸡洞以南（即安宁河断裂带中段）既有蠕滑也有黏滑，但最新一次活动为黏滑。这个认识似乎和安宁河断裂宏观地震地质特点和古地震特征相一致，中段曾发生过5级以上地震5次，而北段地震小于5级的居多。

表 4.3-2　　样品概况一览表

编号	剖面位置	样品编号	采样数量（定向）	样品岩性
1	庙子坎	D10～D15	6（2）	页岩，千枚岩，灰岩
2	大坪子村	D90～D95	6（2）	大理岩，千枚岩，片岩
3	黑泥巴沟	D15.1～D15.3	3	砂岩，石英岩
4	紫马垮村北	D16.1～3	3	片岩，糜棱岩
5	3号支沟	D14.1～10	23（5）	糜棱岩，构造片岩
6	栗子坪水电站引水隧洞	D246～892	16	糜棱岩，构造片岩
7	野鸡洞	AYT2.1～3	3（1）	花岗岩
8	冕宁	DD105.1～DD105.6	6	断层泥
9	石龙乡	DD106.1～DD106.4	4	断层泥

表 4.3-3　　安宁河断裂断层泥 SEM 主要特征及断层活动方式

剖面名称	主要特征	断层活动方式
北↑野鸡洞	片一片定向叠聚结构，粒状架空结构，颗粒定向结构，石英碎屑表面弯曲擦痕，研磨坑，裂而不破特征，浅橘皮状结构，深橘皮状结构，鳞片状结构	蠕滑兼有黏滑，以蠕滑为主
野鸡洞↓南	团粒镶嵌结构，粒状架空接触，颗粒随机分布，片一片定向叠聚结构，石英碎屑表面平直擦痕，撞击坑，橘皮状结构，鳞片状结构，浅橘皮状结构	黏滑兼有蠕滑，以黏滑为主

注　部分资料据徐叶帮（1988）。

表 4.3-4　　安宁河断裂带断层泥特征和断层活动方式

剖面名称	显微镜下特征	断层活动方式
3号支沟	糜棱岩，石英拉长，波状消光，发育叠瓦式结构，缝合线结构，流动条带状结构，滑动面沿片理发育，石英拉长率1∶2～1∶3	蠕滑兼有黏滑，以蠕滑为主
栗子坪水电站引水隧洞	石英微裂隙发育，方解石发育两组机械双晶，S构造发育，滑动面沿片理方向，石英拉长率1∶4～1∶8，差异应力约25.6MPa	蠕滑兼黏滑，黏滑强度不大，以蠕滑为主
野鸡洞	断层岩强烈破碎，花岗岩碎斑有定向趋势	黏滑兼有蠕滑，以黏滑为主，最新活动年代1.5万年以前
紫马垮	糜棱岩，石英拉长为条带状，斜长石发育扭折，滑动面沿片理方向发育，石英拉长率为1∶3～1∶6	以蠕滑为主
大坪子村	眼球状构造发育，方解石发育机械双晶，体晶岩微裂隙发育，微滑动面沿片理方向发育，古差异应力为78MPa	以蠕滑为主
黑泥巴沟	应变滑劈理发育，不同活动期次叶理叠加构造明显，断层裂隙中充填的石英脉初糜棱岩化	断层活动时代较老韧性剪切，缓慢滑动
冕宁石龙乡	石英拉长，定向排列，拉长的石英强烈破碎，新生绢云母随机分布，黏土矿物集合体呈膝折状，断层平直或锯齿状，断层泥强烈褶皱	以黏滑为主，兼有蠕滑，最新活动为黏滑

4.3.3.2　铁寨子断层微观构造特征

1. 微观构造样品采集

为了探查铁寨子断层的活动性，在主要断层带附近采集了一系列的标本，在室内进行显微构造研究，并对该断层的活动性进行讨论。野外在该断层的两个剖面共采集岩石标本15块，具体采样情况见表4.3-5，在室内对所有的标本的薄片都进行了镜下观察。

表 4.3-5　　采样情况一览表

剖面位置	标本编号（定向）	采样数量	标本岩性
姚河坝库区左岸	D114	1	片理化砂岩
	D114 1-5	5	片理化砂岩或花岗岩
	D115	1	细砂岩
	D116	1	粗砂岩
	D117A、B	2	初糜棱化花岗岩
元根村	D117	2	细砂岩
	D118A、B	2	花岗岩
	D119	2	片理化辉绿岩脉

2. 分析结果

（1）姚河坝库区左岸铁寨子断层剖面。此剖面断面上盘为花岗岩，断面下盘为昔格达组砂岩，砂岩层理清晰，走向 NE，倾向 NW，倾角 30°。断面处可见由于断层活动而形成的片理化砂岩，片理带宽约 10cm，片理带中夹有花岗岩透镜体，断层面平直，断层走向 NE，倾向 NW，倾角 45°。断层上盘花岗岩的裂隙中充填有砂岩、花岗岩中的张裂隙与断层面的斜交方向显示断层活动主要是逆冲滑动，该断层没有错断上覆盖的第四系河流冲积物。在此剖面上采样 9 个。D115 为细砂岩，距断层面约 15cm；D116 为粗砂岩，距断层面约 30cm。D117A 为花岗岩，距断层面约 10cm；D114-2 为断层泥厚约 2cm。镜下观察结果示于表 4.3-6。

表 4.3-6　　姚河坝库区左岸铁寨子断层构造变形微观特征

标本号（定向）	变形特征	反映断裂活动性质
D114 D114-2、4	变形较均匀，不同颜色的断层泥呈条带状，显示为碎裂流动特征，条带近于平行断层面。在浅色断层泥中，长条状矿物沿倾滑方向定向排列。这是一种较慢速率构造活动产生的一种变形特征。断层泥与砂岩接触处，粒度明显变细，砂岩边部碎斑定向排列，顺断层面方向发育一系列近于平行的微断面	较慢速率构造活动
D117A、B	初糜棱化花岗岩，平行皱纹构造（叠加劈理），早期片理被与之近于垂直的劈理所切割，沿晚期劈理面出现微小位错。并牵动早期片理发生扭曲，形成平行皱纹构造，显示后期劈理面为左旋滑动。该样品中，由于沿叶理面反时针扭曲，使早期的云母发生反 S 形塑性变形，石英压扁拉长十分明显，其拉长率为 1∶15～1∶9，具强烈定向构造，同时石英条带也显示反 S 扭曲	后期劈理面为左旋滑动
在 114-1	石英重结晶，早期与断层近于平行的微断层裂隙中，充填粒度较细的断层泥，该微断层被与之斜交的另一组裂隙所切穿，最新一组的断层错断前二期裂隙表明该样品至少经历了 3 次构造活动，且断层泥中，显示流动构造，这是一种较缓慢构造活动形式的断层泥特征	较缓慢构造活动
样 114-3、5	碎裂花岗岩，强烈破碎，石英、长石波状消光，局部碎斑定向排列（照 10），长条状碎斑长轴与断面斜交，它显示了断层为一种逆冲滑动。同时在断层上盘花岗岩的凹处，有砂岩嵌入，砂岩中的长条状矿物展布，表明砂岩为缓慢挤入	缓慢逆冲滑动
D115、D116	砂岩，碎屑随机分布，未见变形迹象	

（2）元根村剖面。此剖面断层上盘为花岗岩，花岗岩中有强烈片理化的辉绿岩脉，走向 NE，倾向 W，倾角 30°。下盘为昔格达组砂岩，砂岩层理清晰，昔格达砂

岩层理走向 SN，倾向 W，倾角 70°，该断层为推测断层，在此剖面采样 3 个，D117 砂岩，距断层约 2m；D118 花岗岩，距断层约 2m；D119 片理化辉绿岩脉，宽 20cm。观测结果见表4.3－7。

表 4.3－7　元根村铁寨子断层构造变形微观特征

标本号（定向）	变 形 特 征	反映断裂活动性质
D117	为黏土质砂岩，绢云母定向排列方向与层理一致，未见变形迹象	
D118A、B	初糜棱化花岗岩，长石、石英波状消光，部分区域糜棱岩化，糜棱岩形成后，再次发生构造活动，其形成的裂隙中充填有糜棱岩物质。同时，又出现细小重结晶物质，这表明此次断层活动发生在地壳较深的部位。之后断层再次活动，新裂隙将充填物与基岩同时贯穿，样品中无论石英还是长石都产生强烈的穿晶破裂，表明样品受力较强	早期深部韧性剪切变形
D119	片理化辉绿岩脉，已强烈绢云母绿泥石化，石英集合呈条带状，表明片理形成在地壳较深部位。由绢云母、绿泥石和石英组成的构造片岩，受到侧向挤压力的作用，褶曲成小皱纹，在褶曲强烈部位出现波状消光，同时粒状矿物也相对集中	早期深部韧性剪切变形

3. 断层形成的条件

对糜棱化花岗岩的重结晶石英颗粒粒度进行测量，按 Twiss(1997) 提出的经验公式

$$\Delta\delta=6030D^{-0.68}$$

计算，这里 D 为重结晶石英粒径，得出铁寨子断层上盘花岗岩剪切滑动的差异应力值为 42.5～92.3MPa（表 4.3－8）。

表 4.3－8　由重结晶的石英颗粒所估算的差异应力值

序号	断层剖面标本号	岩石名称	平均粒径/μm	Δδ/MPa
1	姚河坝库区左岸	初糜棱花岗岩	42.56	50.1
2		初糜棱花岗岩	52.4	45.3
3	元根村	初糜棱花岗岩	31.5	61.0
4	元根村	初糜棱化花岗岩	17.8	92.3

4. 断层滑动特征和性质

从栗子坪电站厂区公路边剖面的定向样品来看，断层上盘花岗岩微裂隙的方向与断层滑动面的夹角显示断层为逆冲滑动，而花岗岩中宏观裂隙和强烈叶理化的断层泥的叶理方向也同样反映了断层的逆冲滑动。样品中流动条带状断层泥和砂岩边部长条状矿物和碎斑的定向排列是断层缓慢滑动的结果，从剖面样品 D115、D116 和 D117 看，它们距断层面分别为 15cm、30cm 和 200cm，这 3 个样品中碎屑随机分布，未发现变形迹象，表明该断层活动性不强。

5. 断层活动的期次和年代

断层上盘为初糜棱化花岗岩，表明花岗岩在深部由于构造活动而糜棱岩化，抬升之后断层再次活动，早期的糜棱岩充填在新的裂隙中，同时裂隙中物质又有新的重结晶物质，表明这两期活动都发生在地壳以下 10km 脆—韧性转换带，之后断层再次活动，使花岗岩强烈破碎，新的裂隙将已充填断层泥裂隙切割，未出现石英重结晶，表断层活动较弱。由于该断层上覆盖的未受断层影响的沉积物热释光年龄为 2.6 万年，

因此之后断层未再活动。花岗岩曾在地壳 10km 以下差异应力 42.5～92.3MPa 条件下发生塑性变形，抬升之后在 2.6 万年之前，又发生了多次活动，最新活动以蠕滑为主，但强度不大，总之该断层活动具有一定的继承性。

6. 小结

根据铁寨子断层构造样品微观分析可以得到如下一些认识：

(1) 断层泥强烈片理化，说明断层以缓慢运动为主，同时由于在距断层面 15cm、30cm 或 2m 处的砂岩，没有变形迹象，说明铁寨子断层活动较弱。

(2) 断层上盘的花岗岩，强变形带与弱变形带常呈过渡关系，从强变形带到透镜状弱变形带，构造残斑粒径由细变粗，含量由少到多，糜棱叶理也有变弱的趋势。野外观察，在总体上变形很强的条带状区域中，也往往存在一些变形相对较弱的透镜状窄带。同样在总体变形较弱的透镜状弱带区域中，也存在局部的变形很强变形带，这些细条带从 2～50cm 宽，这种强弱变形带相互包容现象，是由于断层多期活动或变形分解所致，它反映了断层活动的复杂性。

(3) 野外观察没有发现断层活动造成的断层岩变形，从弱到强的对称变形序列，即一个统一的变形中心和大的滑动面，只有一些较小断层和劈理面，发生剪切时似乎存在多个变形中心和剪切滑动面，而且作为滑动面的常是岩性不同的岩性界面，有些滑动面是基性岩脉，从宽几百米的花岗岩发生强烈破碎来看，这种破碎似乎不是铁寨子断层造成的，反映的是古老的侵入岩体早期构造活动的结果。

4.3.4 安宁河断裂带分段活动性特征

安宁河断裂带处于康滇地轴的轴部，为本地区 SN 向断裂带主体，属边界性质的深大断裂带。断裂带分为东、西两支平行展布，东支是主干断裂，新活动性较强，而西支则较弱。根据其地震地质特点和其所处的地质地震环境，分为北、中、南三段。其中以中段（冕宁—西昌）的规模最大，新活动性最强，晚更新世—全新世新构造活动显著，属全新世活动断裂带；南段（西昌—会理）和北段（安顺场—冕宁）地质地震活动相对较弱。以下重点归纳邻近大渡河中游的安宁河断裂带北段活动性特征。

北段（安顺场—冕宁）以东支断裂为主体，呈弧形由南向北延伸。由于地处隆起的基岩山区，仅仅在断裂带的东侧局部地区发育有仅几十米至一二百米厚不等的第三纪晚期—早更新世昔格达层，在断裂带两侧形成的规模较小的单侧断陷盆地沉积，中晚更新世，在隆起主体抬升的背景下，基本上不控制中晚更新世盆地沉积，显示北段隆起区的安宁河断裂带伴随隆起区的上升幅度，已远远超过同时期断裂带断陷幅度（百余米）。

北段沿断裂带虽然在地貌上也显示了垭口、槽谷等形态的发育，但主要反映安宁河大致沿东支断裂穿行于高山深谷的断层河谷（非断层活动）地貌，是伴随整体新构造运动的长期结果。从断裂带分别通过田坪、麂子坪几处的晚更新世晚期冲洪积台地沉积物皆未发生变形，说明该段断裂带晚更新世晚期以来的地质活动不强。另外，从安宁河断裂带两侧盆地揭示的，如冶勒盆地的晚更新世几百米保持原始缓倾上游状态的地层、孟获城盆地晚更新世保持水平状态的地层等，迄今未发现断裂构造和新活动的形迹，也显示该地区晚更新世晚期以来新活动处于相对低水平的状态。与其相适应，该安宁河断裂带北段地区，现代地震活动强度也是明显降低，基本上以中小地震和微震活动为主，偶尔也发生6级以下的破坏性地震，如1989年石棉西北5.0级地震。现代位移观测也显示较低量级（0.2mm/a）活动值。

根据断裂带北段地震地质剖面特点和相关测年分析，无可信的证据显示，安宁河断裂带东支断裂北段具有明显的、强烈的全新世断错活动和存在明显的全新世古地震断错事件。相对可信的古地震断错的事件剖面，反映其主要断错活动发生在晚更新世晚期。北段沿断裂带在地貌上显示的一些活动信息，是以整体抬升为主、差异活动不强的活动结果。东支断裂断面上覆Ⅰ级、Ⅱ级阶地未见明显的变形，反映全新世活动不强，具缓慢、蠕动特点。北段断裂带强烈动力蚀变，形成绿泥石和绿帘石等组构的片状岩，挤压错动明显，紧密，多垂直擦痕，少水平擦痕，水平活动不强烈，不明显，显示强烈挤压逆错运动为主特点。而冕宁安宁河断裂带中段东支断裂，在地质、地貌上显示有较多的全新世断错活动的迹象和证据。

断裂带北段这一基本特征也是和该地区现代地震活动以中小地震为主、相对位移较小量值和水平垂直活动量值相当的事实相匹配的。

表4.3-9概述安宁河断裂带东支分段活动性特征。

表4.3-9　　安宁河断裂带东支分段活动性特征

特点	安宁河断裂带		
	北段	中段	南段
起讫	安顺场至彝海野鸡洞	彝海野鸡洞至黄连关	黄连关至会理以南
长度/km	约80	约120	约150
展布	东支为主，单条，呈微微向东凸的弧形，连续出露分布	东、西两支，平行展布，沿安宁河宽谷盆地发育，时隐时现分布。总体走向近南北	东、西两支，平行展布，沿安宁河宽谷盆地发育，德昌以南，断裂带展布
地貌环境	新构造差异运动不明显强烈隆升山区内	新构造差异运动和全新世断裂活动明显安宁河宽裂陷盆地边缘（界）	整体抬升（除西昌—德昌段有局部断陷外）隆升基岩山地
前第四纪活动	上古时代为印支古陆内部的一条断裂	多期岩浆活动的主要通道。自震旦纪以来严格控制两侧的地质发展。上古时代直接成为印支古陆东侧断陷盆地的边界	除德昌以北，基本上为印支古陆内的断裂
新地质活动	基本上处于隆起区，不直接控制早更新统几十米至一二百米厚度不等的昔格达层和断裂带两侧单侧断陷盆地沉积。安宁河断裂带伴随隆起区的上升幅度远远超过同时期南段安宁河断裂带断陷幅度。晚更新世冲洪积台地沉积物皆未发生变形，从安宁河断裂带两侧盆地几百米的晚更新世沉积保持原始状态或水平状态，迄今未发现确切的断裂构造和新活动的形迹	东西两支断裂控制，第四纪多次深断陷，断陷堆积厚度达1500m；晚更新世继续断陷沉积达数十米至百余米。断陷谷两侧差异活动明显，两岸阶地不对称，下更新统出露高差达400m，古河谷较现代河谷高出200～400m。多处地区频频出现昔格达层的构造变形（断裂和褶皱）和逆冲断层断错昔格达层和其以后的晚更新世以致全新世地层	经晚更新世至全新世的连续和强烈的活动的北西向则木河断裂带的截阻和能量转移及南部整体隆起，晚第四纪地质活动表现微弱，断层两侧无差异活动

续表

特点	安宁河断裂带		
	北段	中段	南段
活动性质	以倾向、蠕滑为主	水平和垂直滑动，以黏性滑动为主	
最晚断错活动时代	晚更新世	全新世	
地震活动	现代地震活动强度明显降低，基本上以中小地震和微震活动为主，无大于6级破坏性地震	地震活动最为活跃地段，先后发生6级以上地震6次，最大为7½级	现今地震活动也很微弱，表现为一些零星的小震活动

4.3.5 安宁河断裂带北段和鲜水河断裂带南东段活动性环境基本认识

鲜水河断裂带和安宁河断裂带，自西北段炉霍侏倭附近至西昌东南则木河断裂带相接，构成我国西部、边界地震活动强烈的川滇菱形块体的东北部和东部的边界段。但在全长约500～600km的行程地段中，西北段炉霍—康定段、南段冕宁—西昌—则木河段与其间中段（磨西断裂带南段和安宁河断裂带北段复合部位），表现在地震活动的频度和强度、现代地壳形变量级两个现代地壳构造活动的基本特征方面的明显差异，显示该边界地震构造带的活动性的分段性。和这一基本地震地质环境相对应，作为边界地震构造活动带的主要组成部分，活动断裂，在活动强度和最晚活动时代方面也显示明显的差异。

作为同一的边界，之所以有如此明显的差异，主要原因概括有三点：

（1）新构造活动的方式差异，伴随西部贡嘎山强烈抬升，中段地处整体隆起、河流深切的高山峡谷区，差异地壳活动不明显；西北段和南段地处宽谷、显示隆起和裂陷的强烈差异地区。

（2）断裂展布结构差异，西北段鲜水河断裂带和安宁河断裂带南段和则木河断裂带断裂展布结构相对简单，由一条至几条平行断裂组成。中段自磨西向南的地段，断裂分岔散开，呈扫把状，使该地区两条主要断裂带，磨西断裂带和安宁河断裂带北段，也仅仅是其中之一，毋庸置疑，其作用显然也相应下降。

（3）区域构造应力场和断裂带受力状态差异，由于印度洋板块向欧亚板块NNE方向顶撞俯冲，强大的水平挤压，导致西藏高原的隆起和向东推挤，并形成一系列向NE突出的弧形构造。鲜水河断裂带和安宁河断裂带为青藏块体内部川滇菱形块体弧形运动边界，并呈左旋走滑运动。近东西向的构造压应力场，和其压应力方向呈较小角度的北西向的鲜水河断裂带处于明显的剪应力状态，极易形成剪切走滑运动。南段，同样由于印度洋板块向欧亚板块NNE方向顶撞俯冲产生的辐射构造应力场和川滇菱形块体向SSE的楔入，导致在冕宁西昌地区的NW向的压应力场，而使安宁河断裂带中段和则木河断裂带处于和压应力呈相对较小夹角剪应力状态。而弧形突出的近SN向的磨西断裂带南段和安宁河断裂带北段，与近EW向压应力呈近直角相交，处于压应力状态，走滑运动受到一定的限制，特别是伴随西部贡嘎山强烈隆起而整体抬升，以散开的、相对大的范围的多组的断裂消耗和分散能量，导致该段磨西断裂带和安宁河断裂带的地震地质活动的减弱。

因此，从地震地质构造环境角度，地处大渡河中游地区的磨西断裂带和安宁河断裂带北段的地震地质活动的相对减弱，也是顺理成章的。从这个角度，值得欣慰的是，大自然不仅给人类鬼斧神工地造就了美丽的贡嘎雪山和纬度最低的大陆冰川，造就了断裂扇形展布的特殊地块体和特殊的受力状态，同时造就的是水能资源丰富的高山峡谷处于相对低的地震地质活动环境。在工程区域稳定性的评价中，充分利用和适应这一基本地震地质环境特点，作为水电站工程抗震设防的基础，可以获得工程的安全和经济两个方面的效益。

4.4 龙门山断裂带南西段——二郎山断裂

研究区东北部为龙门山断裂带的南西段，接近断裂带的南西端部。主要由龙门山主中央断裂（北川—映秀断裂向南西延伸段称五龙—盐井断裂）南西段即二郎山断裂组成。

二郎山断裂为龙门山主中央断裂带五龙—盐井断裂的南西延伸部分，自天全雅雀河向SW方向延伸经昂州河以南，穿越马鞍山、照壁山、二郎山，终止于冷碛镇以西的铁索桥附近，长约57km。该断裂总体产状N20°E/NW（或SE）∠50°～75°，断于晋宁—澄江期花岗岩及早震旦世火山岩和古、中生界地层之间。

在天全团牛坪，断层破碎带中所采集的断层泥经热释光（TL）法测定，其最新一次活动时间为距今（26.76±2.11）万年；SEM法鉴定结果表明断裂主要活动时期在中更新世末期，黏滑运动方式。

在门坎山石杠子沟东约200m冲沟内，该断裂断于晋宁期钾长花岗岩与奥陶系巧家组灰岩夹页岩地层之间，断层破碎带宽7～8m。于破碎带中采集断层泥经TL法测定，其最新一次活动时间为距今（18.22±1.35）万年。

在二郎山垭口SW 500m公路边，泥盆系下统甘溪组砂岩逆冲在泥盆系中下统养马坝组泥灰岩夹页岩地层之上。断层破碎带宽约10m，显示压性特征，断层产状N15°E/NW∠60°。于破碎带中采集断层泥经热释光（TL）测定，其最新一次活动时间为距今（24.52±1.77）万年；SEM法鉴定结果表明该断裂主要活动时期在中更新世中晚期，黏滑运动方式为主，少量蠕滑。

在川藏公路二郎山隧道口西凉风顶，该断裂断于三叠系上统须家河组页岩、砂岩、砾岩、碳质页岩夹煤系地层之间，断层性质逆冲兼右旋走滑。断层破碎带宽约100m，其内发育多条断层，断层面处碎粉岩、断层角砾岩，断层透镜体发育，紧贴断面处有厚约5cm的灰黑色断层泥，取ESR样品，未能测出年龄，从其性状分析，形成时代应在晚更新世之前。

在潘沟（图4.4-1），该断裂断于泥盆系页岩、砂岩、白云岩地层之内，断层性质逆冲兼右旋走滑。断层破碎带宽约1.2m，由断层碎裂岩、断层角砾岩、断层透镜体和断层泥组成，顺断层面呈条带状分布，显示出了断层多期活动特征。在紧贴断面处取断层泥 ESR 样品，测定年龄为（43.5±4.3）万年，表明该断层最新活动时期在中更新世中期。

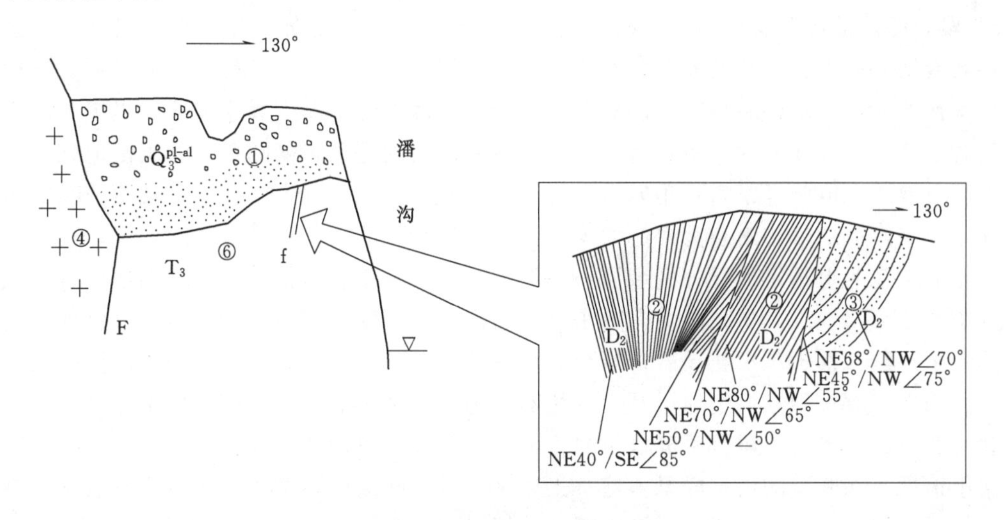

图 4.4-1 潘沟二郎山断裂剖面图

①—晚更新世砂、砾石；②—三叠系片岩；③—三叠系砂岩；④—花岗岩
D_2—中泥盆系；F—二郎山主断裂；f—次级断裂

在冷碛以北，该断裂发育于灰白色晋宁期花岗岩内，断层面呈波状弯曲，具有明显的逆冲运动特征。断层破碎带宽约 50cm，由碎粉岩、挤压片理和灰绿、浅黄色泥层带组成，压性特征明显。剖面上未发现新的断层错动面，断层结构面特征老化，不存在断层晚第四纪活动迹象。

在冷碛附近，该断裂发育于晋宁期花岗岩内，主断面上的断层泥经 SEM 法鉴定，其主要活动期在中更新世晚期，黏滑运动方式为主，少量蠕滑。在凉风顶道班附近，于断层破碎带中采集的断层泥经 TL 法测定，其最新一次活动时间为距今（15.49±1.13）万年。两个测龄数据协调一致，表明该断裂段为中更新世活动断层。

据地表调查和地震资料，龙门山主中央断裂南西端——二郎山断裂无断错地貌现象和强震活动发生；多组、多种测龄数据表明，该断裂活动地质年代为中更新世。综合分析研究认为，二郎山断裂属中更新世活动断裂。

4.5 金坪断裂

金坪断裂北起大渡河右岸的泸定县杵坭乡的大坪，向 SE 方向延伸，在杵坭乡—瓦斯营盘一带，基本上沿大渡河延伸，然后在大渡河左岸的冷碛镇佛耳崖出现，由佛耳崖向 SE 方向经泸定县兴隆、金坪、蛮抓林、果木塘至汉源县的火厂坝、大树以南，总长约 68km。

金坪断裂在平面上线形特征比较明显，总体上呈 NW—SE 走向，但在走向上呈波状起伏变化，断裂总体向南西倾斜。断裂面的倾角在其走向延伸的不同部位存在变化，在断裂的北西端泸定县杵坭乡的大坪，断层面倾角较陡，向 SE 至冷碛镇的佛耳崖，断层倾角变缓，倾角变化范围在 28°～35°；从佛耳崖的 SE，金坪断裂的中段和 SE 段，断层面倾角有由中等—缓的变化。由于金坪断裂延伸较远，在不同部位，金坪断裂切割的上、下盘的地层各不相同。在断裂的北西端泸定县杵坭乡的大坪、杵坭乡—瓦斯营盘一带，断裂南西侧的上盘为康滇地轴上的下元古界康定群咱里组斜长角闪岩、晋宁—澄江期混合质花岗岩、钾长花岗岩；断裂北东侧的下盘为康滇地轴上的下元古界康定群咱里组斜长角闪岩、晋宁—澄江期花岗闪长岩。在泸定县冷碛镇的佛耳崖—兴隆乡一带，断裂南西侧的上盘为康滇地轴上的晋宁—澄江期闪长岩；断裂北东侧的下盘为上扬子地层分区峨眉—成都小区的奥陶系、志留系、泥盆系地层及上三叠统须家河组地层。从兴隆乡向南东至鸡冠山一带，断裂南西侧的上盘为康滇地轴上的晋宁—澄江期黄草山花岗岩；断裂北东侧的下盘主要为上扬子地层分区峨眉—成都小区的上三叠统须家河组地层及部分侏罗系地层。从鸡冠山向南东至果木塘一带，断裂南西侧的上盘为下震旦系苏雄组的火山岩；断裂北东侧的下盘主要为上三叠统须家河组地层。在断裂的南东段果木塘—火厂坝一带，断裂南西侧的上盘为下震旦统苏雄组的火山岩；断裂北东侧的下盘主要为上震旦统灯影组。

在佛耳崖佛音亭公路隧道南口上方见断裂出露于奥陶系下统红石崖组砂岩、泥质灰岩与元古代闪长岩接触带。断裂产状 N40°W，直立，呈压性。破碎带宽度约 30cm。断裂上覆第四系砂砾石，拔河高度约 30m，构成相当于Ⅲ级阶地（图 4.5-1）。阶地稳定，和断层接触砂层平稳，无任何扰动现象，显示该断裂晚更新世早期以来没有明显断错活动。

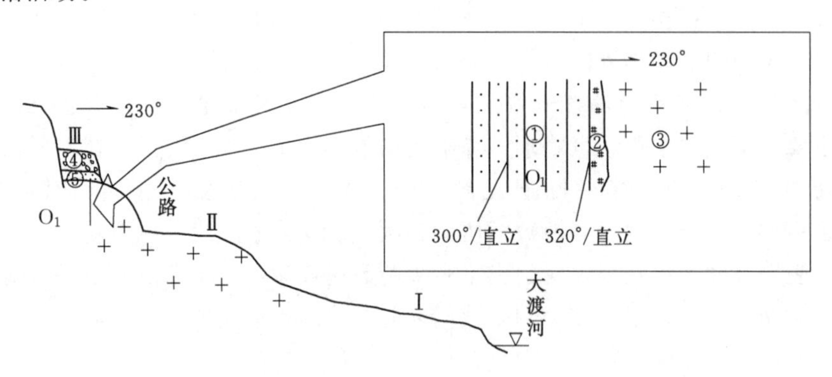

图 4.5-1　佛耳崖佛音亭公路隧道南口金坪断裂剖面

①—奥陶系下统红石崖组砂岩、泥质灰岩；②—断裂破碎带；③—元古代闪长岩；④—第四系冲洪积砾石层；⑤—第四系中粗砂层

在汉源火厂坝北，该断裂被一晚更新世洪积扇覆盖，基岩破碎带可见宽度在 20m，但上覆洪积扇未变形。此外断裂在瓦斯营盘、火厂坝、大树等附近所穿过的大渡河阶地均未产生变形，也未在新沉积物中形成新断层。

在汉源县大树乡南王家田西侧冲沟中，见该断裂发育于震旦纪上统灯影组灰岩中（图 4.5-2）。断层走向 N20°W，倾向 NE，倾角 60°。断层破碎带宽大于 40m，显压性特征。根据断层两侧地层的展布和断面上擦痕判定，断层具左旋斜冲特征。在断层

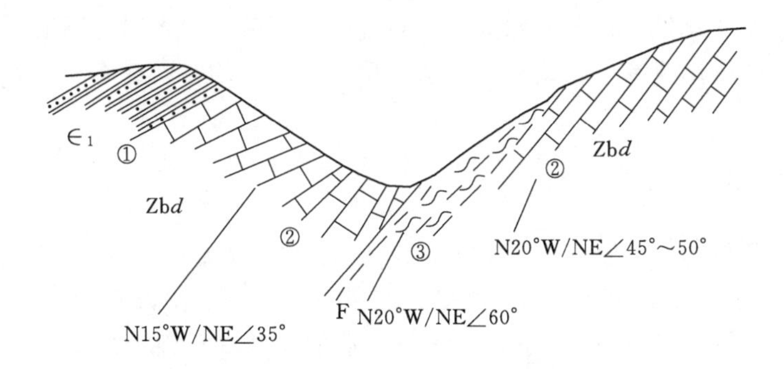

图 4.5-2　汉源王家田附近金坪断裂剖面图

①—寒武系下统砂页岩；②—震旦系上统灯影组灰岩；③—断层破碎带

挤压破碎带中发育多条平行于主断面的次级断层。

金坪断裂带石英形貌类型简单，强侵蚀类型的锅穴状、珊瑚状占 8.1%，中等侵蚀类型的橘皮状占 59.5%，中等—浅侵蚀类型的占 16.2%，浅侵蚀类型的次贝壳状占 13.5%，贝壳状侵蚀类型的占 2.7%，显示金坪断裂的活动时期可能在早更新世—中更新世。综上所述，金坪断裂带属早、中更新世活动断裂。

4.6　断裂带现代形变速率

4.6.1　现代形变观测方法

从 20 世纪 70 年代开始，国家地震局地质研究所、四川省地震部门在鲜水河断裂带、安宁河断裂带、龙门山断裂带等主要活动断裂带上陆续布设了精密水准测量网、激光测距网、跨断层短基线、短水准、连续蠕变观测测点等，并定期进行复测。80 年代末国家地震局地震研究所等多家单位又在该区相继实验性地布设了不同规模和不同复测周期的区域 GPS 观测网。特别是自 1998 年国家大型科学工程“中国地壳运动观测网络”的实施，和 1999 年开始的国家重点基础研究发展规划“大陆强震机理与预测”项目在川滇地区进行了 GPS 加密观测，给出了该区高精度的地壳形变场，积累了近 30 年的通过不同测量手段所获得的研究区地壳形变资料。

根据专题研究《鲜水河、安宁河、龙门山断裂带地壳形变测量及其现今活动性分析》，选取近 20 年来时段跨断层形变测量资料。跨断层形变测量监测到的是断层两盘的相对位移，而不是两侧块体的变形（车兆宏等，2001）。野外测量所获取的观测数据，既包含断层的构造运动信息，也包含了非构造因素的环境因子信息，比较突出的有季节变化、气象等因素导致的周期性变化。因此，应在侧重于展示原始资料的基础上采用一定的数学方法，剔除非构造活动的周期性变化，以提取构造运动信息。吕弋培等（2002）对资料进行三次样条插值、三次样条拟合、消除年周变、低通滤波、一阶差分等数学分析方法的处理，并计算测区各断层的水平和垂直向运动量，以充分展示资料的整体变化形态。对于各断裂带扭动量的计算，利用一阶差分法计算出的各场地的高差和长度变化量，根据场地测线与断层的几何关系，求出各场地断层垂直向错动速率和水平向扭动速率。在此基础上求出相应断裂带的错动速率和扭动速率，整体反映断裂带的活动水平。

4.6.2 现代形变观测成果

沿鲜水河断裂的侏倭至安顺场共计布设 11 个测量测点（其中虾拉沱为固定测量测点），资料显示的断裂带活动水平为中、北段较高，中、南段较低[11]。近 20 年来，该断裂带的运动图像几乎不变（图 4.6-1），水平运动以左旋走滑为主，运动速率高速区达 3.8mm/a（虾拉沱固定台）和 1.75mm/a，低速区达 0.08mm/a，平均值为 0.54mm/a（不包括虾拉沱固定台）。垂直运动在中、北段以上盘抬升为主，南段以下降为主。运动速率最高达 0.82mm/a，最低为 0.09mm/a，平均值为 0.28mm/a。从 1999—2001 年各场地原始观测值曲线基本上沿袭着 1999 年以前的态势，平均水平运动速率减小为 0.23mm/a，平均垂直运动速率为 0.30mm/a，较之以前无明显变化。说明鲜水河断裂带空间上依然保持着动静结合的活动趋势。

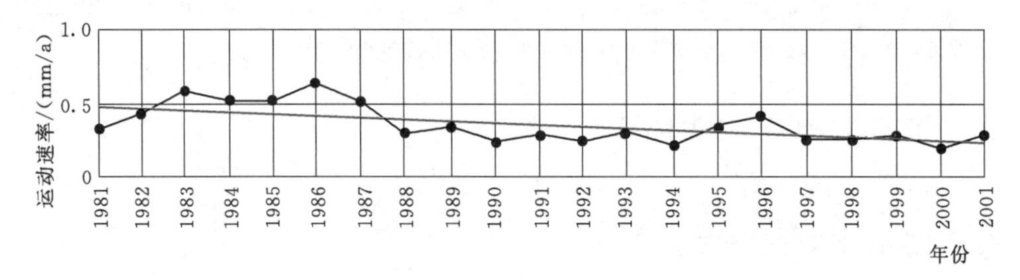

图 4.6-1 鲜水河断裂带垂直形变速率图

位于川滇菱形块体东界中南段的安宁河、则木河断裂带上跨断层测量测点相对较少，且以垂直形变为主，据此难以全面描述其运动特征。从仅有的几个测点资料来看（图4.6-2），安宁河断裂带和则木河断裂带的垂直运动水平较低，平均值为 0.35mm/a。而截止到 2001 年的平均值仅为 0.20mm/a，有进一步降低的趋势。仅有控制则木河断裂带南段的汤家坪测点呈现出较高的活动水平，且从 90 年代开始逐渐加速，经实地调查后被四川省地震局确定为中短期异常。

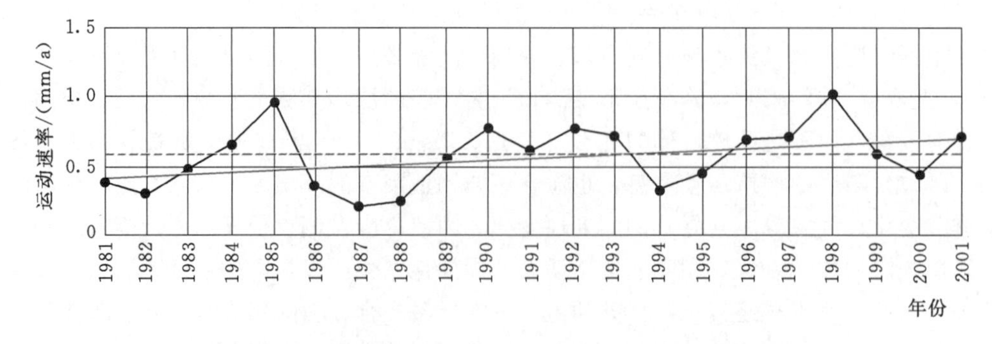

图 4.6-2 安宁河—则木河断裂带垂直形变速率图

根据表 4.6-1 的结果，安宁河断裂带紫马垮段水平位移速率为 0.28mm/a[11]。据冕宁和安顺场地区的观测结果，垂直运动速率量值大致和水平位移速率相当。

表 4.6-1　　　断裂形变测点运动特征

断裂名称	观测场地	水平运动		垂直运动	
		速率/(mm/a)	性质	速率/(mm/a)	性质
鲜水河断裂	侏倭	1.04	左旋	0.82	上盘下降
	格篓	0.19	左旋	0.13	上盘抬升
	虚墟	0.37	左旋	0.17	上盘抬升
	虾拉沱	3.82	左旋	0.45	上盘抬升
	恰叫	0.21	右旋		
	沟普	1.75	左旋	0.74	上盘抬升
	龙灯坝	0.08	左旋	0.11	上盘抬升
	老乾宁	0.5	左旋	0.14	上盘下降
	折多塘	0.16	右旋	0.09	上盘抬升
	团结乡			0.18	上盘抬升
	安顺场			0.18	上盘下降
	石棉蟹螺			0.45	上盘下降
安宁河断裂	紫马垮	0.28			
	冕宁			0.22	上盘下降
	尔乌			0.14	上盘抬升
则木河断裂	宁南			0.11	上盘抬升
	汤家坪	2.63		0.93	上盘抬升
龙门山断裂	耿达			0.02	上盘上升
	灌县			−0.11	上盘下降
	双河			−0.04	上盘下降
	蒲江			−0.21	上盘下降
	七盘沟			0.56	上盘上升

4.7　地震活动

4.7.1　地震活动特点

大渡河中游及外围地区的主干断裂带，鲜水河断裂带和安宁河断裂带共同构成川滇菱形块体的东北和东部边界。受西藏高原隆起挤压，川滇菱形块体边界强烈的地质地震活动，构成我国西部、以边界断裂为主体的强烈地震活动（区）带。以大渡河中游及外围地区的主干断裂带，鲜水河断裂带和安宁河断裂带共同构成川滇菱形块体的东北和东部边界为主体的地震构造带，自 624 年地震记载以来，本研究范围共发生 M≥4.0 地震 38 个，其中，最大地震震级为 1786 年 6 月 1 日发生在康定南的 $7\frac{3}{4}$ 级地震，距大渡河最近、对大渡河中游地区影响最大的地震也是该次地震。而这些地震，极大部分都发生于近 300 年，显示该地震构造带地震活动强度和频度之高。

从大渡河中游及外围地区而言，一个明显的特点是，M≥6.0 级的强震，基本上仅限于发育在东北边界的西段和东边界的南段，即康定以西的鲜水河断裂带和冕宁以南的安宁河断裂带南端及则木河断裂带。介于其间的边界地段，则以中小地震活动为主导，最大地震为 1989 年 6 月 9 日石棉西北发生 5.0 级地震，显示该边界断裂带段地震活动在强度和频度上和两端的极大反差。

1966 年以来地震台网监测的微小地震活动，也显示出另一个特点，即两端大震强烈活动的地区，微小地震活动相对于中间段而表现出低频度的特点。

4.7.2 震源破裂和地震构造应力场

根据地震震源机制解，发生于以大渡河中游及外围地区的主干断裂带，鲜水河断裂带和安宁河断裂带共同构成川滇菱形块体的东北和东部边界为主体的地震构造带内的近代地震，显示震源断错以走滑为主，兼有逆滑运动，并以反扭为主导的断裂两盘块体运动性质。由此显示的断裂带所处的区域构造应力场，在以近 EW 向主压应力为主导的情况下，由于青藏块体物质的向 SE 移动，从 N 至 S，有一个明显的辐射变化，在北中部以近东西向压应力，至南部冕宁西昌一带，断裂带所处的区域构造应力场变为北西向，区域主压应力场和安宁河断裂带、则木河断裂带构成相对较小角度（45°左右）相交。这一区域应力场的特点，也导致北西向的鲜水河断裂带和近东西向区域主压应力方向处于近 45°的较小角度的相交，而在其间的、近南北向的安宁河断裂带北段和近南北向的磨西断裂带的南端，以及近南北向的大渡河断裂带，处于和区域近东西向的主压应力方向呈较大角度的直交状态。断裂带所处这种区域构造应力场差异，必然也会导致地震和地质活动的差异。

4.7.3 断裂带位移速率的地震分析

前面已经提到，根据地震震源机制解，发生于以大渡河中游及外围地区的主干断裂带，鲜水河断裂带和安宁河断裂带共同构成川滇菱形块体的东北和东部边界为主体的地震构造带内的近代地震，显示震源断错以走滑为主，兼有逆滑运动。在区域构造应力场的作用下，断裂带基本上处于剪压状态。应用断裂带地震矩率的概念，可以根据地震活动分析计算断裂带位移速率。根据专题研究结果，据历史地震和现代强震记录资料，取用 1700 年以来的地震记录及有关参数，计算得到鲜水河断裂带（磨西以西）和安宁河（中段）—则木河断裂带的地震滑移速率（表 4.7-1），分别为 6.89mm/a 和 2.39mm/a。

表 4.7-1　　鲜水河断裂带和安宁河—则木河断裂带地震滑移速率

断　裂　带	累积地震矩 /(dyn·cm)	断裂带长度 /km	断裂带深度 /km	滑动总量 /mm	地震滑动速率 /(mm/a)
鲜水河断裂带（磨西以西）	78.83	550	21	2529.187	6.89
安宁河（中段）—则木河断裂带	17.23	260	20	932.359	2.39

关于鲜水河断裂带和安宁河—则木河断裂带的地震滑移速率，根据《四川活动断裂与地震》资料[1]，西南地区主要块体边界带的现代地壳运动和形变结果（表 4.7-

2)；根据《中国岩石圈动力学地图集》资料[12]，震源断错和地震应力场研究成果，鲜水河速率3.19mm/a。

表4.7-2　　西南地区主要块体边界带现代地震滑移速率

块体边界带分区名称	鲜水河北区	鲜水河南区	安宁河—则木河区
速率/(mm/a)	7～8	6～7	3～4

考虑上述两方面的成果，对于本研究所涉及的断裂带，综合取值见表4.7-3。

表4.7-3　　断裂带位移速率地震分析综合取值

断　裂　带	断　裂　段	位移速率/(mm/a)
鲜水河断裂带	磨西以西段	3～8
安宁河断裂带中段	野鸡洞—西昌段	2～3
则木河断裂带	会理—西昌段	
安宁河断裂带北段（含铁寨子断层）	野鸡洞—安顺场段	小于1
磨西断裂带南段	磨西—公益海	
大渡河断裂带	金汤西—田湾	

4.7.4　1786年6月1日康定南7¾级地震

发生于1786年6月1日康定南，震级7¾级强烈地震，发生在鲜水河断裂带南东段之一的色拉哈—康定断裂上，地震强破坏区波及磨西断裂带分布区。通过沿磨西断裂带的走向一系列地震地质剖面的建立和复核显示，同震位错并未在磨西断裂带发现，沿色拉哈—康定断裂地表破裂分布连续、形迹清晰。在雅家埂西侧的色哈拉断裂上即可见到1786年6月1日7¾级地震的宏观震中的震害现象，在雅家埂以北的雪门坎一带，破裂带表现为坡向NE的陡坎，在雅家埂震中附近则表现为宽20～30m、深2m左右的地震沟槽，在沟槽内往往有多级地震陡坎及海子发育，冲沟和山脊沿断层都发生了左旋位错。

根据对1786年地震震害记载史料的分析，1786年6月1日7¾级地震是主震—余震型地震，其震源破裂的范围波及Ⅸ度区边缘得妥摩岗岭一带。据记载乾隆五十一年五月初六（1786年6月1日）7¾级大震震害时，有"……初七复震……一连十日皆震……至十五复大震，冷碛仃水忽决，势如山倒……"。明显的震害是使1786年6月1日大震造成的大渡河断流溃决，引起其下游巨大洪灾。大震的余震之一，主要震害为（使）"……摩岗岭壅塞大渡河处溃决，水头高10丈奔腾涌下，势如山倒……"引起的洪灾。余震震级M≥5级。按"唯一"记载的震害（壅塞大渡河处溃决）地点而定宏观震中，此余震位置应在得妥以北沈边摩岗岭附近。据《四川活动断裂与地震》资料，摩岗岭处至今仍可见山体垮塌遗迹。

发生于1786年康定南7¾级强烈地震，发震断裂为鲜水河断裂带南东段的色拉哈—康定断裂，但其深部震源破裂体波及磨西断裂带的分布范围，达到地震烈度Ⅸ度区得妥与摩岗岭之间，地表破裂主要沿色拉哈断裂康定以南至雪门坎之间极震区发育。

4.7.5 1786 年 6 月 10 日泸定得妥 M≥5 级地震

在 1983 年出版的《中国地震目录》(顾功叙主编)及其以前出版的目录中，均无此地震条目。《中国地震史料年表》(1956)和《中国地震历史史料汇编》(1987)也无此地震单独史料记载。1995 年出版的《中国历史强震目录》(公元前 23 世纪—1911 年)将此地震单独列出条目[3]。但震中位置和震级似乎有矛盾，震中位置定为"四川泸定得妥"，经纬坐标为 29.4°和 102.2°(在草科田湾附近)，震中位置的得妥地点和经纬坐标相差较大，达 10～15km；对震级也有两个，在强震目录和分省简目中，分别记为 M≥7 和 M≥5。

(1) 据记载乾隆五十一年五月初六(1786 年 6 月 1 日)7¾级大震震害时，有"……初七复震……一连十日皆震……至十五复大震，冷碛仃水忽决，势如山倒……"。因此，从史料上，1786 年 6 月 10 日(乾隆五十一年五月十五日)地震是存在的，明显的震害是使 1786 年 6 月 1 日大震造成的大渡河断流溃决，引起其下游巨大洪灾。

(2) 是 1786 年 6 月 1 日大震的余震之一，主要震害为(使)"……摩岗岭壅塞大渡河处溃决，水头高 10 丈奔腾涌下，势如山倒……"引起的洪灾，而"摩岗岭壅塞大渡河"是 1786 年 6 月 1 日主震所致，震垮堰塞坝并不反映地震大小，因为无别的震害记载，因此，此余震震级不会高，M≥5 级比较可信。四川省地震局也使用这一震级。

(3) 按"唯一"记载的震害(壅塞大渡河处溃决)地点而定宏观震中，此余震位置应在得妥以北沈边摩岗岭附近，据《四川活动断裂与地震》资料，摩岗岭处至今仍可见山体垮塌遗迹，地震目录中的经纬位置可能有误。宏观震中位置定为"四川泸定得妥"可信。

(4) 摩岗岭的位置处于 1786 年主震的北东向的Ⅸ度区东南端部，从航片及解译图上看，正是磨西断裂过二台子以后，清晰线性影像 310°～320°的延伸的位置，作为相对较大的余震位置也是合理的。

(5) 航片及解译图上磨西断裂过二台子以后的清晰线性影像 310°～320°的延伸的位置，加上此余震，如果此反映了 1786 年主震破裂方向，则 1786 年主震 310°～320°的破裂方向是和走向 340°～350°、从湾东向北沿银厂沟发育的断裂之间有明显的约 30°的夹角。也许由此，1786 年主震 310°～320°的破裂，拐弯向田湾河方向延伸的可能性也就不会很大了。

(6) 从地震效应的角度，1786 年大震破裂以 S40°～50°E 方向发展，过大渡河后受到近南北向的大渡河断裂的阻截而终止，也是顺理成章的。

从地震地质环境、地震主破裂的分布和主要余震的终止、地震活动信息等方面考虑，鲜水河断裂康定—磨西段潜在震源区的南界位于得妥与摩岗岭之间也是适宜的。

4.8 断裂活动性评价

(1) 作为鲜水河断裂带南段的磨西断裂与北西侧的色拉哈—康定断裂呈左阶排

列。比较而言，作为1786年6月1日地震的发震断层，即色拉哈—康定断裂，其地表破裂形迹清晰，分布连续，显示出全新世活动特征和相对可信的证据。而磨西断裂，作为全新世活动的一些地貌的信息，存在多解的可能，一些直接的“断错”证据，在强度上也和7级以上地震断错形变量级不相匹配。从航片判读、野外地震地质剖面调查和分析、探槽开挖及测年结果等，尚无发现确切的证据可信其有全新世断错活动迹象。同样，以色拉哈—康定断裂为发震断裂的1786年地震，在磨西断裂带上是否可能牵动有破裂产生，也未发现可信的证据。

从宏观上看，鲜水河断裂带为由NW逐渐过渡为NNW的弧形，南段磨西断裂地处从NW向鲜水河断裂带转向近SN向大转弯部位的中部，鲜水河断裂带强烈的左旋走滑导致其NNW段必然产生近EW地壳缩短，磨西断裂的SW盘存在以海拔7556m的贡嘎山为中心的强烈抬升区，吸收了沿鲜水河断裂带的部分左旋走滑位移，使得磨西断裂的活动强度远小于鲜水河断裂带的NW段。

从目前的资料来看，磨西断裂带，特别是得妥以南地段。磨西断裂带上覆Ⅰ级和Ⅱ级阶地无明显的变形，也反映了磨西断裂带晚更新世，特别是晚更新世晚期以来新活动相对较弱。根据野外考察和室内显微构造分析可知，磨西断裂出露有糜棱岩、碎裂岩和断层泥，更多的是叠加有糜棱岩和碎裂岩两种结构特征的断层岩，反映了断层早期活动为韧性剪切，之后发生脆性破裂，充填多期方解石脉中，最新一组方解石脉和断层泥中方解石脉未变形，反映断层新活动较弱特点。最晚一期断层滑动产生雁行式裂隙，表明断层新活动为左旋滑动。

（2）宏观上，大渡河断裂带主要由昌昌断裂、瓜达沟断裂、楼上断裂、泸定断裂和得妥断裂等SN向断裂组成的构造带，全长约150km。其中，泸定断裂带规模最大。大渡河断裂带地处北东向的龙门山断裂带和北西向鲜水河断裂带之间，属块体内部的断裂带，其整体规模、构造地位和地震地质活动性均在两者之下。

大渡河断裂带北段昌昌断裂、瓜达沟断裂和楼上断裂等有一定规模的脆性变形特征，中南段泸定断裂和得妥断裂显示早期强烈的韧性剪切和后期的小规模的脆性破裂叠加，晚期活动相对较弱。根据现有的断面和第四系地层的切盖关系、断裂展布区地形地貌特征，特别是断裂带上覆Ⅱ～Ⅲ级阶地沉积物保持原始状态，无明显扰动变形，显示大渡河断裂带晚更新世以来无明显地质和地震断错活动的可信迹象。结合大渡河主要组成断裂带断层泥测年结果（12万～54万年）综合来看，大渡河断裂带主要地质活动期应为中更新世及以前。

（3）安宁河断裂带处于康滇地轴的轴部，为本地区南北向断裂带主体，属块体边界性质的深大断裂带。断裂带分为东、西两支平行展布，东支是主干断裂。根据其地震地质特点和其所处的地质地震环境，分为北、中、南三段。其中以中段（冕宁—西昌）的规模最大，新活动性最强，晚更新世—全新世新构造活动显著，属全新世活动断裂带；北段（安顺场—冕宁）和南段（西昌—会理）地质地震活动相对较弱。

北段沿断裂带虽然在地貌上也显示了垭口、槽谷等形态的发育，但从断裂带分别通过麂子坪、紫马垮等处的晚更新世晚期形成的冲洪积台地沉积物皆未发生变形，说明该段断裂带晚更新世晚期以来的活动性不强。另外，从分布在安宁河断裂带两侧晚更新统深厚湖相沉积层，仍保持原始近水平状态的总体特点，也显示该地区晚更新世晚期以来新活动处于相对低的水平。现代地震活动基本上以中小地震和微震活动为主，偶尔发生6级以下的地震。现代位移观测也显示较低量级（0.2mm/a）活动值。

根据断裂带地震地质剖面特点和相关测年分析，无可信的证据显示，安宁河断裂带东支断裂北段具有明显的、强烈的全新世断错活动和存在明显的全新世古地震断错事件。相对可信的古地震断错的事件剖面，反映其主要断错活动发生在晚更新世晚期。北段沿断裂带在地貌上显示的一些活动信息，是以整体抬升为主、差异活动不强的活动结果。东支断裂断面上覆Ⅰ、Ⅱ级阶地未见明显的变形，反映全新世活动不强，具缓慢、蠕动特点。相对而言，冕宁以南安宁河断裂带中段东支断裂，在地质、地貌上显示有较多的全新世断错活动的迹象和证据。

（4）铁寨子断层规模不大，属安宁河断裂带体系，位于安宁河东支断裂东侧，其活动受安宁河断裂带整体活动控制。从该断层新活动断面特征来看，断层下盘昔格达层变形并不强烈，影响带也仅仅几厘米，并且偶见昔格达层被挤入花岗岩中，而挤入昔格达层构造片理也不发育，更无大构造变形。昔格达层呈缓倾斜状态，完整而不破碎，黏土层中褶皱变形是明显的掀斜作用结果。因此，断裂作用和掀斜作用是一个漫长的蠕动过程。而花岗岩的强烈变形，显示的是早期的韧性变形的结果。构造样品微观分析也显示，碎粉岩强烈片理化，断层以缓慢运动为主，在铁寨子断裂及其附近，尚无破坏性地震发生和可信的相关遗迹存在。根据地层的切错关系和构造岩年龄测试成果，铁寨子断层主要活动时代为中更新世—晚更新世，属晚更新世活动断裂。

（5）二郎山断裂是龙门山断裂带中央断裂往南西延伸的端部，在潘沟附近，二郎山断裂从东北方向延伸到大渡河止，长约57km。发育于花岗岩与三叠系、泥盆系之间，断裂带无断层泥，主要由碎砾岩及碎粉岩组成，显示压性斜冲性质，侧伏角约30°～40°。断裂带上覆有第四纪冲洪积砂、砾石层，拔河高度150～200m，相当于Ⅳ～Ⅴ级阶地。阶地面平稳，没有断裂活动引起的扰动显示。根据大渡河地区阶地发育和其形成时代特征，本地区Ⅳ～Ⅴ级阶地形成时间至少应在中更新世。据地表调查和地震资料，龙门山主中央断裂南西端——二郎山断裂无断错地貌现象和强震活动发生；多组、多种测龄数据表明，该断裂活动地质年代为中更新世。综合分析研究认为，二郎山断裂属中更新世活动断裂。

（6）金坪断裂为块体内部、规模不大的断裂。由NW到SE总长度约68km。金坪断裂在平面上线形特征比较明显，总体上呈NW—SE走向。在佛耳崖佛音亭公路隧道南口上方见断裂出露于奥陶系下统红石崖组砂岩、泥质灰岩与元古代闪长岩接触带。断裂产状走向N40°W，近直立，呈压性。断裂上覆第四系砂砾石，拔大渡河高度约30m，相当于Ⅲ级阶地，与断层接触部位的砂层无任何扰动现象，显示该断裂晚更新世早期以来没有明显断错活动。金坪断裂带石英形貌以强—中等侵蚀为主，显示其活动时期在中更新世—早更新世。综合分析认为，金坪断裂属早、中更新世活动断裂。

第5章 大渡河大岗山水电站地震危险性评估

5.1 地震区划位置

1957年李善邦等编制了《中国地震烈度区域划分图（1∶500万）》，这是我国开展地震烈度区划的首次尝试，俗称第一代区划图。1976年国家地震局颁布了《中国地震烈度区划图（1∶300万）》，成为各行业建设规范共同依据的抗震设防标准，俗称第二代区划图。它的含义是未来百年内可能遭遇的最大地震烈度，是由确定性分析方法得出的成果。1990年国家地震局颁布了新的《中国地震烈度区划图（1∶400万）》，将综合概率法引入全国地震区划工作，俗称第三代区划图。它的概率含义是：未来50年内超越标示值的概率是10%。首次定量描述了建筑物在设计基准期内遭受破坏的风险率（超越概率）。2002年以国家质量技术监督局名义发布了《中国地震动参数区划图》(GB 18306—2001)，分别给出了地震动峰值加速度和特征周期区划图(1∶400万)，俗称第四代区划图。2015年中华人民共和国国家质量监督检验检疫总局、中国国家标准化管理委员会发布了《中国地震动参数区划图》（GB 18306—2015)，俗称第五代区划图。

由图5.1-1可见，在第二代（1976年）地震烈度区划图上，大岗山水电站坝址处在Ⅷ度和Ⅸ度的分界线上；在第三代（1990年）中国地震烈度区划图上，大岗山水电站工程库坝区均处在Ⅷ度区范围内；在第四代（2002年）地震动参数区划图上，则大岗山水电站工程库坝区处在地震动峰值加速度0.2g（相当于Ⅷ度）区的范围内。显然，第三代区划图给出的大岗山水电站坝址的地震基本烈度比第二代区划图的结果还略低一些，而第四代区划图的结果与第三代区划图大体相当。第五代区划图给出的地震动峰值加速度，大岗山水电站坝址处在0.2g和0.3g的分界线上。经地震专业部门鉴定，大岗山水电站坝区地震基本烈度为Ⅷ度。1980年11月，四川省地震局以川地震烈〔80〕004号文通知成都院，在《关于进一步核定大岗山水电站地震基本烈度的函》中指出："……过去将该地区的地震基本烈度定为Ⅸ度可能偏高，经核定后，该电站的地震基本烈度可按Ⅷ度考虑为宜。特此函告。"

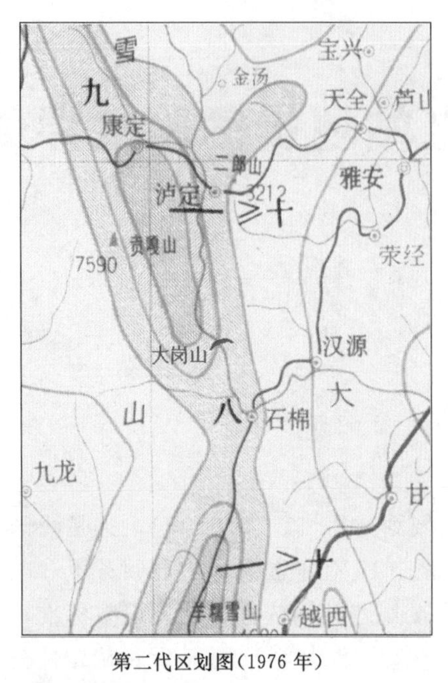

第二代区划图（1976年）

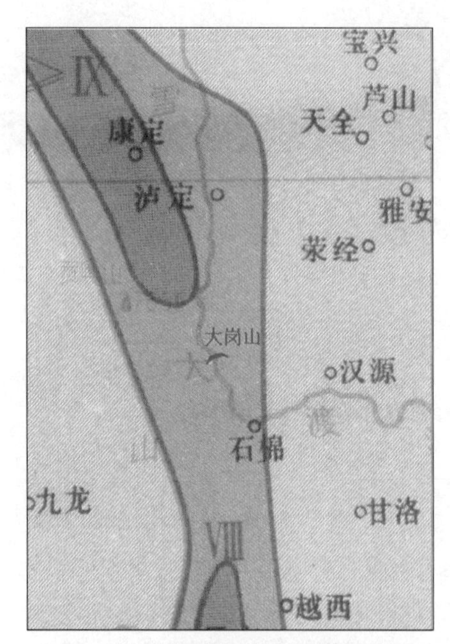

第三代区划图（1990年）

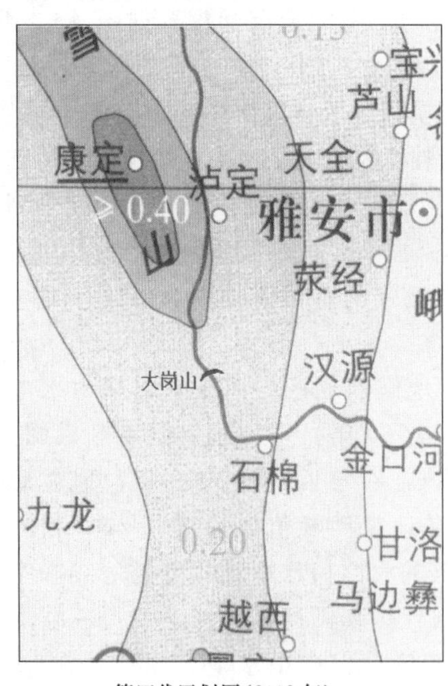

第四代区划图（2002年）

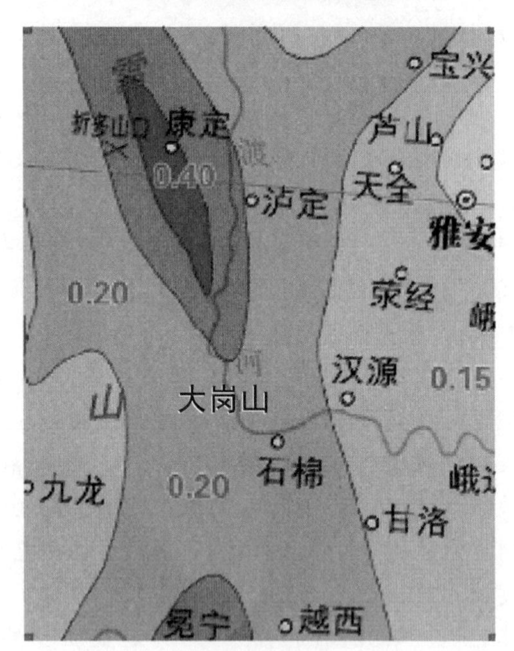

第五代区划图（2015年）

图 5.1-1　大岗山水电站在全国地震区划图上的位置

5.2　工程场地地震安全性评价成果概述

大岗山水电站坝址地震危险性分析曾经进行过多次评价研究。分别是：

(1) 四川省地震局工程地震研究所，大岗山水电站预可行性研究报告附件1——工程场地地震安全性评价，2003年3月—2004年10月。

(2) 中国地震局地质研究所、中国地震局地球物理研究所，大岗山水电站预可行性研究报告附件1——工程场地地震安全性评价和水库诱发地震评价，2004年3月—2004年10月。

(3) 四川省地震局工程地震研究院、中国地震局地质研究所、中国地震局地球物理研究所，大岗山水电站预可行性研究报告附件1——工程场地地震安全性评价报告，2004年10月。

其中，由中国地震局地质研究所、中国地震局地球物理研究所、四川省地震局工程地震研究院2004年10月提供的《大渡河大岗山水电站工程场地地震安全性评价报告》已经由中国地震局中震函〔2004〕253号文批准作为工程抗震设计的依据。该报告给出的大岗山水电站工程场址设计概率水平即100年超越概率2%的水平向基岩地震动峰值加速度值为557.5g[13,14]。

(4) 中国地震局地质研究所，四川省大渡河大岗山水电站工程防震抗震研究设计专题报告附件报告（1）——大渡河大岗山水电站工程场地地震安全性评价复核，2008年8月—2008年10月。

在"5·12"汶川地震后，按照国家相关文件要求，成都院委托中国地震局地质研究所对大岗山水电站地震地质和地震安全性评价进行复核论证工作，2008年10月提交了《大渡河大岗山水电站工程场地地震安全性评价复核报告》，并于2008年10月通过中国地震局地震安全性评价委员会专家评审，中国地震局以"关于确认大渡河大岗山水电站工程抗震设防要求的函"（中震安评〔2008〕138号）文进行批复，确认大岗山水电站工程仍可依据原批复（中震函〔2004〕253号）的参数进行抗震设计，为大岗山水电站工程防震抗震研究设计专题报告提供了依据。

5.2.1 地震活动环境特征

按照工程场地地震安全性评价技术规范对研究区范围的要求，"安评报告"将大渡河大岗山水电站的研究区域确定为东经100°00′～104°30′、北纬28°00′～31°30′的范围。编制了该研究区M_S≥4¾级地震目录。研究区范围内自1216—2003年，共记到M_S≥4¾级地震161次，最大地震是1786年6月1日四川康定南7¾级地震。表5.2-1给出了各震级档次的历史地震频次分布表。历史强震的频次分布表明，1500年以前研究区的地震记载有严重的缺失遗漏。1500年以后，区域历史地震的记载状况日趋改善，7级以上地震基本不会遗漏，6.0～6.9级地震缺失减少，5.0～5.9级地震则要到20世纪初才基本上不会漏记。

表5.2-1 地震安全性评价研究区各震级档次的历史地震频次分布表

资料时段	1216—2003年			
震级分档	7.0～7.9	6.0～6.9	5.0～5.9	4.7～4.9
地震频次	12	21	89	39

研究区内自1970—2003年共记到 $M_L=1.0\sim4.6$ 级弱震25110次，表5.2-2给出了各震级档次的地震频次分布一览表；从表中可见，$M_L\geqslant3.0$ 级的地震仅占近代弱震总数的5.6%，研究区内的弱震活动绝大多数为1.0～2.9级的微震。从四川省测震台网控制能力来看，研究区基本上处于 $M_L\geqslant2.4$ 级地震的有效监测范围内，大岗山水电站工程场地及其近场区大致处在 $M_L\geqslant2.0$ 级地震的有效监测范围内。

表5.2-2　地震安全性评价研究区各震级档次近代弱震频次分布一览表

资料时段	1970—2003年			
震级分档	1.0～1.9	2.0～2.9	3.0～3.9	4.0～4.6
地震频次	12375	11333	1308	94
占总数的百分比/%	49.3	45.1	5.2	0.4

5.2.1.1　工程场地周围地震分布特征

为了解工程场地周围地震随距离分布的变化情况，表5.2-3、表5.2-4分别给出了以工程场地为中心的研究区范围内 $M_S\geqslant4\frac{3}{4}$ 级地震和 $M_L=1.0\sim4.6$ 级地震随距离的分布变化一览表。

表5.2-3　地震安全性评价研究区各震级档次的历史地震随距离分布一览表

次数　震级范围 距离/km	4.7～4.9	5.0～5.9	6.0～6.9	7.0～7.9	合计
$0<d\leqslant25$	0	2	0	0	2
$25<d\leqslant50$	2	4	0	0	6
$50<d\leqslant100$	4	8	5	3	20
$100<d\leqslant150$	9	28	4	2	43
$d\leqslant150$	15	42	9	5	71
全区合计	39	90	21	12	162
震级的百分比/%	38.46	46.67	42.86	41.67	43.83

表5.2-4　地震安全性评价研究区各震级档次近代弱震随距离分布一览表

次数　震级范围 距离/km	1.0～1.9	2.0～2.9	3.0～3.9	4.0～4.6	合计
$0<d\leqslant25$	438	303	35	1	777
$25<d\leqslant50$	1565	1183	109	4	2861
$50<d\leqslant100$	2037	1550	140	12	3739
$100<d\leqslant150$	2397	3040	331	20	5788
$d\leqslant150$	6437	6076	615	37	13165
全区合计	12375	11333	1308	94	25110
占全区的百分比/%	52.02	53.61	47.02	39.36	52.43

从表 5.2-3 可知，在工程场地周围 25km 近场区范围内迄今尚无 $M_S \geq 6.0$ 级地震记载，只发生过 2 次 $M \geq 5$ 级地震，即 1786 年 6 月 10 日泸定得妥 $M \geq 5$ 级地震和 1989 年 6 月 9 日石棉西北 5.0 级地震，距工程场地分别为 21km 和 19km。$M_S \geq 6.0$ 级地震均发生在距场址 50km 以外。研究区目前记到的最大地震，即 1786 年 6 月 1 日四川康定南 7¾级地震的震中距工程场地的直线距离约 56km。

从表 5.2-4 分析可知，在 150km 范围内发生的地震 $M_S < 4\frac{3}{4}$ 次数占全区地震总数的 52.43%，而 $M_L = 3.0 \sim 3.9$ 级和 $M_L = 4.0 \sim 4.6$ 级的中等地震活动水平并不高，分别仅占全区同级地震总数的 47.02%和 39.36%。

综上所述，在工程场地 25km 近场区范围内无 $M_S \geq 6.0$ 级的地震记载，50km 范围以内，地震活动水平比较低。

5.2.1.2 地震震源深度分布特征

在研究区范围内，共检索到有震源深度数据的 $M_S \geq 4\frac{3}{4}$ 级地震 58 次、近代弱震震源深度 5186 次，表 5.2-5、表 5.2-6 分别给出了这些深度数据的统计结果。从表中可见，半数以上的 $M_S \geq 4\frac{3}{4}$ 级地震分布在 11～20km 深度范围内。近代弱震的优势分布层处于6～10km 深度范围内。研究区 $M_S \geq 4\frac{3}{4}$ 级地震震源深度的分布层比近代弱震的分布层更深一些，但都属于一般浅源地震的震源深度分布范围。

表 5.2-5 研究区部分历史地震（$M_S \geq 4\frac{3}{4}$级）震源深度分布一览表

地震震源深度/km	1～5	6～10	11～15	16～20	21～25	26～30	>30
地震次数	2	6	15	16	6	6	7
占总数的百分比/%	3.5	10.3	25.9	27.6	10.3	10.3	12.1

表 5.2-6 研究区部分近代弱震（$M_L = 1.0 \sim 4.6$ 级）震源深度分布一览表

地震震源深度/km	1～5	6～10	11～15	16～20	21～25	26～30	>30
地震次数	1265	1880	1286	285	164	147	159
占总数的百分比/%	24.4	36.3	24.8	5.5	3.2	2.8	3.0

5.2.2 地震活动的空间分布特征

区域地震活动特别是强震活动，与活动断裂的分布有着密切的联系（图 5.2-1）。在研究区西侧，强震活动多沿川滇菱形块体北东边界断裂成带展布，形成了著名的鲜水河—安宁河强震活动带，带上历史地震频度高、强度大，炉霍、道孚、康定、西昌等地更是强震多次重复发生的场所。在鲜水河—安宁河断裂带以东、龙门山断裂带以南的地区，$M_S \geq 6.0$ 级地震集中分布在马边—大关北一线，在空间上形成了一条与荥经—马边—盐津断裂带走向基本吻合的 NNW 向强震密集带，该带历史上曾发生过 2 次 $M_S \geq 7.0$ 级强震和数次 6.0～6.9 级地震。

在川滇菱形块体的北东边界上，$M_S \geq 6.0$ 级强震的分布也不均匀，基本上仅限于康定以西北的鲜水河断裂带和冕宁以南的安宁河断裂带以及安宁河断裂与则木河断裂交汇的部位。在边界断裂上的康定东南到冕宁以北的地段，则以中小地震活动为主

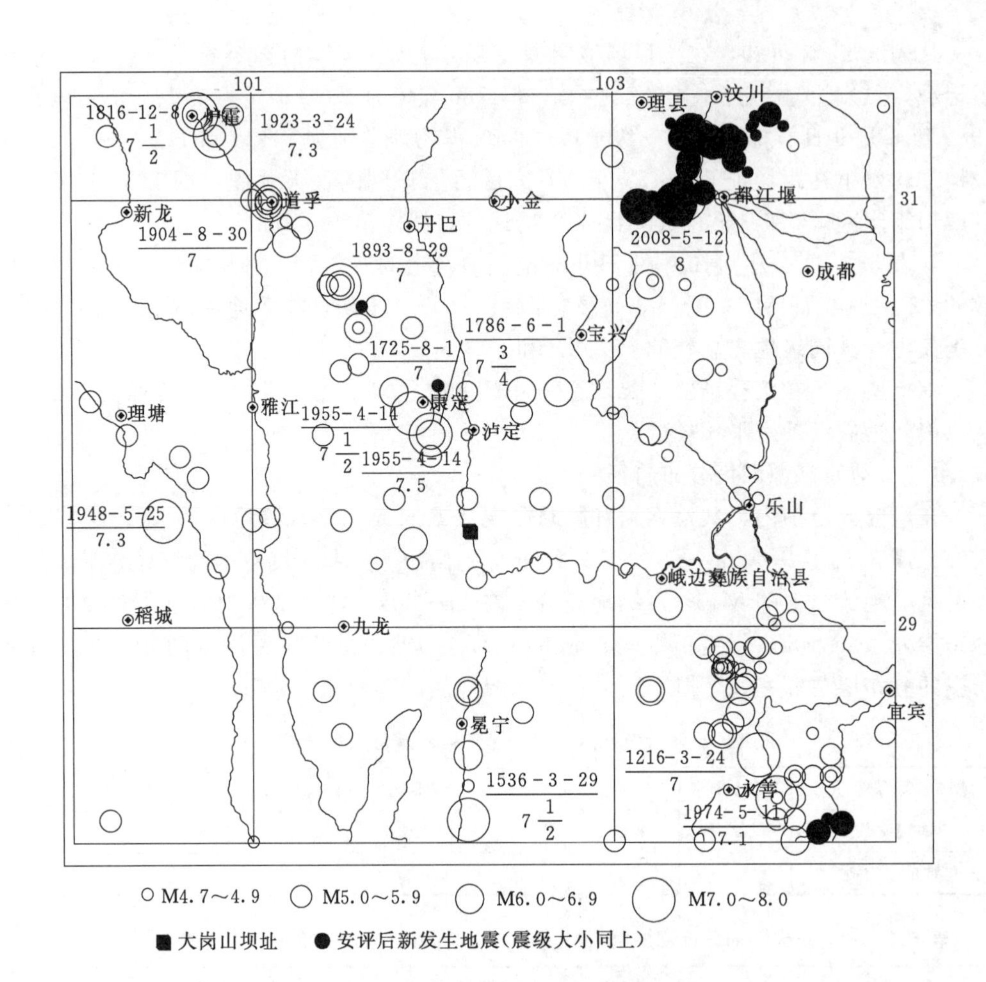

图 5.2-1 区域历史中等—强烈地震分布图

(1216—2008 年，$M_S \geqslant 4.7$ 级)

导，最大地震为 1989 年 6 月 9 日石棉西北发生 5.0 级地震，显示该边界断裂带地震活动在强度和频度上存在的极大反差。

图 5.2-2 是研究区 1970—2008 年 6 月 $M_L=2.0 \sim 4.6$ 级弱—微震震中分布图。近代弱震活动多集中分布在区域性断裂及断裂的交汇部位，如在川滇块体边界断裂带上的炉霍、道孚、康定—石棉一线、大凉山断裂的石棉南—昭觉一线、龙门山断裂带的南西段以及荥经—马边—盐津断裂带上均有成带、成丛的弱震分布。

近代弱震活动具有两个突出的特点：一是绝大多数弱震均沿断裂带丛生，显示出活动断裂对中、小地震的空间分布具有重要的控制作用；二是大震强烈活动的地区，微小地震活动频度相对较低。

综上所述，区域强、弱地震活动在空间分布上呈明显的不均匀性，其分布格局与区域性断裂构造有十分密切的关系，强震的主要活动场所是活动断块的边界、活动断裂的交汇部位和新构造运动十分强烈的地区。

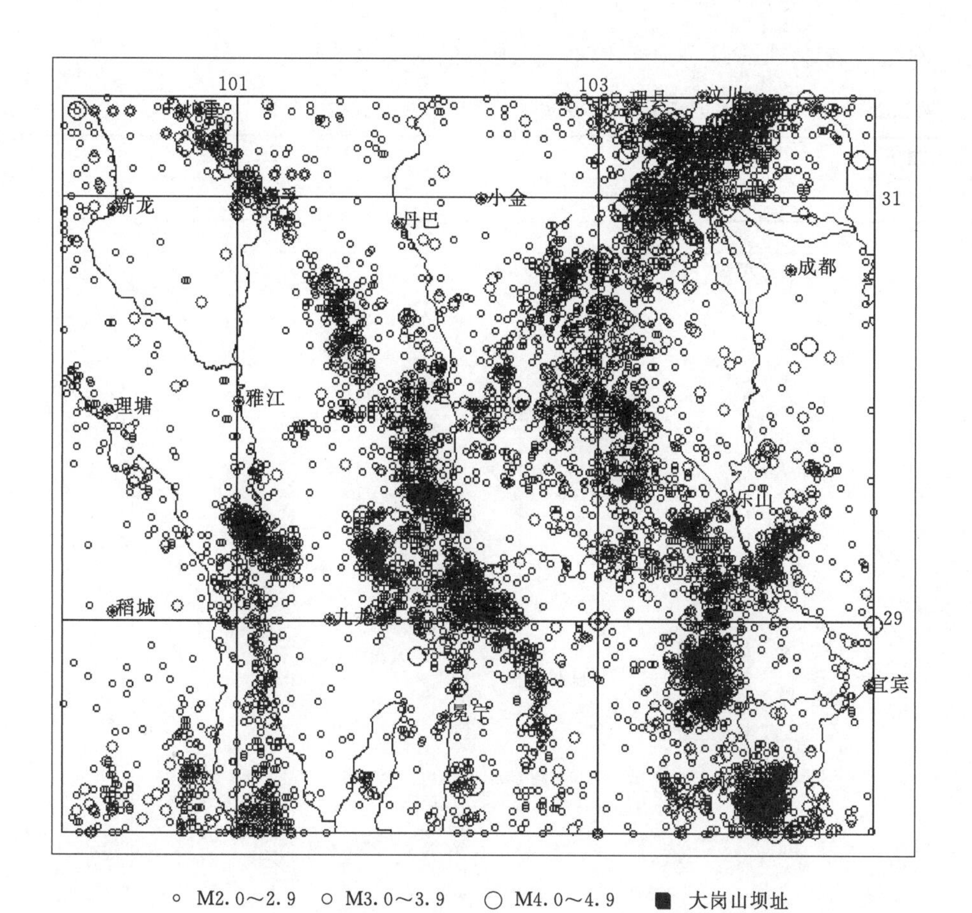

图 5.2-2　区域近代弱—微震震中分布图

（1970—2008 年 6 月，M_L=2.0～4.6 级）

5.2.3　近场区地震活动特征

在近场范围内，迄今仅有 2 次 5.0 级以上破坏性地震记载，即 1786 年 6 月 10 日泸定得妥不小于 5 级地震和 1989 年 6 月 9 日石棉西北 5.0 级地震（表 5.2-7）。

表 5.2-7　　近场 M_S≥4.7 级历史地震有关参数一览表

地震时间/(年-月-日)	震中位置			震级	距场点距离/km
	东经	北纬	参考地点		
1786-06-10	102.2°	29.6°	泸定得妥	≥5	21
1989-06-09	102°15′	29°16′	石棉西北	5.0	19

1970—2008 年 6 月，近场区地震活动主要表现为 M_L<4.7 级的中、小地震。在东经 101°57′～102°30′、北纬 29°12′～29°41′范围内，共记到 M_L=1.0～4.6 级地震 1284 次（表 5.2-8、图 5.2-3）。由表 5.2-8 可见 M_L≥3.0 级地震仅占总数的 4.2%左右，绝大部分地震为 M_L<3.0 级的微震。

在工程场地 5km 以内，近代弱—微地震的活动水平较低。

表 5.2-8　　近场 1970—2008 年 6 月地震频次分布一览表

震级分档	4.0～4.6	3.0～3.9	2.0～2.9	1.0～1.9
地震频次	1	53	477	753

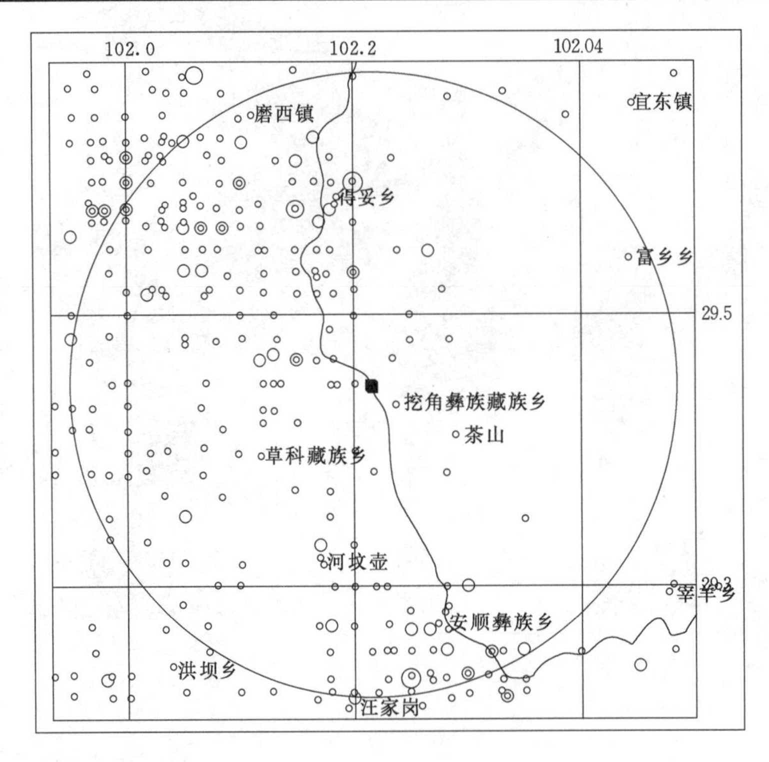

图 5.2-3　近场地震震中分布图

5.2.4　场地工程地震条件评价

1. 大岗山水电站工程场地地震安全性评价报告中对工程场地所处的区域地震环境评价

(1) 研究区大部分位于我国地震活动最强烈、分布面积最广的青藏高原地震活动区中的鲜水河地震统计区、龙门山地震统计区，地震活动水平很高。

(2) 研究区历史上破坏性地震活动频繁，1216 年以来，共记载有 4.7 级以上地震 161 次，7.0～7.9 级地震 12 次；6.0～6.9 级地震 21 次；5.0～5.9 级地震 89 次。自 1970—2003 年记录到 $2.0 \leqslant M_S \leqslant 4.6$ 的现代小震共计 12735 次。研究区目前记到的最大地震是 1786 年 6 月 1 日四川康定南 $7\frac{3}{4}$ 级地震。

(3) 研究区基本处于以 NWW—SEE 向水平主压应力与 NNE—SSW 向水平主张应力为主的现代构造应力场中。在这样的应力场作用下，易于发生以走滑为主或走滑兼具倾滑型的断层活动，NW 及近 SN 向的断层易产生左旋走滑运动，NE 向的断层易产生右旋走滑运动。

（4）自有历史地震记载以来，工程场地遭受过Ⅵ度以上地震影响4次，其中1786年康定南7¾级地震对场地的影响烈度达Ⅷ度，1536年西昌北7½级地震、1725年康定7级地震和1955年康定折多塘一带7½级地震均为Ⅵ度。

（5）在近场区内仅有2次$M_S \geqslant 5$级的破坏性地震记载，近代弱震活动亦沿鲜水河断裂带南东尾端和安宁河断裂带北端密集分布。坝址未来可能遭遇到的地震影响主要来自鲜水河断裂带南东段及安宁河断裂带北段的强震活动。

2. *地震安全性评价报告对近场区及场址区地震构造综合评价的要点*

近场区包括了贡嘎山强断隆和大凉山中升区两个新构造单元各一部分，鲜水河断裂和安宁河断裂构成了这两个新构造单元的明显分界。贡嘎山强断隆是一个典型的断块山地，边界均被断裂围限，第四纪以来主要表现大幅度的隆起抬升，平均隆起幅度在3900m左右，主峰地区达5000m以上（陈富斌，1992年）。大凉山中升区整体性较好，除边界断裂和大凉山断裂表现明显的差异活动外，主要表现为整体隆起抬升，第四纪隆起幅度在2000m左右，大岗山水电站坝址区正位于靠近边界断裂的大凉山中升区一侧。

鲜水河断裂南东段和安宁河断裂北段，晚第四纪以来以显著的断错地貌和近代地震地表破裂为其主要特征。

鲜水河断裂南东段以惠远寺拉分盆地与鲜水河断裂北西段分界。乾宁—康定段结构比较复杂，主要由色拉哈—康定断裂、折多塘断裂和雅拉河断裂等三条断裂近于平行展布而成，这三条断裂均为全新世活动断裂。该断裂段上发生过1725年康定7级地震和1955年折多塘7.5级地震，强震实际复发间隔为230年，估计强震的复发间隔在230～350年（周荣军，等，2001年）。磨西断裂位于鲜水河断裂的最南段，在雅家埂附近与色拉哈—康定断裂左阶排列。该断裂段亦为全新世活动断裂，个别探槽有古地震遗迹，估计强震复发间隔在300～500年。对磨西断裂在1786年7¾级地震中是否破裂还没有一个统一的认识，从保守的角度考虑，将磨西8级潜在震源区的南界划在猛虎岗。

安宁河断裂北段除1913年发生过1次6.0级地震外，没有更大的历史地震记载。但根据紫马垮和野鸡洞多个探槽古地震研究结果，安宁河断裂北段晚全新世以来发生过4次古地震事件，强震复发间隔在600～700年（闻学泽，等，2000年），震级在7.5级左右。以该断裂段划定的潜在震源区震级上限定为7.5级。

大凉山断裂也是一条全新世活动断裂，该断裂虽然无6级以上历史强震记载，但草里马探槽亦揭示出该断裂曾发生过史前强震的地质记录，近场区范围内仅包括了大凉山断裂北段的一部，考虑到该断裂段具明显活动的断裂段长度为40km的事实，划定的潜在震源区震级上限亦为7级。

5.2.5 地震危险性分析

5.2.5.1 潜在震源区的划分

潜在震源区划分方案是在《中国地震动参数区划图》（2001）中国地震局地球物理研究所潜在震源区划分方案的基础上，结合区域地震地质调查、近场区地震构造条件的最新研究成果进行修改补充，最终确定的。共划分出高震级档的潜在震源区20个和相应的低震级档的潜在震源区15个（图5.2-4）。

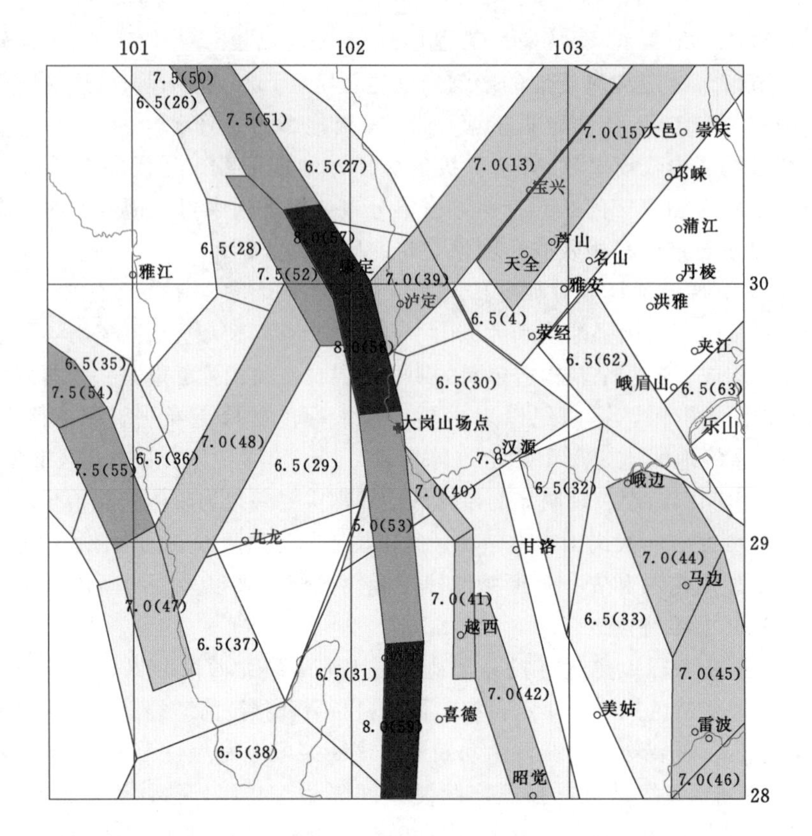

图 5.2-4　大岗山水电站潜在震源区分布图

（2004 年地震安全性评价）

根据“5·12”汶川地震区潜在震源调整和修改，导致对大岗山水电站区域 2004 年地震安全性评价时使用的潜在震源发生变化，主要表现在：将区域内原汶川 7 级潜在震源区的震级上限提高为 8 级，汶川 8 级潜在震源区北边界根据震源破裂北移至东经 105°附近。对大岗山水电站工程场地最近龙门山构造带西段，即区域 2 号宝兴潜在震源的震级上限由 7.0 调整为 7.5（表 5.2-9、图 5.2-5）。对于大岗山水电站工程场地较近、有可能在场地地震危险性贡献方面有较大影响的、位于鲜水河断裂带和安宁河断裂带潜在震源没有进行调整。

对场址影响较大的潜在震源区的划分依据叙述如下：

（1）康定 8 级潜在震源区。康定潜在震源区处于鲜水河断裂带的南东段，由雅拉河断裂、色拉哈—康定断裂、折多塘断裂组成的地震断裂带。该地震断裂带是在鲜水河断裂带南东段老断裂的基础上发生和发展起来的一条全新世活动断裂带，地震活动强烈，历史上曾发生过 2 次大震，即 1725 年康定 7 级地震和 1955 年康定折多塘 7.5 级地震。沿地震断裂带错动地貌特别发育，如地震陡坎、边坡脊、地震槽、断塞塘等。表现了明显的左旋走滑错动性质。断层平均滑移速率在（2±0.2～5.5±0.6）mm/a。因此，该潜在震源区具有发生大震的地震地质条件，故确定其震级上限为 8 级。大岗山水电站坝址距康定潜在震源区南边界约 7km。

表 5.2-9　　　　　　　　　区域潜在震源区划分表

地震统计区	潜在震源区组	高震级段			低震级段	
		编号	潜在震源区名称	M_u	编号	M_u
鲜水河地震统计区	鲜水河安宁河潜在震源区组	26	鲜水河断裂炉霍潜在震源区	8.0	21～26	6.5
		25	鲜水河断裂道孚—乾宁段潜在震源区	8.0		
		21	鲜水河断裂康定潜在震源区	8.0		
		34	安宁河断裂北段潜在震源区	7.5		
		22	石棉—越西潜在震源区	7.0		
			普雄河断裂潜在震源区	7.5		
	理塘德巫潜在震源区组	31	理塘—德巫断裂潜在震源区	7.5	31～32	6.5
		32	理塘—德巫断裂南段潜在震源区	7.0		
		33	玉龙希断裂潜在震源区	7.0		
	马边雷波潜在震源区组	36	马边潜在震源区	7.0	36	6.5
龙门山地震统计区	龙门山潜在震源区组	1	汶川潜在震源区	8.0	1～2	6.5
		2	宝兴潜在震源区	7.5		

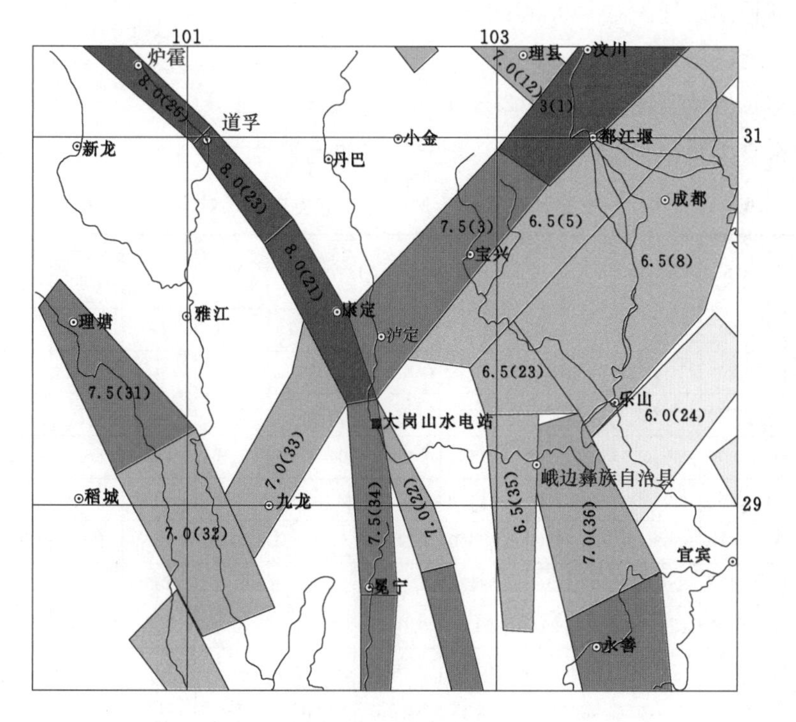

图 5.2-5　大岗山水电站潜在震源区分布图

（汶川地震后修改）

（2）栗子坪 7.5 级潜在震源区。该潜在震源区包括了安宁河断裂带北段的展布范围。该断裂段由近于平行的三条断裂组成，主干断裂沿安顺场、廍子坪、紫马垮、野鸡洞、大桥及冕宁一线展布，晚第四纪以来的平均水平滑动速率在4.5～5mm/a（闻学泽，等，2000年；周荣军，等，2001年），该断裂段除发生过1913年小盐井6级地震外，无更大的历史强震记载，该断裂段具备发生7.5级地震的能力。大岗山水电站坝址位于栗子坪潜在震源区的北端。

（3）石棉7.0级潜在震源区。该潜在震源区主要包括了大凉山断裂带的海棠—越西断裂和普雄河断裂的展布范围。该断裂带具有明显的全新世活动性，在石棉南和曲古地等地可以见到清晰的断错冲沟、山脊及洪积扇等断错地貌现象，石棉附近的含石棉矿的超基性岩体被断裂左旋位错了8km左右（Wang E. 等，1998年），晚第四纪以来的平均水平滑动速率估值在3mm/a左右。该断裂上虽无6级以上强震的历史记载，但探槽揭示出了断裂史前强震活动的地质证据，小震亦沿断裂密集成带分布。因此根据地震构造类比原则，将该潜在震源区的震级上限定为7.0级。

5.2.5.2 地震活动性参数的确定

地震年平均发生率 v_4 代表未来百年内地震统计区地震活动的水平。基于前面对三个地震统计区未来地震活动水平的判断，通过对各地震统计区内与未来地震活动水平相当的历史地震活动时段内地震样本的统计计算与分析，得到各地震统计区地震年平均发生率 v_4 估算结果如下：

鲜水河地震统计区 $v_4=9.07$；

龙门山地震统计区 $v_4=1.082$；

巴颜喀拉山地震统计区 $v_4=2.819$。

场址附近主要的4个潜在震源区的空间分布函数见表5.2-10。

表5.2-10　　主要潜在震源区 M_u、$f_{i,mj}$ 和方向性函数

震级档潜源 m_j 编号	4.0～5.4	5.5～5.9	6.0～6.4	6.5～6.9	7.0～7.4	≥7.5	M_u	θ_1/(°)	P_1	θ_2/(°)	P_2
1	0.02800	0.04230	0.05000	0.04370	0.11330	0.08020	8.0	45	1.00	0	0.00
2	0.04800	0.04820	0.04760	0.07750	0.08000	0.00000	7.5	50	1.00	0	0.00
5	0.02370	0.02370	0.01500	0.00000	0.00000	0.00000	6.5	50	0.10	0	0.00
9	0.03000	0.03020	0.03520	0.05530	0.09550	0.00000	7.5	130	1.00	0	0.00
10	0.02460	0.02480	0.02330	0.04400	0.06000	0.15300	8.0	105	1.00	0	0.00
11	0.03010	0.03030	0.03530	0.05540	0.12690	0.00000	7.5	87	1.00	0	0.00
12	0.00995	0.01005	0.01410	0.02140	0.00000	0.00000	7.0	135	1.00	0	0.00
26	0.0108	0.0108	0.0098	0.0122	0.0326	0.0985	8.0	135	1.0	0	0.0
25	0.0086	0.0086	0.0084	0.0103	0.0292	0.0855	8.0	130	1.0	0	0.0
21	0.0101	0.0101	0.0111	0.0135	0.0267	0.0802	8.0	120	1.0	0	0.0
34	0.0102	0.0102	0.0111	0.0136	0.0288	0.0000	7.5	95	1.0	0	0.0
33	0.0131	0.0131	0.0114	0.0129	0.0000	0.0000	7.0	55	1.0	0	0.0

注　M_u 为各潜在震源区的上限；θ_1、θ_2 为等震线长轴取向角度；P_1、P_2 为相应分布概率。上限为7.0级以上潜源中，低震级档的空间分布函数已在嵌套它们的6.5级上限潜源内给出，故为0.0。

5.2.5.3 基岩地震动衰减关系

采用胡聿贤等（1984）提出的转换方法来确定地震动衰减关系[15]。地震安全性评价报告选用的地震动衰减公式是中国地震局地球物理研究所最新拟合的西南地区基岩水平向Ⅲ型地震动峰值加速度衰减公式。

长轴 $\ln A_p = 1.3970 + 2.1234M - 0.0634M^2 - 1.977\ln(R_a + 0.497e^{0.563M})$

$$\sigma = 0.58 \qquad (5.1)$$

短轴 $\ln A_p = -0.5629 + 1.9849M - 0.0566M^2 - 1.624\ln(R_b + 0.101e^{0.667M})$

$$\sigma = 0.58 \qquad (5.2)$$

式中：A_p 为峰值加速度，g；M 为震级；R_a 和 R_b 分别为长轴和短轴等震线距离。

5.2.5.4 地震危险性概率分析成果

根据前面所确定的地震统计区、潜在震源区、地震活动性参数及地震动峰值加速度衰减关系，利用地震危险性概率分析方法，进行大岗山水电站坝址工程场地的地震危险性计算。大岗山水电站工程场地地震安全性评价结果见表 5.2-11，工程场地不同超越概率水平的基岩水平峰值加速度如图 5.2-6 所示。

表 5.2-11 大岗山水电站工程场地地震安全性评价成果

概率水准/(年，超越概率)		50 年，0.1	50 年，0.05	100 年，0.02	100 年，0.01
相当的再现周期/年		500	1000	5000	10000
动峰值加速度/g	2004 年成果	251.7	336.4	557.5	662.2
	2008 年复核成果	263.7	346.03	558.17	663.42

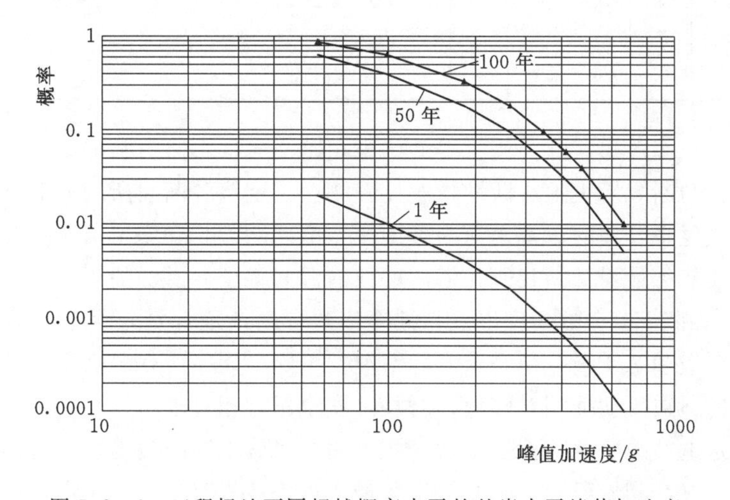

图 5.2-6 工程场地不同超越概率水平的基岩水平峰值加速度

5.2.6 工程场地最大可信地震评估

国际大坝委员会建议，采用确定性方法确定最大可信地震（MCE）是可行的。根据坝址周围尤其是近场区的地震地质情况，结合国内外研究成果，对大岗山水电站的地震危险性进行确定性分析。

采用与沿断裂地震破裂和位错有关的经验关系对地震最大震级进行估计[16]。其中，比较常用的经验关系为地震的地表破裂长度 L 和震级 M 的关系式。断层的破裂长度和所发生的震级之间有一定的联系，但是不同学者在不同地点所得到的统计公式之间有一定的差别，在此按断层活动长度 L、最大地表位错 D_{max} 与震级（M）常用的经验关系式，对坝址近场区的主要活动断裂最大可能发生的震级作了估算，结果见表 5.2-12。

表 5.2-12　　预测各断层上的最大可信震级

断层名称	断层长度/km	破裂长度/km	距坝址/km	计算结果（最大震级）										
				(1)	(2)	(3)	(4)	(5)	(6)	(10)	(11)	(12)	(13)	平均值
鲜水河断裂南段（磨西断裂）	110	70	4.5	7.38	7.33	7.57	7.17	7.38	7.21	7.02	7.17	7.72	7.79	7.37
		110	4.5	7.50	7.59	7.89	7.79	7.52						7.65
安宁河断裂北段（小相岭段）	90	90	6.0	7.45	7.47	7.75	7.40	7.60	7.39	6.89	7.04	7.61	7.56	7.42
大渡河断裂南段（得妥断裂）	30	30	4.0	7.15	6.85	6.96	6.40	6.61	6.63					6.77
大凉山断裂北段（海棠—越西断裂）	80	65	20.0	7.36	7.29	7.52	7.11	7.31	7.16					7.29
龙门山断裂分支（北川—映秀断裂）	70	33	50.0	7.18	6.91	7.03	6.49	6.70	6.70					6.84
玉农希断裂（瓦夏乡段）	150	60	41.0	7.34	7.24	7.46	7.03	7.24	7.11					7.24

由表 5.2-12 可知，各公式所得的结果相差不大，大岗山水电站附近主要断裂的最大发震能力与断裂历史地震活动情况比较吻合。围绕各断裂所划分的潜在震源区的震级上限也是比较合理的。鲜水河断裂南段（磨西断裂）和安宁河断裂北段（小相岭段）未来发震能力最强（断裂所在潜源磨西潜源和栗子坪潜源的震级上限分别为 8 级和 7.5 级），从偏于安全的角度出发，按全段均参与活动计算，两条断层的发震能力分别达到 7.7 级和 7.4 级，是符合实际情况的。除了表中所列的六条断裂外，其余的规模比较大的断层距坝址相对较远，对坝址安全影响相对较小。

大岗山水电站地震危险性确定性分析表明，当鲜水河断裂南段（磨西断裂）和安宁河断裂北段（小相岭段）两条断裂发生最大可信地震时，对大岗山水电站工程场地产生的峰值加速度计算成果见表 5.2-13。

表 5.2-13　　最大可信地震对大岗山水电站场地产生的峰值加速度

断　　层	计算最大震级 M	距坝址/km	PGAV/g	PGAH/g	V/H
鲜水河断裂南段（磨西断裂）	7.7	4.5	0.460	0.586	0.785
安宁河断裂北段（小相岭段）	7.4	6.0	0.356	0.491	0.725

5.2.7 设计地震动参数选取

根据《水电工程水工建筑物抗震设计规范》（NB 35047）[17]，大岗山水电站挡水建筑物抗震设防类别为甲类，工程设防标准见表 5.2-14。

表 5.2-14　　大岗山水电站坝址设计地震加速度值

概率	非壅水建筑物 50 年超越概率 5%	壅水建筑物 100 年超越概率 2%	壅水建筑物 100 年超越概率 1%
设计地震加速度/g	336.4	557.5	662.2

混凝土双曲拱坝抗震设防标准为 100 年为基准期，超越概率为 0.02 确定设计地震加速度代表值的概率水准，相应的地震水平加速度为 557.5g；取基准期 100 年超越概率 0.01 动参数进行校核，相应的地震水平加速度为 662.2g。

非壅水建筑物抗震设防标准为 50 年为基准期，超越概率为 0.05 确定设计地震加速度代表值的概率水准，相应的地震水平加速度为 336.4g。

埋深在 50m 以上的地下结构设计地震加速度可取地面建筑物基岩峰值加速度的 1/2，因此，大岗山水电站地下厂房建筑物设计地震水平峰值加速度取 50 年为基准期，超越概率 0.05 的地震水平峰值加速度的 1/2，值为 168.2g。实际计算中，地下厂房建筑物以 50 年为基准期，超越概率为 0.10 确定设计地震加速度代表值的概率水准，相应的地震水平加速度为 251.7g。

工程边坡以 50 年为基准期，超越概率为 0.10 确定设计地震加速度代表值的概率水准，相应的地震水平加速度为 251.7g。按 50 年超越概率 0.05 取值复核，相应的地震水平加速度为 336.4g。

5.3 工程场地地震安全性评价成果讨论

大岗山水电站坝址地震危险性分析曾经进行过多次评价工作，结果见表 5.3-1。三份报告中所确定的大岗山水电站坝址区 100 年超越概率 2%的加速度值从 542g 到 573g，相差异的幅度较大。说明了在现行的地震危险性分析计算中存在很多不确定因素，由于认识的不同和处理上的差异，使计算结果产生很大的离散性。

表 5.3-1　大岗山水电站三次地震安全性评价结果（基岩峰值加速度）对比

安评成果名称	50 年超越概率/g				100 年超越概率
	63%	10%	5%	3%	2%
预可研报告附件 1（1）（第一次安评）	75.0	265.0	349.0	415.0	573.0
预可研报告附件 1（2）（第二次安评）		242.0	323.0	390.0	542.0
预可研报告附件 1（3）（第三次安评）	61.5	251.7	336.4	404.3	557.5

分析地震危险性计算中的这些不确定因素、探讨这三份报告中计算结果离散性产生的来源是十分必要的。鉴于第三次计算结果是经过有关部门批准的作为设计依据，在讨论中，主要以第三次地震安全性评价结果为依据，也以第三次地震安全性评价所使用的数据和潜在震源区划分方案为基础（图 5.2-4）。

5.3.1 近场潜在震源区边界的敏感性分析

对大岗山水电站坝址地震危险性贡献最大的是鲜水河断裂康定—磨西南段 8.0 级潜在震源区（58 号源），其次是安宁河断裂北段 7.5 级潜在震源区（53 号源）。三次地震危险性计算中近场潜在震源区划分的差异主要是磨西 8.0 级潜在震源区的南边界到坝址的距离，分别是 0km、12km 和 7km。验算时使用相同的地震动衰减公式和地震带参数，仅根据面积大小略微调整一下空间分布函数，计算结果产生的变化见表 5.3-2 和图 5.3-1。由于使用不同的计算程序其结果也会有所不同，表 5.3-2 中给出的结果可能无法与地震安全性评价报告提供的结果完全吻合，在此仅强调相对值的比较。

表 5.3-2　磨西潜在震源区边界位置对坝址地震动参数的影响

边界距坝址距离 /km	50 年超越概率		100 年超越概率	
	10%	5%	2%	1%
0	256.44	340.56	570.24	676.50
12	248.32	330.33	547.36	649.99
7	250.84	334.49	557.56	662.19

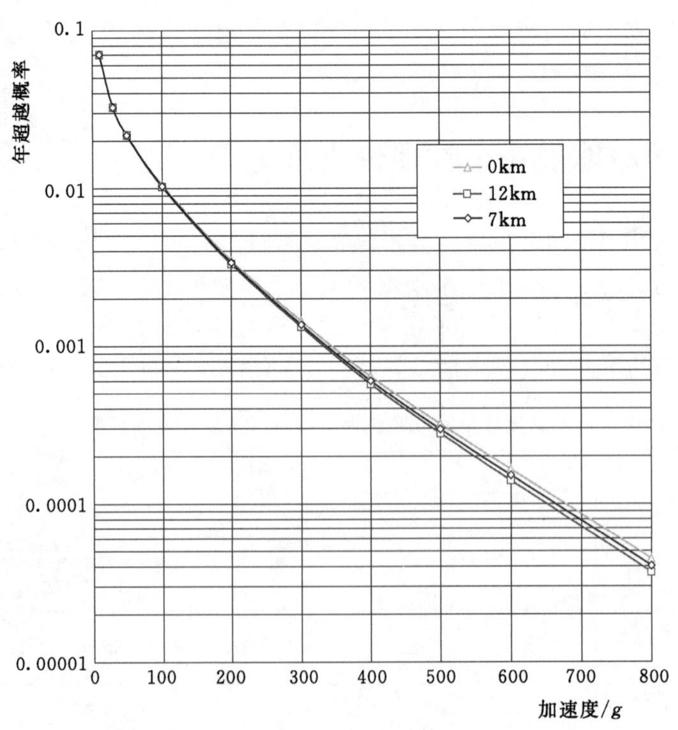

图 5.3-1　磨西潜在震源区南边界距离坝址从 0～12km 的对比图

5.3.2 地震带年发生率 v_4 的敏感性分析

表 5.2-10 中显示，大岗山水电站工程所在的鲜水河—滇东地震带 4.0 级以上地震的年平均发生率（v_4）为 9.07 和 6.44。前者是后两次地震危险性计算时使用的值，后者是编制第四代全国地震动参数区划图时使用的数据。第一次地震危险性计算时使用的年平均发生率为 18.217，但地震统计区（西区）的范围与鲜水河—滇东地震带的范围有所不同。

使用第三次潜在震源区划分方案，将鲜水河—滇东地震带的 v_4 从 9.07 降至 6.44，计算结果产生的变化见图 5.3-2 和表 5.3-3。

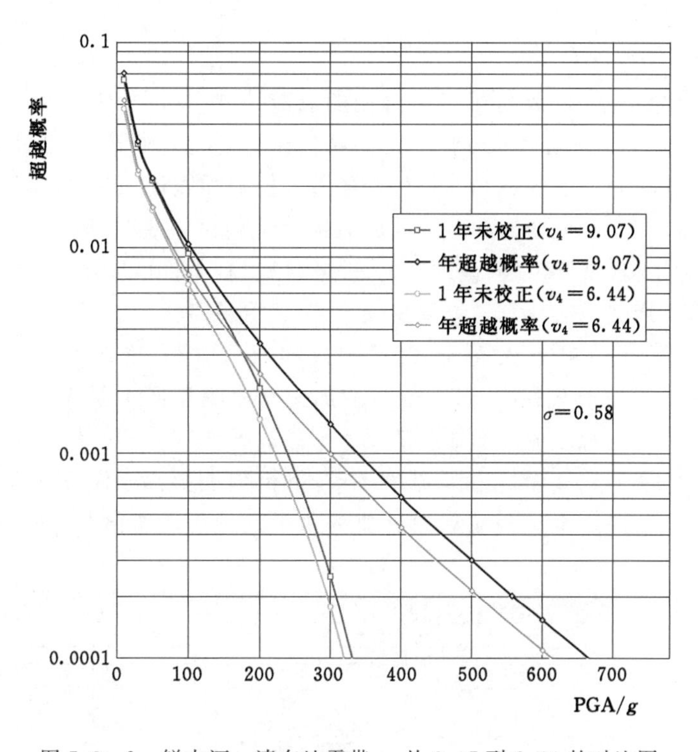

图 5.3-2 鲜水河—滇东地震带 v_4 从 9.07 到 6.44 的对比图

表 5.3-3 鲜水河地震带 v_4 从 9.07 降至 6.44 对坝址地震动参数的影响

给定加速度/g		30.0	50.0	100.0	200.0	300.0	400.0	500.0	600.0	800.0
年超越概率	v=9.07	32.7	21.6	10.3	3.37	1.37	0.604	0.298	0.152	0.0406
	v=6.44	23.6	15.5	7.32	2.40	0.976	0.429	0.211	0.108	0.0288
给定（1年）危险水平		0.0126	0.01	0.005	0.003	0.002	0.001	0.0006	0.0002	0.0001
加速度值/g	v=9.07	82.6	101.6	156.5	210.8	253.2	335.2	400.9	556.8	657.2
	v=6.44	60.5	74.9	126.7	174.0	217.1	296.7	355.7	507.6	610.0

5.3.3 选用的地震动衰减公式对比

由于缺乏足够的强震记录，地震动衰减规律成为地震危险性计算中的重大难点问题。衰减公式的选取成为影响场址设计地震动参数最大的不确定因素，因而也是地震安全性评价工作的关键环节之一。

大岗山水电站第一次地震危险性计算使用的衰减公式是四川省地震局拟合的西南地区基岩水平向Ⅲ型加速度衰减公式（$\sigma_{lg}=0.232$）：

长轴 $$\lg A_p=-1.014+1.4545M-0.0674M^2-2.0837\lg(R_a+2.1345e^{0.3401M}) \tag{5.3}$$

短轴 $$\lg A_p=-1.473+1.2532M-0.0582M^2-1.5070\lg(R_b+1.0646e^{0.3312M}) \tag{5.4}$$

与后两份地震安全性评价报告中选用的衰减公式（5.1）和式（5.2）相比（图5.3-3），主要差别出现在10km以内的近场区部分，地球物理所的衰减公式能更好地体现地震动衰减的“近场饱和”特性。随着人们对强震地面运动衰减规律的深入研究和震例总结，具有“近场饱和”特征的衰减公式得到了普遍接受，式（5.1）和式（5.2）自2002年提出以来在西南地区的许多大型工程中推广应用。

使用这两组衰减公式计算的结果见表5.3-4和图5.3-4。很显然，用式（5.3）和式（5.4）计算的结果大大高于式（5.1）和式（5.2）的结果。尽管图5.3-3（二）M=5级的衰减曲线在$R<10$km时的加速度值明显低于图5.3-3（一），但由于大岗山水电站工程所在地区的地震活动水平较高，低震级端的作用对计算结果的影响并不大；而M=7～8级的衰减曲线在$R<20$km时明显高于图5.3-3（一），正是这点差别对计算结果乃至工程场地设计概率水平的地震动参数值产生了非常显著的

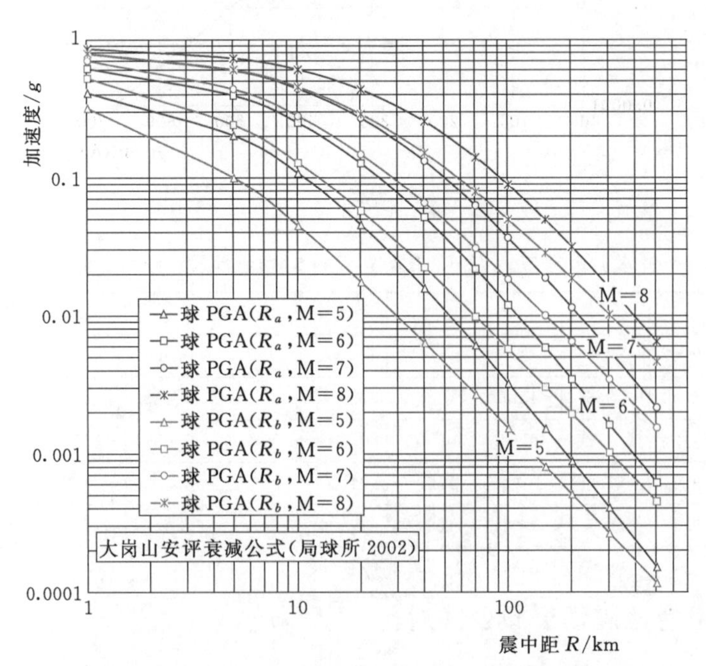

图5.3-3（一） 大岗山水电站工程选用的地震动衰减规律对比图

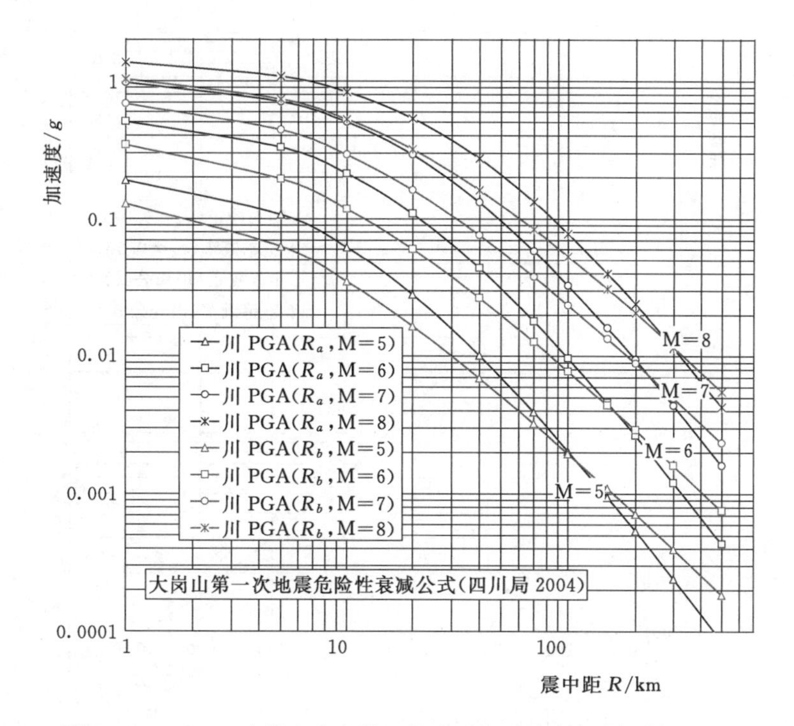

图 5.3-3（二） 大岗山水电站工程选用的地震动衰减规律对比图

影响。

表 5.3-4　　　　不同衰减公式对坝址地震动参数的影响

给定加速度/g		30.0	50.0	100.0	200.0	300.0	400.0	500.0	600.0	800.0
年超越概率	式（5.1）、式（5.2）	32.7	21.6	10.3	3.37	1.37	0.604	0.298	0.152	0.0406
	式（5.3）、式（5.4）	30.8	20.7	10.2	3.62	1.56	0.735	0.372	0.191	0.0606
给定（1年）危险水平		0.0126	0.01	0.005	0.003	0.002	0.001	0.0006	0.0002	0.0001
加速度/g	式（5.1）、式（5.2）	82.6	101.6	156.5	210.8	253.2	335.2	400.9	556.8	657.2
	式（5.3）、式（5.4）	81.4	101.5	161.2	218.9	266.0	355.5	427.6	592.8	705.7

近场地震动衰减规律对于设计地震动参数的估计，既是至关重要的因素也是尚未成功解决的瓶颈问题。这一点已经非常突出地显现出来。地震动衰减规律的拟合转换从早期的百花齐放逐渐趋向于使用权威专业部门提供的现成衰减公式。在近年来的地震安全性评价实践中，式（5.1）和式（5.2）得到了普遍接受和更广泛的应用。

从上述三个方面的分析来看，大岗山水电站工程地震安全性评价工作中的地震危险性概率分析部分确实存在一定的不确定性。而这些不确定因素对工程设计地震动参数的影响之大又是不容忽视的。选用合适的衰减公式、合理确定地震活动性参数，是非常重要的环节，需要特别慎重对待。

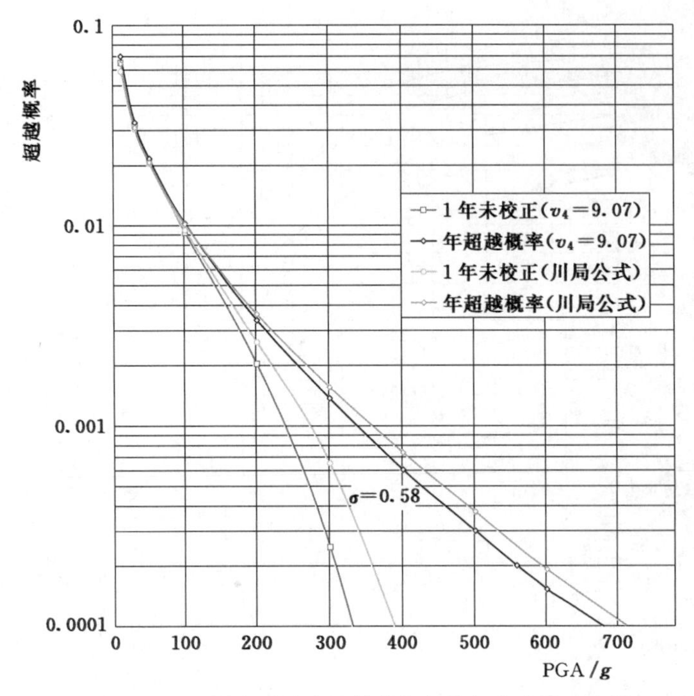

图 5.3-4　不同衰减公式计算的年超越概率曲线对比图

值得一提的是，最令人关注的第（58）号磨西 8.0 级潜在震源区南端边界的位置从0～12km 变化对坝区所产生的影响并不如预想的那么大。分析原因可能有两点：①计算程序中对空间变量的积分进行了技巧上的处理，使超近距离的潜源区对场址的贡献不至于过大；②坝址恰位于磨西潜源区的长轴方向上，而且还被第（53）号安宁河断裂北段 7.5 级潜在震源区包在其中，处在最不利的环境之中，边界位置的调整已经不会产生实质性的影响了。

对于近场潜在震源区而言，更重要的不确定因素是对地震地质条件的认识、对未来地震活动性预测、估计和判定，具体落实到对近场潜在震源区地震活动性参数的赋值上。下面将重点从近场潜在震源区的划分、震级上限的判定，强震活动重现期复核等几个方面，对大岗山水电站地震危险性概率分析中的不确定因素和设计地震动参数中所包含的安全裕度进行评估。

5.4　地震地质环境评价

在现代块体构造上，大岗山水电站地处由鲜水河断裂带和安宁河断裂带构成的川滇菱形块体东边界的东侧。北东向的龙门山断裂带在其北部和此边界相汇。晚新生代以来，伴随着青藏高原的快速隆起抬升和高原东部地区上地壳物质向东蠕散的影响，该地区处于强烈的隆起抬升状态，形成深切割的高山峡谷区，现代地震构造应力场以NWW—SEE 向水平主压应力与 NNE—SSW 向水平主张应力为主。伴随这一基本的构造环境，川滇菱形块体东边界的部分地段频繁的强震发生，主要位于大致距工程场地近 50km 以北以西的鲜水河断裂带和大致距工程场地 80km 以南的安宁河断裂带及则木河断裂带。大岗山水电站工程所在的、其间的东边界，地震活动的强度很弱，基本上以小于5.5级的中小地震活动为主。

作为地震危险性分析和区域构造稳定评价的基础，下列三条断裂带直接影响和决定大岗山水电工程场地的构造稳定性和地震设防参数确定：

（1）磨西断裂，位于坝址西侧4.5km，为一区域左旋走滑活动性断裂。

（2）大渡河断裂，位于坝址西侧4km。断裂整体呈SN向。

（3）安宁河断裂（北段），位于坝址南侧20km。

为此，要评估大岗山水电站地震动设防参数的裕度，首先要从此三条断裂带活动性开始。并结合大岗山水电站地区其他地震地质环境特点，综合分析研究大岗山水电站地震设计峰值加速度的安全裕度。

5.4.1 断裂带活动性评价

5.4.1.1 磨西断裂带

磨西断裂带为鲜水河断裂带的组成部分，属鲜水河断裂带南段。

鲜水河断裂带为我国西部著名的强震活动带，在大地构造上位于四川西部Ⅱ级构造单元松潘—甘孜地槽褶皱系内部，是松潘—甘孜地槽褶皱系内部两个次级构造单元的分界线。据统计，鲜水河断裂带发生过8次7级以上强烈地震和多次6.0～6.9级强地震，有强度大、频率高的地震活动特点。

鲜水河断裂带北西起于甘孜西北，向南东经炉霍、道孚、乾宁、康定、磨西，石棉新民以南活动行迹逐渐减弱，终止于石棉公益海附近。断裂带在康定西北总体走向310°～320°，康定以南总体走向330°～340°，全长约400km。鲜水河断裂带由炉霍断裂、道孚断裂、乾宁断裂、雅拉河断裂、中谷断裂、色拉哈—康定断裂、折多塘断裂、磨西断裂等八条断裂组成。惠远寺拉分盆地以西，断裂由炉霍段、道孚段、乾宁段三条次级断裂组合呈左行羽列的雁列状构造，几何形态和内部结构比较单一，有显著的左旋走滑运动特征；惠远寺拉分盆地南东，断裂结构比较复杂，总体呈一略向北东凸出的弧形状，有一系列的次级分叉活动断裂伴生。乾宁—康定段由雅拉河断裂、中谷断裂、色拉哈—康定断裂、折多塘断裂近于平行展布而成，几何形态和内部结构都比较复杂，走向320°～330°（四川省地震局等，1997）；康定以南断裂基本上呈单一的主干断裂延伸，以挤压—逆冲运动为主，走向335°～345°，康定至雅家埂为色拉哈断裂，雅家埂以南为磨西断裂，二者呈左阶排列。

磨西断裂相对平直，走向335°～345°，与色拉哈断裂呈左阶排列。色拉哈—康定断裂经雪门坎到雅家埂以南与磨西断裂呈左阶斜列，所构成阶区的最大间距为1.6km，重叠距约为2.5km（四川省地震局等，1997）。磨西断裂向南沿磨西沟（河）、湾东沟、田湾河，经大石包、出路沟、穿过小水沟（安顺场）等地，终止于石棉南的公益海，总长约150km，主体呈NNW—SSE向延伸。磨西断层的走向不太稳定，沿断裂走向有明显波状弯曲：北段（雅家埂—海螺沟）呈N10°W展布，线性特征明显；中段（海螺沟—田湾）呈明显的舒缓波状弯曲，断层线时而SN、时而NNW向变化展布，整体呈N15°W；南段（田湾—石棉公益海）呈N20°～30°W展布，线性特征也较明显。断层呈向 W 和 SWW 倾，倾角较陡，通常在 60°以上，断裂面沿倾向均较平直。

由于发生于 1786 年 6 月 1 日 7¾ 级地震距磨西断裂带很近，地震强破坏区也波及磨西断裂带分布区，特别是该地震同震位错是否在磨西断裂带发育，也成为评价磨西断裂带活动性的关键之一。为此，沿磨西断裂带的走向建立和复核雅家埂至猛虎岗 19 个地质剖面，并采集断裂带活动性 20 组微观样品，作为讨论磨西断裂带活动性的基础。调查研究表明：

（1）磨西断裂与色拉哈—康定断裂呈左阶排列。比较而言，作为 1786 年 6 月 1 日地震的发震断层——色拉哈—康定断裂，沿其地表破裂分布连续、形迹清晰，显示全新世活动特征和相对可信的证据。而磨西断裂，作为全新世活动的一些地貌的信息，也都存在多解的可能，一些直接的"断错"证据，在强度上也和 7 级以上地震断错形变量级不相匹配。从航片判读、野外地质地质剖面调查和分析、探槽开挖及测年结果等，尚无发现确切的证据可信其有全新世断错活动迹象。同样，以色拉哈—康定断裂为发震断裂的 1786 年地震，在磨西断裂带上是否可能有破裂产生，也未发现可信的证据。

（2）从宏观上看，鲜水河断裂带为由 NW 逐渐过渡为 NNW 的弧形，南段磨西断裂地处从 NW 向鲜水河断裂带转向近南北向大转弯部位的中部，鲜水河断裂带强烈的左旋走滑导致其 NNW 段必然产生近东西地壳缩短，磨西断裂的南西盘存在以海拔 7556m 的贡嘎山为中心的强烈抬升区，吸收了沿鲜水河断裂带的部分左旋走滑位移，使得磨西断裂的活动强度远小于鲜水河断裂带的北西段。

（3）从目前的资料来看，磨西断裂带，特别是得妥以南地段，主要为前全新世断错活动断裂。磨西断裂带上覆Ⅰ级和Ⅱ级阶地无明显的变形，一方面验证上述分析；另一方面也反映了磨西断裂带晚更新世，特别是晚更新世晚期以来新活动相对较弱。根据野外考察和室内显微构造分析可知，磨西断裂出露有糜棱岩、碎裂岩和断层泥，更多的是叠加有糜棱岩和碎裂岩两种结构特征的断层岩，反映了断层早期活动为韧性剪切，使石英拉成长条状。之后发生脆性破裂，垂直于条状石英的长轴方向发育一组近于平行的微裂隙，且充填多期方解石脉，最新一组方解石脉未变形。最晚一期断层滑动使断层泥中产生一组雁行式裂隙，表明断层新活动为左旋滑动。但断层泥中方解石脉未变形，反映断层新活动较弱特点。

5.4.1.2 大渡河断裂带

大渡河断裂北起康定金汤附近，向南经泸定、冷碛、得妥，于石棉田湾南为鲜水河断裂的磨西断裂所错切，呈断续状展布，全长约 150km。断裂带主要由北部的昌昌断裂、瓜达沟断裂、楼上断裂、泸定韧性剪切带（断裂）和得妥断裂等断裂组成（成都理工大学，2004 年）。其中，得妥断裂距坝址 4km。断裂的基岩破碎带在冷碛也有良好的出露，破碎带宽约十米至百余米，主要由角砾岩、糜棱岩等组成，显示出压性特征，主断面走向近南北，倾向南东，倾角 70°～80°（中国地震局地质研究所，2004）。

总体上看，大渡河断裂带处于由北西向鲜水河断裂带、北东向龙门山断裂带和近南北向安宁河断裂带构成的"Y"字形构造的三岔口，其规模、构造地位、地质地震活动性等方面，远低于构成"Y"字形构造的三条主干断裂带。历史最大地震为发育于大渡河断裂带和金汤弧形断裂带西翼复合地区的1941年金汤附近的6级地震。

根据大渡河断裂带地震地质考察的11个剖面和47个微观分析样品的分析研究，结论是：

(1) 宏观上，大渡河断裂带主要由昌昌断裂、瓜达沟断裂、楼上断裂、泸定断裂和得妥断裂等南北向断裂组成的构造带，其中，泸定断裂带规模最大。包括得妥断裂在内，大渡河断裂带全长约150km。大渡河断裂带地处北东向的龙门山断裂带和北西向鲜水河断裂带之间，属块体内部的断裂带，其整体规模、构造地位和地震地质活动性均在两者之下。

(2) 地质断面和构造岩的特征显示，大渡河断裂带北段昌昌断裂、瓜达沟断裂和楼上断裂等有一定规模的脆性变形特征，中南段泸定断裂和得妥断裂显示早期强烈的韧性剪切和后期的小规模的脆性破裂叠加，断面多为沿岩脉发育、挤压性质的小断层，显示晚期活动相对为弱。断裂南延至新华桥和田湾附近，断裂带及其影响宽度已小至不到1m。根据现有的断面和第四系地层的切盖关系、断裂展布区地形地貌特征，特别是断裂带上覆Ⅱ～Ⅲ级阶地沉积物保持原始状态，无明显扰动变形，显示大渡河断裂带无全新世地层和地震断错活动的可信迹象。综合来看，大渡河断裂带主要地质活动期应为中更新世及以前。

5.4.1.3 安宁河断裂带

安宁河断裂带处于康滇地轴的轴部，为本地区南北向断裂带主体，属边界性质的深大断裂带。一般认为断裂带分为东、西两支，平行展布，相距4～9km，总体走向SN，倾向或东或西，倾角60°～80°。东支延伸长，是主干断裂。安宁河东支断裂带北起石棉安顺场、麂子坪、紫马垮、南椏村、掩乌、泸沽、西昌、德昌至会理以南消匿，全长约350km。西支断裂起自冶勒附近的三叉河，向南经哑吧坡、大桥、冕宁马黄屯，再向南沿安宁河谷西侧延伸，经德昌城西向南消匿，全长约200km。

事实上，根据1∶20万地质图，安宁河断裂带在地表的展布并非为连续断裂带，而是断续分布于安宁河两侧、由一系列近于平行、近SN向断裂构成的很宽的断裂带。从断裂带分布的宏观地质地貌环境，冕宁以北，基本上以单条为主，由NNE走向逐步转向NNW走向呈微微向东凸的弧形，向北连续出露分布。冕宁以南，断裂基本沿安宁河宽谷断陷盆地发育，断裂带呈多组、平行、时隐时现分布。安宁河断裂带成生于晋宁期，经多次构造运动其规模和力学属性均有发展，并对岩浆活动、沉积环境、构造活动、地震活动均起着明显的控制作用，但在时间、空间、活动强度上又具有明显的分段性特点。

根据安宁河断裂带地震地质特点和其所处的地质地震环境，一般将其分为北、中、南三段。其中以中段（冕宁—西昌）的规模最大，新活动性最强；北段（安顺场—冕宁）和南段（西昌—会理）相对较弱。

(1) 北段（安顺场—冕宁段）。北起安顺场附近，经麂子坪、紫马垮、野鸡洞，至冕宁彝海一带，全长约80km，总体走向近SN，以东支断裂为主体，呈弧形由北向南延伸。除局部地区而外，断裂基本上连续分布于隆起的基岩山区。麂子坪黑泥巴沟以南，断裂基本上发育于古老的侵入岩（结晶基底）中，主要为元古代花岗闪长岩、石英闪长岩或其分界线，据钻探和平洞揭露，紫马垮附近断裂破碎带宽度达300～400m。

北段沿断裂带虽然在地貌上也显示了垭口、槽谷等形态的发育，但主要反映的是安宁河大致沿东支断裂穿行于高山深谷的断层河谷（非断层断错活动）地貌，是伴随于整体新构造运动（包括整体抬升和水流侵蚀作用）的长期结果。而且，安宁河在彝海附近，也偏离了安宁河断裂带而溯源于菩萨岗隆起的南坡。从断裂带分别通过安顺场、鹿子坪等处的晚更新世冲洪积台地沉积物皆未发生变形来看，说明该段断裂带晚更新世以来的地质活动不强。

另外，从安宁河断裂带两侧盆地被揭示的，如冶勒盆地的晚更新世几百米保持原始缓倾上游状态的地层、孟获城盆地晚更新世保持水平状态的地层等，迄今未发现断裂构造和新活动的形迹，也显示该地区晚更新世晚期以来新活动相对平静的状态。

与其相对应，安宁河断裂带北段地区，现代地震活动强度也明显降低，地震活动在强度和频度上远非和中段相比，基本上以中小地震和微震活动为主，偶尔也发生6级以下的破坏性地震，如1989年石棉西北5.0级地震。栗子坪工程所在的紫马垮的隆起区，直到目前为止，尚未有破坏性的地震记载。

现代位移观测也显示较低量级（0.2mm/a）活动值。断裂带这一基本特征也是和该地区现代地震活动以中小地震为主、相对位移较小量值和水平垂直活动量值相当的事实相匹配的。

（2）中段（冕宁—西昌段）。北起冕宁彝海一带，南至西昌以南河西黄连关附近，长约120km。主要断于震旦系、三叠系上统白果湾组—侏罗系下统益门组及第四系下更新统昔格达组地层之间，总体走向近SN，倾向东，倾角60°～80°。破碎带宽达数百米，挤压片理和断层角砾糜棱岩发育。晚更新世—全新世新构造活动显著。

反映在地震活动上，安宁河断裂带中段是地震活动最为活跃地段，其中，大桥以南地质活动强烈的断陷谷先后发生过1536年西昌新华7½级地震、1732年西昌南6¾级地震、1850年西昌—普格间7½级地震、1913年冕宁小盐井6.0级地震、1952年冕宁石龙6¾级地震。显示中段地震活动的频度和强度远远超过其南北地段。

（3）南段（西昌—会理段）。北起黄连关，经德昌至会理以南，全长约150km。早更新世断陷沉积昔格达湖相地层以后，由于整体抬升（除德昌—西昌段有局部断陷外）、北端与其相接复合，形成于晚古生代，经晚更新世至全新世的连续和强烈的活动的北西向则木河断裂带的转移，导致南段晚第四纪地质活动表现微弱，断层两侧无差异活动，现今地震活动也很微弱，表现为一些零星的小震活动。

5.4.2 断裂带现代形变速率

沿鲜水河断裂的侏倭至安顺场共计布设11个测量测点，资料显示的断裂带活动水平为中、北段较高，中、南段较低。近20年来，该断裂带的运动图像几乎不变，水平运动以左旋走滑为主，运动速率高速区达3.8mm/a（虾拉沱固定台）和1.75mm/a，低速区达0.08mm/a，平均值为0.54mm/a（不包括虾拉沱固定台）。垂直运动在中、北段以上盘抬升为主，南段以下降为主，运动速率最高达0.82mm/a，最低为0.09mm/a，平均值为0.28mm/a。

位于川滇菱形块体东界中南段的安宁河、则木河断裂带上跨断层测量测点相对较少，且以垂直形变为主，据此难以全面描述其运动特征。从仅有的几个测点资料来看，安宁河断裂带和则木河断裂带的垂直运动水平较低，平均值为0.35mm/a。监测结果表明，安宁河断裂带紫马垮段水平位移速率为0.28mm/a，垂直运动速率的量值大致和水平位移速率相当。

5.4.3 地震活动性评价

5.4.3.1 地震活动特点

大渡河中游及外围地区的主干断裂带，鲜水河断裂带和安宁河断裂带共同构成川滇菱形块体的东北和东部边界。受西藏高原隆起挤压，川滇菱形块体边界强烈的地质地震活动，构成我国西部以边界断裂为主体的强烈地震活动（区）带。以大渡河中游及外围地区的主干断裂带，即鲜水河断裂带和安宁河断裂带共同构成川滇菱形块体的东北和东部边界为主体的地震构造带，自624年地震记载以来，本地区共发生M≥4.0地震38个，其中，最大地震震级为1786年发生在康定南的7¾级地震。距大渡河最近、对大渡河中游地区影响最大的地震为1786年发生于康定以南的7¾级地震。在这些地震中，大部分都发生于近300年，显示出该地震构造带地震活动强度和频度之高。

从大渡河中游及外围地区而言，一个明显的特点是，M≥6.0级的强震，基本上仅限于发育在东北边界的北西段和东边界的中南段，即泸定磨西以北的鲜水河断裂带和冕宁彝海以南的安宁河断裂带及则木河断裂带。介于其间的地段，则以中小地震活动为主导，最大地震为1989年6月9日石棉西北发生5.0级地震，显示出该段地震活动在强度和频度上与北南两端的极大反差。

1966年以来地震台网监测的微小地震活动，也显示出另一个特点，即两端大震强烈活动的地区，微小地震活动相对于中间段而表现出低频度的特点。

5.4.3.2 地震构造应力场

地震震源机制解表明，发生于大渡河中游及外围地区的主干断裂带——鲜水河断裂带和安宁河断裂带内的近代地震，显示震源断错以走滑为主，兼有逆滑运动，并以反扭为主导的断裂两盘块体运动性质。由此显示的断裂带所处的区域构造应力场，在以近东西向主压应力为主导的情况下，由于青藏块体物质的向南东移动，从北至南，有一个明显的辐射变化，在北中部以近东西向压应力，至南部冕宁西昌一带，断裂带所处的区域构造应力场变为北西向，区域主压应力场和安宁河断裂带、则木河断裂带构成相对较小角度（45°左右）相交。这一区域应力场的特点，也导致北西向的鲜水河断裂带和近东西向区域主压应力方向处于近45°较小角度的相交，而在其间的近南北向的安宁河断裂带北段和近南北向的磨西断裂带的南端，以及近南北向的大渡河断裂带，处于和区域近东西向的主压应力方向呈较大角度的直交状态。断裂带所处这种区域构造应力场差异，必然也会导致地震和地质活动的差异。

5.4.3.3 断裂带位移速率的地震分析

鲜水河断裂带和安宁河断裂带共同构成川滇菱形块体的东北和东部边界为主体的地震构造带内的近代地震，显示震源断错以走滑为主，兼有逆滑运动。在区域构造应力场的作用下，断裂带基本上处于剪压状态。应用断裂带地震矩率的概念，可以根据地震活动分析计算断裂带位移速率。根据专题研究结果，据历史地震和现代强震记录资料，取用1700年以来的地震记录及有关参数，计算得到鲜水河断裂带和安宁河—则木河断裂带的地震滑移速率值（表5.4-1）。

表5.4-1　　断裂带位移速率地震分析综合取值

断　裂　带	断　裂　段	位移速率/(mm/a)
鲜水河断裂带	磨西以西段	3～8
安宁河断裂带中段	野鸡洞—西昌段	2～3
则木河断裂带	西昌—会理段	
安宁河断裂带北段（含铁寨子断层）	安顺场—野鸡洞段	<1
磨西断裂带南段	磨西—公益海段	
大渡河断裂带	金汤西—田湾段	

从表5.4-1可见，地处大岗山水电站附近的磨西断裂带南段、大渡河断裂带和安宁河断裂带北段都显示小于1mm/a较小的滑移速率。

5.4.4　关于1786年6月1日$7\frac{3}{4}$级地震断错

发生于1786年6月1日康定南震级$7\frac{3}{4}$级强烈地震，距鲜水河断裂带南段—磨西断裂带很近，地震强破坏区波及磨西断裂带分布区。通过沿磨西断裂带的走向一系列地震地质剖面的建立和复核显示，同震位错并未在磨西断裂带发现。主要原因有三点：

（1）中国地震局地质研究所（2005）通过考察，发现1786年6月1日$7\frac{3}{4}$级地震的震中位于雅家埂以西的鲜水河断裂带之一的色拉哈—康定断裂上，而不是磨西断裂上。沿色拉哈—康定断裂地表破裂分布连续、形迹清晰。在雅家埂西侧的色哈拉断裂上即可见到1786年地震的宏观震中的震害现象，在雪门坎一带，破裂带表现为坡向北东的陡坎，在雅家埂震中附近则表现为宽20～30m、深2m左右的地震沟槽，在沟槽内往往有多级地震陡坎及海子发育，冲沟和山脊沿断层都发生了左旋位错。1786年6月1日$7\frac{3}{4}$级地震的地表破裂主要沿色拉哈断裂康定以南至雅家埂以北的雪门坎之间发育。显示1786年6月1日地震的发震断裂为鲜水河断裂带的色拉哈—康定断裂。以至在接近震中区的磨西断裂通过的位置，磨西—康定公路，雅家埂南大石包边坡第四系剖面没有明显的断错变形，不显示有全新世活动或1786年地震断错的可信的痕迹。在跃进坪地区地貌陡坎及负地形很发育，随处可见，但三个探槽中两个都没有揭露到任何构造变形，一探槽所揭示的可能断错，但其顶部被距今（1220±65）年的黑色黏土层覆盖，说明和1786年地震没有联系。同样，在南边的湾东、猛虎岗及什月河坝等地，也都难以找到任何和1786年地震相关的形变痕迹。即使从航空照片上看到，磨西断裂过二台子后，有一清晰的线性影像以310°～320°向南一直延伸到大渡河边，疑为磨西断裂最新活动的空间展布，但经追索，在大渡河见不到任何断错的可疑痕迹。从湾东向北，断裂沿银厂沟分布，走向340°～350°，与上述线性影像有一明显的夹角，而且看不到最新活动形成的微地貌。

（2）磨西断裂带及其南延部分，除少部分而外，几乎都处于1786年地震地震烈度Ⅸ～Ⅷ度震害区的范围。从地震形变带的发育和分布上看，地震烈度Ⅸ～Ⅷ度区，主要的形变震害，都是一些和局部地形地貌条件相关的非构造形变，偶尔出现间接的（反映）构造的形变，其规模也是有限，不大可能达到2m以至更大的规模。

（3）据对1786年地震震害记载史料的分析，1786年6月1日$7\frac{3}{4}$级地震是主震—余震型地震，其震源破裂的范围波及Ⅸ度区边缘得妥摩岗岭一带。据记载乾隆五十一年五月初六（1786年6月1日）$7\frac{3}{4}$级大震震害时，有"……初七复震……一连十日皆震……至十五复大震，冷碛佇水忽决，势如山倒……"。明显的震害是使1786年6月1日大震造成的大渡河断流溃决，引起其下游巨大洪灾。大震的余震之一，主要震害为（使）"……摩岗岭壅塞大渡河处溃决，水头高10丈奔腾涌下，势如山倒……"引起的洪灾。余震震级M≥5级。按"唯一"记载的震害（壅塞大渡河处溃决）地点而定宏观震中，此余震位置应在得妥以北沈边摩岗岭附近。据《四川活动断裂与地震》资料，摩岗岭处至今仍可见山体垮塌遗迹。摩岗岭的位置处于1786年主震的NE向的Ⅸ度区东南端部，从航片及解译图上看，正是磨西断裂过二台子以后，清晰线性影像310°～320°的延伸的位置。航片及解译图上磨西断裂过二台子以后的清晰线性影像310°～320°的延伸的位置，加上此余震，如果此反映了1786年主震破裂震源方向，则1786年主震310°～320°的破裂方向是和走向340°～350°、从湾东向北沿银厂沟发育的断裂之间有明显的约30°的夹角。也许由此，1786年主震310°～320°的破裂，拐弯向田湾河方向延伸的可能性也就不会很大了。从地震效应的角度，1786年大震破裂以SE40°～50°方向发展，过大渡河后受到近南北向的大渡河断裂的阻截而终止。从地震地质环境、地震主破裂的分布和主要余震的终止、地震活动信息等方面考虑，鲜水河断裂康定—磨西段震源破裂区的南界位于得妥与摩岗岭之间也是适宜的。

根据以上三点，可以认为，发生于1786年6月1日康定南震级$7\frac{3}{4}$级强烈地震，发震断裂为鲜水河断裂带南东段的色拉哈—康定断裂，但其深部震源破裂体波及磨西断裂带，达到地震烈度Ⅸ度。但地表破裂主要沿色拉哈断裂康定以南至雪门坎之间。

5.4.5 近场潜在震源区评价

从地震活动、断裂活动性质、时代、滑移速率和特点，断裂带所处区域构造应力场等地震地质活动特点，评价和确定大岗山水电站及其周围潜在震源划分（图5.4-1）。表5.4-2列出潜在震源的评估并概括了各潜在震源的地震地质特征。

从地震地质活动特点和宏观地震地质环境评价角度，直接涉及大岗山水电站坝区位置的潜在震源，磨西和栗子坪两个潜在震源，在大岗山水电站工程场地地震安全性评价中，采用相对高于表5.4-2所评价的震级上限，即磨西取$M_u=8.0$级边界南移到猛虎岗，栗子坪取$M_u=7.5$级，显然也是取最高地震危险性强度的评价，因为，地震地质环境并不提供此高地震危险性的相应证据，或者说，现有的一些作为高地震危险性的证据基础，如数米的同震位错和全新世古地震事件槽探剖面等，都存在值得进一步研究和商讨的余地。显然，由此地震危险性强度作为基础评价大岗山水电站的地震设防参数，从宏观角度，在地震活动强度方面，较之常规的评价是存在一定的安全裕度的，以此为基础的其结果也会留有一定的安全裕度。

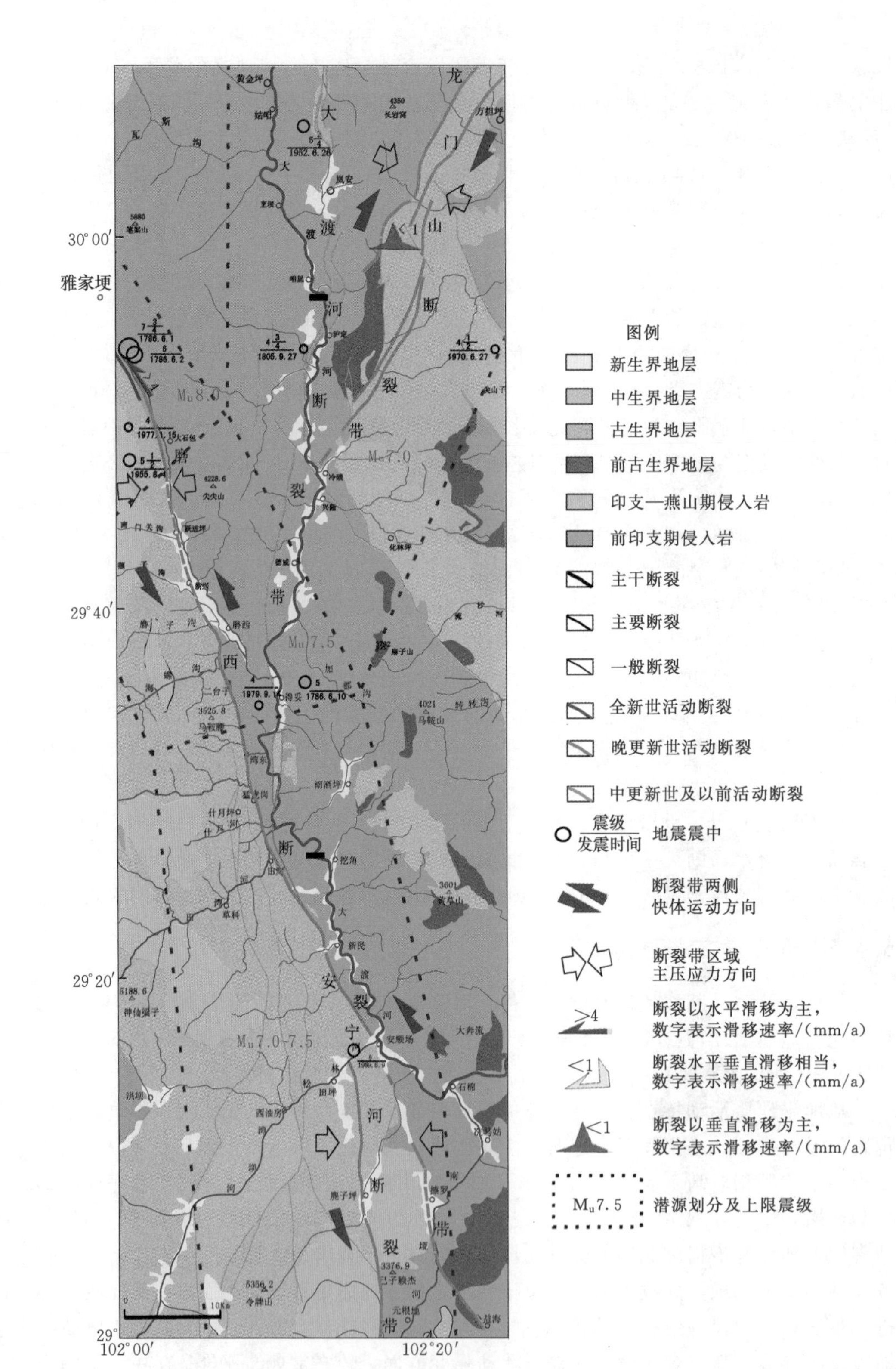

图 5.4-1　潜在震源划分图

表 5.4-2　　　　潜在震源的地震地质特征

潜在震源名称	地理位置	震级上限 M_u	地震地质特征	备注
炉霍道孚康定	炉霍—康定	8.0	(1) 全新世活动鲜水河断裂； (2) 多次 M≥6.0 级地震发生，最大 7.8 级； (3) 大的水平滑移率； (4) 利于剪切滑动构造应力状态	
磨西	康定南东—得妥	7.5	(1) 晚更新世活动的磨西断裂带； (2) 1786 年地震震源体破裂区； (3) 利于剪切滑动构造应力状态	地震安全性评价中，震级上限 M_u 取 8.0
栗子坪	得妥—野鸡洞	7.0～7.5	(1) 晚更新世活动的安宁河断裂带和磨西断裂带； (2) 小震活动频繁；发生 5.0 级地震； (3) 小于 1mm/a 形变位移速率	地震安全性评价中，震级上限 M_u 取 7.5
冕宁	野鸡洞—泸沽	7.5	(1) 全新世活动的安宁河断裂带； (2) 利于剪切滑动构造应力状态； (3) 发生 6.0 级强震； (4) 中等裂陷谷，差异活动明显	
西昌	泸沽、西昌、会理	8.0	(1) 全新世活动的安宁河、则木河断裂带； (2) 发生多次地震 M≥6.0 级，最大 7½级； (3) 深裂陷谷，差异活动强烈； (4) 利于剪切滑动构造应力状态	
汶川	南坝—三江（映秀以南 35km）	8.0	(1) 全新世活动的龙门山后山、中央断裂带； (2) 多次 M≥6.0 级地震，最大 8.0 级，余震频繁； (3) 大的水平滑移率； (4) 逆冲兼走滑活动特征	
宝兴	三江以南	7.5	(1) 中、晚更新世活动的龙门山后山、中央断裂带； (2) 全新世活动的前山断裂； (3) 发生 M≥6.0 级地震	

5.4.6　关于潜在震源的地震再现周期

在地震危险性分析计算中，潜在震源地震活动的危险程度，即地震活动强度和频度，是由潜在震源的震级上限计算分档权系数来体现的。这里分析对比了在大岗山水电站地震危险性分析计算中中国地震动参数区划图（2001）综合方案以及四川省地震局、地质所和地球物理所的潜在震源划分的三种情况，对取用鲜水河—滇东地震带的不同地震活动性参数的计算结果进行分析，表 5.4-3～表 5.4-6 列出地震活动强度和频度值。

（1）中国地震动参数区划图（2001）综合方案（表 5.4-3、表 5.4-4）；

（2）四川省地震局对大岗山水电站地震危险性采用的方案（表 5.4-5）；

（3）地质所和地球物理所对大岗山水电站工程场地地震安全性评价的方案（表 5.4-6）。

表 5.4-3　中国地震动参数区划图赋予潜在震源的地震活动危险性参数

[b=0.685，v_4=6.44（四代图赋值，2001）]

潜源	震级分档（M_j）	6.0～6.5	6.5～6.9	7.0～7.5	≥7.5
康定，M_u=8.0	空间分布函数（f_j）	0.0111	0.0135	0.0267	0.0802
	M_j 档以上年发生率	0.005478	0.003814	0.002895	0.002068
	M_j 档以上复发周期	182.5585	262.1845	345.4712	483.5325
栗子坪，M_u=7.5	空间分布函数（f_j）	0.0111	0.0136	0.0288	
	M_j 档以上年发生率	0.003481	0.001818	0.000891	
	M_j 档以上复发周期	287.2409	550.1126	1121.72	

表 5.4-4　中国地震动参数区划图赋予潜在震源的地震活动危险性参数

[b=0.686，v_4=9.07（地质所和地球物理所地震安全性评价赋值，2004）]

潜源	震级分档（M_j）	6.0～6.5	6.5～6.9	7.0～7.5	≥7.5
康定，M_u=8.0	空间分布函数（f_j）	0.01110	0.01350	0.02670	0.08020
	M_j 档以上年发生率	0.00767	0.00533	0.00405	0.00289
	M_j 档以上复发周期	130.38974	187.44191	247.14402	346.11915
栗子坪，M_u=7.5	空间分布函数（f_j）	0.0111	0.0136	0.0288	
	M_j 档以上年发生率	0.004881	0.002546	0.001248	
	M_j 档以上复发周期	204.8892	392.7178	801.2507	

表 5.4-5　四川省地震局赋予潜在震源的地震活动危险性参数

(b=0.782，v_4=18.217)

潜源	震级分档（M_j）	6.0～6.5	6.5～6.9	7.0～7.5	≥7.5
磨西，M_u=8.0	空间分布函数（f_j）	0.0455	0.0476	0.0909	0.0721
	M_j 档以上年发生率	0.0260	0.0125	0.0068	0.0024
	M_j 档以上复发周期	38.5021	79.7036	146.2489	415.5160
栗子坪，M_u=7.5	空间分布函数（f_j）	0.0205	0.0216	0.0344	
	M_j 档以上年发生率	0.010317	0.004267	0.001677	
	M_j 档以上复发周期	96.93162	234.3337	596.3516	

表 5.4-6　地质所和地球物理所地震安全性评价赋予潜在震源的地震活动危险性参数

(b=0.686，v_4=9.07)

潜源	震级分档（M_j）	6.0～6.5	6.5～6.9	7.0～7.5	≥7.5
康定 磨西 M_u=8.0	空间分布函数（f_j）	0.00450	0.03260	0.06780	0.14890
	M_j 档以上年发生率	0.01236	0.01141	0.00830	0.00536
	M_j 档以上复发周期	80.90183	87.60932	120.45017	186.42549
栗子坪 M_u=7.5	空间分布函数（f_j）	0.019	0.0225	0.0437	
	M_j 档以上年发生率	0.008037	0.004042	0.001894	
	M_j 档以上复发周期	124.4187	247.422	528.0554	

因为大岗山水电站置于震级上限 $M_u=7.5$ 级高震级潜在震源区内，近场区的高震级地震，特别是 M≥7.0 级地震，影响最明显。根据以上三个表的资料，宏观上可以分析对比大岗山水电站附近两个潜在震源，磨西 8.0 级潜在震源和栗子坪 7.5 级潜在震源，发生 M≥7.0 级地震频度或再现周期。表 5.4-7 为三种方案隐含的 M≥7.0 级地震再现周期对比表。

表 5.4-7　M≥7.0 级地震再现周期（年）对比

方案及参数	潜在震源	
	康定、磨西潜源	栗子坪潜源
中国地震动参数区划图（2001）方案 $b=0.685$，$v_4=6.44$	345	1121
中国地震动参数区划图（2001）修改方案 $b=0.686$，$v_4=9.07$	247	801
四川省地震局方案 $b=0.782$，$v_4=18.217$	146	596
2004 年大岗山水电站工程场地地震安全性评价方案 $b=0.686$，$v_4=9.07$	120	528

从表中可以看出，2004 年大岗山水电站工程场地地震安全性评价有关地震活动性的参数所显示的 M≥7.0 级地震重复周期，磨西潜源已从 345 年缩短为 120 年，栗子坪潜在震源从 1121 年缩短为 528 年，缩短一倍。

这里，暂且不讨论评价基础的可信度和可靠性，但有一点可以肯定，宏观的效果是，该地区强烈地震（M≥7.0 级）活动的频度相应增加了一倍。以此高的地震危险性，作为大岗山水电站场地地震动峰值加速度危险性分析的基础，以此确定的场地抗震设防参数，显然也会存在一定的安全裕度。

5.5　潜在震源区划分的不确定性分析

对场址区和近场区的地震地质条件进行详细的调查，以便对工程所在地区的构造环境进行分析论证，是地震安全性评价的重点和基础工作，是正确判断工程场地地震危险性并合理确定设计地震动参数的基本依据。区域地震地质条件和地震活动性的评估本应该是一项不受工程规模和重要性影响的、排除技术手段和计算模型干扰的、在一定时段内具有延续性的相对客观的评价。随着研究工作的深入、勘探手段的应用以及人们认识水平的提高，对构造环境活动性的描述和评价应该更加明确而不是越发宽泛，应该逐步取得共识。为工程服务、被工程设计所接受的观点和方法必须具有宏观上的可比性和微观上的可重复性的、经得起跨行业专家的推敲和质询，经得起时间的检验。因此，对大岗山水电站工程潜在震源区的划分，需要从地震区划的沿革来探讨潜在震源区划分的依据及其合理性。

5.5.1 潜在震源区划分方案的比较

自20世纪80年代地震危险性概率分析方法应用于大型水电水利工程抗震安全性评价以来，潜在震源区的划分经历了几个阶段。

第一阶段，早期概率分析方法刚刚引入，处在试验阶段，没有研究或管理机构发布统一的划分方案。参与这项工作的研究人员根据各自的认识对研究区（半径300km）范围内进行划分，并分别统计 b 值、年发生率 v_4 等参数。由于观点和认识水平的差异，不同部门在同一地区对不同工程所做的结果出现了较大的偏离。

第二阶段，90年代第三代全国地震烈度区划图首次（内部）发布了权威的潜在震源区划分方案和地震活动性参数，并对地震安全性评价从业人员开始进行资质认证。这时大型水电工程的设计部门逐渐开始对近场潜在震源区的划分提出独立的见解，并希望在地震安全性评价结论的论证上有更多的发言权。

第三阶段，21世纪第四代全国地震动参数区划图颁布以来，对潜在震源区划分包括地震活动性参数赋值的质疑是从权威机构内部发起的。四代区划本身就是由地质所、地球物理所和分析预报中心分别提出一套方案，再由专家集体讨论归纳出一套综合方案，加上三代区划方案，共五套方案的加权处理给出最终结果。地震动参数区划图的宣贯教材中指出，综合方案的作用之一是作为今后地震安全性评价潜在震源区划分的比照方案。而实际上四代区划颁布伊始各种新方案就纷纷出现在大型工程的地震安全性评价报告中。

面临现在这种不推崇权威允许各种潜在震源区划分方案同时并存的局面，在进行多方案比较的不确定性分析时，令人非常困惑、难以取舍。考虑到大型工程的抗震设计强调使用规范、执行行业标准和尊重权威机构认证的惯例，将三代区划的潜在震源区方案（图5.5-1）和四代区划的综合方案（图5.5-3）作为不确定性分析的重点比照方案，同时也兼顾到分析预报中心编制的重点区方案（图5.5-5）作为参照。而地震安全性评价报告的潜在震源区划分方案（图5.2-4）则不可回避地成为比较的基础方案。

需要特别指出的是：①三代区划方案虽然曾经具有权威性，并且经过多项工程地震安全性评价的实践检验，但伴随三代区划方案使用的是Ⅰ类衰减公式，方案与公式和参数的配套使用是常见的惯例，换成Ⅲ类衰减公式后可能与当初使用此方案的工程的地震安全性评价结论未必一致，并不代表原来的结论是不恰当的。在此仅就大岗山水电站工程现在使用的公式和参数进行相对比较和分析。②四代区划综合方案其实并未如宣贯教材所说的成为地震安全性评价潜在震源区划分的比照方案，几乎被束之高阁很少提及，更没有听说应用到工程的地震安全性评价实践中。在综合方案中，地震活动性参数赋值存在有明显的错误，可能是它不被应用的重要原因。③各个方案的潜在震源区参数诸如震级上限 M_u、方向性函数 θ、空间分布函数 f_{i,m_j} 等，除非特别声明一般使用各方案原来的赋值，仅对地震带参数诸如 b 值和年发生率 v_4 做简单的互换比较。

使用三代区划潜源方案、四代区划综合方案和四代区划重点区方案、使用衰减公式（5.3）、式（5.4），分别计算大岗山水电站坝址年超越概率，计算结果分别列入图5.5-2、图5.5-4、图5.5-6和表5.5-1～表5.5-3中。

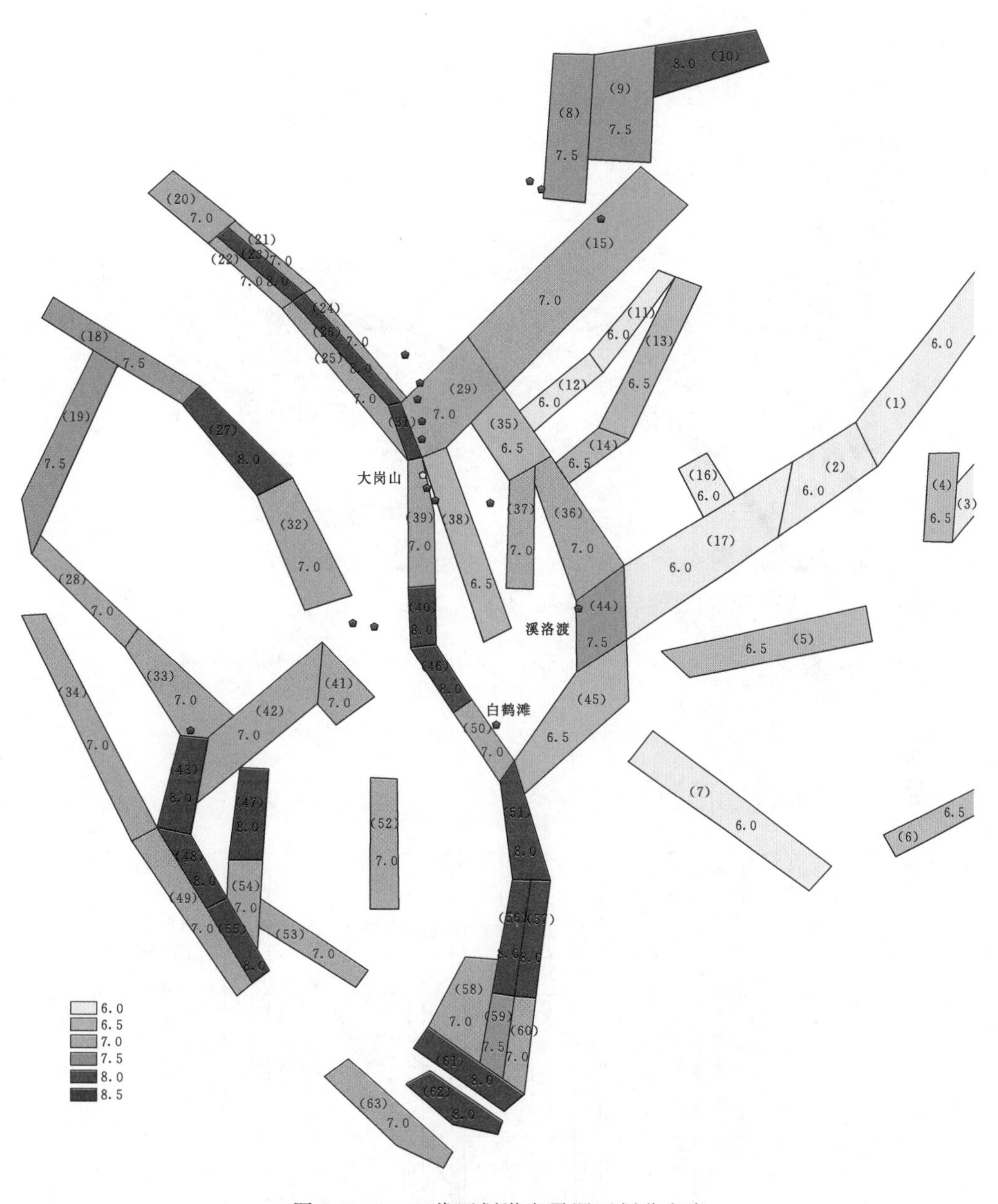

图 5.5-1　三代区划潜在震源区划分方案

表 5.5-1　　用三代区划方案计算坝址地震年超越概率

给定加速度/g		30.0	50.0	100.0	200.0	300.0	400.0	500.0	600.0	800.0
年超越概率	b=0.73，v=13.943	56.0	28.1	9.96	2.73	1.03	0.436	0.207	0.103	0.0266
	b=0.686，v_4=9.07	42.8	22.0	8.05	2.30	0.890	0.386	0.186	0.0941	0.0232
给定（1年）危险水平		0.0126	0.01	0.005	0.003	0.002	0.001	0.0006	0.0002	0.0001
加速度值/g	b=0.73，v=13.943	85.5	99.7	144.6	190.1	227.6	303.1	359.5	504.7	603.8
	b=0.686，v_4=9.07	73.4	86.1	130.1	172.5	212.8	286.2	343.6	489.3	590.4

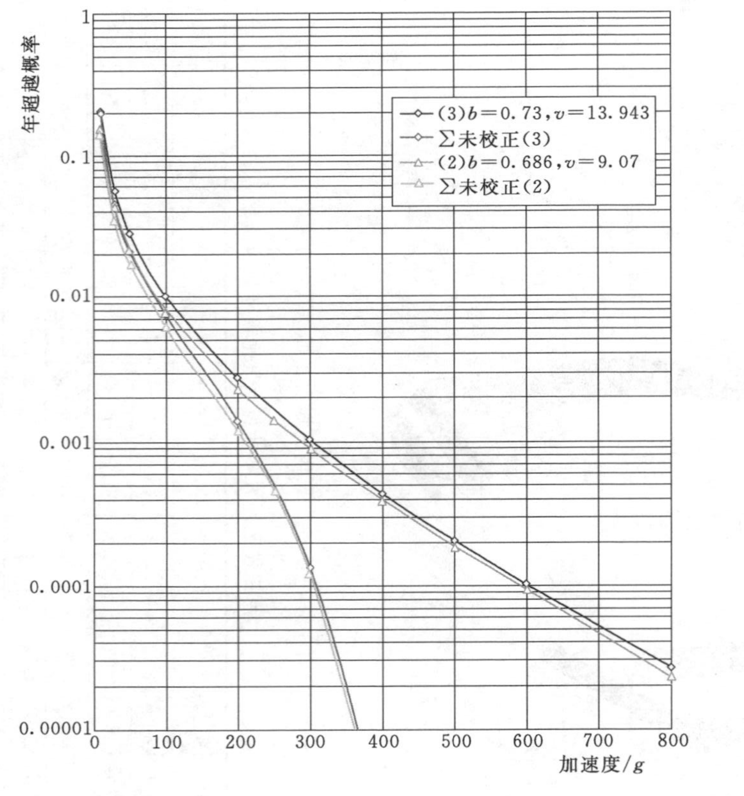

图 5.5-2 用三代区划潜源方案计算大岗山水电站坝址年超越概率

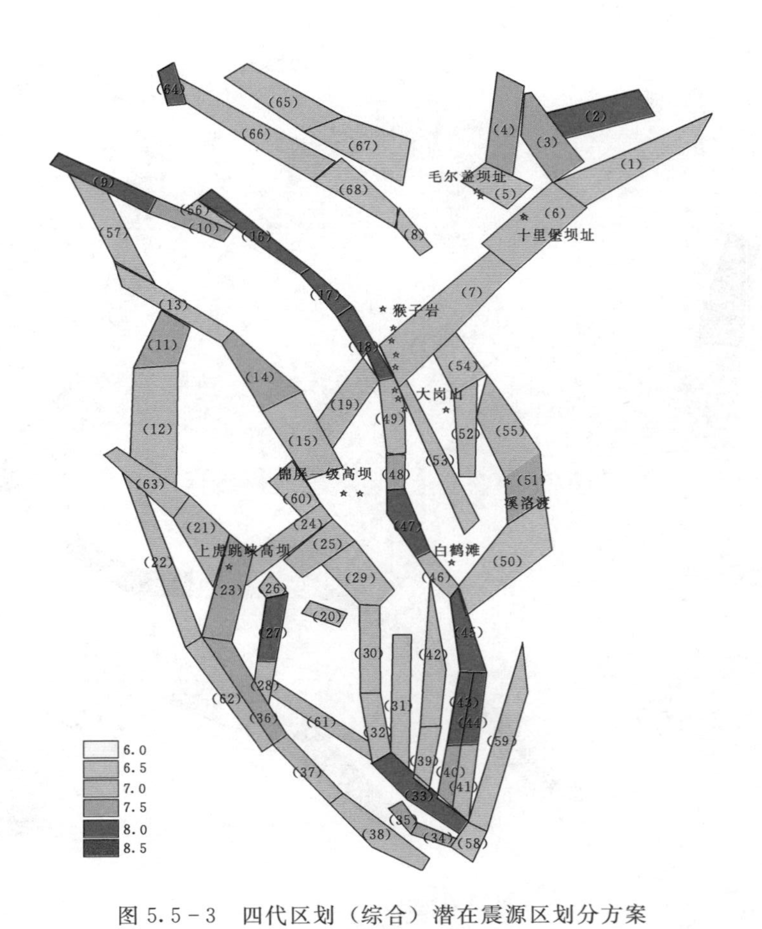

图 5.5-3 四代区划（综合）潜在震源区划分方案

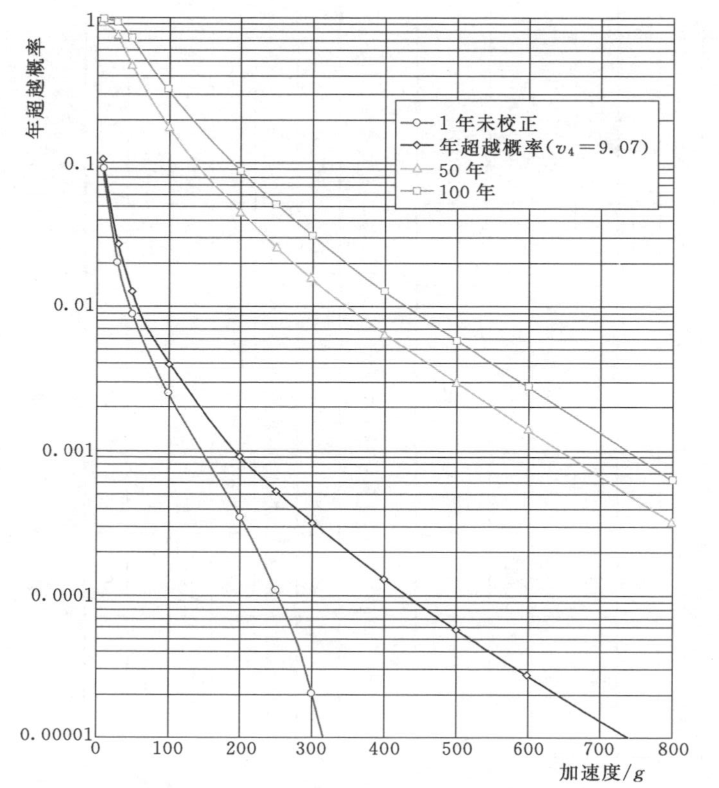

图 5.5-4　用四代区划（综合）潜源方案计算大岗山水电站坝址年超越概率

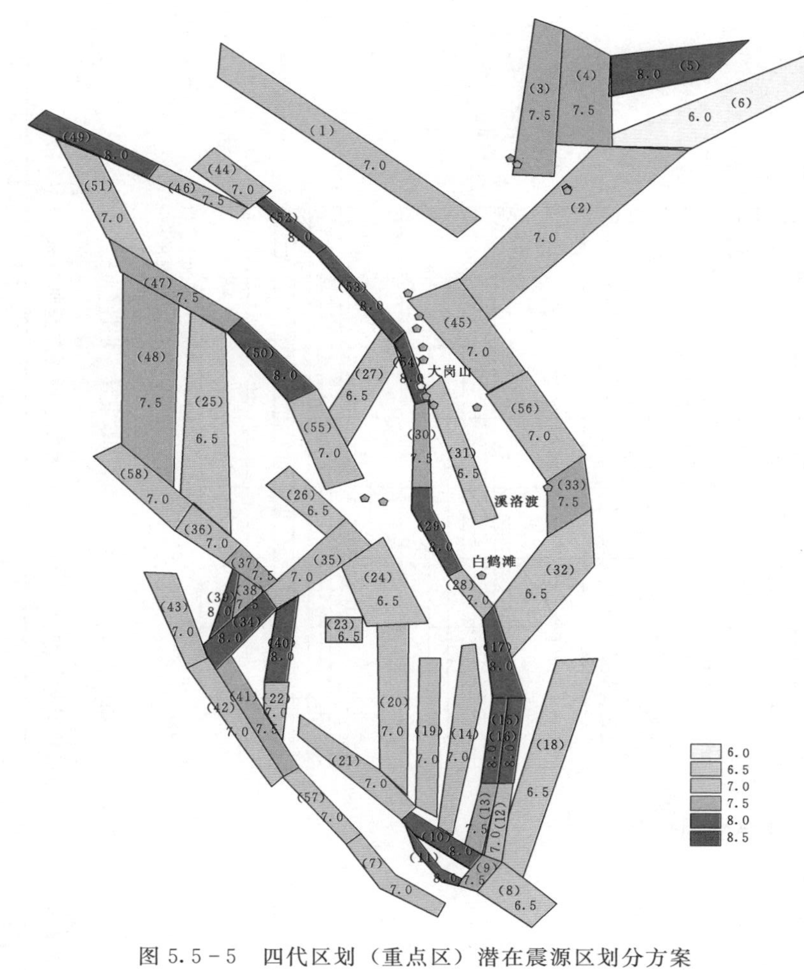

图 5.5-5　四代区划（重点区）潜在震源区划分方案

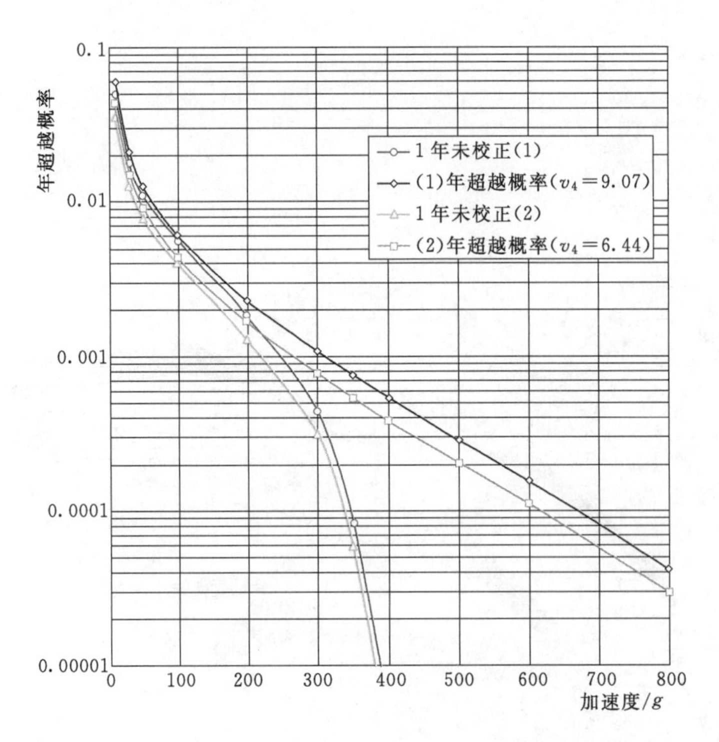

图 5.5-6 用四代区划（重点区）潜源方案计算坝址年超越概率

表 5.5-2 用四代区划（综合）潜源方案计算坝址地震年超越概率

给定加速度/g		30.0	50.0	100.0	200.0	250.0	300.0	400.0	500.0	600.0
1年未校正		21.0	8.96	2.53	0.355	0.113	0.0211			
超越概率	1年	27.6	12.9	3.98	0.930	0.532	0.322	0.130	0.0591	0.0284
	50年	0.753	0.478	0.181	0.0455	0.0263	0.016	0.00648	0.00295	0.00142
	100年	0.939	0.727	0.329	0.0888	0.0518	0.0317	0.0129	0.00589	0.00284
给定（1年）危险水平		0.0126	0.01	0.005	0.003	0.002	0.001	0.0006	0.0002	0.0001
加速度值/g $v_4=9.07$		50.7	58.1	87.4	114.4	138.8	193.2	238.2	348.9	430.8

表 5.5-3 用四代区划（重点区）方案计算坝址地震年超越概率

给定加速度/g		30.0	50.0	100.0	200.0	300.0	350.0	400.0	500.0	600.0
年超越概率	$v_4=9.07$	21.3	12.8	6.15	2.36	1.09	0.763	0.543	0.288	0.159
	$v_4=6.44$	15.2	9.13	4.38	1.68	0.775	0.542	0.385	0.205	0.113
给定（1年）危险水平		0.0126	0.01	0.005	0.003	0.002	0.001	0.0006	0.0002	0.0001
加速度值/g	$v_4=9.07$	50.8	63.2	115.9	167.0	216.6	308.0	374.9	547.7	656.0
	$v_4=6.44$	36.2	45.6	88.1	130.8	174.8	260.1	328.7	493.3	606.4

分析预报中心的（重点区）潜在震源区划分方案，图 5.5-5 中与大岗山水电站工程关系密切的要点是（54）号磨西 8.0 级潜在震源区的范围更大，将大岗山水电站

坝址包在其中，(30) 号安宁河北段潜在震源区的震级上限已定为7.5级。即便如此，使用和地震安全性评价相同的地震带总发生率 $v_4=9.07$，坝址 $P_{100}=2\%$ 的加速度也只有 558.99g。

将年超越概率曲线折算成50年和100年超越概率，进而可以给出不同概率水平的峰值加速度。比如50年超越概率10%的概率水平大体相当于年超越概率0.002，100年超越概率2%的概率水平大体相当于年超越概率0.0002，但加速度值会略有不同。

将三套方案计算的各概率水平的坝址地震动峰值加速度值汇总见表5.5-4。为了便于对比，将表5.5-1～表5.5-3中的相应部分汇总到表5.5-5。表5.5-4和表5.5-5之间的数值会有不同程度的差别，这可能是由边界误差造成的。

表5.5-4　　三套方案不同概率水平的加速度值对比　　单位：g

潜在震源区划分方案		50年超越概率		100年超越概率	
		10%	5%	2%	1%
三代区划潜源方案	$b=0.73$，$v=13.943$	224.74	300.5	503.4	603.56
	$b=0.686$，$v_4=9.07$	208.51	284.04	488.31	590.07
四代区划综合方案	$b=0.685$，$v_4=9.07$	138.37	191.91	349.37	431.32
四代区划重点区方案	$b=0.685$，$v_4=9.07$	213.75	308.42	558.99	672.9
	$b=0.685$，$v_4=6.44$	174.04	262.5	502.41	618.94
平均值		191.882	269.474	480.496	583.358

表5.5-5　　三套方案1年概率水平的加速度值汇总表　　单位：g

给定（1年）危险水平		0.0126	0.01	0.005	0.003	0.002	0.001	0.0006	0.0002	0.0001
三代区划方案	$b=0.73$ $v=13.943$	85.5	99.7	144.6	190.1	227.6	303.1	359.5	504.7	603.8
	$b=0.686$ $v_4=9.07$	73.4	86.1	130.1	172.5	212.8	286.2	343.6	489.3	590.4
四代综合方案	$b=0.685$ $v_4=9.07$	50.7	58.1	87.4	114.4	138.8	193.2	238.2	348.9	430.8
四代区划重点区方案	$b=0.685$ $v_4=9.07$	50.8	63.2	115.9	167.0	216.6	308.0	374.9	547.7	656.0
	$b=0.685$ $v_4=6.44$	36.2	45.6	88.1	130.8	174.8	260.1	328.7	493.3	606.4
平均值		59.32	70.54	113.22	154.96	194.12	270.12	328.98	476.78	577.48

在编制第四代全国地震动参数区划图时，大岗山水电站工程所在的鲜水河—滇东地震带的 b 值为0.685，4.0级以上地震的年平均发生率（v_4）为6.44。在第二次和第三次地震安全性评价地震危险性计算时使用的值是 $b=0.686$，$v_4=9.07$。

由表5.5-4和表5.5-5可见，加速度值最高的情况是四代区划重点区方案，使用地震安全性评价的地震带总发生率 $v_4=9.07$，这时坝址 $P_{100}=2\%$ 的加速度也只有

558.99g，仍相当于地震安全性评价最终确定的值。

5.5.2 强震重现期的比较

地震带总发生率 v_4 的取值是一项非常重要的大参数。但由于涉及的地震活动资料纷繁复杂，在以往的地震安全性评价工作中被当作可以容许有较大统计误差的参数而很少去深究。习惯的做法取强震记录较完整的时间段，统计出强震的实际发生个数，再除以时间段的年数得出年平均发生率。时间段的长短、地震目录的整理都会因人而异，没有统一的标准，误差是不可避免的。在此将分析上述各个方案中，潜在震源区各档地震年发生率的误差是否处在可以接受的范围内。

地震安全性评价地震危险性分析中是将地震带的总发生率 v_4 通过 b 值和空间分布函数 $f_{i,mj}$ 化为潜在震源区不同震级档的年发生率。这一过程是在计算程序内部完成的，地震安全性评价报告一般不提供这部分中间数据。现将这一中间过程的计算结果列出来，便能直观地显示发生率取值是否恰当。

地震带内第 i 个潜在震源区，M_j 震级档的地震年平均发生率（$v_{i,mj}$）可以表示为

$$v_{i,mj}=\begin{cases}\dfrac{2v\exp[-\beta(M_j-M_0)]\mathrm{sh}\left(\dfrac{\beta}{2}\Delta M\right)}{1-\exp[1-\beta(M_{uz}-M_0)]}\cdot f_{i,mj} & M_0\leqslant M_j\leqslant M_u \\ 0 & \text{其他情况}\end{cases}\tag{5.5}$$

式中：v 为地震带内 $M\geqslant4$ 地震的年平均发生率，即 v_4；M_{uz} 为地震带的震级上限；M_u 为潜在震源区的震级上限；ΔM 为震级分档间隔；M_j 为分档间隔中心对应的震级值；$\beta=b\times\ln10$；$\mathrm{sh}\left(\dfrac{\beta}{2}\Delta M\right)$为正弦双曲函数。

下面就使用式（5.5）计算各方案潜在震源区各个震级档的地震年发生率。

三代区划潜源方案中可可西里—金沙江地震带的参数在当时曾使用过的赋值是：$b=0.73$、$v_4=13.943$；第二次和第三次地震安全性评价报告中使用的鲜水河—滇东地震带的参数是：$b=0.686$、$v_4=9.07$；编制四代区划图时使用的鲜水河—滇东地震带的参数是：$b=0.685$，$v_4=6.44$。用这三组参数计算出各潜在震源区所有震级档的年发生率，把属于鲜水河—安宁河断裂带的 7 个潜在震源区的年发生率求和，并求出这 7 个潜源区 6 级以上地震的年发生率及其相应的重现期，鲜水河—安宁河断裂带上的 7 个潜在震源区 6 级以上地震的重现期分为 14.72 年、18.17 年和 25.59 年。

同理计算出四代区划潜源综合方案、重点区方案和后两次地震安全性评价报告方案 6 级以上地震的年发生率和重现期。

表 5.5-6 给出大岗山水电站预可研报告附件 1（1）中近场 4 个主要潜在震源区 6 级以上地震的年发生率及其重现期。很显然，附件 1（1）中使用的地震年发生率远远高于其他方案的数值（表 5.5-7），虽然表面上看 6 级以上地震的重现期为 27.51 年，与其他方案的数值大体相当，但这 4 个潜在震源区的覆盖面积远小于其他方案六七个潜在震源区的范围，而且只包含了一个 8.0 级潜在震源区。因此，若能计算出鲜水河—安宁河断裂带沿线的所有潜在震源区的年发生率值，其绝对值肯定是最大的。

表 5.5-6　第一次地震安全性评价潜源划分方案近场 4 个潜源区地震发生率

（西区：b=0.782，v_4=18.217）

潜源区	地震带	M_u	v_6	6.0＜M≤6.5	6.5＜M≤7.0	7.0＜M≤7.5	7.5＜M≤8.0
磨西	西区	8.0	0.012855	0.006408	0.002725	0.002293	0.001430
栗子坪	西区	7.5	0.010324	0.006054	0.002592	0.001678	0
泸定	北区	7.0	0.004449	0.002966	0.001483	0	0
石棉	东区	7.0	0.008717	0.005831	0.002886	0	0
北 b=0.633，v_4=2.921 东 b=0.926，v=5.297		Σ	0.036345	0.021259	0.009686	0.003971	0.001430
重现期（年）			27.51	47.04	103.24	251.83	699.30

表 5.5-7　磨西 8.0 级潜在震源区地震发生率取值比较

来　源	编号	M_u	v_6	6.0＜M≤6.5	6.5＜M≤7.0	7.0＜M≤7.5	7.5＜M≤8.0	
三代区划潜源方案	(31)	8.0	0.009824	0.003024	0.002575	0.002585	0.001639	
四代区划潜源综合方案	(18)	8.0	0.006437	0.002347	0.001297	0.001201	0.001592	
四代区划重点区方案	(54)	8.0	0.008320	0.003531	0.001720	0.001564	0.001504	
地震安全性评价潜源划分方案	(58)	8.0	0.005267	0.000063	0.001741	0.001893	0.001571	b=0.686 v_4=9.07
第一次地震安全性评价潜源划分方案	磨西	8.0	0.012855	0.006408	0.002725	0.002293	0.001430	

评价地震年发生率取值是否恰当虽然不困难，但是却也需要经过详细的工作之后才能做出定量判断。首先统计区的范围必须完全一致，基础资料选取的时间段必须完全一致，强震震级必须经过复核，余震必须甄别剔除。

根据四代区划宣贯教材提供的数据，全带发生的 6 级以上地震共有 135 次。全带共有潜在震源区 77 个，若将大岗山水电站附近这六七个潜在震源区在全带所占的比重按十分之一考虑，则为 13.5 次，若按地震安全性评价报告的 290 年时间段计算，则平均年发生率为 0.04655，重现期为 21.48 年。

1467 年以来在川滇菱形断块北东边界的鲜水河—小江断裂带上共记载到 M≥6 级地震 64 次（没有甄别余震），平均年发生率为 0.1190。大岗山水电站附近这六七个潜在震源区所占全带总发生率的比重若按 1/3 计算，则年发生率为 0.040，重现期为 25 年。若按一半计算，则年发生率为 0.06，重现期为 16.67 年。由此可粗略判别各方案 6 级以上地震年发生率取值的范围。

5.5.3　空间分布函数的作用

上述成果有一个共同的不协调问题，即 7.5～8.0 震级档的发生率大于 7.0～7.5

震级档的发生率。虽然表 5.5-7 中 4 个潜在震源区相加后的发生率不存在这个现象，但单看磨西 8.0 级潜在震源区的发生率，仍然存在同样的不协调问题。如地震安全性评价潜源划分方案（58）号磨西潜在震源区的发生率，竟然出现了震级越高发生率也越高的倒梯形现象。

根据古登堡—里克特的震级—频次关系式 $\lg N = a - bM$，应该是震级越高的地震发生率越小、重现期越长才对。换言之，震级 7.5～8.0 级档的重现期应该比 7.0～7.5 震级档的重现期更大（长）。表 5.5-6 中给出的数值有些已经背离了古登堡—里克特震级—频次关系式的规律。这是由空间分布函数引起的。

用空间分布函数对潜在震源区各震级档的地震次数进行分配，目的就是要对震级—频次关系式进行专家干预，以确保个别高震级地震对场址的贡献得到更充分的表现。令人意外的是从多种潜源区划分方案来看，7.5～8.0 震级档的发生率大于 7.0～7.5 震级档的发生率现象似乎已经是普遍的定式。对于大岗山水电站这样受多个 8.0 级潜在震源区影响的工程场址来说，这种定式所起的作用比其他工程就显得尤为突出了。

现在简单比较一下不考虑空间分布函数时，由古登堡—里克特震级—频次关系式给出的分档地震年发生率。根据地震安全性评价报告给出的参数：

$$\lg N = 6.164 - 0.686M,\quad v_4 = 9.07 \tag{5.6}$$

可以推算出鲜水河—滇东地震带各震级档的地震年发生率，见表 5.5-8。对表 5.5-8中磨西潜在震源区 7.5～8.0 震级档的发生率求平均值为：0.001547。由于空间分布函数的调整作用，使得仅磨西一个潜在震源区高震级端的年发生率就占到鲜水河—滇东地震带全带未经空间分布函数调整的总发生率的 7.85％。

表 5.5-8　不考虑空间分布函数的分档地震年平均发生率与磨西潜源的比较

项目	v_6	4.0＜M≤5.5	5.5＜M≤6.0	6.0＜M≤6.5	6.5＜M≤7.0	7.0＜M≤7.5	7.5＜M≤8.0
全带	0.36944	8.23644	0.46412	0.21068	0.09564	0.04341	0.01971
磨西潜源区	0.008541			0.0030746	0.0020116	0.0019072	0.001547
占全带的比例/％	2.31			1.46	2.10	4.39	7.85

空间分布函数 $f_{i,mj}$ 本应是对古登堡—里克特震级—频次规律的微调，而在实际应用中的效果有时可以将其完全颠覆。将 4 级以上地震的总发生率 v_4 经过调整向高震级端倾斜，适当夸大高震级成分在地震总发生率中所占的比例，本来是无可厚非的。但是，人为的干预不应该超越某些界限，一旦突破尺度就背离了地震危险性概率分析方法的基本宗旨。相信这不是空间分布函数建立时的预期目标。

由于空间分布函数 $f_{i,mj}$ 的赋值是一个非常复杂的过程，而且它必须在地震带内按震级档进行归一化。对空间分布函数的调整往往牵一发而动全身，因此，对空间分布函数进行敏感性分析的难度比较大。单就场址附近的几个潜在震源进行调整会影响到整个地震带的参数的平衡和归一化。显然，对空间分布函数的赋值应具有较强的专业性、全局性和权威性。

地震危险性概率分析方法本身是数理统计学范畴的方法，就是利用不太完备的统计资料和经验公式，通过概率模型计算出具有预测性的超越概率曲线。为了确保设计地震动参数具有足够的安全裕度，年超越概率曲线需要经过不确定性校正。从这个意义上说，模型所需要的基础资料只要取平均值就可以了，完全没有必要担心包不包得住的问题，概率法的基本原理和计算模型就是建立在“不确定性”之上的。将所有计算参数都取成上限值，甚至是极限值还担心不够，再人为加码，这显然失去了概率法的客观性。过多的人为干预和层层加码，势必造成个体之间的差异，失去了横向的可比性。这些恰恰是概率分析方法建立之初，针对地震烈度复核等确定性方法所出现的弊端、想要克服的问题。概率法的本意旨在通过使用统一的概率模型、大区域内统计的地震活动性参数和地区性的地震动衰减规律，使工程的抗震设计更科学、更合理。在现阶段，还不可能将所有工程都按极限危险性做抗震设防，建立概率法的初衷就是在经济合理的条件下承担适当的风险，而不是万无一失的零风险。

从长远来看，概率法注定是过渡性的方法，随着人们对自然规律认识水平的提高和勘探手段的进步，地震危险性分析最终还会回到确定性分析方法上去。只不过将来的确定性方法必定不会走回到以往烈度复核的老路上去，必定是克服了概率法的缺点、更接近客观真实、更直观、更简便易行的方法。

5.5.4 潜源区划分方案对地震动参数的影响

从上述分析表明，由于地震危险性分析中存在不确定因素，不同的潜在震源区划分方案计算出的坝址地震动加速度也各不相同。在大岗山水电站工程场地地震安全性评价工作中虽然没有选用将坝址包在 8.0 级潜在震源区内的四代区划重点区方案，但是地震安全性评价报告选择的仍是除此之外相对偏于安全的潜在震源区划分方案。在大岗山水电站工程场地地震安全性评价报告中，还重新统计了鲜水河—滇东地震带的年发生率，使用了较高的 v_4 值；对比表 5.5-7 和表 5.5-8 可知，确有人为提高地震活动性参数取值、过于夸大高震级地震发生率的倾向。因此，大岗山水电站大坝设计地震动参数中可能包含过大的安全裕度。

现将几种主要方案的计算结果重新汇编列入表 5.5-9，不确定校正前后的年超越概率曲线绘入图 5.5-7。可见，设计概率水平 100 年超越概率 2%的加速度值有相当大的变化幅度，最小的为四代区划综合方案的 349.4g，除了地震安全性评价报告的正式结果以外，最大值是地震安全性评价报告的潜源方案中将磨西潜在震源区南边界划在距大岗山水电站坝址 12km 处方案的 547.4g。几种方案设计概率水平的平均值为 471.9g，与正式结果相比低 85.6g。

表 5.5-4 中四代区划重点区方案 $v_4=9.07$ 时的结果为 559.0g，与地震安全性评价报告给出的最终结果 557.5g 相当。尽管这个潜源方案从未有人在实践中使用过 $v_4=9.07$ 的年发生率，假如仍用它的结果替代表 5.5-9 中第（3）行的数据，则设计概率水平的加速度平均值为 486.0g，比地震安全性评价正式结果低 71.5g。

值得一提的是，此处没有将空间分布函数对高震级年发生率的提高进行调整，使得这其中还包含一定的安全裕度。因此，从不同潜源区划分方案的对比来看，在大岗山水电站坝址设计地震动参数中估计至少包含约（70～85)g 的安全裕度。

表 5.5-9　潜在震源区多方案计算大岗山水电站坝址地震动加速度值比较

概率水准 / A_p/g	50 年 10% 区划水平		50 年 5% 非壅水建筑		100 年 2% 壅水建筑物		100 年 1% 超设计概率	
	校正前	校正后	校正前	校正后	校正前	校正后	校正前	校正后
地震安全性评价报告结果		251.7		336.4		557.5		662.2
(1) 三代区划方案 ($v_4=9.07$)	166.99	208.51	208.23	284.04	281.37	488.31	306.05	590.07
(2) 四代区划综合方案 ($v_4=9.07$)	108.35	138.37	147.86	191.91	226.18	349.37	254.41	431.32
(3) 四代区划重点区方案 ($v_4=6.44$)	159.94	174.04	220.31	262.5	321.14	502.41	336.32	618.94
(4) 地震安全性评价潜源方案 ($v_4=9.07$，12km)	195.78	248.32	230.5	330.33	295.81	547.36	316.78	649.99
(1)～(4) 平均值	157.77	192.31	201.73	267.20	281.13	471.86	303.39	572.58

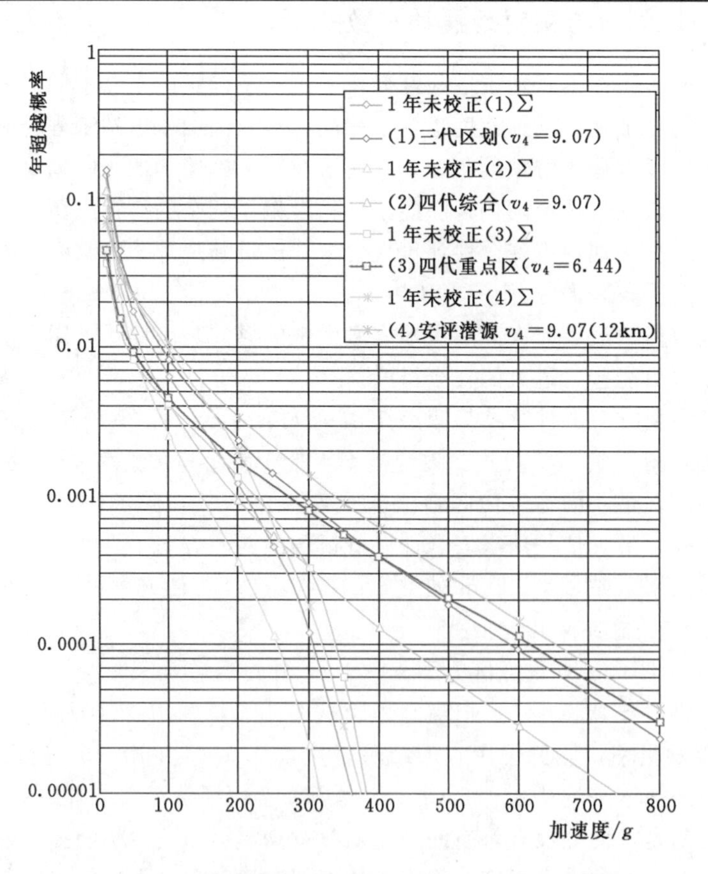

图 5.5-7　潜在震源区多方案计算大岗山水电站坝址年超越概率曲线比较

5.6 地震危险性分析计算对安全裕度的评估

按相关法规要求，重大建设工程应进行地震安全性评价。地震危险性分析是工程场地地震安全性评价的重要内容。地震危险性分析的方法主要有不确定性的概率分析计算方法和确定性的分析方法。概率分析计算方法是在对地震地质环境特点作一定的假设和简化的条件下，采用相关的数理模型完成的定量计算分析过程，最终得到相关概率水准的设计峰值加速度和设计谱。

根据地震地质活动的环境特征，确定潜在震源并赋予其相关的地震活动性计算参数。这部分是地震危险性概率分析计算的基础，涉及地震地质环境评价诸多因素，也比较复杂。对地震地质环境的认识、资料研究深度和掌握程度、评价方法和角度不同，都会导致不甚相同的评价结果，最终会形成地震危险性不同的评价基础。在前面分析研究中，已对大岗山水电站地区的地震地质环境评价及其对地震设计参数安全裕度的影响做出相关的研究分析和评价。下面重点讨论地震动影响场、近场区高震级档地震活动性参数赋值对地震危险性分析计算的影响。

5.6.1 地震动影响场

根据地震和地震动影响场特征建立相关的地震烈度和地震动（峰值、谱及其他参数）衰减模式。地震动衰减模式的选用对最终的地震危险性计算结果的影响比较直观明显，一般都慎重选用。在这里，为了有可比性，选用表 5.6－1 和表 5.6－2 四个地震动衰减模式（图 5.6－1～图 5.6－4），选用这些衰减关系主要考虑其在近些年西部地区水电站地震安全性评价中较为常用，具有一定的代表性，同时，也和大岗山水电站工程场地地震安全性评价有关。

表 5.6－1　代表性衰减模式来源

衰减模式	衰减关系应用和来源
1	《中国地震动参数区划图》(2001) 所使用西部地区地震动衰减关系
2	大渡河双江口、金沙江虎跳峡、白鹤滩水电站等地震安全性评价 (2004，2005)
3	《大渡河大岗山水电站地震安全性评价》中国地震局地质研究所、地球物理研究所 (2004)
4	《大渡河大岗山水电站地震安全性评价》四川省地震局 (2004)

表 5.6－2　代表性地震动衰减关系系数（模式）

$\{\lg Y=C_1+C_2M+C_3M^2+C_4\lg[R+C_5\exp(C_6M)]\}$

衰减关系	C_1	C_2	C_3	C_4	C_5	C_6	σ
1	2.567	0.7973	0	－2.846	3.4	0.451	0.237
	1.0896	0.590	0	1.791	1.046	0.451	0.237
2	0.257	1.234	－0.046	－2.256	1.311	0.498	0.189
	－0.928	1.146	－0.043	－1.685	0.214	0.627	0.189

续表

衰减关系	C_1	C_2	C_3	C_4	C_5	C_6	σ
3	0.607	0.922	−0.028	−1.977	0.497	0.563	0.252
	−0.245	0.862	−0.025	−1.624	0.101	0.667	0.252
4	−1.014	1.4545	−0.0674	−2.0837	2.1345	0.3401	0.232
	−1.473	1.2532	−0.0582	−1.507	1.0646	0.3312	0.232

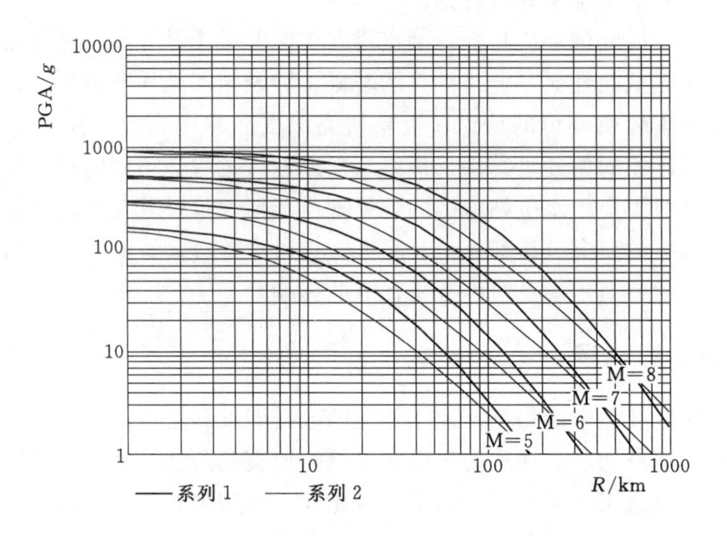

图 5.6-1 地震动衰减关系 1——《中国地震动参数区划图》(2001) 西部地区

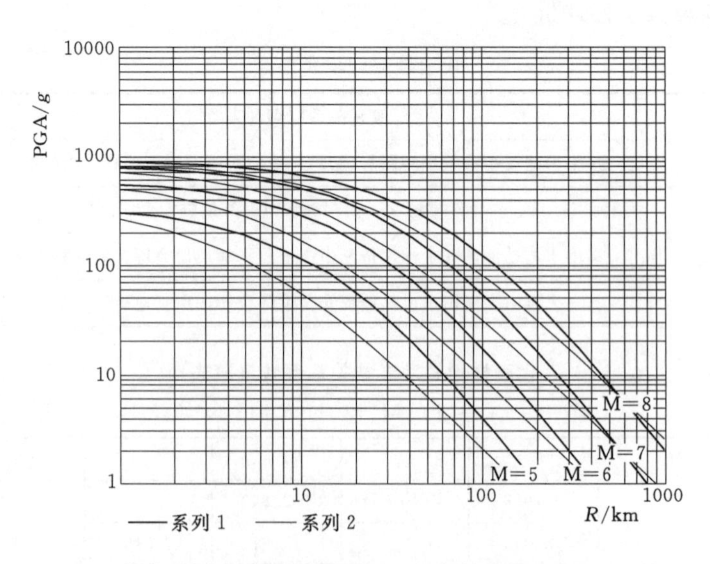

图 5.6-2 地震动衰减关系 2——大渡河双江口、金沙江虎跳峡、白鹤滩水电站等

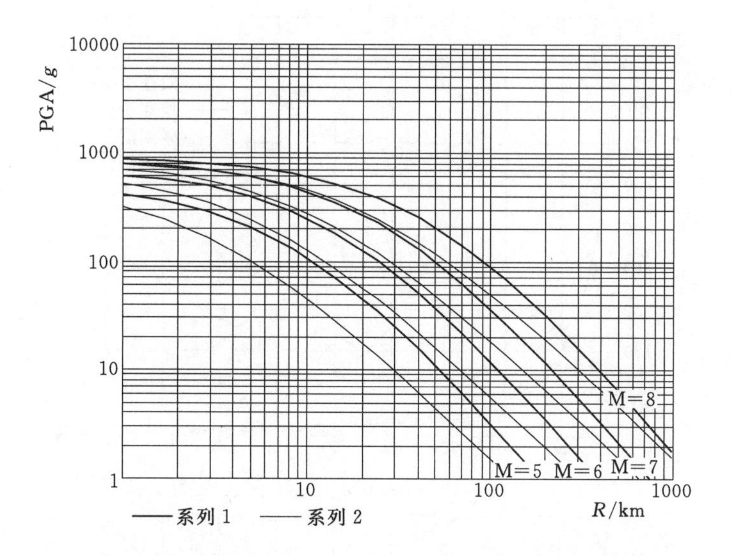

图 5.6-3　地震动衰减关系 3——《大渡河大岗山水电站地震安全性评价》中国地震局地质研究所、地球物理研究所（2004）

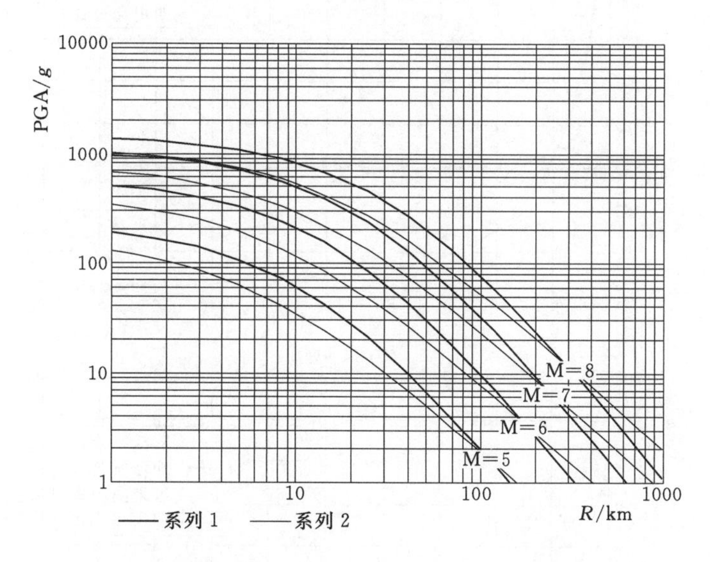

图 5.6-4　地震动衰减关系 4——《大渡河大岗山水电站地震安全性评价》四川省地震局（2004）

将上述 4 组衰减关系曲线 M=8、M=7、M=6 绘于图 5.6-5，能够直观地比较各衰减关系的差异。

根据相关的地震危险性分析计算模式完成场地地震危险性分析计算。同样考虑到可比性，采用《中国地震动参数区划图》（2001）使用的地震危险性分析计算模型，综合方案为基础的潜在震源划分（图 5.6-6）和相关参数的赋值。潜在震源划分方案为大岗山水电站工程场地所属的栗子坪潜在震源 $M_u=7.5$ 和 $M_u=7.0$ 两套。

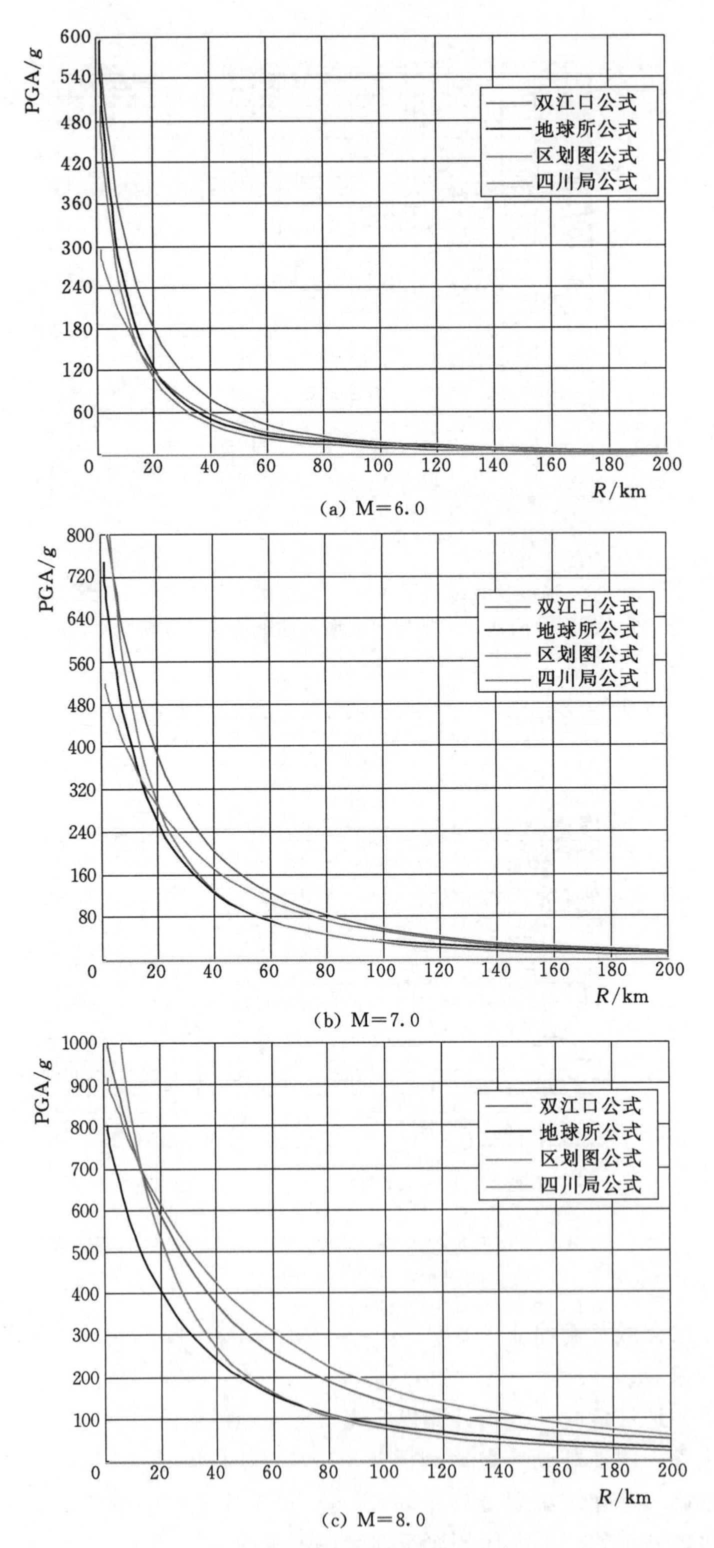

图 5.6-5　四组地震动加速度衰减关系（长轴）比较

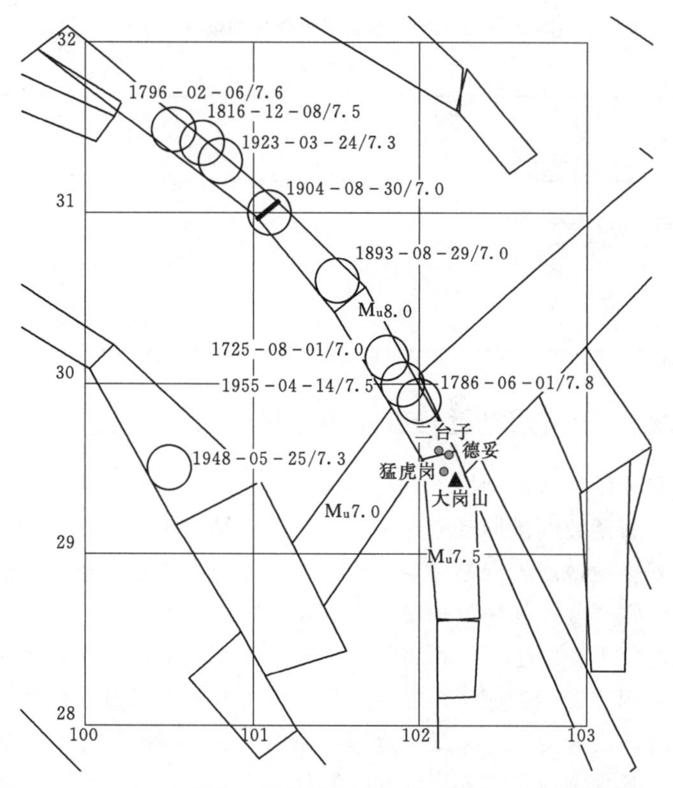

图 5.6-6　用于地震危险性分析计算的潜在震源划分和强震分布图

地震带的地震活动性参数选用 2004 年《大岗山水电站工程场地地震安全性评价》报告的结果：$b=0.686$，$v_4=9.07$。

对高震级档的空间分布函数没有用实际地震的复发周期进行约束（下节讨论高震级档空间分布函数约束问题）。

根据以上考虑，分析计算大岗山水电站基岩场地三个主要概率水准的峰值加速度（表 5.6-3、表 5.6-4）。不同的地震动衰减关系，计算结果还是有明显的差别。从表中可以看出，无论从基本概率水准（50 年，超越概率 10%，相当于地震基本烈度和地震动参数区划所取的概率水准），还是水工抗震设计所需要的概率水准（表中后两栏），2004 年大岗山水电站工程场地地震安全性评价所给出的相应概率水准下的峰值加速度远高于本研究的结果。

表 5.6-3　　大岗山水电站基岩场地峰值加速度比较

（栗子坪潜在震源 $M_u=7.5$）　　单位：cm/s²

衰减关系	50 年 10%	50 年 5%	100 年 2%
1	194	271	489
2	207	281	462
3	143	200	362
4	146	208	380
2004 年地震安全性评价	251.7	336.4	557.5

表 5.6-4　　大岗山水电站基岩场地峰值加速度比较

（栗子坪潜在震源 $M_u=7.0$）　　单位：cm/s²

衰减关系	50年10%	50年5%	100年2%
1	173	241	454
2	184	251	423
3	127	177	327
4	127	181	340
2004年地震安全性评价	251.7	336.4	557.5

5.6.2　高震级档地震活动性参数赋值分析计算

近场潜在震源区地震活动性参数的赋值，对地震危险性计算结果影响较大，本节主要讨论空间分布函数的不同赋值方案，并对计算结果进行统计分析，对《大渡河大岗山水电站工程场地地震安全性评价》报告的设计地震动参数进行评估。

对于已取得强震复发间隔的炉霍、道孚及康定潜在震源区，按均匀分布模式得到其最高震级档的年平均发生率，再将得到的年平均发生率与整个地震带的相应震级档的年平均发生率相比，得到该潜在震源区最高震级档的空间分布函数。这种由实际地震的复发周期对高震级空间分布函数进行约束的方法，也是近年来地震安全性评价工作提出的要求《工程场地地震安全性评价》（GB 17741）。

5.6.2.1　高震级档的实际年平均发生率

据鲜水河断裂带1725—1973年地震目录（表5.6-5和图5.6-6）248年期间7级以上地震的复发周期为35.43年，7级以上地震的实际年发生率为0.02822。而康定、磨西潜在震源区1725—1955年间7级以上地震的复发周期为115年，7级以上地震的实际年发生率为0.00870；1786—1955年间7.5级以上地震的复发周期为169年，7.5级以上地震的实际年发生率为0.00592（表5.6-6）。这里不考虑1973年以来的地震活动平静期，而是采用地震发生之间的最短间隔，反映的是地震活动高潮期的地震活动强度和频度。

表 5.6-5　　1725—1973年鲜水河断裂带地震目录

地震时间/(年-月-日)	经度/(°)	纬度/(°)	震　级	地　点
1725-08-01	101.9	30.0	7	四川康定
1786-06-01	102.0	29.9	7¾	四川康定南
1816-12-08	100.7	31.4	7½	四川炉霍
1893-08-29	101.5	30.6	7	四川道孚乾宁
1904-08-30	101.1	31.0	7	四川道孚
1923-03-24	100.8	31.3	7.3	四川炉霍、道孚间
1955-04-14	101.9	30.0	7½	四川康定折多塘一带
1973-02-06	100.53	31.48	7.6	四川炉霍附近

表 5.6-6　　鲜水河断裂带地震统计结果

地震统计时段位置（潜在震源区）	地震时段	地震间隔	地震个数	震级段	复发周期/年	实际年发生率
鲜水河断裂带	1725—1973 年	248	8	7.0 以上	35.43	0.02822
康定—磨西潜在震源区	1725—1955 年	230	3	7.0 以上	115	0.00870
康定—磨西潜在震源区	1786—1955 年	169	2	7.5 以上	169	0.00592

5.6.2.2　高震级档的空间分布函数分配

据鲜水河—滇东地震带的地震活动性参数（$b=0.686$，$v_4=9.07$），7 级以上地震的年发生率为 0.07936，鲜水河断裂带 7 级以上地震的实际年发生率为 0.02822，对应的空间分布函数为 0.3556，3 个 8 级潜源 7 级和 7.5 级以上两档的空间分配函数采用不同的分配原则，分配结果也不同，导致计算的地震动峰值加速度也有高有低。以下主要考虑四个方案分配空间分布函数。

方案 1：采用按原有的空间分布函数比例关系原则分配（a_1 原函数比例 b）。

方案 2：按潜在震源面积比例分配原则给出 3 个潜在震源的空间分配函数，再按地震带的震级—频度比例关系确定潜在震源 7 级和 7.5 级以上两档的空间分配函数（c_1 面积比例 a）。

方案 3：采用按地震目录统计实际地震发生率分配空间分布函数的原则，8 个地震分布在炉霍、道孚及康定潜在震源区的比例为 3∶2∶3，7 级和 7.5 级以上两档的个数 5∶3，以此比例分配计算各档的空间分布函数（b_1 大地震比例 b）。

方案 4：采用按地震目录统计实际地震发生率分配空间分布函数的原则，8 个地震分布在炉霍、道孚及康定潜在震源区的比例为 3∶2∶3，再按地震带的震级—频度比例关系确定 7 级和 7.5 级以上两档的空间分布函数（h_1 大地震比例 a）。

对康定—磨西潜在震源区实际地震统计得到的 7.5 级以上地震的复发周期为 169 年，7.5 级以上地震的实际年发生率为 0.00592。仅对康定—磨西潜在震源 7.5 级以上的空间分布函数进行分配，考虑分配方案如下：

方案 5：仅对康定—磨西潜在震源 7.5 级以上档的空间分布函数按地震带的震级—频度比例关系中 7.5 级档的发生率确定（f_1 康定 7.5b）。

方案 6：仅对康定、磨西潜在震源 7.5 级以上档的空间分布函数按地震带的震级—频度比例关系中 7.5 级以上的发生率确定（d_1 康定 7.5a）。

对康定—磨西潜在震源区实际地震统计得到的 7.0 级以上地震的复发周期为 115 年，7 级以上地震的实际年发生率为 0.00870。仅对康定—磨西潜在震源 7 级以上的空间分布函数进行分配，考虑分配方案如下：

方案 7：仅对康定—磨西潜在震源 7.0 级以上档的空间分布函数按地震带的震级—频度比例关系中 7.0 级和 7.5 级档的发生率确定（e_1 康定 7-8b）。

方案 8：仅对康定、磨西潜在震源 7.0 级以上档的空间分布函数按地震带的震级—频度比例关系中 7.0 级和 7.5 级以上的发生率确定（g_1 康定 7-8a）。

5.6.2.3　地震危险性分析计算

根据以上考虑，对高震级档的空间分布函数用实际地震的复发周期进行约束，其他参数同上节。即采用综合方案为基础的潜在震源划分，潜在震源划分方案为栗子坪潜在震源 $M_u=7.5$（潜源划分方案 1）和 $M_u=7.0$（潜源划分方案 2）两套，地震带的地震活动性参数选用2004 年《大岗山水电站工程场地地震安全性评价》报告的结果：$b=0.686$，$v_4=9.07$，分析计算大岗山水电站基岩场地三个主要概率水准的峰值加速度。表 5.6-6 为空间分配函数采用不同的分配原则，即方案 1～方案 8 的结果；表中衰减关系 1～衰减关系 4 按表 5.6-2 取值，共 64 组计算分析结果。图 5.6-7 表示了不同衰减关系和高震级档空间分布函数赋值对地震危险性分析计算结果的影响。

从表 5.6-7（a）中可以看出，无论从基本概率水准（50 年，超越概率 10%，相当于地震基本烈度和地震动参数区划所取的概率水准），还是水工抗震设计所需要的概率水准［表 5.6-7（b）和表 5.6-7（c）中］，2004 年大岗山水电站工程场地地震安全性评价所给出的相应概率水准下的峰值加速度均高于本研究的平均结果。因此，即使按鲜水河地震带 1725—1973 年近 250 年，地震活动高潮期作为背景，评价大岗山水电站坝区地震危险性及其相关地震设防参数，结果也低于大岗山水电站 2004 年地震安全性评价结果。

表 5.6-7（a） 大岗山水电站 50 年超越概率 10%基岩场地峰值加速度 单位：cm/s^2

潜在震源划分方案	空间分布函数分配方案	衰减关系			
		公式 1	公式 2	公式 3	公式 4
方案 1 均值=217	a_1	224	237	163	172
	b_1	276	282	196	206
	c_1	239	251	172	179
	d_1	233	241	165	171
	e_1	249	260	179	187
	f_1	287	286	197	208
	g_1	230	244	167	173
	h_1	246	258	177	185
	分配方案平均值	248	257	177	185
方案 2 均值=201	a_2	211	222	153	156
	b_2	260	266	183	191
	c_2	220	231	159	163
	d_2	213	220	151	154
	e_2	231	242	165	171
	f_2	272	269	184	193
	g_2	212	223	153	157
	h_2	228	239	164	169
	分配方案平均值	231	239	164	169
		平均值	209	地震安全性评价结果	251.7

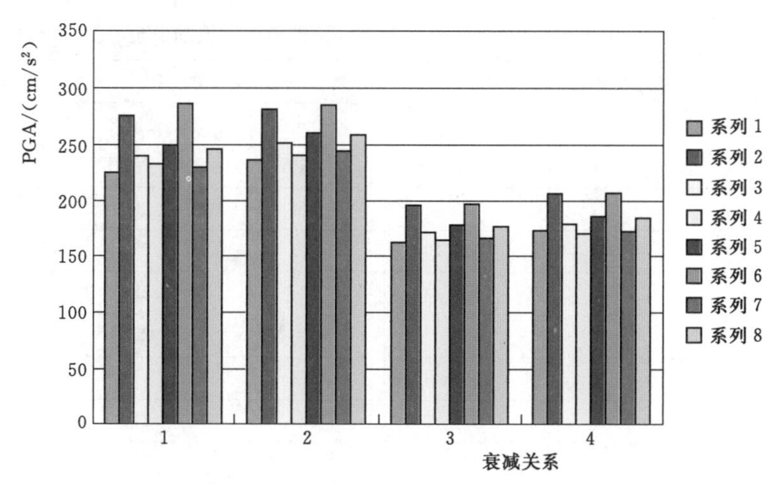

图 5.6-7（a） 50 年超越概率 10%高震级档空间分布函数不同赋值对应的 PGA 值

（系列 1～系列 8 对应空间分布函数 a_1～h_1 分配方案）

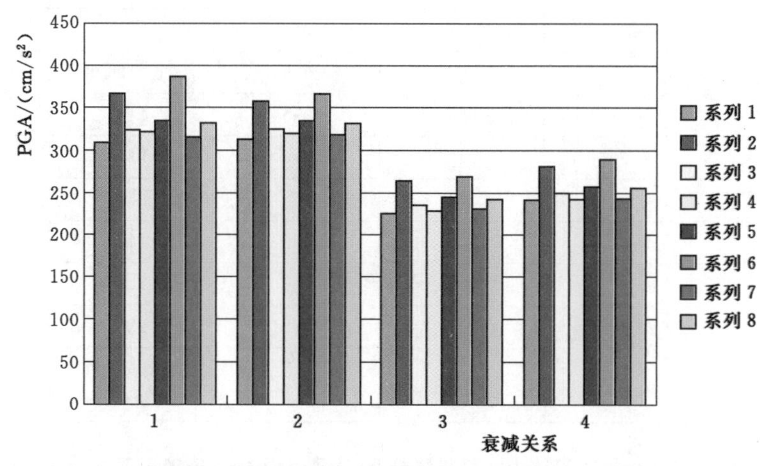

图 5.6-7（b） 50 年超越概率 5%高震级档空间分布函数不同赋值对应的 PGA 值

（系列 1～系列 8 对应空间分布函数 a_1～h_1 分配方案）

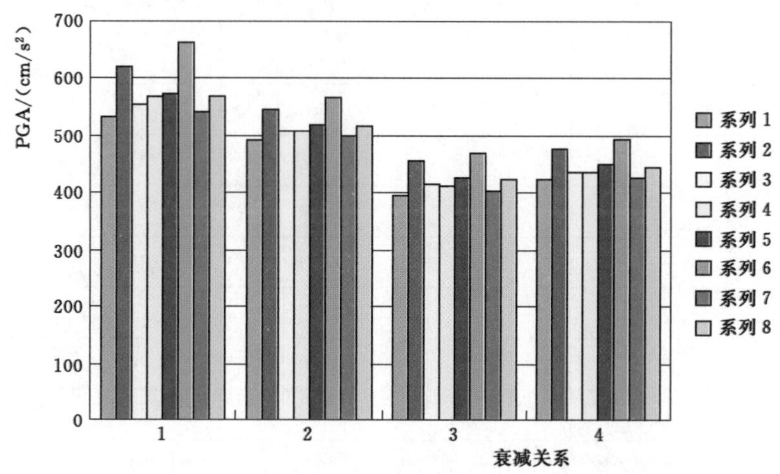

图 5.6-7（c） 100 年超越概率 2%高震级档空间分布函数不同赋值对应的 PGA 值

（系列 1～系列 8 对应空间分布函数 a_1～h_1 分配方案）

表 5.6-7 (b)　大岗山水电站 50 年超越概率 5%基岩场地峰值加速度　单位：cm/s²

潜在震源划分方案	空间分布函数分配方案	衰减关系			
		公式 1	公式 2	公式 3	公式 4
方案 1 均值=292	a_1	308	312	224	241
	b_1	367	357	265	280
	c_1	323	325	237	250
	d_1	322	319	230	243
	e_1	335	334	245	258
	f_1	387	366	270	288
	g_1	314	318	230	242
	h_1	332	332	243	256
	分配方案平均值	336	333	243	257
方案 2 均值=274	a_2	290	296	210	219
	b_2	351	341	251	263
	c_2	303	306	219	228
	d_2	300	298	211	219
	e_2	316	316	227	238
	f_2	371	350	256	270
	g_2	292	298	212	220
	h_2	312	313	225	235
	分配方案平均值	317	315	226	237
		平均值	283	地震安全性评价结果	336.4

表 5.6-7 (c)　大岗山水电站 100 年超越概率 2%基岩场地峰值加速度　单位：cm/s²

潜在震源划分方案	空间分布函数分配方案	衰减关系			
		公式 1	公式 2	公式 3	公式 4
方案 1 均值=492	a_1	533	492	396	424
	b_1	620	546	457	476
	c_1	555	507	414	435
	d_1	567	508	412	437
	e_1	572	518	426	449
	f_1	663	565	470	494
	g_1	542	499	404	425
	h_1	567	515	423	445
	分配方案平均值	578	519	425	448

续表

潜在震源划分方案	空间分布函数分配方案	衰减关系			
		公式 1	公式 2	公式 3	公式 4
方案 2 均值=470	a_2	514	475	375	391
	b_2	603	530	437	458
	c_2	531	486	387	405
	d_2	544	487	384	405
	e_2	550	498	401	420
	f_2	648	552	455	478
	g_2	516	476	376	393
	h_2	545	495	397	416
	分配方案平均值	557	500	402	421
		平均值	481	地震安全性评价结果	557.5

5.6.2.4 计算结果不确定性分析

由于对地震发生规律（包括地震预测、传播途径和场地反应等）和地质构造关系研究和认识的不足，在概率地震危险性分析中的每个步骤都有很大的不确定性。地震带的划分、潜在震源的划定都是根据各种专家的观点和意见，这些观点和意见往往差别很大，有很大的不确定性。地震发生时间、地点和强度分布的规律性认识，地震资料完整性、可靠性，以及理论、模型等建立都会造成很大的不确定性。

20 世纪 80 年代后期，国内外学者开始重视地震活动性估计中的不确定性，研究潜在震源区划分和地震活动性估计中的不确定性。主要有 C. R. Toro 和 R. K. McGuire 1987 年用逻辑树原理研究了美国东部已建核电站地区地震危险性评定中的不确定性。不确定性因素主要包括：地震活动性参数统计区、潜在震源区、地震活动性参数、震级上限和地震动衰减等。

图 5.6－8 是用逻辑树原理表示了这些不确定性对同一场地在地震危险性分析全过程中的作用，它包括各专家组的不确定性在内的地震危险性的不确定性。从图 5.6－8

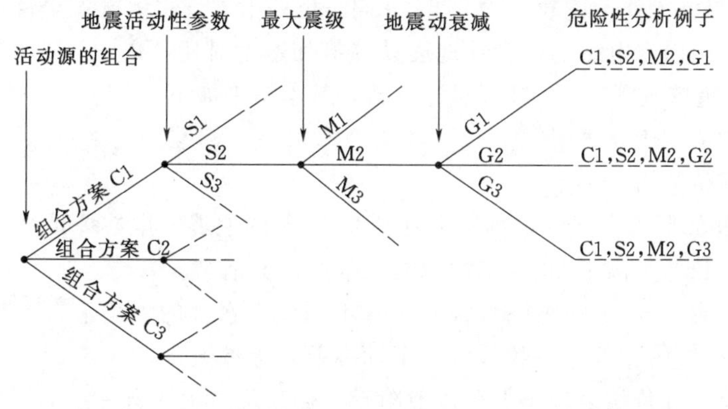

图 5.6－8　地震危险性分析中的不确定性参数逻辑树示意图

可以看出，“树”的每一个末梢都对应着一个能计算出危险性曲线的组合。对地震动幅值计算分位数，并分别构造分位为 0.15、0.5（中值）和 0.85 的曲线。中值曲线度量中间值大小，而 0.15 和 0.85 两线间的跨度表示总的不确定性。

表 5.6－8 表示了用于本研究地震危险性分析的不确定性参数逻辑树的形式，主要考虑的不确定性因素包括：地震动衰减关系的不确定性、栗子坪潜源震级上限的不确定性、地震空间分配函数的不确定性，共计 64 种组合。

表 5.6－8　　地震危险性分析的不确定性参数逻辑树表

衰减关系	潜在震源划分方案	空间分布函数分配方案（地震统计时段或潜源区）	
衰减关系 1～衰减关系 4	方案 1	鲜水河断裂带	a_1 原函数比例 b
			c_1 面积比例 a
			b_1 大地震比例 b
			h_1 大地震比例 a
		康定—磨西潜在震源区	d_1 康定 7.5a
			f_1 康定 7.5b
			g_1 康定 7－8a
			e_1 康定 7－8b
	方案 2	鲜水河断裂带	a_2 原函数比例 b
			c_2 面积比例 a
			b_2 大地震比例 b
			h_2 大地震比例 a
		康定—磨西潜在震源区	d_2 康定 7.5a
			f_2 康定 7.5b
			g_2 康定 7－8a
			e_2 康定 7－8b

4 个衰减公式、2 个潜在震源方案、8 个空间分布函数分配，同一概率水准共计 64 个计算结果，表 5.6－9 列出了 50 年，超越概率 10%、5%和 100 年，超越概率 2%的计算结果，为便于比较，表 5.6－9 同时也列出了三次地震安全性评价的结果。

为了和大岗山水电站抗震设计地震动峰值加速度对比，以表 5.6－9（c）计算结果（100 年，超越概率 2%）进行对比分析，基本结果如下：

（1）平均值 481g，标准差 70g，如果考虑加一个标准差的上位数为 551g，减一个标准差的下位数为 411g。

（2）高达 89%极大部分计算结果低于 2004 年的地震安全性评价结果（557.5g），仅仅小部分（11%）高于 2004 年的地震安全性评价结果。

（3）对应表 5.6－8 的每一组合，计算不同概率水准的平均值、标准差、上分位数（加一个标准差）、下分位数（减一个标准差）等参数（表 5.6－10 和图 5.6－9），三个地震安全性评价结果位于上分位数附近，偏高位显示留有一定的裕度空间。

表 5.6-9 (a)　　计算结果比较（50 年，10%）

序号	计算方案	衰减公式	PGA/g	序号	计算方案	衰减公式	PGA/g
1	d_2	衰减 3	151	34	g_2	衰减 1	212
2	a_2	衰减 3	153	35	d_2	衰减 1	213
3	g_2	衰减 3	153	36	d_2	衰减 2	220
4	d_2	衰减 4	154	37	c_2	衰减 1	220
5	a_2	衰减 4	156	38	a_2	衰减 2	222
6	g_2	衰减 4	157	39	g_2	衰减 2	223
7	c_2	衰减 3	159	40	a_1	衰减 1	224
8	a_1	衰减 3	163	41	h_2	衰减 1	228
9	c_2	衰减 4	163	42	g_1	衰减 1	230
10	h_2	衰减 3	164	43	e_2	衰减 1	231
11	d_1	衰减 3	165	44	c_2	衰减 2	231
12	e_2	衰减 3	165	45	d_1	衰减 1	233
13	g_1	衰减 3	167	46	a_1	衰减 2	237
	下位数	均值$-\sigma$	169	47	c_1	衰减 1	239
14	h_2	衰减 4	169	48	h_2	衰减 2	239
15	d_1	衰减 4	171	49	d_1	衰减 2	241
16	e_2	衰减 4	171	50	e_2	衰减 2	242
17	c_1	衰减 3	172		地质所	衰减 3	242
18	a_1	衰减 4	172	51	g_1	衰减 2	244
19	g_1	衰减 4	173	52	h_1	衰减 1	246
20	h_1	衰减 3	177		上位数	均值$+\sigma$	249
21	e_1	衰减 3	179	53	e_1	衰减 1	249
22	c_1	衰减 4	179	54	c_1	衰减 2	251
23	b_2	衰减 3	183		地震安全性评价报告	衰减 3	252
24	f_2	衰减 3	184	55	h_1	衰减 2	258
25	h_1	衰减 4	185	56	e_1	衰减 2	260
26	e_1	衰减 4	187	57	b_2	衰减 1	260
27	b_2	衰减 4	191		四川局	衰减 4	265
28	f_2	衰减 4	193	58	b_2	衰减 2	266
29	b_1	衰减 3	196	59	f_2	衰减 2	269
30	f_1	衰减 3	197	60	f_2	衰减 1	272
31	b_1	衰减 4	206	61	b_1	衰减 1	276
32	f_1	衰减 4	208	62	b_1	衰减 2	282
	中位数	均值	209	63	f_1	衰减 2	286
33	a_2	衰减 1	211	64	f_1	衰减 1	287

表 5.6-9 (b)　　计算结果对比（50 年，5%）

序号	计算方案	衰减公式	PGA/g	序号	计算方案	衰减公式	PGA/g
1	a_2	衰减 3	210	34	g_2	衰减 1	292
2	d_2	衰减 3	211	35	a_2	衰减 2	296
3	g_2	衰减 3	212	36	g_2	衰减 2	298
4	a_2	衰减 4	219	37	d_2	衰减 2	298
5	c_2	衰减 3	219	38	d_2	衰减 1	300
6	d_2	衰减 4	219	39	c_2	衰减 1	303
7	g_2	衰减 4	220	40	c_2	衰减 2	306
8	a_1	衰减 3	224	41	a_1	衰减 1	308
9	h_2	衰减 3	225	42	a_1	衰减 2	312
10	e_2	衰减 3	227	43	h_2	衰减 1	312
11	c_2	衰减 4	228	44	h_2	衰减 2	313
12	d_1	衰减 3	230	45	g_1	衰减 1	314
13	g_1	衰减 3	230	46	e_2	衰减 1	316
	下位数	均值 $-\sigma$	235	47	e_2	衰减 2	316
14	h_2	衰减 4	235	48	g_1	衰减 2	318
15	c_1	衰减 3	237	49	d_1	衰减 2	319
16	e_2	衰减 4	238	50	d_1	衰减 1	322
17	a_1	衰减 4	241		地质所	衰减 3	323
18	g_1	衰减 4	242	51	c_1	衰减 1	323
19	d_1	衰减 4	243	52	c_1	衰减 2	325
20	h_1	衰减 3	243		上位数	均值 $+\sigma$	331
21	e_1	衰减 3	245	53	h_1	衰减 1	332
22	c_1	衰减 4	250	54	h_1	衰减 2	332
23	b_2	衰减 3	251	55	e_1	衰减 2	334
24	f_2	衰减 3	256	56	e_1	衰减 1	335
25	h_1	衰减 4	256		地震安全性评价报告	衰减 3	336
26	e_1	衰减 4	258	57	b_2	衰减 2	341
27	b_2	衰减 4	263		四川局	衰减 4	349
28	b_1	衰减 3	265	58	f_2	衰减 2	350
29	f_1	衰减 3	270	59	b_2	衰减 1	351
30	f_2	衰减 4	270	60	b_1	衰减 2	357
31	b_1	衰减 4	280	61	f_1	衰减 2	366
	中位数	均值	283	62	b_1	衰减 1	367
32	f_1	衰减 4	288	63	f_2	衰减 1	371
33	a_2	衰减 1	290	64	f_1	衰减 1	387

表 5.6-9（c）　　计算结果比较（100 年，2%）

序号	计算方案	衰减公式	PGA/g	序号	计算方案	衰减公式	PGA/g
1	a_2	衰减 3	375	34	c_2	衰减 2	486
2	g_2	衰减 3	376	35	d_2	衰减 2	487
3	d_2	衰减 3	384	36	a_1	衰减 2	492
4	c_2	衰减 3	387	37	f_1	衰减 4	494
5	a_2	衰减 4	391	38	h_2	衰减 2	495
6	g_2	衰减 4	393	39	e_2	衰减 2	498
7	a_1	衰减 3	396	40	g_1	衰减 2	499
8	h_2	衰减 3	397	41	c_1	衰减 2	507
9	e_2	衰减 3	401	42	d_1	衰减 2	508
10	g_1	衰减 3	404	43	a_2	衰减 1	514
11	d_2	衰减 4	405	44	h_1	衰减 2	515
12	c_2	衰减 4	405	45	g_2	衰减 1	516
	下位数	均值$-\sigma$	411	46	e_1	衰减 2	518
13	d_1	衰减 3	412	47	b_2	衰减 2	530
14	c_1	衰减 3	414	48	c_2	衰减 1	531
15	h_2	衰减 4	416	49	a_1	衰减 1	533
16	e_2	衰减 4	420	50	g_1	衰减 1	542
17	h_1	衰减 3	423		地质所	衰减 3	542
18	a_1	衰减 4	424	51	d_2	衰减 1	544
19	g_1	衰减 4	425	52	h_2	衰减 1	545
20	e_1	衰减 3	426	53	b_1	衰减 2	546
21	c_1	衰减 4	435	54	e_2	衰减 1	550
22	d_1	衰减 4	437		上位数	均值$+\sigma$	551
23	b_2	衰减 3	437	55	f_2	衰减 2	552
24	h_1	衰减 4	445	56	c_1	衰减 1	555
25	e_1	衰减 4	449		地震安全性评价报告	衰减 3	558
26	f_2	衰减 3	455	57	f_1	衰减 2	565
27	b_1	衰减 3	457	58	h_1	衰减 1	567
28	b_2	衰减 4	458	59	d_1	衰减 1	567
29	f_1	衰减 3	470	60	e_1	衰减 1	572
30	a_2	衰减 2	475		四川局	衰减 4	573
31	b_1	衰减 4	476	61	b_2	衰减 1	603
32	g_2	衰减 2	476	62	b_1	衰减 1	620
33	f_2	衰减 4	478	63	f_2	衰减 1	648
	中位数	均值	481	64	f_1	衰减 1	663

（4）2004 年大岗山水电站工程场地地震安全性评价所给出的 100 年，2%概率水准下的峰值加速度 557.5g 高出平均值 76.5g，位于本研究分析结果加一个标准差的上位数 551g 之上，存在显著的裕度，其可靠性达 85%。

表 5.6-10　　大岗山水电站地震危险性分析的总的不确定性　　单位：g

超越概率	0.0197	0.002	0.001	0.0006	0.0004	0.0002	0.0001
上分位数	55.6	248.9	331.3	397.5	453.9	550.8	660.6
平均值	45.4	208.8	283.0	342.2	392.2	481.0	576.6
下分位数	35.1	168.7	234.7	286.9	330.5	411.2	492.6
标准差	10.3	40.1	48.3	55.3	61.7	69.8	84.0
变异系数	0.226	0.192	0.171	0.162	0.157	0.145	0.146
地质所		242	323			542	
地震安全性评价		252	336.4			557.5	
四川局		265	349			573	

因此，2004 年大岗山水电站工程场地地震安全性评价的地震动参数，较之本研究常规考虑和高震级高活动性考虑的结果，是存在一定的安全裕度的。

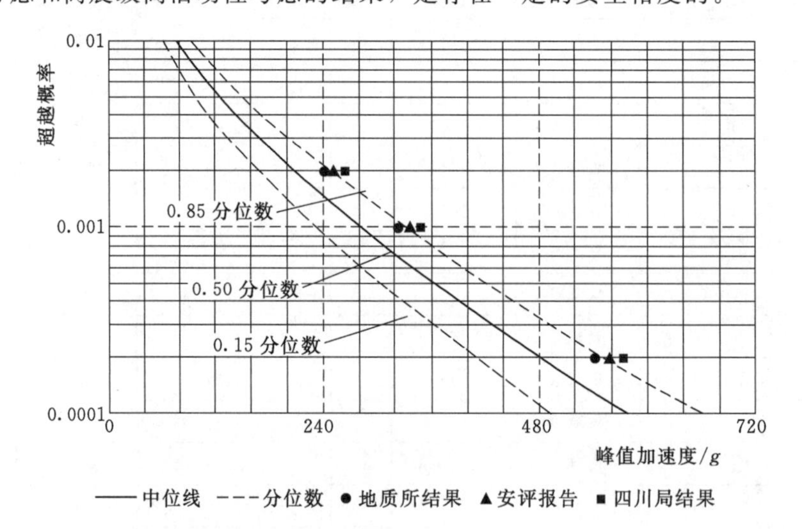

图 5.6-9　大岗山水电站地震危险性分析的总的不确定性

5.7　设计地震动参数安全裕度评估

5.7.1　宏观评价

从断裂带活动性、现代地壳形变、地震活动、1786 年康定南 7¾级地震断错等方面的分析，及以此为基础所作地震潜在震源危险性的评价和潜在震源地震活动危险性评价，反映大岗山水电站地区的地震地质活动环境并不显示潜在的地震活动强度和频度上的高地震危险性。2004 年大岗山水电站工程场地地震安全性评价时，对潜在地震危险源的强度和潜在地震活动频度评价，最终对大岗山水电站抗震设防参数的确定，直观地反映了 2004 年地震安全性评价的地震地质基础还是存在有商榷的地方。

总体上还是以偏高的地震活动强度和频度表征地震危险性，并作为抗震设防参数确定的基础。因此，从宏观的角度，从大岗山水电站地震地质环境的角度，2004 年确定的大岗山水电站的高地震设防参数是以偏高的地震活动强度和频度表征地震危险性为基础而获得的，因此存在有一定的安全裕度。

5.7.2 潜源区划分方案对设计地震动参数的影响

由于地震危险性分析中存在不确定因素，不同的潜在震源区划分方案计算出的场址地震动加速度也各不相同。在大岗山水电站工程场地地震安全性评价工作中虽然没有选用将坝址包在 8.0 级潜在震源区内的四代区划重点区方案，但是地震安全性评价报告选择的仍是除此之外相对偏于安全的潜在震源区划分方案。在大岗山水电站工程场地地震安全性评价报告中，还重新统计了鲜水河—滇东地震带的年发生率，使用了较高的 v_4 值；对比表 5.5-6 和表 5.5-7 可知，确有提高地震活动性参数取值、过于夸大高震级地震发生率的倾向。因此，大岗山水电站坝址设计地震动参数中可能包含一定的安全裕度。

由表 5.5-8 和图 5.5-7 可见，设计概率水平 100 年超越概率 2%的加速度值有相当大的变化幅度，最小的为四代区划综合方案的 349.4g，除了地震安全性评价报告的正式结果以外，最大值是地震安全性评价报告的潜源方案中将磨西潜在震源区南边界划在距坝址 12km 处的方案 547.4g。几种方案设计概率水平的平均值为 471.9g，与正式结果相比低 85.6g。

表 5.5-3 中四代区划重点区方案 $v_4=9.07$ 时的结果为 559.0g，与地震安全性评价报告给出的最终结果 557.5g 相当。尽管这个潜源方案从未有人在实践中使用过 $v_4=9.07$ 的地震带发生率，假如仍用它的结果替代表 5.5-8 中第（3）行的数据，则设计概率水平的加速度平均值为 486.0g，比地震安全性评价正式结果低 71.5g。

值得一提的是，此处没有将空间分布函数对高震级年发生率的提高进行调整，使得这其中还包含一定的安全裕度。因此，从不同潜源区划分方案的对比来看，在大岗山水电站坝址设计地震动参数中估计至少包含约（70～85）g 的安全裕度。

5.7.3 地震危险性分析计算对安全裕度的评估

为了和大岗山水电站抗震设计地震动峰值加速度对比，以表 5.6-9（c）计算结果（100 年，超越概率 2%）进行对比分析，基本结果如下：

（1）平均值 481g，标准差 70g；如果考虑加一个标准差的上位数为 551g；减一个标准差的下位数为 411g。

（2）高达 89%（极大）部分计算结果低于 2004 年的地震安全性评价结果（557.5g），仅仅小部分（11%）高于 2004 年的地震安全性评价结果。

（3）对应表 5.6-8 的每一组合，计算不同概率水准的平均值、标准差、上分位数（加一个标准差）、下分位数（减一个标准差）等参数（表 5.6－10 和图 5.6－9），三个地震安全性评价结果位于上分位数附近，偏高位显示留有一定的裕度空间。

(4) 2004 年大岗山水电站工程场地地震安全性评价所给出的 100 年，2%概率水准下的峰值加速度 557.5g 较平均值高 76.5g，位于本研究分析结果加一个标准差的上位数 551g 之上，存在显著的裕度，其可靠性达 85%。

因此，2004 年大岗山水电站工程场地地震安全性评价的设计动参数，较之本研究常规考虑和高震级高活动性考虑的结果，是存在一定的安全裕度的。

第6章 大渡河中游及外围区域构造稳定性分区评价

区域构造稳定性综合评价是水电水利工程预可行性研究阶段的重要工作之一；预可行性研究阶段后，若地震地质条件发生变化时，应对区域构造稳定性进行复核。区域构造稳定性评价对论证工程的可行性和合理选择坝址、坝型等有重要的意义。在现代构造活动强烈、区域地震地质条件复杂的地区进行工程规划时，区域构造稳定性将成为确定设计方案和坝段坝址选择的决定性因素之一。一般情况下，通过区域构造背景研究、断层现代活动性研究、地震危险性研究、地震地质灾害评价和水库诱发地震研究等方面的详细工作，就能够对建设场地的区域构造稳定性给出恰当的评价意见。

然而，水电水利工程所处的自然地质条件千差万别，研究程度深浅不一，在区域构造条件复杂的地区，往往有些问题一时很难查清，或者不同的研究者各执一词，使其结论带有较大的不确定性，从而影响到区域构造稳定性综合评价的可信度和不同坝址、不同方案之间的可比性。因此，近年来国内外研究人员都在探索评判因子的量化和利用某些数学模型的方法深化研究该问题。

6.1 区域构造稳定性分区的原则和方法

我国区域构造稳定性评价的定量化探索，始自20世纪80年代初期。为解决区域构造条件复杂地区重大水电、核电、矿山等工程的选址和抗震设计等问题，工程地质人员尝试判定影响区域构造稳定性的各主要因素（因子），并通过因子的量化和赋以不同权值的方法，寻找一种尽可能减少主观随意性，从而具有较高可比性的方法。经过30多年的工程实践，迄今还没有一种方案得到普遍的认可，其关键在于影响因子的合理选择和区域构造稳定性等级的划分。

6.1.1 影响因子的确定

目前常见的几种方案主要适合于区域构造稳定性分区（或区划）的需要，同时也应用于重大工程场址的区域构造稳定性评价。

中国科学院地质研究所（1984，1985）结合二滩水电站、苏南核电站和金川矿区的研究，提出区域地壳稳定性评价的10项因子，即①地壳结构与深断裂；②活动断裂和地壳第四纪升降速率；③叠加断裂角；④大地热流值；⑤布格异常梯度值；⑥地壳压强偏差值；⑦地壳应变能量；⑧地震最大震级；⑨地震基本烈度；⑩与地壳运动有关的地面形变。《长江三峡工程坝区及外围地壳稳定性研究》的宏观评价中也考虑了其中部分因子的影响。

原地质矿产部环境地质研究所胡海涛等（1986）在广东大亚湾核电站的工作中将区域稳定性区划分为三级。一级区划按构造体系及其联合、复合关系进行。二级区划主要考虑：①次级断裂组合关系；②断裂活动性；③地震活动性；④断块的介质结构特征。三级区划按：①构造部位；②介质条件，包括岩体质量系数和岩体平均裂隙率两项；③断层活动速率；④地震活动指标，包括地震基本烈度和外来影响烈度两项；⑤物理地质作用指标，如山体稳定系数等。

殷跃平（1991）在黄河大柳树坝址的区域地壳稳定性评价中考虑了以下因子，即①区域断裂活动性；②潜在震源；③场址基本烈度；④地质灾害；⑤坝区岩体结构类型；⑥坝区及附近地表断裂。

袁登维、孙叶等（1996）在三峡工程区域稳定性分区中列出了11项因子：①地震基本烈度；②历史地震影响烈度；③地壳形变特征；④断层位移速率；⑤断裂延伸长度；⑥断裂切割深度；⑦应变能集中程度；⑧断裂安全度；⑨断裂活动最新年龄；⑩地块介质类型及完整系数；⑪与断裂活动有关的外动力地质灾害发育程度。

以上均属于多因子方案之列。不同方案选取的因子差别相当大，但大体上包括了三类指标，即区域地球物理场和地壳应力—形变场资料、场区或近场活动断层和地震影响资料，以及地壳表层的区域工程地质资料。对于一般大型水电工程场区而言，受需要和可能之限制，有些因子很难取得可靠的资料，另一些因子只能反映区域性的变化，对5～10km尺度的建设场地并不敏感，也过于粗糙。

2017年以前，在《水力发电工程地质勘察规范》（GB 50287）和与之配套的《水电水利工程区域构造稳定性勘察技术规程》（DL/T 5335）中，总结了某些大型水电工程的经验，结合《水工建筑物抗震设计规范》（DL 5073）的规定，提出：①地震基本烈度及相应的水平峰值加速度；②活断层；③地震活动；④区域重磁异常等四项。作为建设场地区域构造稳定性分级和评价的基本因子，已被许多大型水电水利工程所采用。这是典型的少因子方案，突出了现代构造运动对工程可能造成危害的两大问题，所需资料是常规区域构造稳定性研究中所规定工作能取得的，比较适合于大型水电工程场区的区域构造稳定性评价。此外，这个方案对地壳形变场和深部地球物理场的区域性变化考虑不足，若用于涵盖若干一级、二级大地构造单元的大范围区域构造稳定性分区（区划），则显得过于简单。

近些年来，随着众多大型水电工程的开发，尤其是我国的西部地区。鉴于该区域烈度均较高，从工程实践看Ⅶ度区的构造稳定性相比Ⅷ度、Ⅸ度区要好，因此，在修订《水电工程区域构造稳定性勘察规程》（NB/T 35098）中将原规程中的三分法改为四分法，即将原三分法中包含Ⅶ度和Ⅷ度的“稳定性较差”一档划分为Ⅶ度“稳定性较好”和Ⅷ度“稳定性较差”二档。

6.1.2 分级（分区）的确定

中国科学院地质研究所李兴唐等以地震灾害为主，结合工程抗震要求，将地壳稳定性分为“稳定区、基本稳定区、次稳定区、不稳定区”四个等级。原地矿部编制的《工程地质调查规范》（1989）将地壳稳定程度分为“稳定、较稳定、较不稳定、不稳定”四个等级。三峡工程库首区地壳稳定性分区（1996）在以上四个等级之下，又根据地块的岩体性状特征，即“块状岩体的地块、一般沉积岩类的地块、松散堆积类的地段、构造带内稳定性相对稍差的地段”，在每个等级之下再划分出四个二级分区。2017年以前水电水利工程地质的有关规定中分为“稳定性好、稳定性较差、稳定性差”三个等级。

四分法和三分法两类方案没有本质上的区别。各项指标的量化，一般也按稳定性的等级分为四档和三档，其中有些分档标准是否合理，还缺乏深入论证，从而影响到最终评价结果的可信度。

在水电工程的实际使用中，四分法的二、三档界线较难于掌握，特别是在我国西部地区的大型水电工程，由于各项因子都带有不同程度的不确定性，研究人员的个人取舍具有很大影响，往往偏向“基本稳定”的等级，个别情况下甚至造成某种虚假的安全感。以规范化程度较高的“地震基本烈度”这一因子为例，表6.1-1列出了几种量化分档的方案。将遭受Ⅸ度地震影响的地区归入“次稳定区”或是划为“不稳定”区，是存在争议的；至于将Ⅶ度区划为“基本稳定”，而Ⅷ度区划为“次稳定”，意见就比较一致。然而在实际工作中，往往把“基本稳定”区认定为“Ⅵ度＜基本烈度＜Ⅷ度”。由于每一烈度值本身就包括了地震影响强弱的一定范围，而并非一个确定值，这样就难免人为地扩大“基本稳定”区而缩小“次稳定”区。

表6.1-1　　　　研究区按“地震基本烈度”分档的比较表

方案	提出单位或研究人员	区域构造稳定性分档			
四分法	中国科学院地质研究所（李兴唐等，1984，1986）	稳定	基本稳定	次稳定	不稳定
		≤Ⅵ度	Ⅶ度	Ⅷ、Ⅸ度	≥Ⅹ度
	地质矿产部《工程地质调查规范》（1989）	稳定	较稳定	较不稳定	不稳定
		≤Ⅵ度	Ⅶ度	Ⅷ度	≥Ⅸ度
	《水电工程区域构造稳定性勘察规程》（NB/T 35098—2017）	稳定性好	稳定性较好	稳定性较差	稳定性差
		＜Ⅶ度	Ⅶ度	Ⅷ度	≥Ⅸ度
三分法	《水电水利工程区域构造稳定性勘察技术规程》（DL/T 5335—2006）	稳定性好	稳定性较差		稳定性差
		≤Ⅵ度	Ⅶ、Ⅷ度		≥Ⅸ度

为了更确切地反映场址在区域构造稳定性上的差异，在2017年以前《水电水利工程区域构造稳定性勘察技术规程》（DL/T 5335—2006），结合我国水工建筑物抗震设计的水平，以及相应行业规范的规定，提出了稳定性分档的三分法方案。其中“地震基本烈度”一项，是将不大于Ⅵ度区划为“稳定性好”的等级，其工程意义是“可不进行抗震计算”；Ⅵ度＜基本烈度＜Ⅸ度的地区合并划为“稳定性较差”的等级，在这类地区中，我国已经积累了成功进行抗震设防的丰富经验，发布了相应的专业规范，规定大型水电工程的壅水建筑物必须根据不同情况分别按设计烈度Ⅶ度、Ⅷ度、Ⅸ度进行抗震设计，能够确保工程抗震安全；基本烈度不小于Ⅸ度的地区划为“稳定性

差”的等级，这类地区目前还缺乏大型水电工程抗震设计的成熟经验，一般不宜选作拟建工程的坝址。

鉴于我国西部地区地震地质条件复杂，地震动参数普遍高于中东部地区，而我国大型水电工程又多位于西部地区。2017年修编的《水电工程区域构造稳定性勘察规程》(NB/T 35098—2017）中将原“稳定性较差”的Ⅶ度和Ⅷ度分为两档，即“稳定性较好”和“稳定性较差”两个等级更为合理[7]。

6.1.3 定性评价方法

由上述不难看到，现有的区域构造稳定性评价的定量方法还存在着相当大的局限性，主要表现在四个方面：尚未能建立得到公认的区域构造稳定性评价的物理模型；数学模型中影响因子的选择有较大的任意性，缺乏对每个因子贡献大小的定量研究，也影响到权值的合理确定；影响因子分档标准的量化大都缺乏足够样本的论证；不同方法和方案之间缺乏可比性。

这可能正是30多年来，与断层活动性研究、地震危险性研究相比，区域构造稳定性综合评价的定量化方面进展较小的原因所在。事实上，许多工程场地定量评价的结果，往往只是专家个人宏观判断的某种量化表达形式。在实际工作中，通常先用定性的综合分析法对场址的构造稳定等级作出判断，再用一种或几种定量方法进行计算，得到的结果作为定性评价的佐证。

1. 构造类比和地震地质类比法

该方法主要从大地构造格架、区域性活动断裂及其次级断裂的展布、地震活动等方面进行综合分析评价。“安全岛”理论也是构造类比和地震地质类比法的一种具体应用，其出发点在于可在强震区或高烈度区寻找到“相对稳定地块”，作为工程建设的场址。这个方法在水电工程的区域构造稳定性研究中曾得到一定的应用。

2. 工程类比法

在抗震设计和制定抗震措施方面，工程类比是常用的方法之一。在区域构造稳定性分析评价中，将若干工程进行宏观比较，同样有一定的意义。这是因为当地质工作局限在一个工程的范围内，有时难免夸大或缩小某些影响因素的作用，而对处于不同构造环境中的工程进行横向对比，往往有助于发现本工程在评价中存在的问题。二滩、百色和龙滩三个水电水利工程均确定为地震基本烈度Ⅶ度地区，设防烈度均为Ⅷ度，场区100年超越概率0.02的水平峰值加速度分别为$0.258g$、$0.202g$和$0.311g$。然而，从这三个工程的大地构造部位和近场构造环境的宏观判断，可以得到十分明显的结论，即二滩水电站工程的区域构造稳定性是三者中相对较差的，而龙滩水电站工程应是三者中相对较好的。经过详细核查，发现在龙滩水电站工程的地震危险性分析中，在潜在震源区的划分、不确定性校正等几个方面可能存在某些不完善之处。

6.1.4 定量评价方法

6.1.4.1 区域构造稳定性评价的数学模型

目前还处于初步探索阶段，见诸文献的有以下几类。

（1）选择容易量化且可比性较好的若干因子，按稳定性等级进行相应的分档，每档赋予某一确定值或某个取值范围，然后由研究人员根据地质、地震等条件，确定场址各因子所属的分档（或称为该因子的“状态”），经过人工综合分析判断，做出场址的区域构造稳定性评价意见。这是一种半定量的方法，简单易行，也有较好的可比性，工程上应用比较广泛，但只适用于少因子的方案。对用于区域构造稳定性分区的多因子方案，常遇到不同因子所属状态不一致甚至互相矛盾的情况，人工综合分析的不确定性很大，不同研究人员得出的结论可比性较差。

（2）对区域构造稳定性的不同等级由专家分档赋值（例如按5分制打分或确定各档的取值范围）；每个因子分为若干状态，亦由专家进行赋值。根据研究区的实际条件，分别判定某一地区或地段各因子所处的状态，并按因子的重要性分别确定权值，通过加权平均求得“区域稳定性系数”，与事前规定的稳定性等级标准比较，从而确定该地区所属的区域构造稳定性等级。

（3）区域构造稳定性专家系统，是在充分吸收一位或几位本学科权威专家的知识的基础上，建立专家知识结构模型和几个层次的知识库，应用计算机辅助决策评价的方法，设计出同时具有形式逻辑推理、概率推理、可信度推理和反映专家主观专业直觉的默认推理等能力的推理机，通过人机对话，输入研究区有关的地质和地震资料，由计算机做出该区的区域构造稳定性评价。

（4）按照选定的区域构造稳定性等级划分和若干影响因子的隶属函数，利用模糊数学的方法，进行多因子模糊评判，并通过选用不同的因子组合及权重组合方案进行敏感度分析，以减少评判中的主观随意性，提高成果的可信度。

6.1.4.2 区域构造稳定性数值模拟

根据对研究区地球动力学环境、区域地质构造格局、区域构造应力场、区域新构造运动和地震活动规律，以及库坝区附近主要断裂的空间展布、交切关系、新活动性、古地震和现今地震活动等资料的认识，建立一定的力学—数学模型，通过有限元数值模拟分析，反演研究区现今应力—形变场及应变能分布特征，并据此做出区域构造稳定性评价。

这种模型将反演得出的应力—应变集中部位和量级作为唯一标志，来评价给定地区或地段的区域构造稳定性，也可称为单因子模型。早期多采用线弹性有限元模拟分析，如20世纪80年代初期中国科学院地质所在二滩地区的工作。80年代末进一步发展为同时进行线弹性和黏弹性有限元数值模拟，分析现今应力—形变场特征，并进一步分析其随时间（例如100年后和200年后）的演变趋势，成都理工大学在锦屏、小湾、溪洛渡等特大型工程可行性研究阶段的工作具有代表性。

6.1.5 水电水利工程区域构造稳定性评价

回顾近30余年定量（半定量）化方面的探索，对于大型水电水利工程的区域构造稳定性评价工作，可以提出以下几点看法。

（1）区域构造稳定性定量评价的方法，是从地震地质背景方面，尽可能客观地求得建设场地构造稳定性程度的定量、半定量参数。至于建筑物的抗震要求、工程施工活动导致的地质灾害等，不同类型的工程有不同的要求，不同行业部门已经制定了各自的抗震设计规范，没有必要也不可能有效地纳入区域构造稳定性评价方案的考虑之中。

（2）合理选取影响因子，是评价方案能否得到推广应用的关键，不能只按一般概念确定，也并非越多越全面，而是必须通过多个工程实践的筛选以及专门的敏感度分析，才能被地学界和工程界所接受。先由不同行业按其工程特点制订各自的定量评价模型并在应用中逐渐改进，然后再通过理论概括得出普遍适用的模型，可能是一条更有效的途径。

（3）对于用目前常规勘察手段很难取得定量参数的那些因子，模型中不宜选用，以免人为增加新的不确定性或掩盖主要因子的作用。

（4）水电水利工程的区域构造稳定性评价应以场区评价为主，必要时亦可进行稳定性分区（小区划）评价。

按照上述认识，结合近年来水电水利工程区域构造稳定性研究的经验和规范编制研讨中的进展，可提出适用于大型水电水利工程区域构造稳定性分级评价，见表6.1－2。

表 6.1－2　　区域构造稳定性分级评价表

参量＼分级	稳定性好	稳定性较好	稳定性较差	稳定性差
地震动峰值加速度 a/g	$0.04\leqslant a<0.09$	$0.09\leqslant a<0.19$	$0.19\leqslant a<0.38$	$a\geqslant 0.38$
地震烈度Ⅰ	Ⅰ＝Ⅵ	Ⅰ＝Ⅶ	Ⅰ＝Ⅷ	Ⅰ≥Ⅸ
活断层	25km以内无活断层	5km以内无活断层	5km以内有活断层，有M＜5级地震的发震构造	5km以内有活断层，有M≥5级地震的发震构造
近场区地震及震级M	有M＜4.7级地震活动	有4.7≤M＜6级地震活动	有6≤M＜7级地震活动或不多于一次M≥7级强地震活动	有多次M≥7级强地震活动

注　在判断稳定性分级时，按满足一项最不利的参量确定为相应级别。

表中所列各项指标，需结合坝址及其近场区的具体情况，进行综合分析判定，不能以某一单项指标作为唯一依据。

考虑到我国水工建筑物抗震设计当前的水平，在稳定性差的地区内，坝址不宜选在震级等于或大于7.0级的震中区，大坝等主体工程不应跨建在已知的现代活动断层及与之有构造活动联系的分支断层上。

6.2　大渡河中游河段区域构造稳定性分区（段）评价

多年来，成都院和有关单位，对大渡河中游及外围地区的区域地质条件、地震活动特征和主要断裂的现代活动性等，进行了多方面的、长期的勘察和研究工作，取得了极为丰富的资料。针对存在的一些不同观点和不同认识的问题，进一步开展了野外补充调查和现场复核工作；对区内主要断裂带采集了大量测年和微观活动特性的样品，进行了断裂微破裂特征、断裂滑动特征和性质、断裂带物质形貌特征和断裂最新活动时代等细致的室内测试分析工作；对有关工程的地震危险性分析中的主要参数进行了复核，并进行了大岗山水电站设计地震动参数的安全裕度评估等。这些工作为大渡河中游河段区域构造稳定性分区（段）评价提供了坚实的基础。

6.2.1 评价的范围和分区

"大渡河中游及外围"是指大渡河中游各梯级水电站，以及南桠河冶勒和栗子坪工程区所处的近南北向的地域。据此，取北自孔玉，向南经石棉，再沿南桠河经冶勒至冕宁，长约220km，并沿河向东西两侧各扩展约30km的矩形区段，作为区域构造稳定性评价的范围（图6.2-1）。

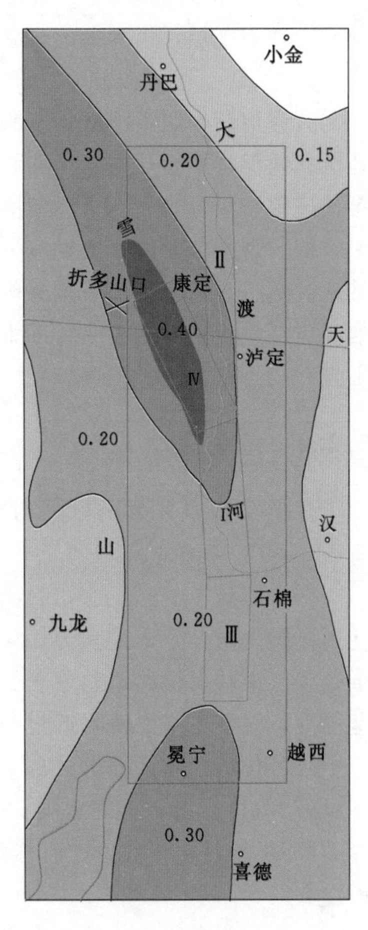

图6.2-1 区域构造稳定性评价的范围和分区示意图

在该范围内，主要有三条区域性断裂带：磨西断裂、大渡河断裂和安宁河断裂带北段。按照不同河段与主要断裂及水电工程的关系，可以分为四个区段，应分别进行区稳评价。它们是：

Ⅰ区——大渡河得妥—石棉段，该段有大岗山、龙头石、老鹰岩等梯级水电工程。

Ⅱ区——大渡河孔玉—得妥段，该段自上游向下有猴子岩、长河坝、黄金坪、泸定、硬梁包等梯级水电工程。

Ⅲ区——石棉—冕宁大桥段，该段有南桠河栗子坪、冶勒水库等梯级水电工程。

Ⅳ区——康定—得妥段，为1786年6月1日康定南7¾级地震的不小于Ⅹ度震中区及Ⅸ度影响区。

6.2.2 区域构造及重磁异常

大渡河中游及外围一带的几条主要断裂带，图2.5-6的（a）、（c）两幅主要反映了较浅的构造，由于比例尺较大，一些线性构造反映得就比较明显：南北向安宁河断裂带在航磁异常图和布格重力异常图上均十分清晰，并可向北延展到泸定、康定一带，可能属于大渡河断裂的表现；NE向的断裂带，航磁图上以龙门山构造带反应明显，而重力图上则以NNE向的天全、黑水、松潘一带反映比较清楚，相当于图2.5-8中的平武—理县深断裂带和茂汶深断裂带；NW向的鲜水河断裂带只是隐约可见。图2.5-6的（b）、（d）两幅反映较深部的信息：SN向的安宁河断裂、大渡河断裂以及NE向的龙门山构造带在航磁异常图上仍有相当清楚的反映，而在布格重力异常图上只反映出它们大体平行异常等值线展布；至于鲜水河断裂带，在重力和航磁异常图上基本没有反映，深部资料中不甚清晰的鲜水河断裂带，至少它的南东段，可能是新生成的、切割较浅但现代活动较强烈的断裂。

6.2.3 主要断裂的现代活动性

磨西断裂纵贯全区，从航片判读、野外地震地质剖面调查和分析、探槽开挖及测年结果等，尚未发现全新世断错活动的确切证据，晚更新世晚期以来活动也较弱。但其北西端与邻区的色拉哈—康定断裂呈左阶排列，后者作为1786年6月1日7¾级地震的发震断层，沿其地表破裂分布连续、形迹清晰，显示全新世活动特征和相对可信的证据。

大渡河断裂纵贯全区，断裂展布区地形地貌特征，特别是断裂带上覆Ⅱ～Ⅲ级阶地沉积物保持原始状态，无明显扰动变形，显示大渡河断裂带无晚更新世断错活动的可信迹象。综合来看，大渡河断裂带主要地质活动期可能为中更新世及以前。

安宁河断裂北段（安顺场—冕宁段）以东支断裂为主体，纵贯全区，虽然沿断裂带地貌上也显示了垭口、槽谷等形态的发育，但断裂带在通过安顺场、麂子坪等几处的晚更新世晚期冲洪积台地沉积物皆未发生变形，证明其晚更新世晚期以来的活动不强。

6.2.4 地震活动

在图6.2-1所示的区域构造稳定性评价的矩形范围内，从1480—2016年共记载有M_S>4.7级的地震11个。其中在康定一带有5个地震，最大为1786年的7¾级，另4个为6级、5.0级、5.5级和5.7级，它们都在Ⅳ区的北端；大渡河断裂沿线的Ⅱ区范围内有3个，最大为1941年泸定天全一带的6级地震，另2个为4¾级和5¾级；Ⅰ区南端石棉的西北方于1989年发生一个5.0级地震；安宁河断裂北段的Ⅲ区范围内，只在冕宁大桥附近记到6.0级和5.5级各一次。

区域构造稳定性评价区从1970年以来有比较完整的弱震记录资料，至2005年共记录到M_L 2.5级以上的地震538个，其中不小于4.0级的8个，仅占1.5%，最大为1989年6月9日发生在石棉西北的5.0级地震；其中2.5～3.9级的弱震530个，占总数的98.7%。

综合500余年的历史地震资料和近36年仪测地震的记录，证明除Ⅳ区北端具备强震的发震条件外，Ⅰ、Ⅱ、Ⅲ区和Ⅳ区的南段均属典型的中等强度的发震环境，有地震记录以来没有出现过6级以上的强烈地震；1989—2018年，整个评价区范围内没有出现4.7级以上的破坏性地震。

6.2.5 地震危险性分析结果

图6.2-1的背景是五代地震区划图的一个局部，清晰地显示出各评价区段的地

震动峰值加速度的取值范围。Ⅰ区大致在猛虎岗一带跨越0.30g区和0.20g区的分界线；Ⅱ区泸定以南为0.30g区，泸定以北为0.20g区；Ⅲ区大部在0.20g区的范围内；Ⅳ区的峰值加速度明显大于前三个区段，均为0.40g区的范围。

在已进行了专门的地震安全性评价的工程中，将地震安全性评价结果与第五代地震区划的资料进行对比，是很有意义的。经过地震主管部门正式批复的有：Ⅰ区大岗山水电站坝区50年0.1超越概率基岩的峰值加速度为0.252g；Ⅱ区泸定水电站坝区50年0.1超越概率基岩的峰值加速度为0.246g；Ⅲ区冶勒水库坝区50年0.1超越概率覆盖层的峰值加速度为0.250g。Ⅳ区在康定西北的木格措水库，虽然工程不大，由于是高烈度区，也进行了专门的地震安全性评价工作，结果是坝址50年0.1超越概率基岩的峰值加速度为0.344g，厂址50年0.1超越概率基岩的峰值加速度为0.343g。

6.2.6 区域构造稳定性综合评价

将以上各项参数列入大渡河中游河段区域构造稳定性分区（段）评价表（表6.2-1）中，并与表6.1-2提出的标准比较，进行综合分析和评判，得出综合评价意见。

表6.2-1　　大渡河中游河段区域构造稳定性分区（段）评价表

因素＼分段		Ⅰ区——大渡河得妥—石棉段	Ⅱ区——大渡河孔玉—得妥段	Ⅲ区石棉—冕宁大桥段	Ⅳ区康定—得妥段
地震危险性分析	第五代区划图	猛虎岗以北0.30g区 猛虎岗以南0.20g区	泸定以南0.30g区 泸定以北0.20g区	0.20g区	0.40g区
	工程区加速度（50年0.1超越概率）	0.252g （大岗山水电站坝区基岩）	0.246g （泸定水电站坝区基岩）	0.250g （冶勒坝区覆盖层）	
	相当于地震基本烈度（Ⅱ类场地）	Ⅷ度	Ⅷ度	Ⅷ度	Ⅸ度
活断层		磨西断裂纵贯全区，未发现全新世断错活动的确切证据，晚更新世晚期以来活动较弱	大渡河断裂纵贯全区，主要地质活动期可能为中更新世及以前	安宁河断裂北段纵贯全区，晚更新世晚期以来新活动处于相对低水平的状态	鲜水河断裂带纵贯全区，为全新世活动断裂
地震活动		本段有5级地震发生	有5.8级和4.8级地震各一次	北端有石棉西北5.0级地震，南端邻区有冕宁小盐井6级地震	西北段有多次M≥7级的地震活动
区域重磁异常		位于南北向巨型重力梯度陡变带上，重磁异常有一定的表现	位于南北向巨型重力梯度陡变带上，重磁异常有一定的表现	南北向重磁异常在南段表现明显，北段也有一定反映	位于南北向巨型重力梯度陡变带西部，重磁异常有一定的表现
区域构造稳定性综合评价		稳定性较差	稳定性较差	稳定性较差	稳定性差

综合评价的结果认为，大渡河得妥—石棉段（Ⅰ区）、大渡河孔玉—得妥段（Ⅱ区）和石棉—冕宁大桥段（Ⅲ区）等三个区段的区域构造稳定性均定为“稳定性较差”的等级。在这类地区中，我国已经积累了成功进行抗震设防的丰富经验，只要严格按照相应专业规范的规定进行抗震设计，是能够确保工程抗震安全的。康定—得妥段（Ⅳ区）的区域构造稳定性差，除其南段对大岗山水电站库区中段的得妥一带有一定影响外，对大渡河中游及外围其他工程影响较小。

第7章 大岗山水电站水库诱发地震研究

7.1 库坝区诱震条件分析和诱震环境分区

7.1.1 诱震条件分析

结合拟建工程的区域构造稳定性研究和水库区工程地质调查的成果，综合分析已查明的地震地质条件，按照实际存在的诱震条件组合，对整个库区进行工程地质分区，即为库坝区诱震环境分区。这种宏观的工程地质分区对于规模巨大的水库尤为重要，因为它们的库盆范围大，常常跨越不同的构造单元，在岩性、水文地质条件和外动力地质作用等方面也有很大的差异，从而可能具有不同的诱震环境。

水库诱发地震工程地质分区主要考虑以下几方面的因素：

（1）组成库盆的岩层，包括地层和岩体性状两方面，后者从岩体结构上分成松散结构、层状结构和块状结构。其强度可分为松软、半坚硬和坚硬三类。

（2）地质构造，包括大地构造部位、褶皱与断裂构造。其中断裂构造可分为区域性断裂、地区性断裂、低序次或低等级的断层裂隙等。

（3）水文地质条件，包括地下水类型、水文地质结构特性。

（4）地震活动，包括强震活动、微震活动与基本烈度等。

（5）其他，如河谷形态、自然地貌形态、不良物理地质现象等。

工程地质分区所需要考虑的库区范围，一般限于距库岸3～5km。特殊地带，如区域性大断裂带与库水有水力联系的情况下，最远不超过10km。垂直深度上可主要考虑5km以内的地质体。

将划分出来的每一工程地质区段，分别与表7.1-1中相应的水库诱发地震工程地质类型进行比较，结合各库段到大坝的距离、蓄水深度等因素，逐段定性地评价其诱发地震的可能性和可能发震强度，以及对工程和库区环境的可能影响[18,19]。分区中发现的诱发地震可能性较大或对工程影响较大的库段，将成为后续工作中的重点库段。

表7.1-1中，诱震环境按两级划分。第一级“类型”以研究库段所处介质的综合性状为其主要划分标志。采用以岩体结构为主的分类，是因为它能更明确地反映介质的强度和水文地质性状，而这是通常的岩性分类所无法涵盖的。第二级“亚型”则按岩体结构面（也就是可能的水文地质结构面）的性质来划分。“断裂岩体”亚型特指研究库段有区域性或地区性现代活动断裂通过，有可能形成通往地壳深部的大型透

表 7.1-1　　　　　　　　　水库诱发地震的工程地质类型及预测表

类型	类型名称	亚型名称	岩性、构造及水文地质特征	可能诱震机制类型	可能的诱震强度
Ⅰ	松散岩土体类型		第四系覆盖层		诱震可能性极小
Ⅱ	层状岩体类型	Ⅱa 裂隙层状岩体亚型	沉积岩中的页岩、砂岩、砾岩，变质岩中的片岩、千枚岩、板岩等；裂隙发育，无大规模现代活动断层或虽有断裂但没有形成向深部的导水通道	以卸荷应力调整类型为主	以微震为主
		Ⅱb 断裂层状岩体亚型	库盆由层状岩体构成；有较大的现代活动断层通过并构成使库水向深部渗透的通道	以构造类型为主	弱震或中强震，也可能有个别强震
Ⅲ	块状岩体类型	Ⅲa 裂隙块状岩体亚型	火成岩、混合岩、巨厚层沉积岩，裂隙发育，无大规模现代活动断层或虽有断裂但没有形成向深部的导水通道	以卸荷应力调整类型为主	微震或弱震
		Ⅲb 断裂块状岩体亚型	库盆由块状岩体构成；除发育一般的裂隙外，还有较大的现代活动断层通过，并能使库水向深部产生集中渗透	以构造类型为主	中强震或强震
Ⅳ	岩溶岩体类型	Ⅳa 裂隙（洞穴）岩溶岩体亚型	库区岩溶发育；无大规模现代活动断层通过，库水只能沿裂隙或岩溶管道渗透，未形成向深部渗透的导水通道	以岩溶塌陷与气爆、应力调整类型为主	微震或弱震
		Ⅳb 断裂岩溶岩体亚型	除了岩溶管道和裂隙的渗透外，还有沿现代活动断层破碎带形成的集中渗透通道	以构造、岩溶塌陷与气爆类型为主	弱震或中强震，也可能有个别强震

注　微震：$M<3$；弱震：$3\leqslant M<4.5$；中强震：$4.5\leqslant M<6$；强震：$M\geqslant 6$。

水导水通道，从而引发较大的构造型水库地震；而“裂隙岩体”亚型中“裂隙”的含意，则是指一般的裂隙密集带、低等级小断层和现今不再活动的规模较大的老断层。它们的透水性只局限于表层风化、卸荷带，向深部很快闭合，因此只能导致外动力地质作用的加剧及相应类型的外成成因的水库地震。

表中“可能诱震机制类型”，系根据诱震发生的机理划分的，一般分为卸荷应力调整类型、构造类型和岩溶塌陷与气爆类型三类。此外，还有一种特殊的类型，即矿洞塌陷与气爆类型。

表中“可能的诱震强度”一栏所表示的，乃是按世界震例统计资料所得的、该地质类型中水库地震的强度上限。事实上，同属某一类型诱震环境的水库，蓄水后大多数并未诱发地震；诱发地震的事例，其发震强度大多数也远低于表列的上限。因此，在进行具体评价时，还要根据实际地质条件加以调整。

7.1.2　诱震环境分区

大岗山拱坝坝高达 210m，水库总库容 7.42 亿 m^3，以花岗岩块状岩体峡谷型水库为主，构造和地震条件极为复杂。根据主要断裂的展布和活动性进行诱震环境分区，并按表 7.1-1 对各区段的发震可能性和可能最大震级作出初步的定性评价。

参照水库区工程地质分段的资料，结合诱震条件的特点，将整个库坝区分为三区，其中第二区又分出两个亚区（图 7.1-1）。

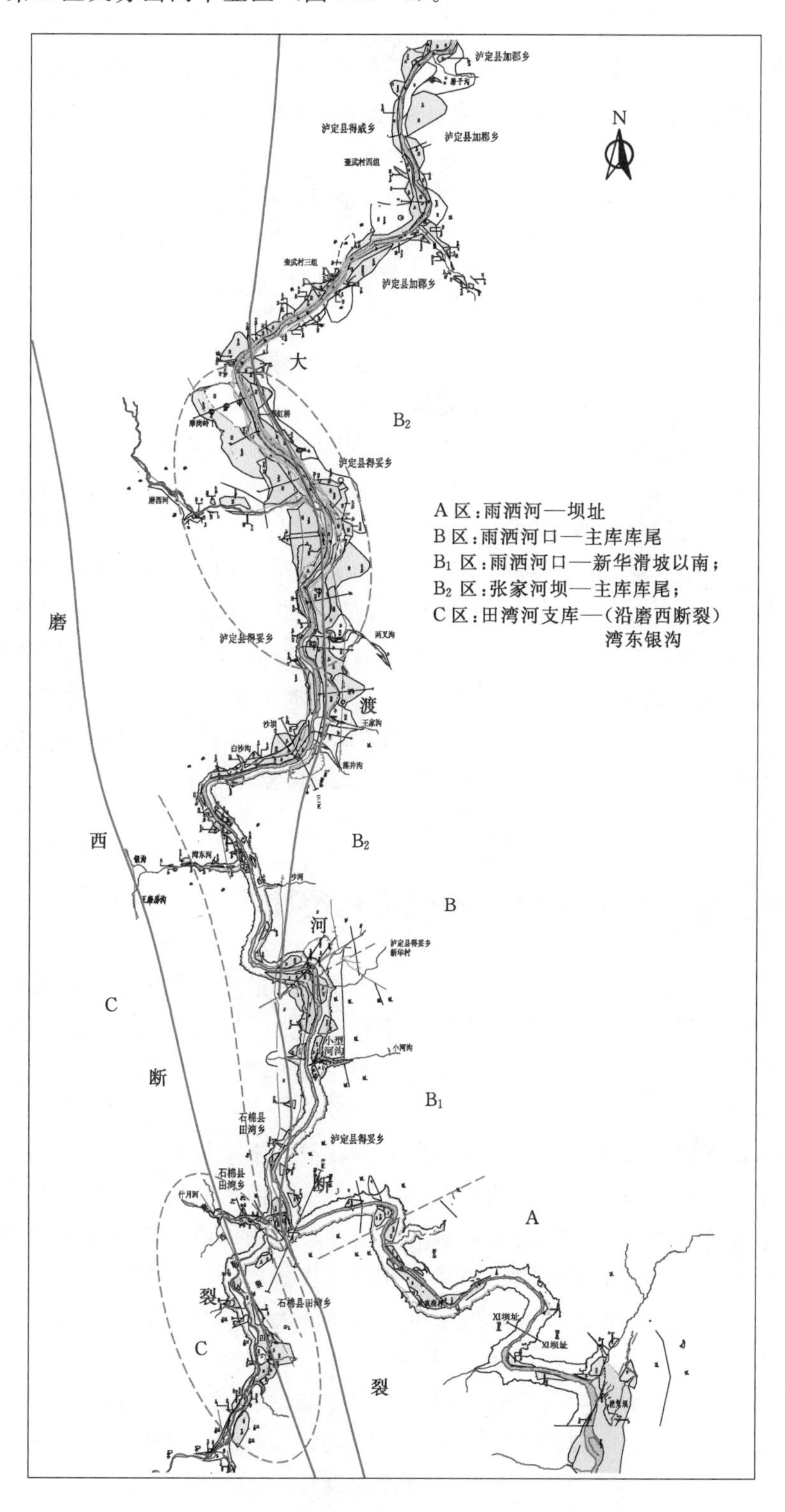

图 7.1-1　大岗山水库诱发地震预测危险区示意图

A 区——以坝址为中心，向上游约 6km，到雨洒河支库北西侧（不包括田湾河口得妥断裂与库水交汇的部位）；向下游延伸约 5km，到沙达子沟口一带。主要诱震因素是花岗岩深切河谷的卸荷应力场，以及海流沟韧性剪切带。本区应归入表 7.1－1 中的裂隙块状岩体亚型（Ⅲa 型），主要诱发地表卸荷应力调整型水库地震，强度为微震或弱震。

B 区——由雨洒河口沿大渡河主库向北到库尾桃子坪一带、长约 28km 的河段。主要诱震因素是地区性的得妥断裂，属于断裂块状岩体亚型（Ⅲb 型），可能诱发中等强度的构造型水库地震。按照地震条件和物理地质现象的差别，本区又可分为两个亚区：

B_1 区——由雨洒河口沿大渡河主库向北到新华滑坡以南张家河坝，长约 8km 的河段。主要诱震因素是大渡河断裂的得妥断裂段。

B_2 区——由张家河坝沿大渡河主库向北到库尾桃子坪一带，长约 20km。主要诱震因素是得妥断裂及 1786 年 6 月 10 日的“四川泸定得妥地震”，同时需评估水库地震对新华滑坡和摩岗岭崩滑体的可能影响。

C 区——由田湾河口到田湾河支库库尾的大发沟西侧，宽约 3km，呈带状向北，沿磨西断裂经田湾乡、什月河坝，到湾东的银沟一带；向南至大石包，长约 18km 的地段。主要诱震因素是磨西断裂，磨西断裂为全新世活动断裂，属于断裂块状岩体亚型（Ⅲb 型），可能诱发中等强度至强烈的构造型水库地震；大发断裂被田湾河支库淹没的部位也包括在本区内，断层两盘的岩性以震旦系灯影组的中厚层状白云岩、白云质灰岩为主，岩溶不甚发育，当属断裂层状岩体亚型（Ⅱb 型），估计其诱发地震的可能性相对要小一些。

7.2 构造型水库诱发地震典型工程类比

为了对现今构造活动性强烈地区的水库诱发地震危险性做出合理和可信的评价预测，在此，将对不同类型断裂带上修建水库后、诱发了和没有发生水库地震现象的部分实例进行分析，初步总结近年来前期预测的经验教训，提出构造型水库地震危险性预测的一些思路。

在构造型水库诱发地震的前期预测研究中，最为困难的是正确理解构造型水库地震与当地主干断裂的活动性之间的关系，可以归结为两个问题，一是如何评估区域性断裂带沿线修建水库导致发生诱发地震的危险性；二是如何合理地预测构造型水库地震的最大可能震级。对于如大岗山水库这样的现代构造运动强烈的地区，如何进行水库诱发地震危险性预测并合理确定极限水库地震的大小，更是提出了较高的要求。下面结合已有工程实例做一些讨论。

我国有六个工程蓄水后发生了震级大于 $M_S4.5$ 级中强水库地震，即新丰江、丹江口、参窝、大桥水库、三峡、溪洛渡。一般认为，它们的水库部分库段分布有规模较大的区域性断裂带，其中以新丰江水库最为典型。

然而，在同一条断裂带沿线的水库，大的构造背景相近，虽然有的工程发生了水库地震，但大部分却没有诱发地震。如广东的新丰江与枫树坝、辽宁的参窝与汤河水库、陕西的石泉与安康，分别处在河源—邵武大断裂、太子河断裂带和石泉—安康断裂带上，前者诱发了地震，后者均蓄水多年，始终没有观测到水库诱发地震活动。

近年来，对部分库段展布有区域性断裂带的一些大型水电水利工程，在水库地震危险性的前期勘察研究中，一般都对构造型水库地震可能出现的最大震级进行了预测，但蓄水后多数也没有观察到出现构造型水库地震的情况，如克孜尔水库、漫湾水库、二滩水库等。

7.2.1 已发生构造型水库地震实例

7.2.1.1 新丰江水库

新丰江水库位于广东东江的支流新丰江上，坝高105m，库容139亿m^3。坝址区的地震基本烈度原定为Ⅵ度，蓄水前当地地震频度和强度不高。1959年10月蓄水，一个月后库区就出现频繁的微震活动，1962年3月19日发生主震，震级M_S6.1级，震中在大坝东北约1.1km处，烈度达Ⅷ度强。

库坝区为燕山期的巨大花岗岩体，大体沿EW向的构造线侵入。NE向的区域性河源—邵武断裂带从水库中部至大坝下游的范围内通过，此断裂带长达600km，有6级地震的背景，但在本区为弱震区。河源—邵武断裂带在新丰江地区宽30～35km，由数条平行的NE向断裂组成，单条长度均在百公里以上，倾向多为SE，倾角30°～45°，具有多期活动的特点。与水库关系密切的有河源断裂、人字石断裂和灯塔—客家水断裂等，后两条断裂与库水直接接触，淹没段长达20～40km；河源断裂在坝下游1km处通过，是北东向白垩—第三纪断陷盆地西侧的边界断层，近期仍有明显的活动迹象，并被认为是水库诱发地震6.1级主震的控震断层。

许多研究者根据新丰江水库地震的经验，曾经倾向于认为，类似新丰江那样的大地构造和地震地质条件，应该是有利于发生构造型水库地震的。诸如库区或其附近有区域性断裂带通过、沿断裂带观察到水热活动、库区处在中新生代盆地边缘等，均被认为是可能诱发水库地震的某种标志。

7.2.1.2 大桥水库

四川冕宁大桥水库位于安宁河上游、北茎河与苗春河汇口处，坝高91m，库容6.58亿m^3，1996年6月开始蓄水，2000年竣工。坝址处在安宁河断裂带的东支和西支断裂之间。西支断裂在大坝上游（西侧）通过，距坝址最近处仅0.5km，被库水淹没段长约3.5km；东支断裂在大坝以东1.6km处通过，并在苗春河支库的中段和尾段两度被库水淹没（图7.2-1）。1913年发生在冕宁小盐井的6级强震，其宏观震中就在大桥坝址约4km处（图7.2-1中用带斜杠的圆圈示出），1923年同一地点又发生一次5.5级地震。

根据1990年进行的水库诱发地震可能性初步评价意见，坝址—大桥乡段、大桥—甘家坟山段和马尔堡子段有可能诱发地震，最大震级估计为5级或小于5级。2002年3月3日，大桥水库下游4km处发生一次M_L4.6级地震，震中烈度Ⅴ度，老乡房屋有裂缝，水工建筑物（减压井）也出现有裂缝。一周后，坝址附近再发生一次

2.6 级的小震。图7.2-1中绘出了这两次地震的震中位置。对于地震活动的后续发展及其与库水位的关系等问题，有待进行持续的观测和研究。除此之外，在库坝区专门布设的地震台网没有观测到大桥水库蓄水后库区地震活动明显增强的情况。

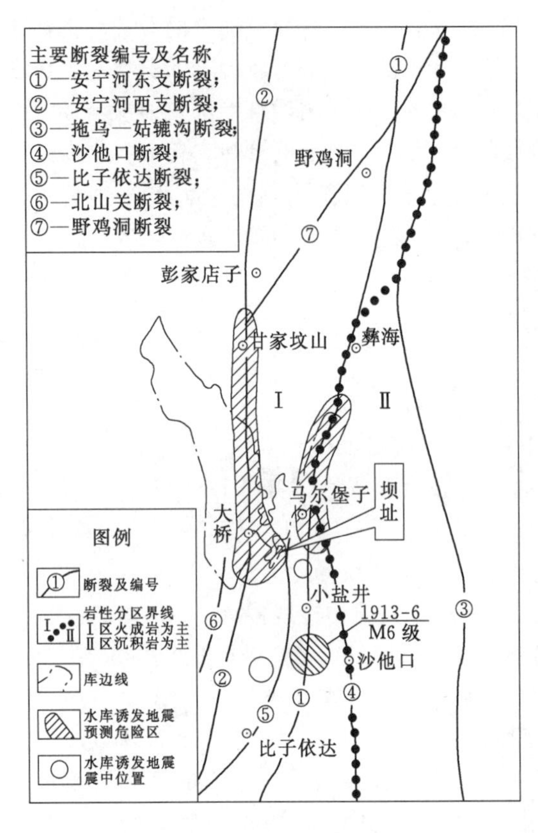

图 7.2-1　大桥水库地质构造及震中分布图

从断裂构造与水库的相互关系及其受库水淹没的情况看，大桥水库与大岗山水库具有明显的可比性：强烈活动的安宁河东支断裂在大桥水库大坝以东 1.6km 处通过，并在苗春河支库两度被库水淹没；强烈活动的磨西断裂至大岗山坝址的最近处 4.5km，而在距坝址 5.5km 处直接被田湾河支库和什月河支库所淹没。活动性稍弱的安宁河西支断裂纵贯大桥水库，淹没段长 3.5km；晚更新世以来不具活动性的得妥断裂纵贯大岗山水库，多处直接被淹没，最长的淹没段达 9km。可见，从地震地质条件类比的角度看，大岗山水库与大桥水库具有明显的可比性。如果再考虑到大桥水库最大水深约 90m，大岗山水库约为 200m；大桥水库库容约 6.6 亿 m^3，大岗山水库库容 7.4 亿 m^3，综合判断，应该说大岗山水库出现水库地震的可能性还是比较大的。

7.2.1.3　三峡工程

三峡工程坝址位于西陵峡中的湖北省宜昌县三斗坪镇，混凝土重力坝最大坝高 181m，总装机容量 22500MW，正常蓄水位高程 175m，总库容 450 亿 m^3，长江干流库长 660km。1994 年 12 月三峡工程正式开工，2003 年 6 月首次蓄水至高程 135m；2006 年 5 月三峡大坝全线建成，9 月蓄水至高程 156m；2008 年 9 月蓄水至正常蓄水位高程 175m。

三峡库区可分为三个库段：坝址—庙河（结晶岩低山丘陵宽谷）、庙河—白帝城（碳酸盐岩和碎屑岩中—低山峡谷）、白帝城—库尾猫儿峡（碎屑岩低山丘陵宽谷），根据三峡工程水库诱发地震预测与评价成果，坝址—庙河的第一库段不具备发生较强水库诱发地震的条件，但蓄水后不排除诱发 3 级左右的浅源小震的可能；庙河—白帝城的第二库段，河谷深切，基岩裸露，岩溶发育，岩体透水性好，其中仙女山—九湾溪断裂、高桥断裂，分别于坝址上游 17～30km 和 50～110km 穿越本库段，有发生较强水库诱发地震的可能，估计最高震级 5.5 级左右，本库段还有诱发岩溶型小震的可能；白帝城以上的第三库段主要由中生代的砂页岩组成，一般不具备发生水库诱发地震的条件。

三峡工程2003年6月1日蓄水后截至2014年4月30日，地震台网共记录到M0级以上地震7120次，地震活动频度显著高于天然地震本底，M1.0级以上地震是水库蓄水前的81.37倍，为明显的水库诱发地震活动特征。地震活动以微震和极微震为主，其中M3.0级以下地震占总数的99.86%。各期蓄水阶段记录到的最大地震为：一期M3.2级、二期M3.2级、三期M5.1级，均小于初步设计论证报告中的预测值M5.5级。

地震活动在空间上主要集中在库区两岸10km以内，具有密集成“团（带）”的特点，绝大多数地震分布在工程前期预测的水库诱发地震潜在危险区内及周缘。

地震活动成因主要为外成成因型（岩溶或矿山型、浅表卸荷型）水库地震。少数分布在几条主要断裂带附近，震级在M2.5级以上的地震可能为构造型水库地震，如2013年12月16日巴东东瀼口M5.1级地震、2014年3月30日秭归县郭家坝M4.5级地震[20]（图7.2-2）。

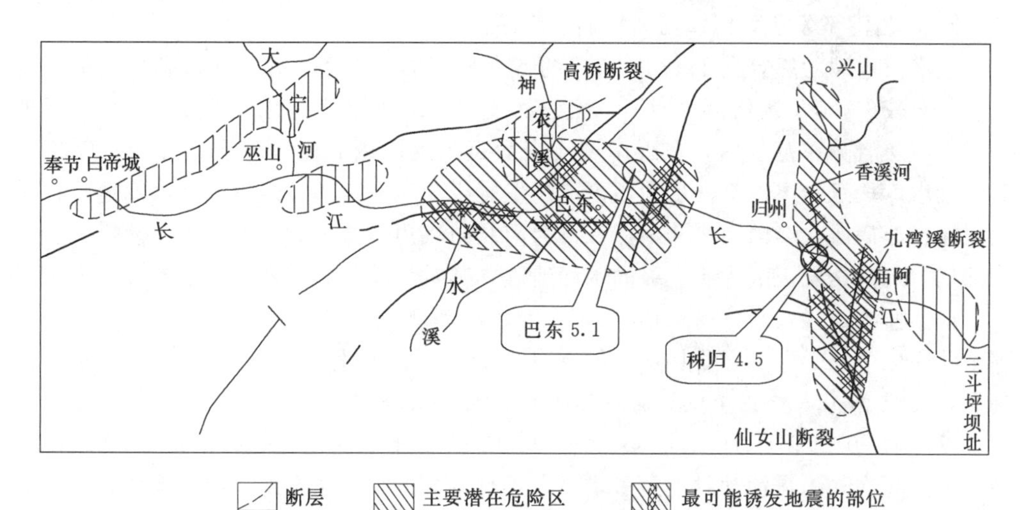

图7.2-2　三峡三斗坪—奉节库段水库水库地质构造及震中分布图

2013年12月16日巴东东瀼口M5.1级地震震中距离坝址65km，位于高桥断裂带与秭归盆地西北缘接壤部位，该区域内发育有高桥断裂、周家山（原牛口）断裂、大坪断裂，震源深度5km，震中烈度Ⅶ度，地震序列为主震型。根据此次地震活动特征和所处的地质构造环境初步分析，此次地震为构造型水库地震的可能性较大。

2014年3月27日秭归县郭家坝发生M4.2级地震，震源深度7km，3月30日秭归县郭家坝又发生M4.5级地震，震源深度8km，震中距离坝址25km，位于仙女山地堑内及其周缘，主要断裂有九湾溪断裂和仙女山断裂北段，震中烈度Ⅵ度，地震序列为双主震型。根据此次地震活动特征和所处的地质构造环境初步分析，此次地震为构造型水库地震的可能性较大。

7.2.1.4 溪洛渡水电站

溪洛渡水电站位于四川省雷波县和云南省永善县交界的金沙江下游河道上，是金沙江下游河段规划的第3个梯级。溪洛渡水库正常蓄水位高程600m，总库容126.7亿m^3，电站总装机容量13860MW。2005年12月正式开工建设，2012年11月16日水库开始蓄水，2014年3月6日大坝混凝土全线浇筑到坝顶高程610m，2014年9月28日蓄水至正常蓄水位高程600m。

根据溪洛渡水库区地质条件，将库区划分为7个库段：①Ⅰ库段，坝址—吴家田坝，库段长23km，有马家河坝断层通过库区，豆沙溪沟、油房沟及燕子岩的岩溶也有一定程度的发育。②Ⅱ库段，吴家田坝—黄华，库段长33km，峨边—金阳断裂带与库水多处交切。③Ⅲ库段，黄华—河口，库段34km，岩溶、断层均不发育。④Ⅳ库段，河口—热水河乡，库段23km，岩溶不发育。⑤Ⅴ库段，热水河乡—三坪子，库段长11km，岩溶、断层均不发育。⑥Ⅵ库段，三坪子—对坪，库段长34km，莲峰断裂与金阳断裂在金阳河口处交汇在一起。⑦Ⅶ库段，对坪—白鹤滩，库段长39.5km，岩溶不发育，西溪河断层通过库区。

溪洛渡水库为库容大于100亿m^3的特大规模的峡谷型水库，库区基岩裸露，石灰岩分布较广，区域性断裂在库区交汇，水库蓄水后具备发生水库地震的条件。近坝库段阳新灰岩分布范围内，在近岸坡浅表数百米范围内岩溶较发育。分析水库蓄水后，近坝库段豆沙溪沟至油房沟段可能诱发震级为3.0级的岩溶塌陷型水库地震；库内抓抓岩至硝滩、金阳河口和牛栏江口为南北向峨边—金阳断裂与北东向莲峰断裂交汇部位，可能诱发震级为5.0级的水库地震，其对工程的影响烈度均不超过Ⅵ度。

根据监测成果，水库蓄水前（2007年9月1日—2012年10月31日的62个月）溪洛渡库区两侧10km范围共发生地震事件363次，发生最大地震为巧家M_L4.5级地震，震级M_L0.5级以上的地震月频次为5.85次。

蓄水后2012年11月1日—2016年12月31日地震台网共记录到M_L0.5级以上地震17800次，地震活动频度显著增高，具有明显的水库诱发地震活动特征。地震活动以M_L3.0级以下微震为主，占总数的99.57%；2014年4月5日发生了永善M_S5.3级地震、2014年8月17日发生了永善M_S5.0级地震（图7.2-3）；水库蓄水至正常蓄水位以后（2014年8月21日—2016年12月31日）库区地震活动强度、频次明显下降，逐步趋于稳定。各期蓄水阶段记录到的最大地震为：第一阶段蓄水期M5.3级、第二阶段蓄水期M3.7级，最大地震大于预测值M5.0级。

2014年4月5日6时40分，云南省昭通市永善县发生M_S5.3级地震（北纬28.14°，东经103.53°），震源深度13km，震中位于永善县溪洛渡镇雪柏村与务基镇白胜村交界处。距金沙江约4km，距西边的南北向马颈子断裂带最近距离约10km，距南边的NE向莲峰断裂最近距离约25km，距溪洛渡大坝距离约16km。震中烈度达Ⅶ度，震源力学机制呈右旋逆倾滑动类型，据金沙江下游水库区地震监测台网监测成果，白沙台距震中10km，实测(50～60)g，对溪洛渡大坝的影响为(10～19)g。

2014年8月17日6时7分58秒，云南省昭通市永善县发生M_S5.0级地震（北纬28.1°，东经103.5°），震源深度约7km。距离4月5日5.3级地震震中约10km。

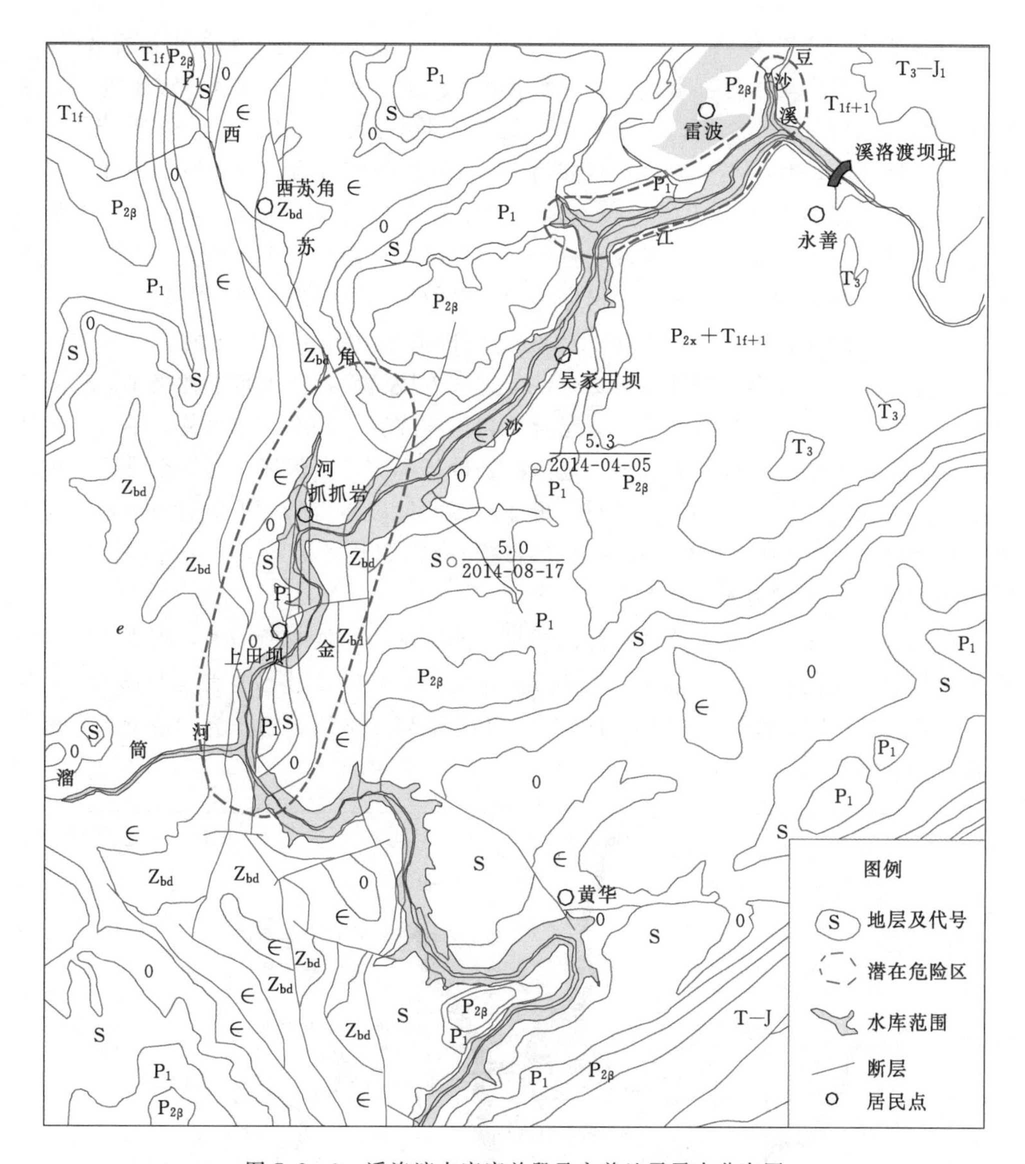

图 7.2-3 溪洛渡水库库首段及永善地震震中分布图

震中距西边的南北向马颈子断裂带最近距离约 5.3km，距南边的 NE 向莲峰断裂最近距离约 25km，距金沙江距离约 4.0km，距溪洛渡大坝距离约 20.0km。震中烈度达Ⅶ度，震源力学机制呈走向滑动类型。

永善 M_S5.3、M_S5.0 级地震区未发现活动断裂，仅在震区西侧约 7km 分布有南北向硝滩断层，初步分析永善 M_S5.3、M_S5.0 级地震为构造型水库诱发地震，与预测Ⅱ库段基本吻合。

7.2.1.5 锦屏一级水电站

锦屏一级水电站位于四川省凉山彝族自治州盐源县和木里县境内，混凝土双曲拱坝坝高 305m，正常蓄水位高程 1880m，主库回水长度约 58km；小金河支库回水长度约 90km，总库容 77.6 亿 m³，电站装机容量 3600MW。2005 年 9 月 8 日锦屏一级水电站开工建设，2012年11月30日水库开始蓄水，2014年8月水库蓄水至正常蓄水位。

库区干流回水至木里县卡拉乡，回水长度58km，可划分为坝址—矮子沟段、矮子沟—小金河口段、小金河口—三家铺子段、三家铺子段、三家铺子—下苦苦段、下苦苦—库尾6段，其中小金河口至坝前约18.4km长的库段为近坝库段；一级支流小金河回水至木里县后所乡嘎姑村嘎姑水文站附近，长度约90km，可划分为小金河口—西林乡段、西林乡—松坪子段、松坪子—项脚段、项脚—下落府段、下落府—铜凹段、铜凹—西秋段、西秋—木里河库尾段、卧罗河口—卧罗河库尾8段。

前期研究表明，锦屏一级水库85%由变质碎屑岩和碎屑岩为主的岩类构成，不具备水库诱发水库地震的岩性和渗透条件，这些库段诱发地震的可能性极小。15%的库岸由碳酸盐岩或碳酸盐岩与碎屑岩组合的岩类构成，但除个别地段外，不属于质纯层厚或岩溶化强烈的碳酸盐岩，诱发地震的条件虽不充分，但还不能完全排除发震的可能性。按照对发震条件的综合分析，可能发震的地段为岩脚—下落府—盖地（岩溶与构造叠加）、卧罗河（岩溶）和坝前（岩溶与应力调整叠加）等3个库段，估计可能发生的最高震级均为4.0级左右。

根据锦屏一级水电站水库地震监测成果，库区地震频度有所增大，震级小、震源深度浅是其主要的特征。初步分析监测到的两次M_S4.0级以上地震（2013年11月22日木里M_S4.1级地震、2014年12月21日盐源M_S4.2级地震）为构造型水库诱发地震（图7.2-4）。

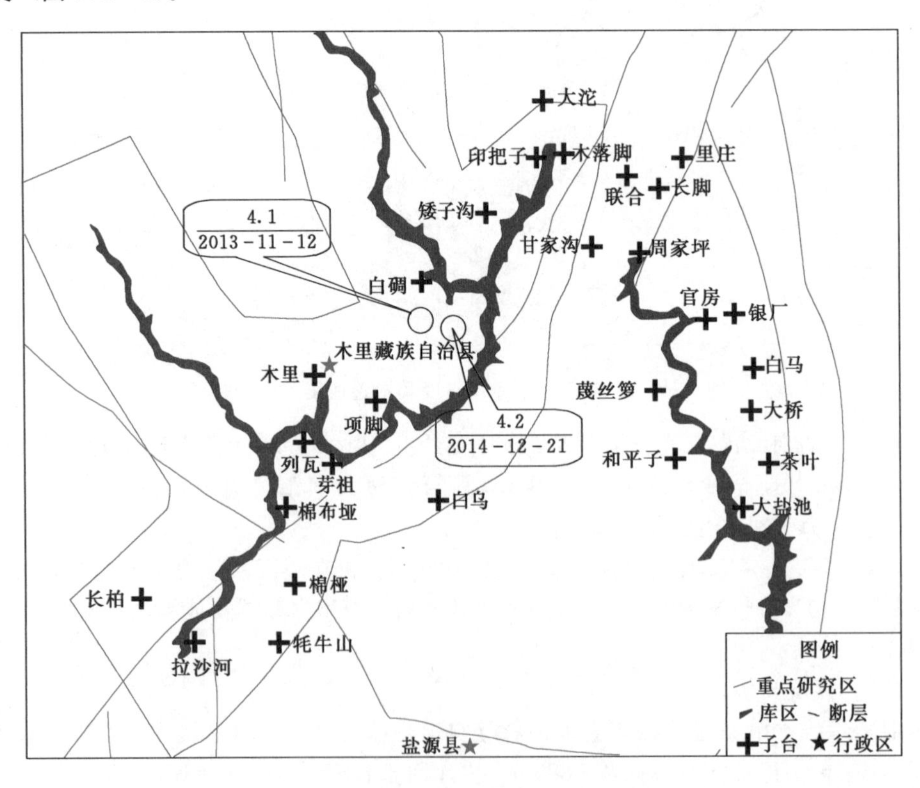

图7.2-4 锦屏一级水库及地震震中分布图

2013 年 11 月 22 日 7 时 49 分 36 秒，四川省木里县（北纬 27°55′、东经 101°25′）发生 M_S4.1 级地震，震源深度 13km，震中烈度达Ⅵ度，震中位于大坝西南约 33.2km。

2014 年 12 月 21 日 13 时 09 分 36 秒，四川省盐源县与木里藏族自治县交界处（北纬 27°54′、东经 101°28′）发生 M_S4.2 级（国家台网数据发布的震级为 M_S4.0 级）地震，震源深度 7.0km，震中烈度达Ⅵ度，震中位于大坝西南约 31.1km。

上述两次地震位于小金河支库岩脚—下落府—盖地库段。地层岩性主要由三叠系白山组灰岩及二叠系结晶灰岩或含薄层灰岩构成，属中等岩溶化区，附近为 NE 向小金河断裂带的光头山断层和 NW 向的八家断裂的交汇处，与预测的基本吻合。

7.2.2 未发生构造型水库地震实例

7.2.2.1 克孜尔水库

克孜尔水库位于新疆渭干河上，主坝高 44m，副坝高 12.5～32.6m，库容 6.4 亿 m^3，于 1986 年正式动工兴建，1991 年建成蓄水。从大地构造部位上看，克孜尔水库处在塔里木地台和天山褶皱系两个一级大地构造单元的边界附近，二级构造单元库车山前坳陷南缘的秋里塔格褶皱山系地区，北东东向的秋里塔格断裂带 F_1 是现代活动断层，在坝址以南 3km 处通过，历史上曾多次发生过 6 级地震。它的一条分支断层 F_2 直接穿过坝区（图 7.2-5）。1966 年，在工程初步设计阶段的勘测工作中，已确认该断层至今还在活动，并对其活动性质和速率开展了一系列专题研究，1971 年和 1992 年先后在 F_2 断层上设置了两个断层形变观测站，由三个地震台组成的小台网从 1984 年开始监测。设计中还预测了工程运行期内的累计蠕滑活动量和最大一次黏滑错动量。

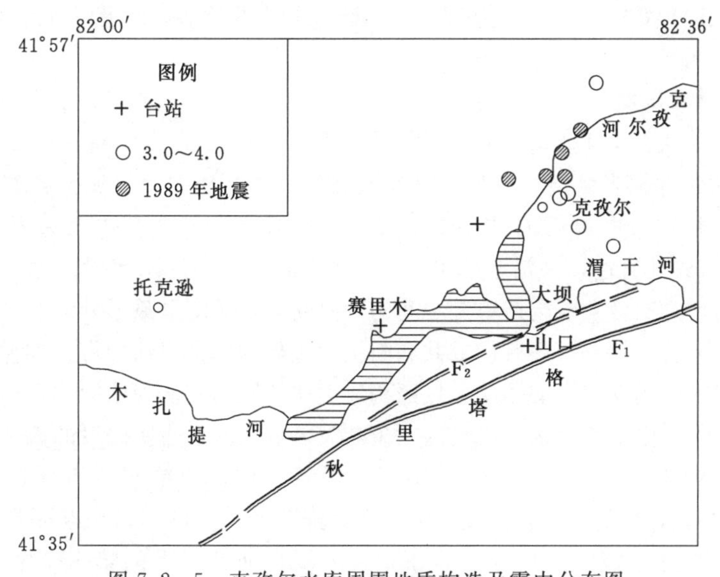

图 7.2-5　克孜尔水库周围地质构造及震中分布图

1989 年 10 月（施工期间）在水库东支库尾以上的克孜尔乡东北发生一次震群活动，历时 17 天，记录到地震 286 次，最大震级为 M_L4.5。蓄水后的 1993 年 10 月，在上述同一地区又连续记录到两个震群，合计 33 天内发生地震 79 次，最大震级

$M_L4.6$。图 7.2-5 中绘出了这两次地震活动中震级大于 3 级的震中，其中带斜杠的为蓄水前 1989 年的地震，空心圆圈表示蓄水后 1993 年的地震。新疆地震局的杨又陵等分析了它们的活动特征、跨断层形变测量资料及库区的地质构造和水文地质资料，认为蓄水前后的这两个震群属于天然地震序列，与水库蓄水无关，亦不属于水库诱发地震。

目前克孜尔水库蓄水运行已 27 年，各项监测资料显示，迄今没有发现水库诱发地震活动。

7.2.2.2 漫湾水电站

漫湾水电站位于云南澜沧江中游，大坝高 132m，总库容 9.2 亿 m^3，坝址处在澜沧江断裂带南段的北端，库长约 70km，沿澜沧江断裂带南段和中段展布。澜沧江断裂带是三江褶皱系腹部的一条分隔两个二级构造单元的重要界线，北起西藏境内，向南纵贯滇西全境，经景洪延出中缅边界，全长约 900km。在漫湾库坝区一带，澜沧江断裂带表现为一系列大体平行的分支断裂，多处被库水淹没。在前期勘测研究中，曾预测在水库中段存在诱发构造型水库地震的可能性，最大震级估计为 $M_S4.5\sim5$ 级。

工程于 1987 年 12 月截流，1993 年 4 月开始下闸蓄水，至 1994 年 11 月 15 日已逼近正常高水位。1994 年 11 月—1995 年 6 月，在漫湾库尾以上（小湾坝址西南 2～6km）的凤庆县马街乡发生了一个双主震型的天然地震序列，主震为 $M_L4.6$ 级和 4.5 级。部分余震呈条带状延伸至漫湾水库中段的神舟乡一带，其中最大为 $M_L3.4$ 级。曾经有怀疑这些地震是由漫湾水库蓄水引发的。经过现场考察和分析论证，认为它们是马街序列地震的组成部分，并未超出漫湾库区天然地震活动的本底水平，不属漫湾蓄水引起的水库地震。迄今已经历了 20 余年高水位的检验，库区一直没有出现异常的震情变化。

7.2.2.3 二滩水电站

二滩水电站大坝是我国第一座建在川滇菱形断块内的、坝高达到 240m 的高拱坝，地震地质条件相当复杂。库坝区处在次级的共和断块内。区域性的雅砻江断裂带是川滇南北向构造带中最西面的一条断裂带，全长 300km，其中西边界李明久断层在坝址以东 8km 处通过，并沿水库中、尾段展布，多处被库水淹没。库尾有金河—箐河断裂带穿过，是二级大地构造单元之间的分界断裂，向南呈弧形延伸至云南永胜与程海断裂相接，全长 200km。还有构成共和断块西边界的西番田断裂带，被鳡鱼河支库所淹没。前期对水库诱发地震的预测，按照构造类比的原则，认为该库诱发构造型水库地震的可能性很大，主要危险区依次是这三条断裂带被二滩水库所淹没的地区。

二滩水电站于 1998 年 5 月 1 日下闸蓄水，库水位迅速抬升，15 天内坝前新增水深 85m，将雅砻江干流上的李明久断层地区和鳡鱼河支库的西番田断裂带的两个主要诱震危险区均已完全淹没。次年 5 月下旬，库尾金河断层上的第三个危险区亦被淹没。蓄水位抬升较为迅速，对库坝区的水文地质条件带来了较大的改变。然而，二滩水电站蓄水至今已近 20 年，库水位多次达到并长期滞留在正常高水位附近，在专用地震台网的监测下，原预测的三个危险区和其他库段都没有发现突发地震活动，天然地震活动也比较微弱分散，甚至略低于多年平均水平。

7.3 构造型水库地震的危险性预测

7.3.1 预测的基本思路

构造型水库地震形成的机制迄今没有定论。因此，水库诱发地震危险性预测并不是具体某一次水库地震事件的震前预报，而是一种工程地震学范畴的方法，是对大坝或库区环境可能遭受水库地震危害的风险度的定量或半定量评估。

1979年第十三届国际大坝会议上，美国垦务局参照当时在水电抗震设计中的最大可信地震（MCE）、设计基准地震（DBE）和运行常遇地震（OBE）的做法，相应地提出了极限水库诱发地震（Extreme Reservoir - Induced Earthquake，ERIE）和设计水库诱发地震（Design Basis Reservoir - Induced Earthquake，DBRIE）的概念。极限水库诱发地震ERIE定义为"水坝应遵照MCE的准则，承受由一个ERIE所承受的荷载。ERIE的震级根据构造和场地地质条件确定，并受世界范围水库诱发地震数据的影响"。设计水库诱发地震DBRIE定义为"水坝应遵照DBE的准则，承受由一个DBRIE所承受的荷载。DBRIE的震级根据构造和场地地质条件确定，并受世界范围水库诱发地震数据的影响"。

我国《水电工程水工建筑物抗震设计规范》（NB 35047）规定，工程抗震设防类别为甲类的水工建筑物，在基本烈度基础上提高1度作为设计烈度，或取设计地震加速度代表值的概率水准为$P_{100}=0.02$。这一标准略低于MCE，但远高于DBE。

在前期勘测设计阶段，与大坝抗震设计中规定的设计烈度标准相配合，圈划出的构造型水库地震的危险区及其预测最大震级，它所表达的是极端不利情况下大坝或库区环境可能遭受的极限影响，我国一般称之为"极限水库地震"或"最大可能水库地震"。这是一个发生概率极小、但"为所有已知地质和地震资料所支持的、合理和可信的"上限值。

在20世纪70—80年代，大部分研究者都侧重于强调构造型水库地震的危险性，许多研究者甚至不承认有岩溶塌陷与气爆型、浅表应力调整型等外动力成因的水库诱发地震类型。在最近的40年来，我国又记录到30余个水库诱发地震的震例，其强度多未超过$M_S4.5$级。外成成因的水库地震得到了广泛的认可。据不完全统计，我国库容在1亿m^3以上的348座大型水库中出现15例水库地震，发震概率为4.3%；其中处在第三纪和第四纪活动断裂带上的82座大型水库中有5例水库地震，发震概率为6.1%；据此得出断层是否活动与发生水库地震之间不存在明显的相关性。

据不完全统计，我国已有的34处水库诱发地震震例中，发生在较大断裂带附近的破坏性水库地震有3例，占全部震例的10%；在活动断裂带上的大型水库中有6.1%诱发了水库地震。这样的发震概率远远大于"极限水库地震"所代表的概率含意，比抗震设防标准的概率水平也高得多。因而，构造型水库地震危险性确实是不容忽视的。当然，许多蓄水后未发生水库地震的工程的经验又启示我们，对于断层活动性和地震地质条件的评价，应采取严密谨慎的态度，认真现场取证，认真分析论证，尽量避免过分夸大构造型水库地震的危险性。

7.3.2 极限水库地震强度的预测

不同成因类型的水库地震，其极限水库地震的估算原则是不一样的。在一般情况下，极限水库地震指的是构造型水库地震的预测震级上限。目前国内外常见取工程区天然构造地震的最大可信地震（MCE）作为构造型水库地震最大震级的上限。但这是一种过分保守的做法，安全裕度留得过大，一般不宜轻率采用。对于构造条件十分复杂、但经过长期细致的勘察研究的地区，特别是在天然地震本底比较清楚的情况下，建议采用水电工程有效使用期限内（一般为100～200年或略长一些）当地最多只可能发生一次的地震的强度，作为该工程的极限水库地震。

在实际工作中以下方法用得较多：

工程类比法——当所研究工程的地质构造环境和地震地质条件与已诱发地震的工程相类似时，取后者的最大震级作为本工程可能发生的极限水库地震。

构造类比法——当工程所处的构造单元或控震断裂带（地震带）与邻近其他地区的构造条件相类似，且后者有比较丰富的历史地震资料时，取其历史最大地震或今后某一时段内最大地震的预测值，作为本工程可能发生的极限水库地震。

断层破裂长度法——借用天然地震震级与断层破裂长度的相关统计公式，其表达形式为

$$M = A\lg L + B$$

式中：M 为震级；L 为断层破裂长度，km；A、B 为待定系数。在水库地震危险性评价中采用这类公式，必须首先确认所研究的断层是有确凿证据的现代活动断层，同时要十分注意研究断层的分段（带）特征，合理估计水库地震可能引起的破裂段长度。否则所得结果太大，无实用价值。

地震应变能积累与释放曲线法——在工程区有比较丰富的历史地震记载和完整的观测资料的情况下，根据当地的地震应变能积累与释放曲线，取当前外推至蓄水后10～20年内可能释放的最大能量，来估算极限水库地震的震级。

7.3.3 常遇水库地震

极限水库地震是对坝址影响最大的控制地震，是针对大型工程中的挡水建筑物和某些特殊重要的水工建筑物的高抗震设防标准，是考虑最不利的条件下所可能发生的最坏情况。从工程可行性论证的角度，这是一个发生概率极小、但可以接受的上限值。对于水库沿岸的一般工业民用建筑和分散的居民点，以此标准作为评估库区环境所受的影响，显然是不恰当的。

因此，对于诱发地震危险性较大的库段，在给出“极限水库地震”预测值的同时，还应该再给出一个发生概率较大的强度预测值，作为施工和运行期间具体组织日常防震抗震工作的合理标准。这个“一般情况”下的水库地震强度预测值，也可以称之为“常遇水库地震”。可按照该库段地震地质背景、天然地震的本底活动水平和具体的诱震条件加以确定，根据二滩、三峡水电站等工程的经验，其取值比“极限水库

地震”低1～1.5级较为合适。

7.3.4 构造型水库地震的判据

构造型水库诱发地震是对水电水利工程影响最大的一类。通过对已有震例资料、特别是那些主震震级在M_S4.5级以上的发震水库的条件，以及它们所处地震地质环境的分析，可以将构造型水库地震的主要发震条件归纳为如下几条：

（1）区域性断裂（高级别大地构造单元之间的边界断裂）或地区性断裂（低级别构造单元的分界断层）通过库坝区。

（2）断层有现今活动（Q_3以来）的直接地质证据。

（3）沿断层线有可靠的历史地震记载或仪器记录的地震活动。

（4）断裂带和破碎带有一定的规模和导水能力，有可能成为通往地质体深处的水文地质结构面。

（5）断裂带与库水直接接触，或通过次级旁侧断层、横断层等与库水保持一定的水力联系（可按主断裂带至库边距离不大于10km考虑）。

这五条判别标志中，前三条是诱发构造型水库地震的地质构造基础，第四条指必要的水文地质环境，第五条则反映了库水作用的途径和方式。它们共同反映了一个概念：诱发构造型水库地震的必要条件是必须存在库水向深部循环的通道，蓄水后才有可能引起数千米以下地质体中原有构造应力场的某种扰动，进而在特定条件下使原已积累的构造应力“提前释放”。喜山期以来强烈活动的区域性断裂带，既是现今构造应力场中的突变段或薄弱地带，又因其最新活动而至今保持着相对破碎松散的状态，只有它们才能构成这种深循环的必要通道。

7.4 重点库段水库诱发地震危险性预测

在诱震环境分区的论证基础上，结合我国已有工程蓄水后诱发构造型水库地震的实例分析和总结，预测水库各区段可能发生水库诱发地震的成因类型，确定本工程发震可能性较大的重点库段并给出其可能最大震级的预测意见。

7.4.1 磨西断裂（C区）

从诱震条件上看，构造型水库地震的五个诱震条件，在磨西断裂沿线都是存在的。对其中几点，再做一些讨论。

（1）关于磨西断裂的现今活动性——本区处在区域性活动断裂沿线，具有较高的构造活动性和地震活动性。以1786年震中为界，其北西为地震强烈活动段，其南东直到石棉以南具有中强地震活动的背景。

（2）关于深水文地质结构面——单个的温泉尚不足以作为深水文地质结构面的确凿证据；沿磨西断裂的地热异常区，直至什月河谷还有中温上升泉出露，说明水库西侧的磨西断裂可能是一个深水文地质结构面。

（3）关于与库水的水力联系——过去往往着重于断裂带直接遭受主库淹没的情

况，对于间接水力联系的实证资料掌握不多。三峡库区北岸巴东县境内的高桥断裂，没有直接被长江库区淹没，但切过神农溪支库，前期勘测研究中曾预测该地段可能发生构造型水库地震。蓄水后微震从神农溪边沿断层向NE方向扩散，两年多已记录到大小地震近600次，最大地震M_L3.3级。其中绝大多数地震，包括全部14个$M_L \geqslant 2.0$级，都发生在高桥断层带上盘以砂岩泥岩为主的三叠系巴东组分布区，而以嘉陵江组灰岩为主的下盘地震却很少。大岗山水库沿大渡河右岸四条小河的支库，或直接淹没磨西断裂，或库尾距断裂只有1～2km，不能忽视水库与断裂的水力联系问题。

综上所述，大渡河右岸磨西断裂沿线（C区）出现构造型水库地震的可能性较大。

在整个C区范围内，又以田湾河支库一带诱震的危险性最大。这里是磨西断裂、大渡河断裂和大发断裂三者接近交汇的部位，又是这三条断裂都与今后的库水直接接触连通的地段。因此，C区的南段应该是大岗山水库诱发地震主要的预测危险区（图7.1-1）。其中心部位是由磨西断裂穿过田湾河的杜河坝、向南东沿田湾河右岸回水线到田湾乡一带；危险区的北端沿断裂延伸到什月河北岸的什月坪一带，南端延伸到磨西断裂距大岗山坝址最近的大石包附近；危险区的东缘包括了得妥断裂穿过什月河、田湾河支库与大渡河主库会聚的部位，西缘则将田湾河支库末端至大发沟口一带包括在内。

需要说明的是，水库地震的"预测危险区"是一个蓄水后出现较强水库地震的可能性较大，对水电工程或库区环境抗震防震有较大意义的地段。它并不意味着在这个范围内的断层沿线一定会发生预测的最大地震，也不表明在此范围之外就不可能出现异常的地震活动。

7.4.2 得妥断裂（B区）

与磨西断裂相比，大渡河断裂在构造等级、现今活动性和历史地震三方面都要弱得多；但得妥断裂沿线多处与库水的直接接触，芝麻沱一带断层上盘大渡河右岸边的热泉等现象，则会带来不利的影响，具备诱发构造型水库地震的可能性。

得妥断裂在B_1区的南端、大渡河右岸的花生棚子至田湾河口一带，有2km多的一段将被淹没在正常蓄水位以下，同时与磨西断裂相距也只有1km左右，有利于水库地震的发生。已将此河段划归C区中。

B_2区的北段，得妥断裂分为两支，沿大渡河河谷及两岸第四系堆积物展布，多处与库水接触，总长在9km左右。加之本库段受1786年6月1日康定南7¾级地震的强烈影响，处于其Ⅸ度影响区内，并有摩岗岭发生巨型山崩，壅塞大渡河，形成堰塞湖，以及1786年6月10日的"四川泸定得妥地震"等记载，说明其地震地质条件比较复杂，蓄水后有可能出现较大的水库地震。

7.4.3 坝区（A区）

坝区岩性为元古代的古老花岗岩体，没有大的断裂直接通过，其他不利因素也不明显，考虑到晚更新世至全新世以来河流下切迅速，峡谷陡峻，谷坡底部岩体容易有卸荷不足的情况，蓄水后可能引发少量卸荷应力调整型的微弱地震。根据其他发生了应力调整型水库地震的震例资料，这类水库地震的发震地点有一定的随机性，震级一般限于微震至极微震，其极限水库地震可按 4 级考虑，因此在本区没有圈划出专门的危险区。

7.5 构造型水库地震最大震级的预测

构造型水库地震与现今活动断层之间，以及与天然地震活动之间的相关关系，均属尚未认识清楚的难题。在天然强震的机理和预报问题没有得到较好解决之前，比较普遍认可的做法是从工程地震学角度考虑，在水库蓄水影响所及的范围内，按照其实际地震地质条件的最不利组合，估算蓄水后可能发生的、合理的和可信的最大水库地震的强度，从上限来匡算水库地震对工程的极限影响。

7.5.1 断层破裂长度法

用天然构造地震震级与断层一次破裂长度现场调查之间的拟合关系，来估算断裂带沿线的可能最大震级，是一种常用的方法。郭增建提出的关系式主要适用于强烈活动的大地震带：

$$M=3.3+2.1\lg L \tag{7.1}$$

式中：M 为地震震级；L 为断层一次破裂的长度，km。

湖北省地震局在清江隔河岩水利枢纽工程地震综合研究报告（1988）中根据鄂西和邻区的资料，得到以下两个经验关系式，用于中等至弱震活动环境可能更合适些：

$$M=3.3+1.5\lg L \tag{7.2}$$

$$M=2.0+2.5\lg L \tag{7.3}$$

一般认为，一次强烈地震造成发震断层全线破裂的情况是十分罕见的。假设地震造成磨西断裂中南段（80km）或得妥断裂（60km）或磨西断裂中段（30km）全长的 1/2 发生错动，用上面三个关系式分别计算可能的发震强度，列入表 7.5－1。

表 7.5－1　按断层破裂长度法估算天然地震的可能强度（M_S）

拟合关系式及适用范围		假设断层破裂长度/km		
		磨西断裂		得妥断裂
		40	15	30
$M=3.3+2.1\lg L$，据郭增建	天然地震 强震环境	6.7	5.8	6.4
$M=3.3+1.5\lg L$，据湖北地震局	天然地震 中等至弱震环境	5.7	5.1	5.5
$M=2.0+2.5\lg L$，据湖北地震局		6.0	4.9	5.7

将表 7.5－1 所列数据与大岗山水电站工程区域稳定性分析的成果比较，磨西断裂中南段或得妥断裂发震的情况下，按式（7.1）求得为 6.7 级和 6.4 级，接近该两个断层段所在潜在震源区的震级上限 7.0 级，可视为本地区可以想象的最大震级；按式（7.2）和式（7.3）求得为 5.5～6.0 级，大体相当于近 200 多年来该两个断层段所在地区实际已发生不止一次的最大地震的水平。

按照已发生的水库诱发地震的震级及其破裂长度（或余震分布范围）拟合的关系

式来估算待预测水库可能的最大震级，当然是更为理想的方法。然而由于水库地震成因机制的多样性和可用样本数量有限等原因，这类拟合关系式的可靠性并不是很高，求得的数据只能作为综合分析中的参考。参考四川省地震局在《木格措电站库坝区水库诱发地震的可能性评价报告》中采用的两个关系式，进行一些探讨：

$$M=1.76+3.45\lg L \quad (曾心传等) \tag{7.4}$$

$$M=3.7+2.0\lg L \quad (陈培善等) \tag{7.5}$$

在实际应用这些关系式估算水库地震的强度时，合理选取水库地震可能的破裂长度十分关键。一种做法是把受库水直接淹没段的长度设定为水库地震的破裂长度。另外，在现今活动的区域性大断裂沿水库附近通过的情况下，考虑到间接水力联系的因素，也可以取距库边 3～5km 以内的断裂带的长度，作为可能的破裂长度进入计算。

磨西断裂沿线直接被库水淹没的地段是从什月河支库北岸的什月坪起，向南东跨过什月河，在杜河坝沿田湾河支库延伸，经潘家坪到田湾乡，长约 5km；磨西断裂距水库右岸 3～5km 以内的范围是从湾东银沟沟头的桂花坪向南，经湾东、什月河，到田湾乡，长约 15km，可作为与库水有间接水力联系的破裂段的长度。

得妥断裂沿线直接被库水淹没的地段是从库尾沙坝、花石包向南，经幸福坪、得妥镇、到耳子厂、落井沟一带，长约 9km；得妥断裂由库尾到田湾河口，在库区的绝大部分地段距库边都不到 3km，有间接水力联系的库段总长达 20km。

按上述设定情况，分别计算了构造型水库地震的可能强度，列入表 7.5-2 中。

对比表 7.5-2 与表 7.5-1 的计算结果，可以发现，当设定水库地震破裂长度大于 15km 的情况下，式（7.4）和式（7.5）求出的结果明显偏大，甚至比按适用于天然强震环境的式（7.1）还要大出许多，是没有实用意义的。

表 7.5-2　　按破裂长度估算构造型水库地震的可能强度（M_S）

拟合关系式	假设断层破裂长度/km			
	磨西断裂沿线		得妥断裂沿线	
	5	15	9	20
$M=1.76+3.45\lg L$（据曾心传等）	4.2	5.8	5.1	6.2
$M=3.7+2.0\lg L$（据陈培善等）	5.1	6.1	5.6	6.3

根据表 7.5-2 的估算，磨西和得妥两条断裂直接淹没段可能诱发地震的强度大致为 5.0～5.5 级。

7.5.2　地震应变能积累与释放法

根据地震带应变能积累与释放曲线来进行天然地震的中长期预报，也是一种常用的方法。这个方法也曾在若干大型工程的水库诱发地震危险性预测中用于估算蓄水后头 10～20 年水库地震的最大震级。

大岗山库坝近场区最早的地震记载是 1786 年康定南的 7¾ 级地震。1965 年开始有仪器测定的地震资料，截至 2005 年的 41 年中，共记到 $M_L \geqslant 2.5$ 级的地震 177 个。据之绘出在此期间库坝近场区的应变释放曲线并求得其上沿拟合切线的斜率。按此速率外推 10 年至 2015 年，将积累 6.90×10^{9} $(erg)^{1/2}$ 的应变能，相当于一次 $M_S5.25$ 级地震；外推 20 年至 2025 年，将积累 1.04×10^{10} $(erg)^{1/2}$ 的应变能，相当于一次 $M_S5.49$ 级的地震。

应该指出，自有仪器记录的地震目录以来，在水库近场区的范围内，41 年中记到的地震超过千次，其中最大的两次也只有 $M_L4.5$ 级（相当于 $M_S4.0$ 级）；所有这些小震释放的能量之和约为 1.85×10^{18} erg，不到一个 $M_S5.5$ 级地震释放能量的 2%。也就是说，一个地区的地震活动，其 95%以上的能量往往集中在少数几个较大的地震上，它们的震级决定了该地区的地震活动水平，同时也决定了该地区构造型水库地震潜在最大震级的水平。

沿着磨西断裂中南段和大渡河断裂中南段（泸定姑咱、岚安以南至石棉安顺场附近）有 5 个中等强度的破坏性地震分布，其主要参数见表 7.5-3。它们应该就是决定大岗山库坝区地震活动水平的地震了。

表 7.5-3　　泸定—磨西—石棉一带破坏性地震目录

序号	日期/(年-月-日)	纬度	经度	震级（Ms）	烈度	参考地点	备注
1	1786-06-10	29.6°	102.2°	>5		泸定得妥	疑堰塞坝自溃
2	1805-09-27	29.9°	102.2°	4¾	Ⅵ	泸定	泸定断裂附近
3	1952-06-26	30.1°	102.2°	5¾		康定、泸定间	泸定断裂北端
4	1955-08-04	29.8°	102.0°	5.5		康定南	
5	1989-06-09	29°16′	102°15′	5	Ⅶ	石棉西北	

如果把考虑的时间段取为 200 年左右（1805 年至今）、空间范围取其包括整个磨西断裂中南段和大渡河断裂中南段，那么，有记载的共有 4 次中等强度的破坏性地震，也就是说，发生一次中等强度的破坏性地震的重现期大体上为 50 年左右。

为了更合理地反映个别中强震在本区地震能量积累释放过程中的关键作用，将 1989 年 6 月 9 日石棉西北（磨西断裂和大渡河断裂的南端）的 $M_S5.0$ 级地震纳入大岗山库坝近场区的地震序列，绘制应变释放曲线如图 7.5-1 所示，按照其上沿拟合切线的斜率求得本区的多年平均地震应变释放速率约为 0.0482×10^{10} $(erg)^{1/2}/a$。按此速率外推 10 年至 2015 年，将积累 0.89×10^{10} $(erg)^{1/2}$ 的应变能，相当于一次 $M_S5.40$ 级地震；外推 20 年至 2025 年，将积累 1.33×10^{10} $(erg)^{1/2}$ 的应变能，相当于一次 $M_S5.63$ 级的地震。两个方案的估算结果列入表 7.5-4。

表 7.5-4　　蓄水后泸定—磨西—石棉一带地震应变能释放水平估计

统计时段	应变能年释放速率	外推至 2015 年		外推至 2025 年	
	$(erg)^{1/2}/a$	总应变能 $(erg)^{1/2}$	M_S	总应变能 $(erg)^{1/2}$	M_S
1965—2005 年（不含 1989 年 5 级地震）	0.0333×10^{10}	0.69×10^{10}	5.25	1.04×10^{10}	5.49
1965—2005 年（含 1989 年 5 级地震）	0.0482×10^{10}	0.89×10^{10}	5.40	1.33×10^{10}	5.63

从图 7.5-1 的应变释放曲线上还可以看出，自 1989 年石棉西北 5.0 级地震以后，本地区应变能的释放速率明显降低，连续了 13 年，直至 2003—2004 年小震活动才有所增多，以致目前积蓄的应变能已相当于一次 5 级左右的地震。因此，在今后一

二十年的时间内，磨西断裂和大渡河断裂中南段发生 5～5.5 级地震的可能性是确实存在的。当然，这些能量往往不是通过一次地震一下子全部释放，而是以几个较小地震的形式释放出来。例如，蓄水 20 年间积蓄的相当于 5.6 级地震的应变能，更可能是分别发生一个 5.5 级和一个 5.2 级地震，或者是一个 5.4 级和三个 5.1 级地震，等等。

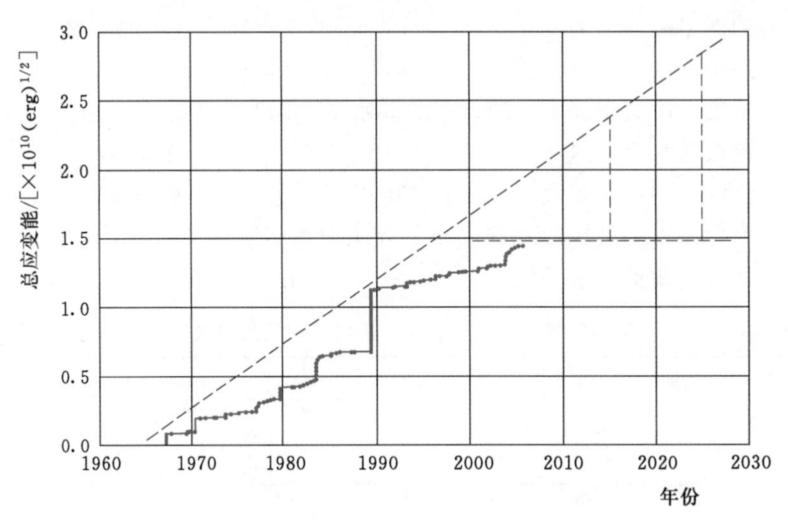

图 7.5-1　泸定—磨西—石棉一带地震应变释放曲线

7.6　水库诱发地震对工程和库区环境影响评价

7.6.1　水库诱发地震预测

在上一节中用几种不同的方法对水库诱发构造型地震的可能最大震级进行了评估。在此基础上，考虑库坝区不同部位地震地质条件和水文地质条件的某些差异，对诱震环境的分区和发震危险性较大的重点库段进行了宏观的综合评价，分别提出不同地段、不同类型的极限水库地震和常遇水库地震预测值，见表 7.6-1。

表 7.6-1　大岗山库坝区水库诱发地震危险性综合预测表

分区	预测地段范围	水库诱发地震危险性预测					
		水库地震成因类型	诱发地震可能性	极限水库地震		常遇水库地震	
				震级（M_S）	震中烈度	震级（M_S）	震中烈度
A	坝址为中心，上游自雨洒河口，下游至沙达子沟口一带	卸荷应力调整型	较小	4.0	Ⅵ	3.0	Ⅴ
B_1	自雨洒河口沿大渡河主库向北到新华滑坡以南	构造型	中等	5.0	Ⅶ	4.0	Ⅵ
B_2	由摩岗岭、彩虹桥沿大渡河主库向南到得妥镇、松林坪一带	构造型	较大	5.0	Ⅶ	4.0	Ⅵ
C	北起什月坪，沿磨西断裂向南经田湾到大石包，并包括田湾河口的得妥断裂和大发沟的大发断层	构造型	较大	5.5	Ⅶ$^+$	4.0	Ⅵ

大岗山工程所在的地区靠近我国有名的天然地震活动的强震区，整个库坝区处在地震基本烈度Ⅷ度区（0.3g区）内。天然地震的危险性在工程的勘测设计、建设和运行中占据着主导地位，水库诱发地震的危害性只是第二位的。然而，水库诱发地震可能带来的危害又有它的特殊性。即使在强震区，特大地震毕竟是一种罕见的事件。康定地区有280年的历史地震记载，记录到三次7级以上的特大地震，但影响到大岗山坝址，只有一次达到Ⅷ度，另两次只有Ⅵ度。蓄水以后，如果发生水库地震，多在蓄水的头一二十年内。

7.6.2 工程影响评价

水库区估计将以发生构造型成因的水库地震为主，也不排除少量卸荷应力调整型水库地震，诱发地震的位置可能在田湾河口上游的水库主库中、尾段及西侧田湾河、什月河支库一带，其震级可能较弱，地震烈度低于工程区的设防水平。根据分析结果，即使在田湾河支库内的磨西断裂处发生5.5级的极限水库地震，它对大坝的影响烈度也只有Ⅶ度，低于地震基本烈度，并远低于大坝的设防烈度，对水工建筑物不会造成破坏性影响，但应进行必要的地震监测。

7.6.3 库区环境影响评价

虽然大岗山库区是天然地震的基本烈度Ⅷ度区，但平时常遇的大多是频繁的小震。磨西断裂中南段和大渡河断裂中南段较大范围内出现一次中等强度破坏性地震的重现期大体上为50年左右。因此，在蓄水之初的一二十年时间内，磨西断裂和大渡河断裂中南段发生5～5.5级地震的可能性是存在的。

大岗山水库属中高山峡谷河道型水库，库岸多基岩裸露。天然状态下，库岸整体稳定；基本烈度Ⅷ度条件下，库中段新华滑坡整体可能失稳，其破坏形式是以解体形式下滑，库尾段摩岗岭崩滑体整体稳定，前缘有可能局部失稳。

蓄水后，新华滑坡（图7.6-1）处于临界—不稳定状态（居民应搬迁处理）。蓄

图7.6-1 蓄水后新华滑坡面貌

水初期，如果发生 M_S＝5.0～5.5 级的极限水库地震或天然构造地震，其有感范围可能达到上百公里，震中十余公里的小范围内会达到Ⅶ度～Ⅶ度强（小于地震基本烈度）的影响，少量民房有轻度开裂、山坡上会有滚石坠落及局部塌方等现象，新华滑坡将可能失稳，摩岗岭崩滑体前缘有可能局部失稳，应启动有关预警及应急预案。

7.7 水库诱发地震监测

7.7.1 蓄水后水库诱发地震的判别标志

蓄水后若是在库区或邻近一定范围内发生了地震，如何去分辨它们属于区域天然地震活动的正常表现，还是出现了震情异常；如属后者，怎样判别它们是不是水库诱发地震，这不仅是一个科学理论问题，也是十分现实的工程问题。只有明确地将震情异常与天然地震活动的正常波动区别开，将水库地震与其他天然地震区别开，才能按照不同的情况开展有的放矢的研究，对地震活动的发展趋势做出可信的预测，提出大坝抗震和环境保护等方面合理的对策措施。

近 30 年来，国内外通过使用小孔径密集地震台网观测，对水库地区的地震活动进行详细研究，已积累了相当数量的震例资料，揭示了水库诱发地震区别于天然地震的某些特点。可以认为，水库地震与天然地震（包括构造地震、火山地震、天然岩溶塌陷地震和其他类型的塌陷地震等）的区别，表现在地震活动与蓄水的时间相关、震中分布与人工水体的空间相关、地震活动的强度变化，以及地震的序列特征等方面。

根据二滩、三峡和其他大型水电水利工程水库诱发地震研究和预测的实践，结合附近泸定、石棉地区历史地震和 50 余年仪器观测地震资料求出的大岗山水库及外围天然地震本底资料及相关参数，提出一套可操作性较高的量化标志，用于判别蓄水后大岗山库坝区水库诱发地震的发生和平息，可以简要归纳为以下几点。

（1）水库地震与蓄水过程的时间相关。水库地震只可能发生在出现水库或施工围堰所形成的人工水体之后；水库地震序列的主要部分一般发生在蓄水位达到最高设计水位 5 次之前，其后出现的地震活动属于水库地震的可能性较小。

（2）水库地震与水库淹没及影响范围的空间相关。一般情况下，水库地震的主震和前、余震密集区在距库边线 3～5km 范围之内或不超出该河谷的第一分水岭；有区域性断裂通过的库段，水库地震距库边线也不超过 10km。在此范围以外的地震活动，即使沿上述大断裂发生，属于水库地震的可能性也很小。

（3）水库诱发地震活动的强度变化。可以用地震活动的年频次和年释放能量两个参数来判别：

1）蓄水后出现的地震活动的年频次，按可比震级 M_L2.5 级计算，超过天然地震本底值（实测的多年平均值）6～10 倍。

2）构造型水库地震的能量年释放率应比天然地震本底值（实测的多年平均值）高出 1～2 个数量级。

3）岩溶塌陷与气爆型、地表卸荷应力调整型及其他外成成因的水库地震，其年频次应高出天然地震本底值 5～10 倍，但年释放能量一般很小，不是有效的判别标志。

（4）水库地震的序列特征。水库地震中微小地震的比例相对较高，b 值一般高于多年统计的天然构造地震的 b 值，有可能达到 1.0 或更高。

（5）水库诱发地震活动的平息。蓄水发生较强烈的诱发地震后，经过一段时间，地震活动开始衰减，当水库淹没及影响范围内的地震年频次和年能量释放率逐渐回落，在设计高水位运行的情况下，仍然不超过天然地震本底的正常波动范围，连续达到 5 年者，即可认为水库诱发地震活动已经平息，库区已恢复为正常的天然地震活动。

大岗山水库估计将以发生构造型成因的水库地震为主，也不排除少量卸荷应力调整型水库地震。认真收集、实时跟踪分析测震台网的地震资料，结合库区的总体地震地质条件，特别是震中区实地宏观调查的资料，进行综合分析，就能得出可信度较高的结论。

7.7.2 水库诱发地震监测台网布设

大岗山水电站水库诱发地震监测预测台网系统工程，涉及四川省甘孜州泸定县、雅安市石棉县以及海螺沟景区，监测区域为北纬 29.3°～29.9°、东经 101.9°～102.5°，共布设 8 个固定地震监测台站、1 个系统监测中心和 1 个系统研究中心，可实现监测台站到监测中心的数据实时传输、进行数据分析处理、产出分析成果和研究报告。大岗山水电站水库诱发地震监测预测台网系统工程于 2012 年 12 月建设完成，2013 年 6 月上旬通过验收，该系统正式投入运行。

7.7.3 水库诱发地震监测成果初步分析

7.7.3.1 水库蓄水前监测成果初步分析

大岗山水库诱发地震监测预测系统在投入运行后，选取北纬 29.3°～29.9°、东经 101.9°～102.5°作为水库地震重点研究区。在 2013 年 2 月—2014 年 12 月导流洞下闸第一阶段蓄水前，共监测到地震 4569 次，其中 M_L0.0～0.9 级地震 2772 次，M_L1.0～1.9 级地震 1630 次，M_L2.0～2.9 级地震 156 次，M_L3.0～3.9 级地震 10 次，M_L4.0～4.9 级地震 1 次；月平均地震次数约为 199 次。研究区内最大地震震级 M_L4.2 级（震中位置在大坝西北，经度 101.59°、纬度 29.51°，距离大坝 50km），发生在 2013 年 12 月 29 日。

结合有关断层位置、产状，地震主要集中分布在磨西断裂及其西侧（断裂上盘）附近，保新厂—凤仪断裂附近也有地震发生，大渡河断裂发生地震数量相对较少。

7.7.3.2 水库蓄水后监测成果初步分析

（1）第一阶段蓄水地震监测资料分析。第一阶段蓄水自 2014 年 12 月 30 日导流洞下闸至 2015 年 5 月 29 日导流底孔下闸之前，水库蓄水至 1005m（坝前壅水高度约 50m），未涉及磨西断裂和大渡河断裂，基本未改变两条断裂带水文地质条件。研究区内共监测地震事件 1252 次，其中 M_L0.5～0.9 级地震 901 次；1.0～1.9 级地震 331 次；2.0～2.9 级地震 17 次；3.0～3.9 级地震 3 次。最大地震震级 M_L3.1 级（震中位置荥经，经度 102.438°、纬度 29.729°，距离大坝 31km)，发生在 2015 年 1 月 16 日。月平均地震次数约为 313 次。月地震频次为蓄水前本底的 1.57 倍；地震强度与蓄水前基本一致；地震仍主要分布于磨西断裂及其西侧上盘。

(2) 第二阶段蓄水地震监测资料分析。第二阶段蓄水自 2015 年 5 月 29 日导流底孔下闸，2015 年 7 月 4 日蓄至死水位 1120.00m，2015 年 10 月 29 日首次蓄至正常蓄水位 1130.00m（坝前壅水高度约 175m)，在田湾河支库磨西断裂被淹没长度约 5km，最大水深约 80m；大渡河断裂在主库被淹没长度约 9km，最大水深约 130m。

至 2016 年 12 月 31 日，研究区内共监测地震事件 8199 次，其中 M_L0.5～0.9 级地震 6702 次；1.0～1.9 级地震 1312 次；2.0～2.9 级地震 169 次；3.0～3.9 级地震 14 次；4.0～4.9 级地震 2 次。月平均地震次数约为 455 次。月地震频次分别为蓄水前本底、第一阶段蓄水的 2.28 倍、1.45 倍；地震强度与蓄水前、第一阶段蓄水基本一致；地震仍主要分布于磨西断裂及其以西上盘，集中于海螺沟附近及田湾河支库与主库交汇两处（图 7.7-1、图 7.7-2)。

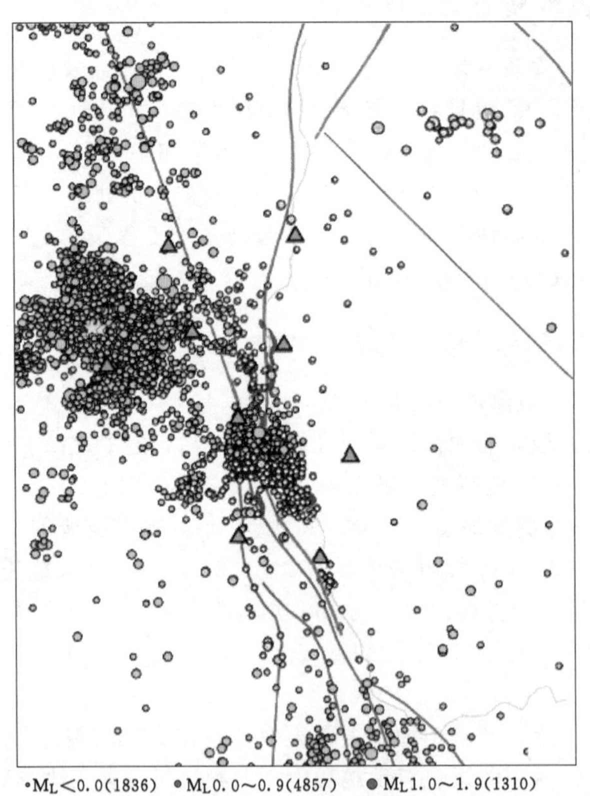

图 7.7-1　第二阶段蓄水后库区地震震中分布图

2016 年 3 月 18 日泸定 M_L4.2 级地震，震中位于磨西断裂西侧海螺沟附近，该次地震震中距离大坝 29.2km，距离水库约 14km，震源深度 5km，地震震中距库边线已超过 10km，分析认为属于天然构造地震。监测成果表明：2016 年 3 月记录到 2613 次地震，也主要集中于磨西断裂西侧海螺沟附近，距离水库约 20km，初步分析与该

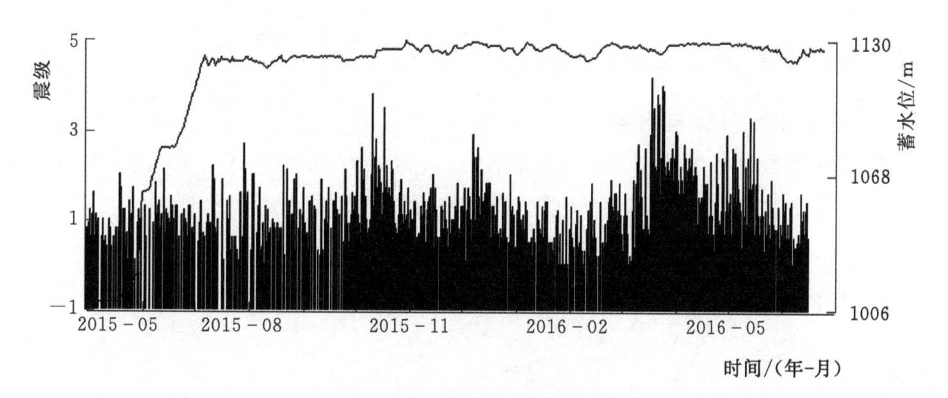

图 7.7-2　大岗山水库区地震与水位相关图

次地震有关。

2016 年 5 月 13 日在右岸田湾河支库猛虎岗附近发生 M_L3.3 级地震（图 7.7-3），震源深度 7km，震中距离坝址 8km，初步分析该次地震可能为磨西断裂诱发的构造型水库地震，低于前期可行性研究阶段预测水库诱发地震的最大值。

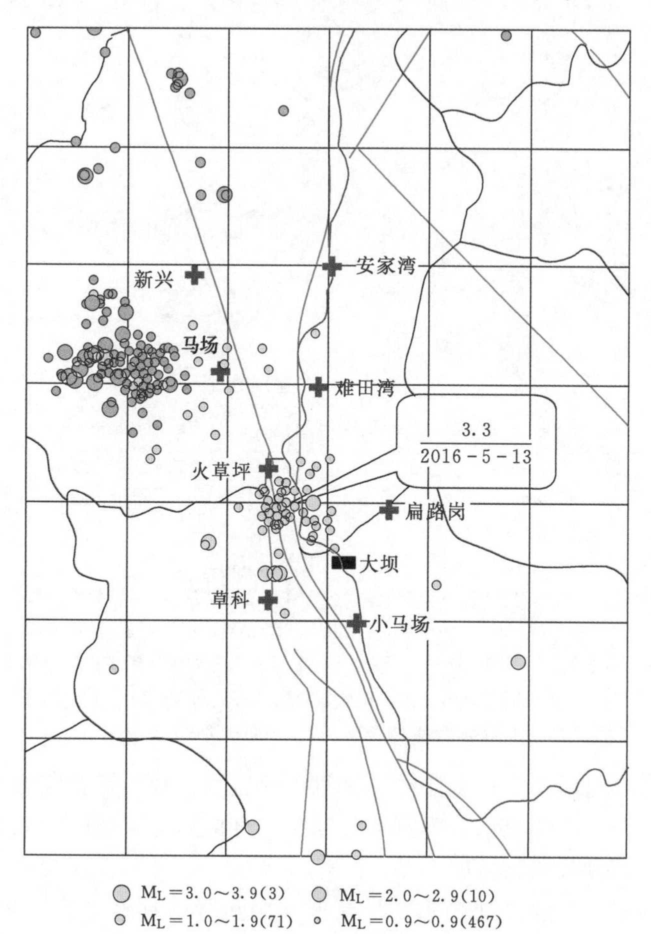

图 7.7-3　蓄水后库区典型月地震震中分布图

7.7.4 库区断裂形变监测成果初步分析

7.7.4.1 形变监测布置与内容

针对磨西断裂（F_1）和大渡河断裂（F_6），分别布设了①和②两个跨断裂形变监测点，采用精密大地测量方法，布置位置如图 7.7-4 所示。

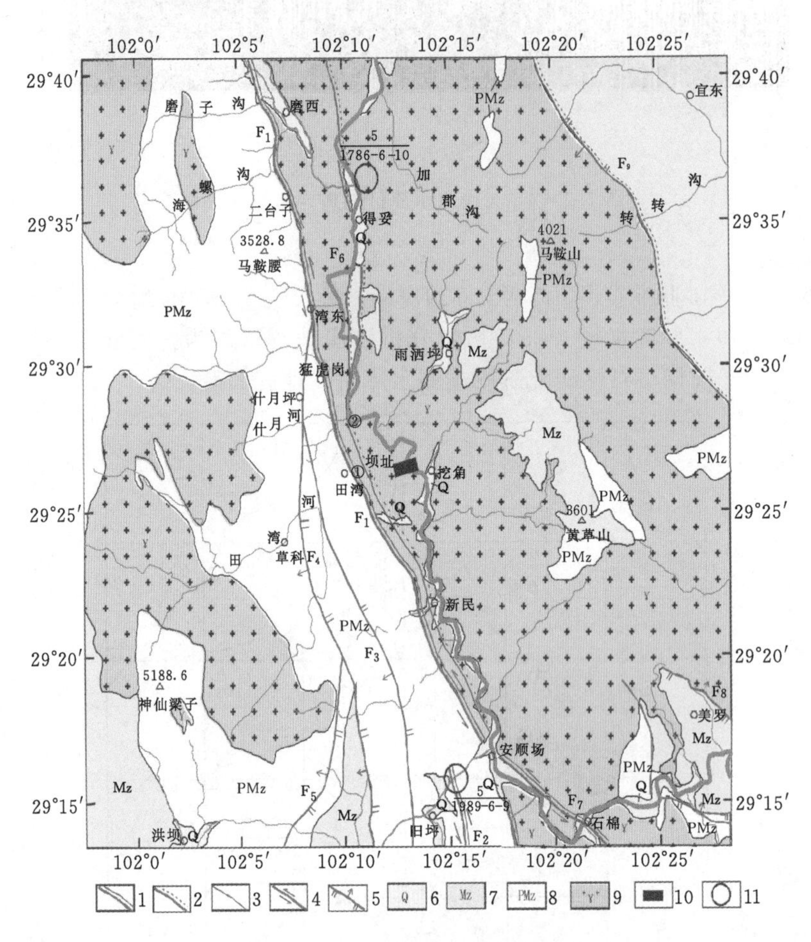

图 7.7-4　大岗山水电站跨断层监测场地

1—全新世活动断裂；2—晚更新世活动断裂；3—早第四纪活动断裂；4—走滑断裂；5—逆冲断裂；6—第四系；7—中生界；8—前中生界；9—元古代侵入岩；10—坝址；11—4.0≤M_S≤5.0；F_1—磨西断裂；F_2—安宁河断裂；F_3—大发断裂；F_4—西油房断裂；F_5—滨东断裂；F_6—大渡河断裂；F_7—大凉山断裂；F_8—美罗断裂；F_9—金坪断裂

①—田湾跨断层监测场地；②—两河口跨断层监测场地

形变监测内容包括水平形变监测和垂直形变监测。水平形变监测：测定测点间归算至墩面的水平距离的变化量。垂直形变监测：直接测定断裂两盘在垂直方向的相对活动量，即断裂两盘每期高差的互差。

形变监测周期：按照设计要求，导流洞下闸至导流底孔下闸之前第一阶段蓄水期，即 2014 年 12 月—2015 年 4 月，每月观测 1 次，计观测 5 期次；导流底孔下闸后第二阶段蓄水初期，即 2015 年 5—7 月每周观测 1 次，计观测 12 期次；2015 年 8—12 月每月观测 1 次，计观测 5 期次；2016 年 1 月以后每季度观测 1 次。

7.7.4.2 形变监测资料初步分析

1. 田湾跨磨西断裂形变监测

断层形变监测设 A、B、C、D 四个点，其中 A、D 两点分别位于断层两侧，以监测断层垂直形变情况；BC 水准测线跨越磨西断裂，监测断层水平形变情况（图 7.7-5）。

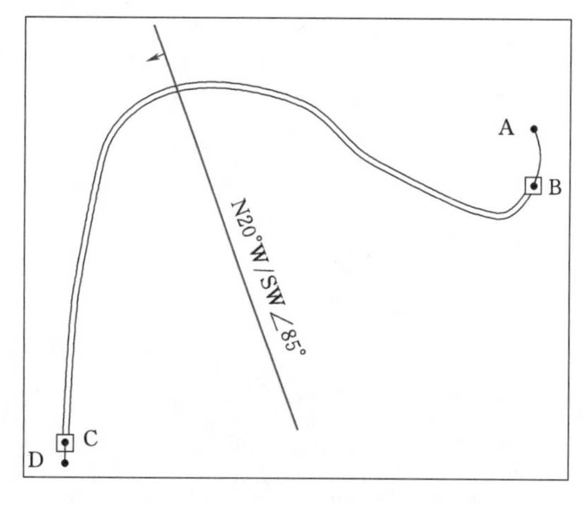

图 7.7-5 田湾跨磨西断裂监测点位示意图
A、D—垂直（水准）测线；BC—水平（基线）测线

截至 2017 年 12 月，田湾场地共完成 29 次垂直形变监测和水平形变监测。垂直形变监测成果显示，观测曲线总体呈现下降趋势，表明该断层有挤压活动现象，垂直形变累计 5.04mm，平均活动速率为 1.63mm/a 左右（图 7.7-6）。观测曲线还显示，第一阶段蓄水，尚未淹没磨西断裂，观测曲线呈波动下降特点，垂直形变累计 1.39mm，平均活动速率为 3.34mm/a 左右；2015 年 5 月 29 日开始第二阶段蓄水，库水已淹没磨西断裂，正常蓄水位时淹没深度达 80m，观测曲线呈持续下降特点，垂直形变累计 3.65mm，平均活动速率在 1.41mm/a 左右。

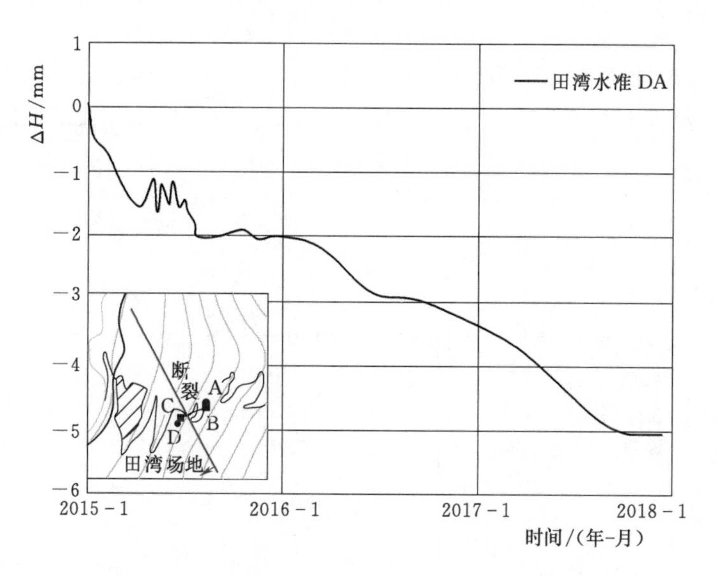

图 7.7-6 田湾（磨西断裂）垂直形变观测曲线图

水平形变监测成果显示，观测曲线总体呈下降趋势，表明该断层有挤压活动现象，水平方向上累计挤压量 9.28mm，平均活动速率为 3.30mm/a（图 7.7-7）。观

测曲线还显示，第一阶段蓄水，尚未淹没磨西断裂，观测曲线呈波动下降特点，水平形变累计1.40mm，平均活动速率在3.36mm/a左右；2015年5月29日开始第二阶段蓄水，库水已淹没磨西断裂，正常蓄水位时淹没深度达80m，观测曲线呈持续下降特点，水平形变累计7.88mm，平均活动速率在3.05mm/a左右。

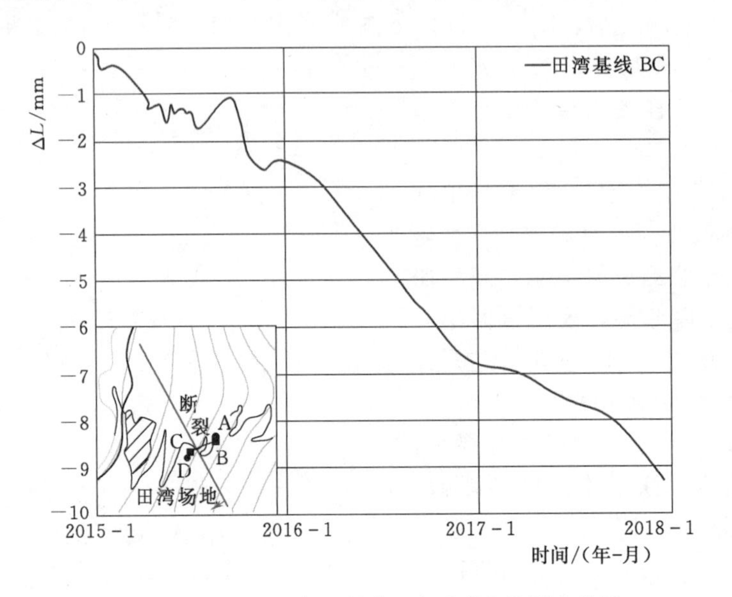

图7.7-7　田湾（磨西断裂）水平形变监测曲线图

图7.7-8为2015年以来田湾跨磨西断裂监测的水平扭动量随时间变化情况，显示了断层在不同时段的活动特征。从图可知，自观测以来，断层总体以左旋挤压活动为主，水平累计扭动量为−6.17mm，平均扭动速率为−2.38mm/a；2015年、2016年和2017年左旋走滑速率分别为：−0.73mm/a、−3.97mm/a、−3.34mm/a；蓄水初期库水未淹没磨西断裂带，活动速率较小，第二阶段蓄水淹没磨西断裂后，活动

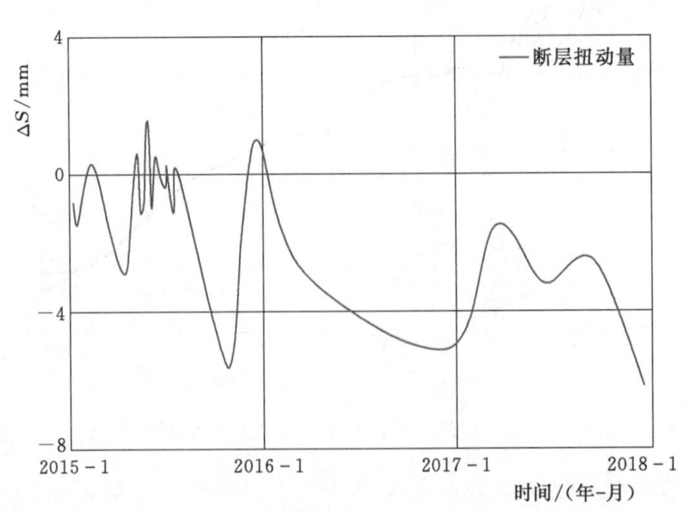

图7.7-8　田湾（磨西断裂）水平扭动量时序变化图

速率有所增大，且以左旋挤压为主。鉴于观测时段较短，蓄水后断裂活动尚处于调整阶段，需继续加强监测。

2. 两河口跨大渡河断裂形变监测

断层垂直（水准）形变监测设A、B、C、D四个监测点，其中BC水准测线跨越大渡河断裂，A、D两点分别位于断层两侧，AB、CD两测线不跨断层，主要用于特殊情况下对场地进行检测，每期观测时将A、D作为端点，以考察断层垂直形变情况；断层水平（测距）形变监测设A、E两座观测墩，A点与水准观测共点，与E点形成跨断裂的水平形变基线（图7.7-9）。

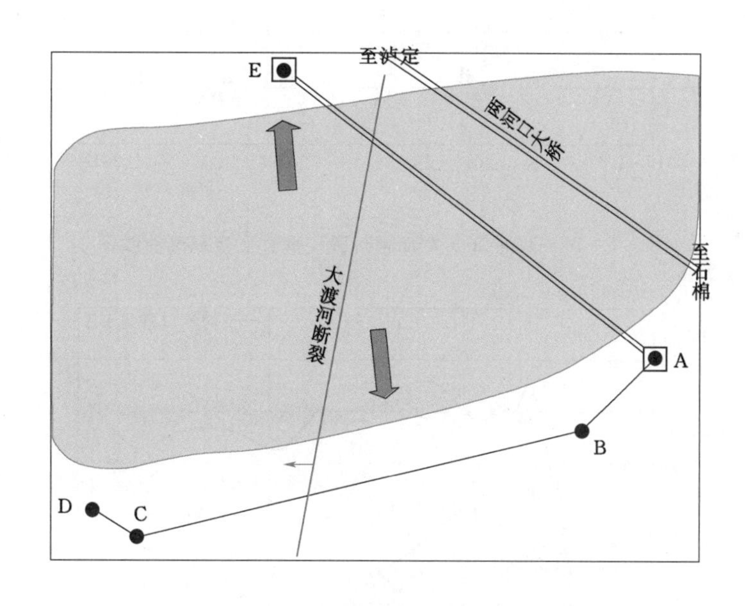

图7.7-9　两河口跨大渡河断裂监测点位示意图

A、B、C、D—垂直（水准）测线；A、E—水平（基线）测线

截至2017年12月，两河口场地共完成29次垂直形变监测和水平形变监测。垂直形变监测成果显示，第一阶段蓄水观测曲线在0.6mm范围内波动；2015年5月29日开始第二阶段蓄水，至2015年7月8日，观测曲线大幅度下降，挤压变形明显加大，累计5.24mm，与蓄水位上升密切相关；至2017年12月，观测曲线呈现出总体上升趋势，拉张变形量累计1.07mm（图7.7-10）。

水平形变监测成果显示，第一阶段蓄水观测曲线在0.07～0.92mm范围内波动；2015年5月29日开始第二阶段蓄水，至2015年8月，观测曲线大幅度上升，拉张变形明显加大，累计13.17mm，与蓄水位上升密切相关；至2017年12月，观测曲线呈波动变化，累计变形0.62mm（图7.7-11）。

可见，位于库岸边的大渡河断裂监测点在蓄水初期变形明显，表明蓄水初期的变形与岸坡受库水浸泡有关。2015年10月库水位基本稳定在正常蓄水位后，观测曲线仅呈小幅度波动变化，表明大渡河断裂带活动不明显。

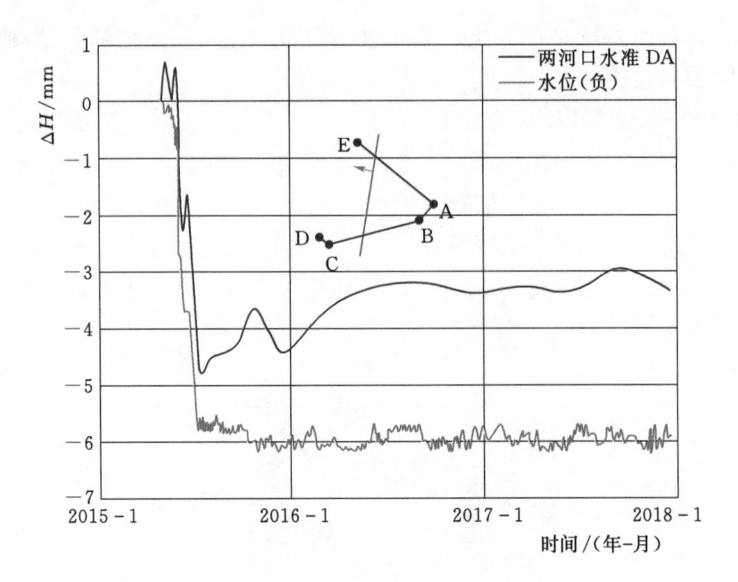

图 7.7−10　两河口（大渡河断裂）垂直形变观测曲线图

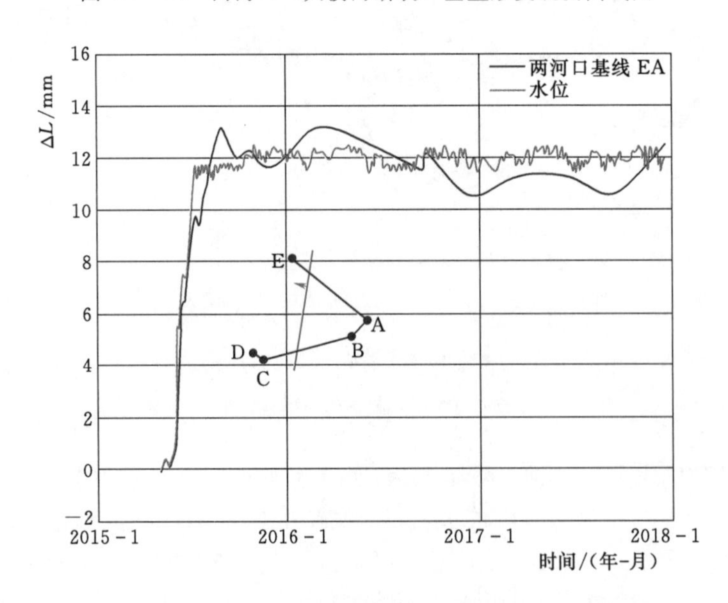

图 7.7−11　两河口（大渡河断裂）水平形变观测曲线图

7.8　小结

大岗山水库蓄水涉及的区域性断裂有大渡河断裂和鲜水河断裂南段——磨西断裂。预测磨西断裂沿线（C 区）发生构造型水库地震的可能性较大，其中又以田湾河支库一带诱震的危险性最大，预测可能诱发地震的强度大致为 5.0～5.5 级。即使在田湾河支库内的磨西断裂处发生 5.5 级的极限水库地震，对大坝的影响烈度为Ⅶ度，低于地震基本烈度，并远低于大坝的设防烈度，对主要水工建筑物不会造成破坏性影响，对库区环境的影响亦弱于天然基本烈度的影响。

蓄水3年来的地震监测成果表明，蓄水后地震频次明显增高，且均为弱微地震，最大的水库诱发地震震级为M_L3.3级，低于预测值；远离水库的天然构造地震最大震级为M_L4.2级，地震强度与蓄水前基本一致；地震主要分布于磨西断裂及其以西上盘，集中于海螺沟附近及田湾河支库与主库交汇两处，前者为天然构造地震的集中区，后者为水库诱发地震的集中区。断层形变监测成果表明，蓄水后位于坝址4.5km以远的磨西断裂活动速率有所增大，且以左旋挤压为主。

鉴于观测时段较短，蓄水后水库地震和断裂活动均处于调整阶段，需继续加强监测。

第8章 断裂活动性及工程适宜性评价

8.1 泸定水电站和硬梁包水电站工程外围区域断裂活动性评价

8.1.1 工程概况

大渡河泸定水电站和硬梁包水电站位于四川省甘孜藏族自治州泸定县境内，分别为《四川省大渡河干流水电规划调整报告》推荐22级方案中的第12个、第13个梯级电站。泸定水电站坝址距康定县城约40km，距下游泸定县城约2.5km，距成都市约300km，库坝区右岸有国道318线相通，交通较方便。坝址处控制流域面积58943km^2，多年平均流量891m^3/s。该工程主要任务是发电，正常蓄水位1378m，总库容约2.195亿m^3，黏土心墙堆石坝最大坝高79.5m，装机容量920MW。硬梁包水电站由低坝（闸）、引水隧洞和发电厂三部分组成，闸坝高38m，左岸引水隧洞长度约14.4km，总装机容量1116MW。

南北向的区域性大渡河断裂带从泸定水电站大坝左岸山里通过，往南从硬梁包水电站右岸山里通过，龙门山断裂西南端——二郎山断裂和北西向的金坪断裂位于硬梁包水电站闸址上游。因此，大渡河断裂带、二郎山断裂带、金坪断裂带等的活动性及其对泸定水电站和硬梁包水电站工程的潜在影响成为泸定水电站和硬梁包水电站在区域构造稳定性方面工程适宜性评价的关键。2005年中国地震局地质研究所完成的大渡河梯级水电站工程场地地震安全性评价中，从地震危险性的角度对大渡河断裂带进行了区域性地震地质评价，并确定了工程场地相关的地震危险性参数（中国地震局地质研究所，2005）。本研究侧重从地震地质灾害的角度，进一步分析研究工程周边断裂带断错危险性及其危害性，评价泸定水电站和硬梁包水电站工程的适宜性。

8.1.2 工程地震地质环境

大渡河泸定水电站和硬梁包水电站工程地处青藏高原东南缘向四川盆地过渡之中高山区。本区东靠邛崃山，西依大雪山，山势展布与主要构造线走向基本一致。东部邛崃山一带海拔一般3000～4500m，夹金山山峰高达4930m；西部大雪山海拔一般4500～5500m，贡嘎山主峰高达7556m，泸定之西华山海拔6076m。区域内第三纪末期以来的夷平面可大致划分为三级：一级夷平面高程4400～4600m，为准平原被破坏后剧烈抬升形成的准平原化夷平面，即高原期夷平面；二级夷平面高程 4100～4200m，属剥蚀面，三级夷平面（二郎山期）高程 3500～3600m，属剥蚀面未能充分发展，呈残留肩状平台分布。区内大渡河河段为深切曲流河谷地貌，河谷下部呈明显"V"形峡谷，中上部具"U"形宽谷特点。两岸海拔 3600m 以上，特别是 4200m 以上的高山区常见冰斗、刃脊、角峰、冰川槽谷（悬谷）等冰蚀地貌遗迹及高山"海子"（古冰川、冰斗、冰湖的残余），表明第四纪以来有过山谷冰川活动。大渡河及其支流河谷狭窄，水流湍急，河谷形态以"V"形为主，"U"形相间，两岸谷坡阶地分布零星，可见规模不等的Ⅰ～Ⅵ阶地，其中Ⅰ、Ⅱ级阶地保存较好，Ⅲ级以上阶地仅局部残存。阶地的发育与分布总体反映出第四纪以来本区强烈上升隆起，河流急剧下切侵蚀以及冰川作用强烈的特点。

区内地层除寒武系缺失外，从前震旦系到第四系均有不同程度的发育。大致以龙门山—小金河断裂为界，可分为西北部地槽变质岩区和东南部地台沉积岩、岩浆岩区。

工程区位于川滇南北向构造带北段与北东向龙门山断褶带、北西向鲜水河断褶带交接复合部位，在大地构造部位上处于扬子准地台之二级构造单元康滇地轴北段，其西北面与松潘甘孜地槽褶皱系为邻，东面及东北面分别与四川台拗和龙门山台缘断褶带相连。本区自早元古代以来，经历了晋宁运动、澄江运动、海西运动、印支运动、燕山运动和喜马拉雅运动等多期次构造运动，先后形成了各种不同方向、不同大小、不同规模和不同形成机制的构造系统。川滇南北向构造带、北东向龙门山构造带、北西向构造带和金汤弧形构造带构成了本区最基本的构造格架。

大渡河泸定水电站地处青藏高原地震区的鲜水河地震带、安宁河地震带及龙门山地震带交汇部位；其中，鲜水河地震带地震活动性最强烈，距工程区较近，对本区的波及和影响较大，其他两个地震带的影响相对较弱。外围强震及中强震发生时，工程场地曾多次遭受Ⅵ度地震烈度的影响，最高可达Ⅷ度，即 1786 年康定南 7¾级地震和 1725 年康定 7 级地震对工程场地的影响烈度为Ⅷ度，1955 年康定折多塘 7½级地震影响烈度为Ⅶ度，其余地震的影响烈度均未超过Ⅵ度。强震和中强震活动主要集中在鲜水河断裂带上，工程场地的地震影响烈度主要受鲜水河地震带所控制。

根据 2004 年中国地震局地质研究所对工程场地的地震危险性计算结果：泸定水电站工程场地 50 年超越概率 10%的基岩水平峰值加速度为 $246cm/s^2$，相对应的地震基本烈度为Ⅷ度，50 年超越概率 5%的基岩水平峰值加速度为 $325cm/s^2$；硬梁包水电站工程场地：50 年超越概率为 10%、5%水准时基岩场地水平峰值加速度分别为 $255cm/s^2$、$349cm/s^2$，对应的基本烈度为Ⅷ度。

8.1.3 主要断裂带特征及活动性评价

8.1.3.1 大渡河断裂带特征及活动性评价

大渡河断裂带大致沿大渡河呈 SN 向分布，从泸定水电站坝址区左岸东侧穿越，大体以 NNE 向顺河展布，于泸定公路桥斜切大渡河后沿右岸向下游延伸，该段大渡河断裂带又称泸定断裂。坝址处于其西侧岩体上，距断裂带最近距离近 1km。断裂主体部分为澄江期定型的韧性剪切带，带内揉皱、片理化特征明显，挤压较紧密，尔后经历印支期和燕山—喜山期叠加有规模不大韧脆性及脆性破裂，次级挤压带、片理和裂隙发育，岩体均一性和完整性较差。坝址下游左岸勘探平洞揭示，断裂带内发育挤压破碎带有12条，产状以N10°～20°E/SE∠60°～75°为主，单条带宽10～30cm，主要由压碎岩组成。

在硬梁包水电站水库和闸（坝）址右岸约1.0km处通过，在厂区下游花石包附近自右岸斜穿河谷至左岸，该段又称得妥断裂。据厂区平洞PD01、PD07揭露，得妥断裂在厂房下游分为东、西两支，间距约200m。其间地层主要为三叠系上统白果湾组砂岩、页岩地层，西支产状为N40°～45°W/SW∠65°～70°，倾山外偏下游，断层带及影响带带宽约13m，由片理化岩、角砾岩及碎粉岩组成；东支其总体产状为N10°～20°W/NE∠65°～70°，倾山内偏上游，断层带及影响带宽约72m，由白果湾组内碳质泥岩与砂岩的破碎和强烈劈理化组成。

综合分析认为，大渡河断裂带主要地质活动期为中更新世及以前。

8.1.3.2 二郎山断裂带活动性评价

二郎山断裂带为龙门山主中央断裂带五龙—盐井断裂带向西南延伸部分，自天全雅雀河向SW方向延伸经昂州河以南，穿越马鞍山、照壁山、二郎山，终止于泸定水电站和硬梁包水电站之间的冷碛镇西侧铁索桥，长约57km。该断裂总体产状N20°E/NW（或SE）∠50°～75°，断于晋宁—澄江期花岗岩及下震旦统火山岩和古、中生界地层之间。

据地表调查和地震资料，龙门山主中央断裂南西端——二郎山断裂无断错地貌现象和强震活动发生。在团牛坪、门坎山石杠子沟东约200m冲沟、二郎山垭口南西500m公路边、潘沟、冷碛附近等处，取断层泥等断裂破碎带物质进行TL法和ESR法测试，其最新一次活动时间为距今15万～43万年，表明断裂的主要活动时期为中更新世。综合分析研究认为，二郎山断裂属中更新世活动断裂。

8.1.3.3 金坪断裂活动性评价

金坪断裂为块体内部、规模不大的断裂。金坪断裂北起大渡河右岸的泸定县杵坭乡的大坪，向南东方向延伸，在杵坭乡—瓦斯营盘一带，基本上沿大渡河河床延伸，然后在大渡河左岸的冷碛镇佛尔崖出现，由佛尔崖向南东方向经泸定县兴隆、金坪、蛮抓林、果木塘至汉源县的火厂坝、大树一带，总长度约68km。

金坪断裂在平面上线形特征比较明显，总体上呈NW—SE走向。但在走向上呈波状起伏变化。断裂的倾向较为稳定，总体向SW倾斜。

在佛耳崖佛音亭公路隧道南口上方见断裂出露于奥陶系下统红石崖组砂岩、泥质灰岩与元古代闪长岩接触带。断层走向320°，直立，呈压性。破碎带宽度约30cm。断裂上覆第四系砂砾石，拔河高度约30m，构成相当于Ⅲ级阶地。阶地稳定，和断层接触砂层平稳，无任何扰动现象。显示该断裂晚更新世早期以来没有明显断错活动。

在汉源火厂坝北，该断裂被一晚更新世洪积扇覆盖，基岩破碎带可见宽度约20m，但上覆洪积扇未变形。此外断裂在瓦斯营盘、火厂坝、大树等附近所穿过的大渡河阶地均未产生变形，也未在新沉积物中形成新断层。

在汉源县大树乡南王家田西侧冲沟中，见该断裂发育于震旦纪上统灯影组灰岩中。断层走向340°，倾向NE，倾角60°。断层破碎带宽大于40m，显压性特征。根据断层两侧地层的展布和断面上擦痕判定，断层具左旋斜冲性质。在断层挤压破碎带中发育多条平行于主断面的次级断层。

金坪断裂带石英形貌类型简单，贝壳状类型仅占2.7%，浅侵蚀类型的次贝壳状占13.5%，浅—中等侵蚀类型的占16.2%，中等侵蚀类型的橘皮状占59.5%，强侵蚀类型的锅穴状、珊瑚状占8.1%，显示金坪断裂的活动时期可能在中更新世—早更新世。综上所述，金坪断裂带属早、中更新世活动断裂。

8.1.4 大渡河断裂带和二郎山断裂带地震断错危险性分析评价

根据地震断错形变工程评价原理[21]，评价大渡河断裂带、二郎山断裂带在内的泸定水电站、硬梁包水电站潜在震源地表地震断错危险性，得到大渡河断裂带6.5～7.0级地震潜在地表断错危险性（表8.1-1和表8.1-2）。从表中结果来看，泸定水电站、硬梁包水电站工程附近的大渡河断裂带，出现地表地震断错的年概率很低，接近于1×10^{-4}量级，其再现周期达千年以上，属于低可遇概率事件。

表8.1-1　　大渡河断裂带6.5级地震断错概率指数

P_1	P_2	P_3		$P=P_1P_2P_3$	
		位错/m	概率	概率指数	重现周期/a
0.003	0.1	<0.5	0.28	0.000084	11904.7619
		0.51～1.0	0.25	0.000075	13333.3333
		1.01～2.0	0.25	0.000075	13333.3333
		>2.0	0.22	0.000066	15151.5152
		>0.5	0.72	0.000216	4629.6296

表8.1-2　　大渡河断裂带7.0级地震断错概率指数

P_1	P_2	P_3		$P=P_1P_2P_3$	
		位错/m	概率	概率指数	重现周期/a
0.001	0.3	<0.5	0.28	0.000084	11904.7619
		0.51～1.0	0.25	0.000075	13333.3333
		1.01～2.0	0.25	0.000075	13333.3333
		>2.0	0.22	0.000066	15151.5152
		>0.5	0.72	0.000216	4629.6296

8.1.5 大渡河断裂带和二郎山断裂带地震断错危害性影响评估

根据36个震级M≥7.0级地震形变带资料，地震形变带的宽度一般几十米到几百米，在特殊情况下，可以宽达千米，个别地段达2～4km。这些千米以上宽度的地震形变带主要发育于走滑断裂形变带的雁行裂缝阶接区、塌滑构造等特殊构造部位，如1931年8月11日新疆富蕴8级地震，176km地震形变带一般宽数十米，局部膨大加宽，最大宽度出现在震中区，达4km。最大水平位移14m，发生于卡尔先格尔滑塌构造，14m最大位错地处挤压隆起构造透镜体。在大多数情况下，在一定程度上，也不排除重力作用的影响。另外，在一些宽河谷地区，或山前地区，由于土壤松软、饱水，往往形成宽达几十千米的形变带，这些带主要由非构造的、次生的地裂缝和液化沉陷所构成，虽然其展布在方向和主构造带一致，但并非构造形变带。且其规模和危害也有限。超过1000m宽度的、有危害的地震形变带，基本上以震级M>7.5级强烈地震，特别是M≥8级巨大地震为主。1999年9月21日台湾集集7.3地震，卷入位移形变的区域很宽，但地震破坏区域仅仅宽达几百米以内，有的近在断裂附近，只有地面隆升而无破坏。据2008年5月12日四川汶川8.0级大地震后的震损调查资料，地表形变带宽度大部分小于40m，半数以上在10～30m之间，个别大于40m，最宽60～70m。对于小于等于7.0级地震，只要不直接跨越其发震断裂，地震断错的危害是可以避免的。从工程稳定性而言，特别对于以基岩为基础的工程，只要工程不直接置于断裂带上，或者避开潜在的走滑动裂带的阶接地段、避开有重力危害性的地段即可。

大渡河断裂带从泸定水电站坝址左岸1km以外通过，往南从硬梁包水电站闸坝右岸1.0km通过，其属于震级上限7.0的潜在震源，即使大渡河断裂带发生强震，其产生的形变带及其影响，也仅仅限于几米至几十米宽范围，即使达百米，也不会对千米以外的工程产生危害影响。因此，泸定水电站、硬梁包水电站不存在因大渡河断裂带地震断错的危险性和危害性而影响其可行性。

8.1.6 泸定水电站和硬梁包水电站工程适宜性评价

(1) 宏观上，大渡河断裂带主要是由昌昌断裂、瓜达沟断裂、楼上断裂、泸定断裂和得妥断裂等南北向断裂组成的构造带，其中，泸定断裂带规模最大。包括得妥断裂在内，大渡河断裂带全长约150km。大渡河断裂带地处北东向的龙门山断裂带和北西向鲜水河断裂带之间，属块体内部的断裂带，其整体规模、构造地位和地震地质活动性均在两者之下。地质断面和构造岩的特征显示，大渡河断裂带北段昌昌断裂、瓜达沟断裂和楼上断裂等有一定规模的脆性变形特征，中南段泸定断裂和得妥断裂显示早期强烈的韧性剪切和后期的小规模的脆性破裂叠加，断面多为沿岩脉发育、挤压性质的小断层，显示晚期活动相对微弱。断裂南延至新华桥和田湾附近，断裂带及其影响宽度已小至不到1m。根据现有的断面和第四系地层的切盖关系、断裂展布区地形地貌特征，特别是断裂带上覆Ⅱ～Ⅲ级阶地沉积物保持原始状态，无明显扰动变形，显示大渡河断裂晚更新世中早期以来无明显地质和地震断错活动的可信迹象，结合大渡河断裂带主要组成断面的断层泥测年结果（12万～54万年）综合来看，大渡河断裂带主要地质活动期为中更新世及以前。

(2) 根据大渡河地区阶地发育和其形成时代特征和断裂上覆Ⅳ级河流阶地及断层泥测年结果，二郎山断裂中更新世晚期以来未见有明显地质断错活动，结合二郎山带主要组成断面的断层泥测年结果（15万～43万年）综合来看，二郎山断裂属中更新世活动断裂。

(3) 根据金坪断裂上覆Ⅲ级阶地无任何扰动迹象，显示该断裂晚更新世早期以来没有明显断错活动，结合断裂带石英形貌特征，显示金坪断裂的活动时期可能在中更新世—早更新世，属早、中更新世活动断裂。考虑到该断裂长度规模和活动时代，金坪断裂不具备发生 M≥7 级强烈地震危险性，从而也不大可能存在危害工程的地表地震断错的危险性和危害性。

(4) 根据地震断错形变工程评价原理，评价大渡河断裂带 6.5～7.0 级地震潜在地表断错危险性。泸定水电站工程和硬梁包水电站工程附近的大渡河断裂带，出现地表地震断错的年概率很低，接近于 1×10^{-4}量级，其再现周期达千年以上，属于低可遇概率事件。

(5) 根据 36 个震级 M≥7.0 级地震形变带资料，地震形变带的宽度一般几十米到几百米，在特殊情况下，可以宽达千米，个别地段达 2～4km。大渡河断裂带从泸定水电站坝址左岸 1km 以外通过，往南从硬梁包水电站闸坝右岸 1.0km 通过，其属于震级上限 7.0 的潜在震源，即使大渡河断裂带发生强震，其产生的形变带及其影响，也仅仅限于几米至几十米宽范围，即使达百米，也不会对千米以外的工程产生危害影响。因此，泸定水电站、硬梁包水电站不存在因大渡河断裂带地震断错的危险性和危害性而影响其可行性。

(6) 在地震危险性分析中，从大渡河断裂带的规模、地质地震的活动性而言，相比区外的龙门山断裂带活动地段要弱得多。但从断裂带滑移速率确定的不定性考虑，特别还存在水平和垂直滑移的差异，作为工程抗滑移的标准，采用比较保守的结果也是需要的。因此，在工程能承受的条件下，采用不超过 2mm/a 滑移速率作为大渡河断裂带的工程的设防参数是合适的。

8.2 大岗山水电站外围区域断裂及坝区小断层活动性评价

8.2.1 工程概况

大渡河大岗山水电站位于大渡河中游石棉县境内，坝址距下游石棉县城约 40km，距上游泸定县城约 72km。坝址处控制流域面积达 6.27 万 km^2，占全流域的 81%，多年平均流量约 1010m^3/s，电站正常蓄水位 1130m，混凝土拱坝最大坝高 210m，总库容约 7.42 亿 m^3，电站装机容量 2600MW。

8.2.2 区域工程地震地质环境

在大地构造部位上，大岗山水电站工程区属扬子准地台西部二级构造单元康滇地轴范畴，其西侧以锦屏山—小金河断裂、磨西断裂为界与雅江冒地槽褶皱带相邻，东面及东北面以金坪断裂、二郎山断裂为界分别与上扬子台褶带和龙门山台缘褶断带相连。在现代块体构造上，大岗山水电站地处由鲜水河断裂带和安宁河断裂带构成的川滇菱形块体东边界东侧。在具体构造位置上，大岗山水电站工程区位于川滇南北向构造带北段，为南北向与北西向、北东向等多组构造的交汇复合部位。

坝区25km范围内主要断裂带有：

(1) 鲜水河断裂带南段——磨西断裂，从坝址西侧4.5km通过，为NNW向区域性左旋走滑活动断裂。

(2) 大渡河断裂，从坝址西侧4km通过，断裂呈SN向。

(3) 安宁河断裂带北段，位于坝址南侧20km，断裂呈SN向。

(4) 锦屏山—小金河断裂（北段），位于坝址西侧7km，断裂呈NE向。

(5) 金坪断裂，位于坝址东侧21km，断裂呈NW向。

晚新生代以来，伴随着青藏高原的快速隆起抬升和高原东部地区上地壳物质向东蠕散的影响，该地区处于强烈的隆起抬升状态，形成深切割的高山峡谷区，处于以NWW—SEE向水平主压应力与NNE—SSW向水平主张应力为主的现代地震构造应力场。伴随这一基本的构造环境，川滇菱形块体的东北和东南边界部分地段频繁的强震发生，主要位于大致距工程场地近50km以西的鲜水河断裂带和大致距工程场地80km以外的安宁河断裂带及则木河断裂带。大岗山水电站工程所在川滇菱形块体的东边界地段，地震活动的强度很弱，基本上以小于5.5级的中小地震活动为主。有史料记载以来，工程场地外围地区曾发生过多次强烈地震，其中对工程场地影响较大的主要有1536年西昌北7½级、1725年康定7级、1786年康定南7¾级和1955年康定折多塘7.5级地震等，对坝址场地的影响烈度大于Ⅵ度，其中，以1786年康定南7¾级地震对工程场地影响最大，影响烈度达Ⅷ度。

1980年11月，四川省地震局以川地震烈〔80〕004号文通知成都院，“关于进一步核定大岗山水电站地震基本烈度的函”中指出：“……过去将该地区的地震基本烈度定为Ⅸ度可能偏高，经核定后，该电站的地震基本烈度可按Ⅷ度考虑为宜。特此函告。”在1990年版的《中国地震烈度区划图》上，大岗山水电站未来50年超越概率为10%的地震烈度值为Ⅷ度。在2001年版的《中国地震动参数区划图》（GB 18306—2001）上，大岗山水电站未来50年超越概率为10%的水平峰值加速度值为0.20g，相当于地震基本烈度Ⅷ度。

根据《中国地震动参数区划图》（GB 18306—2015），大岗山水电站工程场地50年超越概率10%的地震动峰值加速度为0.2g，接近0.3g界线，相应的地震基本烈度为Ⅷ度。根据中国地震局地质研究所、中国地震局地球物理研究所、四川省地震局工程地震研究院2004年10月《大渡河大岗山水电站工程场地地震安全性评价报告》大岗山水电站坝址50年超越概率10%基岩水平向峰值加速度为0.251g，相应地震基本烈度为Ⅷ度；100年超越概率2%基岩水平向峰值加速度为0.557g。

8.2.3 磨西断裂带活动性评价

(1) 磨西断裂带为鲜水河断裂带的南段，北与色拉哈—康定断裂呈左阶排列。1786年6月1日康定南7¾地震的发震断层为色拉哈—康定断裂，其地表破裂分布连续、形迹清晰，显示全新世活动特征和相对可信的证据。而磨西断裂，作为全新世活动的一些地貌的信息，却存在多解的可能，一些直接的“断错”证据，在强度上也和

7 级以上地震断错形变量级不相匹配；从航片判读、野外地质地质剖面调查和分析、探槽开挖及测年结果等，尚未发现确切的全新世断错活动的可信证据。

从宏观上看，鲜水河断裂带为由 NW 逐渐过渡为 NNW 的弧形，南段磨西断裂地处从 NW 向鲜水河断裂带转向 NNW 向大转弯部位的中部，鲜水河断裂带强烈的左旋走滑导致其 NNW 段必然产生近 EW 地壳缩短，磨西断裂的南西盘存在以海拔 7556m 的贡嘎山为中心的强烈抬升区，吸收了沿鲜水河断裂带的部分左旋走滑位移，使得磨西断裂的活动强度远小于鲜水河断裂带的北西段。

从目前的资料来看，磨西断裂带，特别是雅家埂以南地段，磨西断裂带上覆Ⅰ级和Ⅱ级阶地无明显的变形，反映了磨西断裂带晚更新世，特别是晚更新世晚期以来新活动相对较弱。根据野外考察和室内显微构造分析可知，磨西断裂出露有糜棱岩、碎裂岩和断层泥，更多的是叠加有糜棱岩和碎裂岩两种结构特征的断层岩，反映了断层早期活动为韧性剪切，使石英拉成长条状，之后发生脆性破裂，垂直于条状石英的长轴方向发育一组近于平行的微裂隙，且充填多期方解石脉，最新一组方解石脉未变形。最晚一期断层滑动使断层泥中产生一组雁行式裂隙，表明断层新活动为左旋滑动。但断层泥中方解石脉未变形。反映断层新活动较弱特点。

大岗山水电站地震安全性评价报告（2004 年），将距大岗山水电站 4.5km 的磨西断裂带确定该断裂带有发生最大震级（震级上限）M_u＝7.5 级地震潜在危险。根据①该段小震活动频繁；②记载最大震级 5.0 级地震；③未发现全新世断错活动确切证据；④小于 1mm/a 形变位移速率等特征，以及大量地震地质剖面分析和磨西断裂带所处宏观地震地质环境及动力学条件，从人们对地震危险性的常规认识和地震危险性分析计算的角度来看，地震安全性评价报告对磨西断裂带的地震危险性评价，是在安全度上留有相当大的安全裕度的。

（2）大岗山水电站地震安全性评价报告（2004 年），确定磨西断裂带有发生最大震级（震级上限）M_u＝7.5 级地震潜在危险。按照地震潜在震源震级上限的概念，潜在震源震级上限发生的概率趋于 0。从地震危险性来看，位于水电站 4.5km 以外的磨西断裂带最可遇的地震应低于上限 7.5 级，一般为 7.0～7.25 级。

从中国大于等于 7.0 级 36 个强烈地震的形变资料和四川省地震局资料来看，地震形变带的宽度一般几十米到几百米，在特殊情况下，可以宽达千米，个别地段达 2～4km。这些千米以上宽度的地震形变带主要发育于走滑断裂形变带的雁行裂缝阶接区，塌滑构造等特殊构造部位。在一些宽河谷地区，或山前地区，由于土壤松软、饱水，往往形成宽达几十千米的形变带，这些带主要由非构造的、次生的地裂缝和液化沉陷所构成，虽然其展布在方向和主构造带一致，但并非构造形变带，且其规模和危害也有限。超过 1000m 宽度的、有危害的地震形变带，基本上以震级 M＞7.5 级强烈地震，特别是 M≥8.0 级巨大地震为主。

因此，对于 M＝7.0～7.25 级地震、甚至 7.5 级强烈地震，磨西断裂发生走滑活动，处于 4～5km 以外的坝址区，也不会因磨西断裂带的位错而出现任何影响坝区安全的地震断错危险。

8.2.4 大渡河断裂带活动性评价

(1) 宏观上，大渡河断裂带主要由昌昌断裂、瓜达沟断裂、楼上断裂、泸定断裂和得妥断裂等南北向断裂组成的构造带，其中，泸定断裂带规模最大。包括得妥断裂在内，大渡河断裂带全长约150km。大渡河断裂带地处NE向的龙门山断裂带和NW向鲜水河断裂带之间，属块体内部的断裂带，其整体规模、构造地位和地震地质活动性均在两者之下。

地质断面和构造岩的特征显示，大渡河断裂带北段昌昌断裂、瓜达沟断裂和楼上断裂等有一定规模的脆性变形特征，中南段泸定断裂和得妥断裂显示早期强烈的韧性剪切和后期的小规模的脆性破裂叠加，断面多为沿岩脉发育、挤压性质的小断层，表明晚期活动相对为弱。断裂南延至新华桥和田湾附近，断裂带及其影响宽度已小至不到1m，且断面呈现紧密挤压状态，上覆Ⅱ级阶地砾石层亦未受到扰动，显示为老断层特征，表明大渡河断裂晚更新世中早期以来无明显地质和地震断错活动的迹象。结合大渡河主要组成断裂带断层泥测年结果（12万～54万年）综合来看，大渡河断裂带主要地质活动期为中更新世，不具现代活动性。

(2) 大岗山水电站地震安全性评价报告（2004年），确定大渡河断裂带有发生最大震级（震级上限）$M_u=7.0$级地震潜在危险。按照地震潜在震源震级上限的概念，潜在震源震级上限发生的概率趋于0。从地震危险性来看，位于水电站4km以外的大渡河裂带最可遇的地震应低于上限7.0震级，一般为6.5～6.75级。

因此，对于$M_u=7.0$级地震潜源区，即使因大渡河断裂活动而发生地震，处于4km以外的坝址区，也不会因大渡河断裂带的位错而出现任何影响坝区安全的地震断错危险。

8.2.5 坝址区小断层活动性评价

(1) 坝址区无区域断裂通过，构造型式以沿脉岩发育的小断层、挤压带和节理裂隙为特征。规模略大的NNW向F_1、F_2断层，长度分别仅3000m和1600m，沿断层在地貌形态上无活动迹象。这些小断层多沿花岗岩中辉绿岩脉岩发育，是地质历史时期构造变形时不同岩性应力调整的结果。和本地区距坝区4km以外的区域性断裂带——磨西断裂带和大渡河断裂带相比，在断层规模、内部物质结构和活动性质等方面都有明显的本质差异，其间没有构造上成生联系的迹象。

(2) 据坝区沿脉岩断层破碎带物质石英形貌扫描成果，形貌类型在两个时段具优势分布，一是以虫蛀、窝穴、珊瑚等深度强侵蚀为主的Ⅲ～Ⅳ型石英，其反映的活动时期为新近纪—第四纪早期（N_1～Q_1）；另一优势为以橘皮、鳞片等中—深度侵蚀为主的Ⅰc～Ⅱ型石英，其反映的活动时期为早—中更新世；浅度侵蚀的P～Ⅰa型石英，如贝壳状、次贝壳状仅部分发育，尤其是典型的新鲜贝壳状断口的石英颗粒（P型），绝大多数样品不具备，这从一个侧面反映出坝区小断层不具现代活动性。

(3) 据坝区21组断层破碎带物质ESR和TL法年龄测试成果，断裂活动年代距今均大于10万年。位于大坝右岸160m以远、规模略大的F_1断层，其活动年龄为13

万～15 万年，表明坝址区小断层晚更新世以来没有活动。

因此，大岗山坝址区的小断层，从其规模、特点、活动时代及其和区域活动构造带的联系等基本方面，均反映其为第四纪早期活动断层，其本身不具备发生引起地表破裂型破坏性地震的潜在能力。

从已有的勘察资料分析，坝址区的小断层与 4.5km 以外的磨西活动断裂带活动性之间没有构造成生联系的迹象，磨西断裂晚更新世以来的活动，包括外围历史强震的活动，并未牵引坝址区小断层的活动。因而，未来磨西断裂的活动不会导致坝区小断层的地表破裂和位错，坝址建筑物不存在抗断问题。

8.3 栗子坪水电站活动断裂的工程适宜性评价

8.3.1 工程概况

南桠河栗子坪水电站位于四川省石棉县境内，是大渡河支流南桠河一库六级梯级开发的第五个梯级水电站。电站为引水式开发，首部枢纽位于石棉县栗子坪乡南桠村附近，与冶勒水电站（南桠河六级）尾水相衔接，引水系统沿南桠河左岸布置，厂址位于栗子坪乡高家垄附近。电站设计水头 308m，最大引用流量为 46.30m^3/s，电站装机容量 132MW。

引水隧洞全长约 6.283km，隧洞埋深 10～400m，隧洞线穿越安宁河断裂带北段东支断层。压力管道由埋管和明管两部分组成，埋管部分由上平段、斜管段和下平段组成，总长 864.88m。斜管第二段及下平段穿越铁寨子断层。为此，需要研究和评价安宁河断裂带北段东支断层和铁寨子断层的活动性及其对引水线路和压力管道工程适宜性，为工程设计提供依据。

8.3.2 区域工程地震地质环境

南桠河系大渡河中游右岸的一级支流，位于川滇南北向构造带北段、菩萨岗东西向隆起北侧。在大地构造部位上属扬子准地台西部之二级构造单元康滇地轴北段范畴。西部以小金河断裂为界与甘孜断褶带相邻，东部以石棉断裂、越西断裂为界与凉山拗褶带毗连，安宁河断裂带北段在境内呈近南北向延展，将本区分割为西部冶勒断块和东部小相岭断块。栗子坪水电站跨越安宁河东支主干断裂及其所分割的冶勒断块和小相岭断块。

区内出露地层岩性主要为晋宁期石英闪长岩和澄江期花岗岩，三叠系上统至侏罗系下统砂页岩、第四系下更新统昔格达组砂泥质层（粉质壤土层）仅沿凹陷或断陷带零星分布。

区内构造以 SN 向为主，兼有 NW 向、NNW 向、NNE 向和 EW 向构造。

工程区内历史上无 6 级以上强震记载，其地震效应属外围强震活动波及区。其中，1786 年 6 月 1 日康定南 7¾级地震波及工程区的影响烈度为Ⅶ度；1536 年 3 月 9 日西昌北 7½级地震、1913 年 8 月冕宁县小盐井 6 级地震、2008 年 5 月 12 日汶川

8.0 级地震、2013 年 4 月 20 日芦山 7.0 级地震等，对工程区最大影响烈度均不超过Ⅵ度。工程区及其附近以弱震活动为主，1989 年 6 月 9 日距工程区北约 23km 的石棉 WN 发生 5.0 级地震，工程区的影响烈度小于Ⅴ度。

据《中国地震动参数区划图》（GB 18306—2015），栗子坪水电站位于峰值加速度 0.20g 区，相当于地震基本烈度为Ⅷ度区。结合冶勒水电站地震烈度复核鉴定成果（四川省地震局，1986），栗子坪水电站基准期 50 年超越概率 10%基岩水平向峰值加速度为 0.298g，相应地震基本烈度为Ⅷ度。

8.3.3 安宁河断裂带北段东支断层和铁寨子断层活动性评价

根据断裂带地震地质剖面特点和相关测年分析及探槽剖面的复核结果，安宁河断裂带北段东支断层在野鸡洞以北和以南的地震地质特征上显示了明显的差异，根据断裂带地震地质剖面特点和相关测年分析，无可信的证据显示，安宁河断裂带东支断裂北段具有明显的、强烈的全新世断错活动和存在明显的全新世古地震断错事件。相对可信的古地震断错的事件剖面，反映其主要断错活动发生在晚更新世晚期及以前。北段沿断裂带在地貌上显示的一些活动信息，是以整体抬升为主、差异活动不强的活动结果。东支断裂断面上覆Ⅰ、Ⅱ级阶地未见明显的变形，反映全新世活动不强，具缓慢、蠕动特点。北段断裂带强烈动力蚀变，形成绿泥石和绿帘石等组构的片状岩，挤压错动明显，紧密，多垂直擦痕，少水平擦痕，水平活动不强烈，显示以挤压逆错运动为主的特点。安宁河断裂各剖面断层泥中的显微构造特征显示，安宁河断裂带野鸡洞以北主要以蠕滑为主。断裂带这一基本特征也是和该地区现代地震活动以中小地震为主、现代形变位移小量值和水平和垂直滑动相当特点相匹配的。

铁寨子断层规模不大，属安宁河断裂带体系，其活动受安宁河断裂带整体活动控制。从该断层新活动断面特征来看，断层下盘昔格达层变形并不强烈，影响带也仅仅几厘米，并且不时有昔格达层被挤入花岗岩中，而挤入昔格达层构造片理也不发育，更无大构造变形。昔格达层呈缓倾斜状态，完整而不破碎，黏土层中褶皱变形是明显的掀斜作用结果。因此，断裂作用和掀斜作用反映该地层活动是一个漫长的过程，是非突发的蠕滑所致断层。而花岗岩的强烈变形，显示的是早期的韧性变形的结果。

铁寨子断层构造样品微观分析显示，断层泥强烈片理化，断层以缓慢运动为主，距断层面 15cm、30cm 或 2m 处的砂岩，没有变形迹象，反映铁寨子断层活动较弱。断层上盘花岗岩，强变形带与弱变形带常呈过渡关系，从强变形带到透镜状弱变形带，构造残斑粒径由细变粗，含量由少到多，糜棱叶理也有变弱的趋势。在总体上变形很强的条带状区域中，也往往存在一些变形相对较弱的透镜状窄带。同样在总体变形较弱的透镜状弱带区域中，也存在局部的变形很强变形带，这些细条带从 2cm 到 50cm 宽，强弱变形带相互包容现象，是由于断层多期活动或变形分解所致，它反映了断层活动的复杂性。

在铁寨子断裂及其附近，到目前为止，尚无破坏性地震发生和可信的相关遗迹存在，这样的事实也是和上述基本地震地质环境特点相适应的。

根据地层的切盖关系，铁寨子断层主要活动时代为晚更新世或晚更新世晚期。野外观察，没有发现断层活动造成的断层岩变形，从弱到强的对称变形序列，即一个统一的变形中心和大的滑动面，只有一些较小断层和劈理面，发生剪切时似乎存在多个变形中心和剪切滑动面，而且作为滑动面的常是岩性不同的岩性界面，有些滑动面是基性岩脉，从宽几百米的花岗岩发生强烈破碎来看，这种破碎似乎不是铁寨子断层造成的，反映的是古老的侵入岩体早期构造活动的结果。

8.3.4 安宁河断裂带北段东支断层和铁寨子断层位移速率评价

根据地震地质剖面和断裂带构造形变的微观样品分析，安宁河断裂带北段东支断层和铁寨子断层全新世以来没有明显的活动迹象，处于相对的稳定状态。在此以前，构造运动显示掀斜运动的特点，由此产生的断裂活动以缓慢的蠕滑为主性质。由于印度洋板块向欧亚板块 NNE 方向顶撞俯冲，强大的水平挤压，导致西藏高原的隆起和向东推挤，并形成一系列向 NE 突出的弧形构造。鲜水河断裂带和安宁河断裂带为青藏块体内部川滇菱形块体弧形运动边界，并呈左旋走滑运动。近 EW 向的区域构造压应力场，和其压应力方向呈较大角度的、弧形突出的近南北向的磨西断裂带和安宁河断裂带北段，处于压应力状态，走滑运动受到一定的限制，伴随西部贡嘎山强烈隆起而整体抬升，以散开的、相对大的范围的多组的断裂消耗和分散能量，导致该段安宁河断裂带继承古老的运动形式，继续以缓慢的蠕滑为主运动性质，表现的现象是地震活动在强度和频度上的减弱和断裂带两侧块体相对运动强度和速率较低水平。通过地震矩方法，鲜水河断裂带磨西以西段位移速率达4～8mm/a，安宁河断裂带中段和则木河断裂带位移速率小于 3mm/a。直到目前为止，安宁河断裂带北段尚无 $M\geqslant6.0$ 级地震记载，历史地震对其所在地区的影响，也仅仅为Ⅶ度地震烈度。从地震活动的强度和大地震的频度，及地震释放的能量，安宁河断裂带北段无法与安宁河断裂带中段和则木河断裂带相比，不是同一个数量级的范畴，可能差几个数量级。这里，取一个数量级之差，以此为基础，评价其位移速率会远小于 1mm/a。地形变测量的结果，在数量级上是和上述结果基本吻合的。因此，从现代形变资料分析结果看，反映安宁河断裂带北段现代活动属中偏弱，这和此地区地震地质环境和地震活动相协调。铁寨子断层属安宁河断裂带北段东支东侧的又一分支，同为安宁河断裂带体系，其规模远小于安宁河断裂带。因此，其活动强度也必然受到安宁河断裂带的制约。

根据近 30 年的形变观测资料分析，安宁河断裂带北段东支断层，包括铁寨子断层在内，显示其水平和垂直运动在栗子坪工程地区大致相当，为小于 1mm/a 量级水平。考虑到断裂带滑移速率的确定，无论在理论和方法还是在具体的结果上，都存在相当的不确定性；现代地壳形变观测虽然有 30 年的成果，但大量的还是垂直向的观测结果，对于以左旋走滑运动为主的安宁河断裂带，其观测成果的代表性还有待进一步研究分析。因此，从俗定的角度，考虑工程设防的可接受性，在工程可承受的条件下，以此结果为基础，扩大一倍的安全裕度，以 2mm/a 的速率作为标准设防是适宜的。

8.3.5 地震断错危险性评价

地震断错的危险性是众所周知的，断错导致地面变形和工程的危害，是人为所难以抗拒的。但能引起地震断错并能导致工程危害的地震断错，也仅仅是一些强烈地震，其出现有一定的条件因素。由于地震事件及其危害性的判断和评价，无论是定性还是定量的评价结果，都无法避免存在很大的不确定性。从工程的设防角度，建立在这种具不确定性评价结论基础上的设防，比较可行而被广泛接受的方法是采取风险设防。要达到风险设防的安全性，除了断错评价的科学性而外，根据工程的特点、对社会的影响和经济实力等采取相应的风险度，有重点的对工程的关键部位采取关键措施，也是行之有效的。

为适应工程风险设防的要求，地震断错工程评价侧重于断错形变量评价，以供工程选场和抗震抗断对策之用，地震断错形变量工程评价属断层工程评价一部分。地震断错形变工程评价，以经验的量值为目标，使工程防震减灾对策具可操作性，故评价为量化性评价。为适应工程风险设计需要，这里引入地震断错形变危险性概念。地震断错危险性系指发生形变的可能性大小，可用其发生概率来表示。从工程风险设计和减灾对策来说，不仅要了解断错的可能性，而且更注重其发生可能性的大小和危害。因此，从总体上看，断错形变的危险性涉及地震危险性和断错形变发生与分布特点，这里用下式表示：

$$P=P_1P_2P_3$$

式中：P 表示断错形变危险性；P_1 表示地震发生的危险性，可由目前工程上常用概率模型或地震地质活动性或两者相结合来评价；P_2 表示不同震级条件下地表断错形变出现的概率；P_3 表示断错形变量值分布概率。

P_3 断错形变量分布概率包括：最大值；最大值在不同断错部分或由最大值向断错形变带延伸方向的衰减指数；形变宽度和覆盖层对形变影响等。P_2 和 P_3 两个方面概率特点，亦可纳入断错形变易损性分析范畴。

1. 安宁河断裂带北段地震危险性

基于地震地质环境的地震危险性，安宁河断裂带北段基本地震地质环境可以概括如下几点：

（1）历史上无 M≥6.0 级地震记载，地震活动以中小地震为主，中强地震偶尔发生，如 1989 年 6 月 9 日石棉 WN 发生 5.0 级地震。栗子坪工程尚未有破坏性地震发生，最大地震影响烈度估计Ⅶ度。

（2）安宁河断裂带北段无全新世活动的证据，无古地震遗迹发现。

（3）安宁河断裂带北段地处隆起块体内，差异性新活动不明显，处于整体抬升状态。

（4）处于近东西向现代构造压应力场的影响之下，断裂活动以压性、倾向滑动为主。

（5）根据断裂带现代形变测量，水平和垂直运动速率小于 1mm/a 量级，属中低断裂活动水平。

按大渡河中游地区水电工程地震安全性评价报告，安宁河断裂带东支断裂评价为具有发生震级上限 $M_u=7.5$ 潜在危险性（2005 年）。根据上述 5 个基本地震地质特点，从工程设防的角度，地震安全性评价基础显然是偏于安全的，从人们对地震危险性的常规认识和地震危险性分析计算的角度来看，地震安全性评价报告对该断裂带的地震危险性评价，是在安全度上留有相当大的安全裕度的。

基于地震区划评价的地震危险性，据《中国地震动参数区划图》（GB 18306），安宁河断裂带北段及栗子坪水电站位于峰值加速度 0.20g 区，相当于地震基本烈度为Ⅷ度区。结合 1986 年冶勒水电站地震烈度复核鉴定成果，栗子坪水电站基准期 50 年超越概率 10%基岩水平向峰值加速度为 298g，相应地震基本烈度为Ⅷ度。

以此为基础，以 50 年超越概率 10%为基准，大致相当于近 500 年的再现周期，地震最大危险性是相当于可遇 M≥6.5 级地震。按地震危险性分析中潜在震源考虑，震级上限 M_u＝7.5 的潜在震源区内，比较可遇的最大震级应在 7.5 级以下，一般为 7.0～7.25。按《中国地震动参数区划图》（GB 18306）和冶勒水电站地震烈度复核鉴定成果（四川省地震局，1986）对该地区的地震区划和评价，7.0～7.5 的地震发生概率应在 1000 年以上。

基于断层滑移速率的地震危险性，断层滑动速率是比较断层活动性相对强弱的标志。由于它代表了断层上应变能的释放速率，在活动断裂和地震研究中是最为基本的参数。不同的活动断裂上滑动速率有很大的变化，四川活动断裂上平均滑动速率最高可达 17mm/a，最低约 0.05mm/a。同一断层的不同段上滑动速率也有明显的变化，如安宁河断裂冕宁—西昌间全新世平均滑动速率为 4～6mm/a，在北段小盐井附近为 3mm/a，紫马垮附近滑动速率仅为 1mm/a。就四川的情况而言，高滑动速率的断层通常能发生高震级地震。世界上绝大多数发生 M>7 级强烈地震的活动断裂，其滑动速率都在 1～10mm/a 或更大。虽然高滑动速率未必一定是潜在大地震的标志，但对于特定震级的地震而言，滑动速率高的断层平均复发周期就短。滑动速率低的活动断裂也有可能发生大地震，但重复发生地震的时间间隔就长。总的来讲，滑动速率高的活动断裂比滑动速率低的活动断裂具有更大的地震危险性。

根据安宁河断裂带北段，包括铁寨子断裂，其滑移速率为小于 1mm/a 量级水平。假定安宁河断裂带北段的平均滑动速率是最大滑动速率的一半，即为 0.5mm/a。按 Slemmons 和 DePolo（1986）断裂晚第四纪平均滑动速率与地震时间或重复间隔和地震震级的关系，断裂带属 B 级，中等活动性，具有中等到发育良好的活动性地貌证据。由此得出，安宁河断裂带北段地震活动的潜在最大强度宜为 6.5 级地震，其重复时间为 500～1000 年，大于等于 7.0 级地震的再现周期显然超过 1000 年。

2. 安宁河断裂带北段东支断层（包括铁寨子断层）地震断错危险性

（1）考虑到地震危险性和地震断错危险性评估的不确定性，拟采用高于 6.5 级的震级计算危险性，即取最大危险性分别为震级 7.0 级和 7.5 级。根据场地地震危险性分析计算参数（大渡河中游水电站工程场地地震安全性评价报告，2005），栗子坪水电站位于鲜水河地震统计区的栗子坪潜在震源区内，震级上限为 7.5 级，由鲜水河地震统计区的震级频度关系和栗子坪潜在震源的空间分配函数，计算出栗子坪潜在震源区震级大于等于 6.5 级和震级大于等于 7.0 级以上的地震年发生概率，相应的再现周期分别为 247 年和 528 年（表 8.3－1 和表 8.3－2）。

表 8.3-1　　栗子坪潜在震源区地震年发生概率

震级档	鲜水河地震带地震年发生概率	空间分配函数	地震年发生概率
6.5≤M<7	0.0956	0.0225	0.002152
7≤M<7.5	0.0434	0.0437	0.001897

表 8.3-2　　栗子坪潜在震源区地震重复间隔

震　　级	地震年发生率	重复间隔/年
M≥6.5	0.004049	247
M≥7	0.001897	528

（2）根据专题研究地震震级—断错形变概率指数表（表 8.3-3），考虑到统计资料的局限性和对地震断错危险性预测的不确定性，本研究取震级 7.5≥M>7.25 和震级 7≥M>6.5 两档，其相应出现断错形变概率为 50%和 10%。

表 8.3-3　　震级—断错形变概率指数表

震级	M>7.5	7.5≥M>7.25	7.25≥M>7	7≥M>6.5	M≤6.5
出现概率/%	100	50	30	10	2.5

（3）用上述公式：$P=P_1P_2P_3$，按表 8.3-3 中最大地震危险性考虑，断错形变出现概率，相当于震级为 7 级和 7.5 级地震出现的概率为按 10%和 50%考虑，由此计算出安宁河断裂带北段，包括铁寨子断层，发生危害性的地震潜在位错的年概率在 10^{-4} 量级，相当再现周期超过 1000 年（表 8.3-4 和表 8.3-5）。

表 8.3-4　　栗子坪潜在震源区 7 级地震断错概率指数

P_1	P_2	P_3		$P=P_1P_2P_3$	
		位错/m	概率	概率指数	重现周期/年
0.00404	0.1	<0.5	0.28	0.000113	8840.1697
		0.51～1.0	0.25	0.000101	9900.9901
		1.01～2.0	0.25	0.000101	9900.9901
		>2.0	0.22	0.000089	11251.1251
		>0.5	0.72	0.000291	3437.8438

表 8.3-5　　栗子坪潜在震源区 7.5 级地震断错概率指数

P_1	P_2	P_3		$P=P_1P_2P_3$	
		位错/m	概率	概率指数	重现周期/年
0.00189	0.5	<0.5	0.28	0.000265	3779.2895
		0.51～1.0	0.25	0.000236	4232.8042
		1.01～2.0	0.25	0.000236	4232.8042
		>2.0	0.22	0.000208	4810.0048
		>0.5	0.72	0.000680	1469.7237

第9章 结语

1. 大渡河中游及外围区域地质构造环境

研究区位于扬子准地台与松潘—甘孜地槽褶皱系两个一级大地构造单元的交会部位，主要涉及康滇地轴、雅江冒地槽褶皱带及巴颜喀拉冒地槽褶皱带三个二级大地构造单元。大渡河中游河段基本上沿康滇地轴的三级构造单元泸定米易台拱的北段自北而南穿行。广泛分布有太古代和早元古代的康定群片麻岩组及大面积侵入其中的晋宁期和澄江期花岗岩及花岗闪长岩，构成结晶基底片岩—片麻岩建造，其中尤以研究区东南侧巨大的黄草山花岗岩对研究区的区域构造稳定性影响较大。燕山运动在川西一带表现相对微弱，贡嘎山花岗岩体位于大渡河中游河段的西侧。从现代活动断块的角度，研究区在区域构造部位上位于川滇菱形断块、四川块体和川青断块交接部位，鲜水河断裂带、安宁河—则木河断裂带、龙门山断裂带则是该三大断块的分界断裂。大渡河中游梯级电站多位于川滇菱形断块东边界断裂—鲜水河断裂带东侧。由于印度板块向欧亚板块的强烈俯冲挤压，青藏高原强烈隆起，地壳厚度增大，同时引起物质侧向移动，致使川滇菱形块体向南南东方向楔入滑动。这是形成本区应力场特征和地震活动规律的主要原因。

2. 大渡河中游及外围现代构造活动性

研究区自新近纪以来经历了间歇性的升降和长期的剥蚀夷平过程。在上新世末仍处于总体海拔不高的准平原状态。上新世末至更新世初，喜马拉雅晚期的运动（第三幕）伴随青藏地区急剧抬升，研究区沿某些区域性断裂带重新产生强烈的差异性活动，构造活动进入了一个新的阶段。

大渡河中游及外围研究区位于川滇菱形块体东北边界的外侧，处在鲜水河断裂南段和安宁河断裂带北段的交接部位。属于青藏高原中部地震亚区的鲜水河—滇东地震带内，地震地质条件复杂，现代地震活动十分强烈。统计资料显示，1700年以来川滇地震带强震活动呈现出明显的活跃期和平静期的交替变化，可以分辨出四个活跃期。川滇地震带内的大型水电工程在其有效使用期内至少会经历一个地震活跃期，必须十分重视工程的抗震安全问题。

川滇菱形块体东北边界断裂沿线的地震活动强度呈现明显的不均一性，强震活动段与中等强度活动段相间出现。特别引人注目的两处是：断块北东边界的石棉段和东部边界的巧家段，没有6级以上地震分布。

对鲜水河—安宁河断裂带破坏性地震（M≥4.7级）的分析表明，炉霍—乾宁段、康定一带和西昌一带，都发生过多次 7～7¾ 级的地震，是该断裂带活动性最强的三个区段；甘孜—炉霍以北段和冕宁一带是 6～6.9 级的活动段；泸定—石棉—冕宁大桥，长约 100km 的地段，近 300 年内只记录到 5 次 5～5.5 级的地震，没有不小于 6 级地震的记载，是整个鲜水河—安宁河断裂带中地震活动相对平静的区段，对工程区的区域构造稳定性是一个特定的条件。

研究区 1970—2005 年的地震监测资料表明，538 个地震以 M_L＝2～3 级的居多，大于 4 级的仅占 1.5%，最大为 5.6 级。综合历史地震和现今仪测地震的资料，大渡河中游及外围具有中等强度的地震背景，不制约水电项目的开发建设。

研究区的现代构造应力场是近水平向的，而地震错动面本身是相当陡立的。从震源机制解求出的主压应力轴的方向，在川滇菱形断块的范围内，北部以 NWW 至近 EW 向占优势，而中、南部则明显转为以 NNW—SSE 方向为主。作为川滇菱形块体东北边界的鲜水河断裂、安宁河断裂等，则以左旋走滑的运动方式为主。

3. 大渡河中游及外围断裂活动性

（1）作为鲜水河断裂带南段的磨西断裂与北西侧的色拉哈—康定断裂呈左阶排列。比较而言，作为 1786 年 6 月 1 日地震的发震断层，即色拉哈—康定断裂，其地表破裂形迹清晰，分布连续，显示出全新世活动特征和相对可信的证据。而磨西断裂，作为全新世活动的一些地貌的信息，存在多解的可能，一些直接的“断错”证据，在强度上也和 7 级以上地震断错形变量级不相匹配。从航片判读、野外地震地质剖面调查和分析、探槽开挖及测年结果等，尚无发现确切的证据可信其有全新世断错活动迹象。同样，以色拉哈—康定断裂为发震断裂的 1786 年地震，在磨西断裂带上是否可能牵动有破裂产生，也未发现可信的证据。

从宏观上看，鲜水河断裂带为由 NW 逐渐过渡为 NNW 的弧形，南段磨西断裂地处从 NW 向鲜水河断裂带转向近 SN 向大转弯部位的中部，鲜水河断裂带强烈的左旋走滑导致其 NNW 段必然产生近 EW 地壳缩短，磨西断裂的 SW 盘存在以海拔 7556m 的贡嘎山为中心的强烈抬升区，吸收了沿鲜水河断裂带的部分左旋走滑位移，使得磨西断裂的活动强度远小于鲜水河断裂带的 NW 段。

从目前的资料来看，磨西断裂带，特别是得妥以南地段。磨西断裂带上覆Ⅰ级和Ⅱ级阶地无明显的变形，也反映了磨西断裂带晚更新世，特别是晚更新世晚期以来新活动相对较弱。根据野外考察和室内显微构造分析可知，磨西断裂出露有糜棱岩、碎裂岩和断层泥，更多的是叠加有糜棱岩和碎裂岩两种结构特征的断层岩，反映了断层早期活动为韧性剪切，之后发生脆性破裂，充填多期方解石脉中，最新一组方解石脉和断层泥中方解石脉未变形，反映断层新活动较弱特点。最晚一期断层滑动产生雁行式裂隙，表明断层新活动为左旋滑动。

（2）宏观上，大渡河断裂带主要由昌昌断裂、瓜达沟断裂、楼上断裂、泸定断裂和得妥断裂等 SN 向断裂组成的构造带，全长约 150km。其中，泸定断裂带规模最大。大渡河断裂带地处 NE 向的龙门山断裂带和 NW 向鲜水河断裂带之间，属块体内部的断裂带，其整体规模、构造地位和地震地质活动性均在两者之下。

大渡河断裂带北段昌昌断裂、瓜达沟断裂和楼上断裂等有一定规模的脆性变形特征，中南段泸定断裂和得妥断裂显示早期强烈的韧性剪切和后期的小规模的脆性破裂叠加，晚期活动相对较弱。根据现有的断面和第四系地层的切盖关系、断裂展布区地形地貌特征，特别是断裂带上覆Ⅱ～Ⅲ级阶地沉积物保持原始状态，无明显扰动变形，显示大渡河断裂带晚更新世以来无明显地质和地震断错活动的可信迹象。结合大渡河主要组成断裂带断层泥测年结果（12万～54万年）综合来看，大渡河断裂带主要地质活动期应为中更新世及以前。

（3）安宁河断裂带处于康滇地轴的轴部，为本地区南北向断裂带主体，属块体边界性质的深大断裂带。断裂带分为东、西两支平行展布，东支是主干断裂。根据其地震地质特点和其所处的地质地震环境，分为北、中、南三段。其中以中段（冕宁—西昌）的规模最大，新活动性最强，晚更新世—全新世新构造活动显著，属全新世活动断裂带；北段（安顺场—冕宁）和南段（西昌—会理）地质地震活动相对较弱。

北段沿断裂带虽然在地貌上也显示了垭口、槽谷等形态的发育，但从断裂带分别通过麂子坪、紫马垮等处的晚更新世晚期形成的冲洪积台地沉积物皆未发生变形，说明该段断裂带晚更新世晚期以来的活动性不强。另外，从分布在安宁河断裂带两侧晚更新统深厚湖相沉积层，仍保持原始近水平状态的总体特点，也显示该地区晚更新世晚期以来新活动处于相对低的水平。现代地震活动基本上以中小地震和微震活动为主，偶尔发生6级以下的地震。现代位移观测也显示较低量级（0.2mm/a）活动值。

根据断裂带地震地质剖面特点和相关测年分析，无可信的证据显示，安宁河断裂带东支断裂北段具有明显的、强烈的全新世断错活动和存在明显的全新世古地震断错事件。相对可信的古地震断错的事件剖面，反映其主要断错活动发生在晚更新世晚期。北段沿断裂带在地貌上显示的一些活动信息，是以整体抬升为主、差异活动不强的活动结果。东支断裂断面上覆Ⅰ、Ⅱ级阶地未见明显的变形，反映全新世活动不强，具缓慢、蠕动特点。相对而言，冕宁以南的安宁河断裂带中段东支断裂，在地质、地貌上显示有较多的全新世断错活动的迹象和证据。

（4）铁寨子断层规模不大，属安宁河断裂带体系，位于安宁河东支断裂东侧，其活动受安宁河断裂带整体活动控制。从该断层新活动断面特征来看，断层下盘昔格达层变形并不强烈，影响带也仅仅几厘米，并且偶见昔格达层被挤入花岗岩中，而挤入昔格达层构造片理也不发育，更无大构造变形。昔格达层呈缓倾斜状态，完整而不破碎，黏土层中褶皱变形是明显的掀斜作用结果。因此，断裂作用和掀斜作用是一个漫长的蠕动过程。而花岗岩的强烈变形，显示的是早期的韧性变形的结果。构造样品微观分析也显示，碎粉岩强烈片理化，断层以缓慢运动为主，在铁寨子断裂及其附近，尚无破坏性地震发生和可信的相关遗迹存在。根据地层的切错关系和构造岩年龄测试成果，铁寨子断层主要活动时代为中更新世—晚更新世，属晚更新世活动断裂。

（5）二郎山断裂是龙门山断裂带中央断裂往南西延伸的端部，在潘沟附近，二郎山断裂从东北方向延伸到大渡河止，长约57km。发育于花岗岩与三叠系、泥盆系之间，断裂带无断层泥，主要由碎砾岩及碎粉岩组成，显示压性斜冲性质，侧伏角约30°～40°。断裂带上覆有第四纪冲洪积砂、砾石层，拔河高度150～200m，相当于Ⅳ～Ⅴ级阶地。阶地面平稳，没有断裂活动引起的扰动显示。根据大渡河地区阶地发育和其形成时代特征，本地区Ⅳ～Ⅴ级阶地形成时间至少应在中更新世。据地表调查和地震资料，龙门山主中央断裂南西端——二郎山断裂无断错地貌现象和强震活动发生；多组、多种测龄数据表明，该断裂活动地质年代为中更新世。综合分析研究认为，二郎山断裂属中更新世活动断裂。

（6）金坪断裂为块体内部、规模不大的断裂。由北西到南东总长度约68km。金坪断裂在平面上线形特征比较明显，总体上呈NW—SE走向。在佛耳崖佛音亭公路隧道南口上方见断裂出露于奥陶系下统红石崖组砂岩、泥质灰岩与元古代闪长岩接触带。断裂产状走向N40°W，近直立，呈压性。断裂上覆第四系砂砾石，拔大渡河高度约30m，相当于Ⅲ级阶地，与断层接触部位的砂层无任何扰动现象，显示该断裂晚更新世早期以来没有明显断错活动。金坪断裂带石英形貌以强—中等侵蚀为主，显示其活动时期在中更新世—早更新世。综合分析认为，金坪断裂属早、中更新世活动断裂。

4. *大渡河中游及外围地震活动性*

（1）地震活动特点。大渡河中游及外围地区的主干断裂带——鲜水河断裂带和安宁河断裂带共同构成川滇菱形块体的东北和东部边界。受西藏高原隆起挤压，川滇菱形块体边界强烈的地质地震活动，构成我国西部、以边界断裂为主体的强烈地震活动（区）带。自624年地震记载以来，本地区共发生M≥4地震38个，其中，对大渡河中游地区影响最大的地震为1786年6月1日发生于康定以南的7¾级地震。在这些地震中，大部分都发生于近300年，显示出该地震构造带地震活动强度和频度之高。

从区域而言，一个明显的特点是，M≥6级的强震，基本上仅限于发育在川滇菱形块体东北边界的西北段和东边界的南段，即康定北西的鲜水河断裂带和冕宁以南的安宁河断裂带及则木河断裂带。介于其间的大渡河中游及外围地区，则以中小地震活动为主导，最大地震为1989年6月9日石棉西北发生5级地震，显示该边界断裂带段地震活动在强度和频度上和两端的极大反差。

1966年以来地震台网监测的微小地震活动，也显示出另一个特点，即两端大震强烈活动的地区，微小地震活动相对于中间段而表现出低频度的特点。

（2）地震构造应力场。根据地震震源机制解，发生于以大渡河中游及外围地区的主干断裂带——鲜水河断裂带和安宁河断裂带共同构成川滇菱形块体的东北和东部边界为主体的地震构造带内的近代地震，显示震源断错以走滑为主，兼有逆滑运动，并以反扭为主导的断裂两盘块体运动性质。由此显示的断裂带所处的区域构造应力场，在以近EW向主压应力为主导的情况下，由于青藏块体物质的向南东移动，从北至南，有一个明显的辐射变化。在北部，NW向的鲜水河断裂带和近EW向区域主压应力方向处于近45°的斜交；在南部，区域构造应力场变为NW向，与近SN向安宁河断裂带、则木河断裂带构成45°左右斜交；而在其间的、NNW向的磨西断裂带的南端和近SN向的安宁河断裂带北段以及近SN向的大渡河断裂带，处于和区域

NWW 向的主压应力方向呈大角度的正交状态。断裂带所处这种区域构造应力场差异，必然也会导致地震和地质活动的差异。

（3）断裂带位移速率的地震分析。鲜水河断裂带和安宁河断裂带共同构成川滇菱形块体的东北和东部边界为主体的地震构造带内的近代地震，显示震源断错以左旋走滑为主，兼有逆滑运动。在区域构造应力场的作用下，断裂带基本上处于剪压状态。应用断裂带地震矩率的概念，可以根据地震活动分析计算断裂带位移速率。据历史地震和现代强震记录资料，取用 1700 年以来的地震记录及有关参数，计算得到鲜水河断裂带和安宁河—则木河断裂带的地震滑移速率值：磨西北西的鲜水河断裂带滑移速率为 3～8mm/a，冕宁以南的安宁河断裂带中段滑移速率为 2～3mm/a，其间的磨西断裂带南段、大渡河断裂带和安宁河断裂带北段都显示小于 1mm/a 较小的滑移速率。

5. 大岗山水电站地震危险性分析

大岗山水电站地处由鲜水河断裂带和安宁河断裂带构成的川滇菱形块体东边界的东侧，现代地震构造应力场以 NWW—SEE 向水平主压应力为主，川滇菱形块体东边界的部分地段有频繁的强震发生，其主要位于大致距工程场地近 50km 以北以西的鲜水河断裂带和大致距工程场地 80km 以南的安宁河断裂带及则木河断裂带。大岗山水电站工程所在的、其间的东边界，地震活动的强度很弱，基本上以小于 5.5 级的中小地震活动为主。

作为地震危险性分析和区域构造稳定性评价的基础，从坝址西侧 4.5km 通过的磨西断裂、坝址西侧 4km 通过的大渡河断裂和坝址南侧 20km 通过的安宁河断裂（北段）三条断裂带直接影响和决定大岗山水电工程场地的构造稳定性和地震设防参数确定。

根据“5·12”汶川地震区潜在震源的调整和修改，导致对大岗山水电站 2004 年地震安全性评价时采用的潜在震源发生一些变化，主要表现在：将区域内原汶川 7 级潜在震源区的震级上限提高为 8 级，汶川 8 级潜在震源区北边界根据震源破裂北移至东经 105°附近；对大岗山水电站工程场地最近的龙门山构造带西段，即宝兴潜在震源的震级上限由 7.0 调整为 7.5；增加了理县 7.0 级潜在震源。对于大岗山水电站工程场地较近、在工程场地地震危险性贡献方面有较大影响的、位于鲜水河断裂带和安宁河断裂带潜在震源没有调整变化，经复核分析，并经中国地震局批复确认，大岗山水电站工程场地地震动参数仍可沿用 2004 年地震安全性评价的成果。

据中国地震局地质研究所、中国地震局地球物理研究所、四川省地震局工程地震研究院 2004 年 10 月提供的《大渡河大岗山水电站工程场地地震安全性评价报告》，大岗山水电站工程场址 50 年超越概率 10%的水平向基岩地震动峰值加速度值为 251.7g，100 年超越概率 2%的水平向基岩地震动峰值加速度值为 557.5g。

6. 大岗山水电站设计地震动参数安全裕度评估

在大岗山水电站工程场地地震安全性评价工作中选择的是相对偏于安全的潜在震源区划分方案，且重新统计的鲜水河—滇东地震带 4 级以上的年发生率 v_4 值偏高。因此，大岗山坝址设计地震动参数中包含有一定的安全裕度。对于主要几种潜在震源区划分方案和使用不同地震年发生率的敏感性分析计算结果显示，在大岗山坝址设计地震动参数中至少包含约（70～85）g 的安全裕度。

用地震危险性分析的不确定性参数逻辑树的形式，主要考虑的不确定性因素包括：地震动衰减关系的不确定性、栗子坪潜源震级上限的不确定性、地震空间分配函数的不确定性，共计64种组合进行计算分析，结果显示，2004年大岗山水电站工程场地地震安全性评价所给出的100年超越概率2%的水平向基岩地震动峰值加速度值557.5g 较平均值高76.5g，位于本研究分析结果加一个标准差的上位数551g 之上，存在显著的裕度，其可靠性达85%。

从大岗山水电站所处的地震地质环境特征和多种、代表性地震危险性分析结果对比，认为，按现行的抗震设计规范和相关的法规，无论是宏观定性，还是定量计算，都显示2004年大岗山水电站工程场地地震安全性评价所给出的地震危险性计算成果，100年超越概率2%的水平向基岩地震动峰值加速度值557.5g，作为大坝抗震设计参数，是一个以地质、地震高活动性为基础的相对偏高的取值，是存在有一定的安全裕度的地震设防参数。

7. 大渡河中游河段区域构造稳定性分区（段）评价

大渡河中游河段，按其与主要断裂及水电工程的关系，可以分为四个区段，即大渡河孔玉—得妥段（泸定水电站、硬梁包水电站等）、得妥—石棉段（大岗山水电站等）和石棉—冕宁大桥段（栗子坪水电站等），以及磨西断裂的康定—得妥段。

评价的结果认为，大渡河孔玉—得妥段、得妥—石棉段和石棉—冕宁大桥段等三个区段50年超越概率10%水平向动峰值加速度为（0.20～0.30）g、相应地震基本烈度Ⅷ度，区域构造稳定性较差。在这类地区中，我国已经积累了成功进行抗震设防的丰富经验，只要严格按照相应专业规范的规定进行抗震设计，是能够确保工程抗震安全的。康定—得妥段位于1786年6月1日康定南7¾级地震的Ⅹ度、Ⅸ度区，50年超越概率10%水平向动峰值加速度为0.40g、相应地震基本烈度Ⅸ度，区域构造稳定性差。

8. 大岗山水电站水库诱发地震预测和监测评价

大岗山水库蓄水涉及的区域性断裂有大渡河断裂和鲜水河断裂南段——磨西断裂。预测磨西断裂沿线（C区）发生构造型水库地震的可能性较大，其中又以田湾河支库一带磨西断裂被淹没长度约5km，最大水深约80m，诱震的危险性最大，预测可能诱发地震的强度大致为5.0～5.5级，对大坝的影响烈度为Ⅶ度，低于地震基本烈度，并远低于大坝的设防烈度，对主要水工建筑物不会造成破坏性影响，对库区环境的影响亦弱于天然基本烈度（Ⅷ度）的影响。

蓄水3年来的地震监测成果表明，蓄水后地震频次明显增高，且均为弱微地震，最大的水库诱发地震发生在右岸田湾河支库猛虎岗附近，震级为M_L3.3级，低于预测值；远离水库的天然构造地震最大震级为M_L4.2级，地震强度与蓄水前基本一致；地震主要分布于磨西断裂及其以西上盘，集中于海螺沟附近及田湾河支库与主库交汇两处，前者为天然构造地震的集中区，后者为水库诱发地震的集中区。断层形变监测成果表明，蓄水后位于坝址4.5km以远的磨西断裂活动速率有所增大，且以左旋挤压为主。

鉴于观测时段较短，蓄水后水库地震和断裂活动均处于调整阶段，需继续加强监测。

9. *活动断裂工程适宜性评价*

（1）泸定水电站和硬梁包水电站外围区域断裂活动性评价：

1）虽然大渡河断裂带和二郎山断裂带属中更新世活动断裂，考虑到地震地质条件复杂性及一定程度的不确定性，仍根据地震断错形变工程评价原理，评价包括大渡河断裂带、二郎山断裂带在内的泸定水电站、硬梁包水电站潜在震源地表地震断错危险性，得到大渡河断裂带6.5～7级地震潜在地表断错危险性，泸定水电站和硬梁包水电站工程附近的大渡河断裂带和二郎山断裂带，出现地表地震断错的年概率极低，接近于1×10^{-4}量级，其再现周期达千年以上，属于低可遇概率事件。

2）位于泸定水电站和硬梁包水电站工程附近的大渡河断裂带和二郎山断裂带，其属于震级上限7的潜在震源，根据中国大于等于7级36个强烈地震的形变资料，即使大渡河断裂带发生强震，所产生的形变带及其影响，也仅仅限于几米至几十米宽范围，即使达百米，也不会对千米以外的工程产生危害影响。因此，泸定水电站和硬梁包水电站工程不存在因大渡河断裂带和二郎山断裂带地震断错的危险性和危害性而影响其可行性。

（2）大岗山水电站工程场址区断裂活动性评价：

1）大岗山坝区地质构造较为简单，无区域断裂切割，构造型式以沿脉岩发育的小断层、挤压带和节理裂隙为特征。规模略大的NNW向F_1、F_2断层，长度分别仅3000m和1600m，沿断层在地貌形态无活动迹象。这些小断层，和距坝区4.5km以外的区域性活动断裂带——磨西断裂相比，在构造地位、产状特点和规模及活动特点及活动时代诸方面都有明显的本质差异，看不出其间有任何构造活动上联系的迹象。

21组坝区小断层断层样品年龄测试显示，断裂活动年代距今均大于10万年。位于大坝右岸外围160m以远、规模略大的F_1断层，其活动年龄为13万～15万年，表明坝址区小断层晚更新世以来没有活动。

因此，大岗山坝址区的小断层，从其规模、特点、活动时代及其和区域活动构造带的联系等基本方面，均反映其为第四纪早期活动断层，其本身不具备发生引起地表破裂型破坏性地震的潜在能力。

2）作为潜在地震危险的、距坝址最近约4.5km的磨西断裂带，从现有的$M\geqslant7$级破坏性强震的地表破裂资料分析，特别是走滑断裂活动产生的地震地表破裂主要集中于断裂带两侧几百米的有限范围内。因此，即使磨西断裂未来发生了强震，也不会导致4～5km以外坝址区基岩岩体中的地表破裂。坝区小断层与磨西断裂活动性之间无构造联系迹象，该断裂晚更新世以来的活动包括历史强震的活动并未牵引坝址区小断层的活动，因而未来磨西断裂的活动不会导致坝址区小断层的地震破裂和位错。坝址建筑物不存在抗断问题。

（3）栗子坪水电站活动断裂工程适宜性评价。现代地震形变资料分析表明，反映安宁河断裂带北段现代活动属中偏弱，这和此地区地震地质环境和地震活动相协调。地震活动也说明了这一点。铁寨子断层同为安宁河断裂带体系，其规模也远小于安宁河断裂带，活动强度也必然受到安宁河断裂带的制约。根据近 30 年的形变观测资料分析，安宁河断裂带，包括铁寨子断层在内，显示其水平和垂直运动在栗子坪工程地区大致相当，为小于 1mm/a 量级水平。考虑到预测的不确定性和工程设防可接受性，在工程可承受的条件下，以此结果为基础，扩大 1 倍的安全裕度，以 2mm/a 的速率作为标准设防是适宜的。

参考文献

［1］ 唐荣昌，韩渭宾．四川活动断裂与地震［M］．北京：地震出版社，1993.

［2］ 袁学诚．中国地球物理图集［M］．北京：地质出版社，1996.

［3］ 国家地震局震害防御司．中国历史强震目录（公元前23世纪至1911年）［M］．北京：地震出版社，1995.

［4］ 中国家地震局震害防御司．中国近代地震目录（$M_S \geqslant 4.7$，1912—1990年）［M］．北京：中国科学技术出版社，1999.

［5］ GB 18306—2015 中国地震动参数区划图［S］．北京：中国标准出版社，2015.

［6］ GB 50287—2016 水力发电工程地质勘察规范［S］．北京：中国计划出版社，2017.

［7］ NB/T 35098—2017 水电工程区域构造稳定性勘察规程［S］．北京：中国水利水电出版社，2018.

［8］ 卢演俦，等．新构造与环境［M］．北京：地震出版社，2001，255-266.

［9］ 周荣军，等．鲜水河—安宁河断裂带磨西—冕宁段的滑动速率与强震位错［J］．中国地震，2001，17（3）：253-262.

［10］ 周荣军，等．鲜水河断裂带乾宁—康定段的滑动速率与强震复发间隔［J］．地震学报，2001，23（3）：250-261.

［11］ 李铁明，等．川滇地区现今地壳形变及其与强震时空分布的相关性研究［J］．中国地震，2003，19（2）：1320-147.

［12］ 马杏垣．中国岩石圈动力学图集［M］．北京：中国地图出版社，1989.

［13］ 中国水电顾问集团成都勘测设计研究院．四川省大渡河大岗山水电站可行性研究报告3工程地质［R］．成都，2006.

［14］ 中国地震局地质研究所，中国地震局地球物理研究所，四川省地震局．大渡河大岗山水电站地震安全性评价报告［R］．成都，2004.

［15］ 胡聿贤，张敏政．缺乏强震观测资料地区地震动参数的估算方法［J］．地震工程与工程振动，1984，4（1）：1-11.

［16］ 张翠然，陈厚群，李敏．采用随机有限断层法生成最大可信地震［J］．水利学报，2011，42（6）：721-728.

［17］ NB 35047—2015 水电工程水工建筑物抗震设计规范［S］．北京：中国电力出版社，2015.

［18］ 夏其发，汪雍熙，等．论外成成因的水库诱发地震［J］．水文地质工程地质，1988（1）：19-24.

［19］ 夏其发，汪雍熙．试论水库诱发地震的地质分类［J］．水文地质工程地质，1984（1）：9-12.

［20］ 陈德基，汪雍熙，曾新平．三峡工程水库诱发地震问题研究［J］．岩石力学与工程学报，2008，27（8）：1513-1524.

［21］ 蒋溥，梁小华．关于工程地震实践若干问题［J］．工程地质学报，1998，6（1）：1-27.

［22］ NB 35057—2015 水电工程防震抗震设计规范［S］．北京：中国电力出版社，2016.

［23］ GB 17741—2005 工程场地地震安全性评价技术规范［S］．北京：中国标准出版社，2005.

［24］ 国家地震局震害防御司．强震观测工作通讯，第一期（总第一期）［R］．北京，1994.

［25］ 国家地震局西南烈度队．西南地区地震地质及烈度区划探讨［M］．北京：地震出版社，1977.

[26] 四川省地震局，等. 鲜水河活动断裂带及强震危险性评估 [M]. 成都：成都地图出版社，1997.
[27] 马宗晋，杜品仁. 现今地壳运动问题 [M]. 北京：地震出版社，1995.
[28] 胡聿贤. 地震工程学 [M]. 北京：地震出版社，1988.
[29] 李坪. 鲜水河—小江断裂带 [M]. 北京：地震出版社，1993.
[30] 陈厚群，李敏，张艳红. 地震危险性分析和地震动输入机制研究 [J]. 水力发电，2001 (8)：48-50.
[31] 陈祖安，等. 中国水力发电工程　工程地质卷 [M]. 北京：中国电力出版社，2000.
[32] 俞言祥，汪素云. 美国西部水平向基岩加速度反应谱衰减关系，新世纪地震工程与防震减灾 [G]. 北京：地震出版社，2002.
[33] 汪素云，俞言祥，等. 中国分区地震动衰减关系的确定 [J]. 中国地震，2000，16 (2)：99-106.
[34] 蒋溥，戴丽思. 工程地震学概论 [M]. 北京：地震出版社，1993.
[35] 蒋溥，等. 地震小区划概论 [M]. 北京：地震出版社，1990.
[36] 戴丽思，蒋溥. 我国 $M_S \geqslant 6.0$ 级地震震级和破裂尺度关系，现代地壳运动研究 (3) [G]. 北京：地震出版社，1987.
[37] 刘本培，等. 川滇断块东界中段地区现代地壳形变和断裂现今活动 [J]. 四川地震，1994 (4)：53-63.
[38] 李兴唐，等. 活动断裂研究与工程评价 [M]. 北京：地质出版社，1991.
[39] 国家地震局地震研究所. 中国诱发地震 [M]. 北京：地震出版社，1984.
[40] 张诚，等. 中国地震震源机制 [M]. 北京：学术书刊出版社，1990.
[41] 张云湘. 中国攀西裂谷文集 1 [G]. 北京：地质出版社，1985.
[42] 张云湘，刘秉光. 中国攀西裂谷文集 2 [G]. 北京：地质出版社，1987.
[43] 张云湘，等. 中国攀西裂谷文集 3 [G]. 北京：地质出版社，1988.
[44] 马宗晋，杜品仁. 现今地壳运动问题 [M]. 北京：地质出版社，1995.
[45] 赵静，江在森，武艳强，等. 汶川地震前后川滇块体应变与断裂变形特征研究 [J]. 大地测量与地球动力学，2011，31 (5)：30-34.
[46] 蒋锋云，朱良玉，王双绪，等. 川滇地区地壳块体运动特征研究 [J]. 地震研究，2013，36 (3)：263-268.